边坡工程

主 编 陈文昭 胡 萍
副主编 陈振富 龙 慧

中南大学出版社
www.csupress.com.cn

图书在版编目（CIP）数据

边坡工程 / 陈文昭，胡萍主编. —长沙：中南大学出版社，2016.12
ISBN 978 - 7 - 5487 - 2803 - 0

Ⅰ.①边… Ⅱ.①陈…②胡… Ⅲ.①边坡－道路工程－高等学校－
教材 Ⅳ.①U416.1

中国版本图书馆 CIP 数据核字(2017)第 124305 号

边坡工程

主 编 陈文昭 胡 萍
副主编 陈振富 龙 惠

□责任编辑 刘 辉
□责任印制 易建国
□出版发行 中南大学出版社

　　　　社址：长沙市麓山南路　　　邮编：410083
　　　　发行科电话：0731 - 88876770　　传真：0731 - 88710482
□印 装 长沙印通印刷有限公司

□开 本 787×1092 1/16 □印张 20.5 □字数 523 千字
□版 次 2016 年 12 月第 1 版 □2019 年 7 月第 2 次印刷
□书 号 ISBN 978 - 7 - 5487 - 2803 - 0
□定 价 60.00 元

目　录

第 1 章

概述

1.1　边坡与滑坡的概念

自然界中斜坡随处可见，同时，工程建设中由于工程需要而进行开挖或填筑也形成大量的斜坡。露天矿开挖形成的斜坡构成了采矿区的边界而被称为边坡，由此，边坡一词逐渐被其他行业所接受而得到广泛应用。《建筑边坡工程技术规范》(简称《规范》，下同)把在建(构)筑物场地或其周边、由于建(构)筑物和市政工程开挖或填筑施工所形成的人工边(斜)坡和对建(构)筑物安全或稳定有影响的自然边(斜)坡称为建筑边坡，简称边坡。

边坡是自然或人工形成的斜坡，既是人类工程活动中最基本的地质环境之一，也是工程建设中最常见的工程形式。作为全球性 3 大地质灾害(地震、洪水、崩塌滑坡泥石流)之一的边坡失稳破坏严重危及到公共财产和人们的生命安全。随着我国基础建设的大力发展，在建筑、道路交通、水利水电、市政、矿山等行业都涉及大量的边坡工程问题。增强边坡安全意识，科学地设计、正确地治理，把边坡失稳造成的灾害降低到最低限度是岩土工程界的学者和工程技术人员必须高度重视的问题。为满足工程需要而对自然边坡和人工边坡进行改造的活动及学科常被称为边坡工程，主要包括边坡工程勘察、边坡工程稳定性分析与评价、边坡工程设计与施工、边坡工程检测与监测等。

斜坡上的岩土体，沿着贯通的剪切破坏面(带)产生的向下滑动现象称为滑坡。滑坡通常具有双重含义，可指一种重力地质作用的过程，也可指一种重力地质作用的结果。《规范》根据滑坡的诱发因素、滑体及滑动特征将滑坡分为工程滑坡和

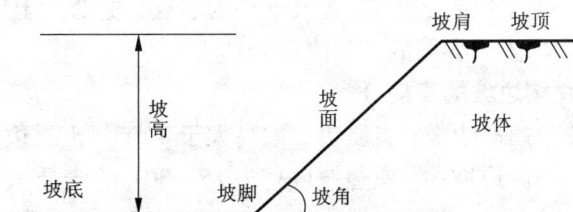

图 1.1　边坡构成要素

自然滑坡(含工程古滑坡)2 大类。因建筑和市政建设过程中开挖坡脚、坡顶加载、施工用水等工程行为而诱发的滑坡称为工程滑坡；由暴雨、洪水或地震等自然因素或人为因素引发的滑坡称为自然滑坡；因工程行为而复活的古滑坡亦称为工程古滑坡。

边坡由坡顶、坡面、坡脚及其下部一定深度内的坡体组成，如图 1.1 所示。

1.2　边坡的分类

1. 按成因分类

(1)自然边坡：由自然地质作用形成的斜坡体，形成时间一般较长。

(2)人工边坡：由人工开挖或填筑施工所形成的斜坡体，又可分为挖方边坡和填筑边坡。

①挖方边坡：由山体开挖形成的边坡，如路堑边坡(图1.2)、露天矿边坡等；

②填筑边坡：填方经压实形成的边坡，如路堤边坡(图1.3)、渠堤边坡等。

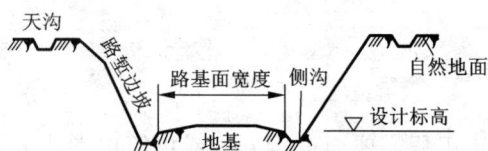

图1.2　路堑边坡

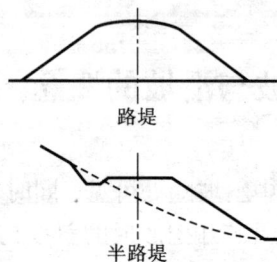

图1.3　路堤、半路堤边坡

2. 按构成边坡的岩土介质类型分类

(1)土质边坡：整个边坡均由土体构成，边坡稳定性主要由土体结构决定。按土体种类又可分为黏性土边坡、黄土边坡、膨胀土边坡、堆积土边坡、填土边坡等。

(2)岩质边坡：整个边坡均由岩体构成，边坡稳定性主要由岩体主要结构面与边坡倾向的相对关系决定。

①按岩体的强度又可分为硬岩边坡、软岩边坡和风化岩边坡等；

②按岩体结构又可分为整体状(巨块状)结构边坡、块状结构边坡、层状结构边坡、碎裂状结构边坡、散体状结构边坡。

(3)岩土混合边坡：边坡下部为岩层，上部为土层，即所谓的二元结构的边坡，边坡稳定性通常由土岩界面的倾角决定。

3. 按边坡的高度分类

(1)超高边坡：岩质边坡坡高大于30 m，土质边坡坡高大于15 m。

(2)高边坡：岩质边坡坡高为15~30 m，土质边坡坡高为10~15 m。

(3)中高边坡：岩质边坡坡高为8~15 m，土质边坡坡高为5~10 m。

(4)低边坡：岩质边坡坡高小于8 m，土质边坡坡高小于5 m。

实践证明，容易发生变形破坏和滑坡的边坡多为高边坡，因此高边坡是研究与防治的重点。

4. 按边坡的坡度分类

(1)缓坡：坡度小于15°。

(2)中等坡：坡度15°~30°。

(3)陡坡：坡度为30°~60°。

（4）急坡：坡度为 $60° \sim 90°$。

（5）倒坡：坡度大于 $90°$。

5. 按边坡的工程类别分类

（1）道路工程类：路堑边坡，路堤边坡。

（2）水利水电工程类：水坝边坡，渠道边坡，坝肩边坡，库岸边坡。

（3）矿山工程类：露天矿边坡（图 1.4），弃碴场边坡（图 1.5）。

图 1.4　露天矿边坡

图 1.5　弃渣场边坡

（4）建筑工程类：建筑边坡，基坑边坡。

6. 按坡体结构特征分类

（1）类均质土边坡：边坡由均质土体构成，如图 1.6（a）所示。

（2）近水平层状边坡：由水平层状岩土体构成的边坡，如图 1.6（b）所示。

（3）顺倾层状边坡：由倾向临空面（开挖面）的顺倾岩土层构成的边坡，如图 1.6（c）所示。

（4）反倾层状边坡：岩土层面倾向边坡体内，如图 1.6（d）所示。

（5）块状岩体边坡：由厚层块状岩体构成的边坡，如图 1.6（e）所示。

（6）碎裂状岩体边坡：边坡由碎裂状结构岩体构成，或为断层破碎带，或为节理密集带，如图 1.6（f）所示。

（7）散体状边坡：边坡由破碎块石、砂构成，如强风化层。

不同坡体结构的岩土形成的边坡其稳定性是不同的，尤其是含有软弱层和不利结构面的坡体，常常出现边坡失稳滑塌。

7. 按软弱结构倾向与坡向的关系分类

（1）顺向边坡：软弱结构面的走向与边坡坡面的走向平行或比较接近，且倾向一致的边坡。

（2）反向边坡：软弱结构面的倾向与坡面倾向相反，这种边坡一般是稳定的。

（3）直立边坡：软弱结构面直立的边坡。

（4）平叠边坡：软弱结构面水平的边坡。

8. 按边坡使用年限分类

建筑工程行业只分临时边坡与永久边坡 2 类，《规范》规定：临时边坡为工作年限不超过 2 年的边坡；永久边坡为工作年限超过 2 年的边坡。

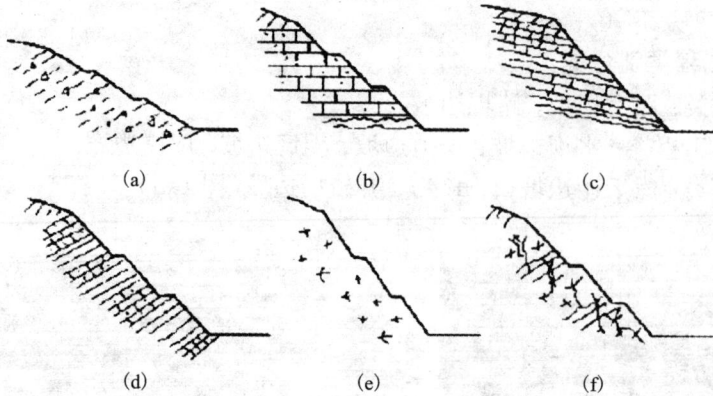

图1.6　边坡的坡体结构类型

有的行业则根据使用年限分成3类：

(1)临时边坡：只在施工期间存在的边坡，如基坑边坡。

(2)短期边坡：只存在10~20年的边坡，如露天矿边坡。

(3)永久边坡：长期使用的边坡。

1.3　边坡工程安全等级

边坡工程应根据其损坏后可能造成的破坏后果(危及人生命、造成经济损失、产生不良社会影响)的严重性、边坡类型和边坡高度等因素，按表1.1确定边坡工程安全等级。边坡工程安全等级是支护工程设计、施工中根据不同的地质环境条件及工程具体情况加以区别对待的重要标准。

表 1.1　《建筑边坡支护技术规范》规定的边坡安全等级

边坡岩体类型		边坡高度 $H(m)$	破坏后果	安全等级
岩质边坡	Ⅰ 或 Ⅱ	$H \leqslant 30$	很严重	一级
			严重	二级
			不严重	三级
	Ⅲ 或 Ⅳ	$15 < H \leqslant 30$	很严重	一级
			严重	二级
		$H \leqslant 15$	很严重	一级
			严重	二级
			不严重	三级

续表 1.1

边坡岩体类型	边坡高度 H(m)	破坏后果	安全等级
土质边坡	$H>12$(挖方) $H>8$(填方)	很严重	一级
		严重	二级
	$H\leq12$(挖方) $H\leq8$(填方)	很严重	一级
		严重	二级
		不严重	三级

注：①一个边坡工程的各段，可根据实际情况采用不同的安全等级。
②对危害性极严重、环境和地质条件复杂的特殊边坡工程，其安全等级应根据工程情况适当提高。
③很严重：造成重大人员伤亡或财产损失；严重：可能造成人员伤亡或财产损失；不严重：可能造成财产损失。

由外倾软弱结构面控制、工程滑坡地段、边坡塌滑区有重要建(构)筑物等 3 种条件下的边坡工程，当其破坏后果很严重时，边坡工程安全等级应定为一级。对危害性极严重、环境和地质条件复杂的边坡工程，当安全等级已为一级时，需要通过组织专家进行专项论证的方式来保证边坡支护方案的安全性和合理性。

1.4 边坡的变形破坏

1.4.1 常见的边坡变形破坏形式

边坡的变形破坏是一个由量变到质变的过程，总是由缓慢的、局部的变形逐步发展演化成快速的、整体性的破坏。

1. 边坡变形

边坡变形指坡体只产生局部的位移和微破裂、岩块只出现微量的变化、没有显著的剪切位移或滚动，因而边坡不至于引起整体失稳。常见的边坡变形形式主要有松弛张裂、蠕动变形两种。

(1)松弛张裂：边坡受水流冲刷或人工开挖等因素影响而在坡体中产生一系列与坡面近于平行的陡倾角张拉裂隙、边坡岩土体向临空方向张开的作用过程，如图 1.7 所示。边坡的松弛张裂一方面使得岩土体完整性遭到破坏、岩土体强度降低；另一方面裂隙的存在也为水、气等外力作

图 1.7 松弛张裂

用因素的赋存和运动提供了空间，它是边坡变形破坏的初始阶段。在边坡稳定性分析中确定卸荷带的范围和卸荷带中的坡体特征，对于评价边坡岩体的稳定性具有重要意义。

(2)蠕动变形：边坡岩体在重力作用下向临空方向发生长期缓慢的塑性变形的现象，有

表层蠕动和深层蠕动两种类型。

①表层蠕动主要表现为边坡表部岩土体发生弯曲变形，多是从下部未经变动的部分向上逐渐连续向临空方向弯曲，甚至倒转、破裂、倾倒，如图1.8所示。

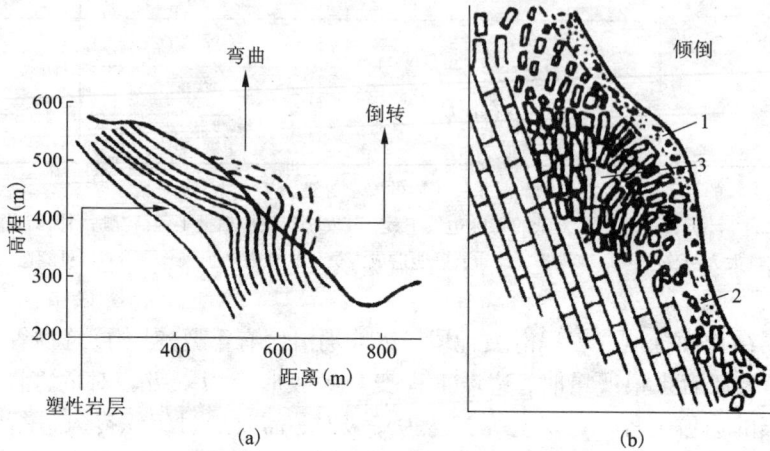

图1.8　表层蠕动

(a)软弱岩层挠曲变形；(b)坚硬岩体倾倒废物

1—残积物；2—坍塌堆积物；3—蠕动变形岩体

②深层蠕动是指坚硬岩层组成的边坡底部存在较厚的软弱岩层时，由软弱岩层发生塑性流动而引起的长期缓慢的边坡蠕动变形，如图1.9所示。深层蠕动又分软弱基座蠕动、坡体蠕动两种。

2.边坡破坏

边坡破坏则是坡体以一定的速度出现较大的位移，边坡岩体产生整体滑动、滚动或转动。常见的边坡破坏形式主要有崩塌、坍塌、滑坡、倾倒、错落、落石等。

图1.9　深层蠕动(软弱垫层塑性流动)

(1)崩塌、落石：崩塌是陡坡上的巨大岩体或土体在重力和其他外力作用下，突然向下崩落的现象。崩塌过程中岩体(或土体)猛烈地翻滚、跳跃、互相撞击，最后堆于坡脚，原岩体(或土体)结构遭到严重破坏，如图1.10、图1.11所示。

落石是陡坡上的个别岩石块体在重力或其他外力作用下，突然向下滚落的现象。

(2)坍塌：土层、堆积层或风化破碎岩层斜坡，由于土壤水和裂隙水的作用、河流冲刷或人工开挖而使边坡陡于岩体自身强度所能保持的坡度而产生逐层塌落的变形现象，如图1.12所示。这是一种非常普遍的现象，一直塌到岩土体自身的稳定角时方可自行稳定。膨胀土斜坡由于土体不断受到胀缩交替作用，强度大幅度降低，甚至坡度为1∶5的坡体也会产生坍塌。

(3)滑坡：边坡上的岩土体在自然或人为因素的影响下失去稳定，沿一定的破坏面整体下滑的现象，是一种常见的因边坡失稳而产生的地质灾害，如图1.13所示。

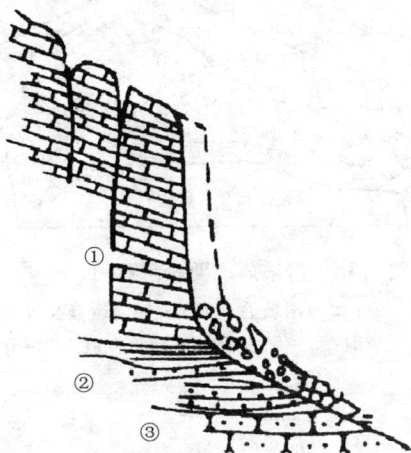

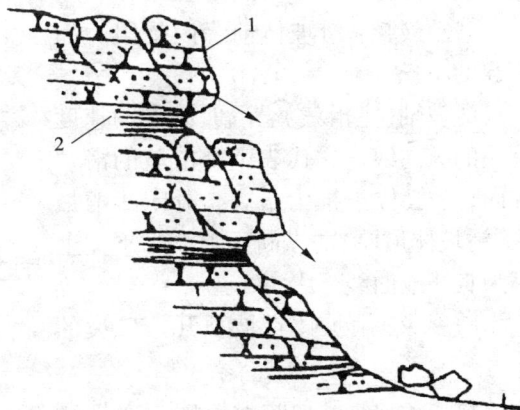

图 1.10　坚硬岩石边坡前缘卸荷裂隙引起崩塌
①张节理；②软弱夹层(泥岩、页岩)；③砂岩

图 1.11　软硬互层岩石边坡局部崩塌
1—砂岩；2—页岩

(4)倾倒：陡倾的岩体山在卸荷回弹和其他外力的作用下，绕其底部某点向临空方向倾倒的现象，如图 1.14 所示。它可以转化为崩塌或滑坡，也可以停止在倾倒变形阶段。

(5)错落：被陡倾的构造面与后部完整岩体分开的较破碎岩体，因坡脚引起坡体产生以垂直下错为主的变形现象，如图 1.15 所示。

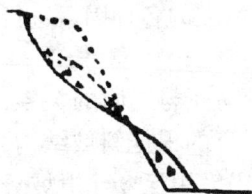

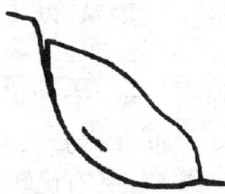

图 1.12　坍塌　　　　图 1.13　滑坡　　　　图 1.14　倾倒　　　　图 1.15　错落

1.4.2　滑坡

滑坡是边坡上的岩土体在自然或人为因素的影响下失去稳定，以一定的加速度沿一滑动面发生剪切滑动的现象，是一种常见的因边坡失稳而产生的地质灾害。

1. 滑坡形态要素

滑坡体：滑坡的整个滑动的岩土体。

滑坡周界：滑坡体和周围不动的岩土体在平面上的分界线。

滑坡壁(破裂壁)：滑坡体后缘和不动的岩土体脱开的、暴露在外面的分界面。

滑坡台阶和滑坡埂：由于各段土体滑动速度的差异，在滑坡体上面形成台阶状的错台称滑坡台阶。台阶如因旋转发生倾斜，使台阶边缘形成陡窄的长埂，称滑坡埂。

滑动面：滑坡体沿不动的岩土体下滑的分界面称滑动面。

滑动带：滑动面上部受滑动揉皱的地带(厚数厘米至数米)。

滑坡床：滑坡体下面没有滑动的岩土体称为滑坡床。

滑坡舌(滑坡头):滑坡体的前缘形如舌状的部分。

滑动鼓丘:滑坡体前缘因受阻力而隆起的小丘。

滑坡轴(主滑线):滑坡体滑动速度最快的纵向线。它代表整个滑坡的滑动方向,一般位于推力最大、滑床凹槽最深(滑坡体最厚)的纵断面上。在平面上可为直线或曲线。

破裂缘:滑坡体在坡顶开始破裂的地方。

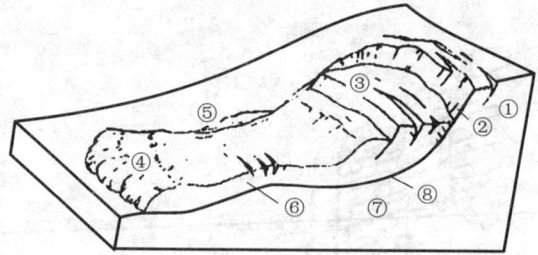

图 1.16 滑坡形态要素示意图

①—后缘环状拉裂缝;②—滑坡后壁;③—横向裂缝及滑坡台阶;④—滑坡舌及隆张裂隙;⑤—滑坡侧壁及羽状裂隙;⑥—滑坡体;⑦—滑坡床;⑧—滑动面(带)。

封闭洼地:滑动时滑坡体与滑坡壁间拉开成沟槽,当相邻土楔形成反坡地形时,即成四周高、中间低的封闭洼地。

滑坡裂缝:按受力状态可分成拉张裂缝、剪切裂缝、鼓张裂缝和扇形裂缝。

①拉张裂缝:位于滑坡体上部,多呈弧形,与滑坡壁方向大致平行。通常将其最外一条裂缝(即滑坡周界的裂缝)称滑坡主裂缝。

②剪切裂缝:位于滑坡体中部的两侧,此裂缝的两侧常伴有羽毛状裂缝。

③鼓张裂缝:位于滑坡体下部,其方向垂直于滑动方向。

④扇形裂缝:位于滑坡体中下部,尤以滑舌部分为多,呈放射状。

2. 滑坡分类

对滑坡分类的目的在于对滑坡作用的各种环境和现象特征以及产生滑坡的各种因素进行概括,以便正确反映滑坡作用的某些规律。

滑坡的分类方案很多,各方案所侧重的分类原则不同。有的根据滑动面与层面的关系,有的根据滑坡的动力学特征,有的根据规模、深浅,有的根据岩土类型,有的根据斜坡结构,还有根据滑动面形状甚至根据滑坡时代等。这些分类方案各有优缺点,仍沿用至今。滑坡分类有待进一步探讨。

(1)按滑动面与层面关系分类

此种分类应用很广,是较早的一种分类,可分为顺层滑坡(图 1.17)、切层滑坡(图 1.18)和均质滑坡[无层滑坡(图 1.19)]三类。

图 1.17 顺层滑坡

图 1.18 切层滑坡

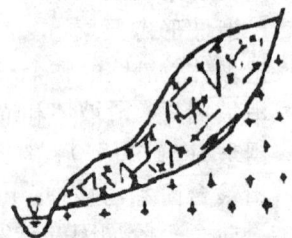

图 1.19 均质体滑坡

（2）按滑坡动力学性质分类

按滑坡动力学性质分类即主要按决定于始滑位置（滑坡源）所引起的力学特征进行分类，这种分类对滑坡的防治有很大意义。一般根据始滑部位不同而分为推动式、牵引式、平移式和混合式。

推动式滑坡：由于斜坡上部张开裂缝发育或因堆积重物和在坡上部进行建筑等，上部岩层滑动挤压下部产生变形，滑动速度较快，多具楔形环谷外貌，滑体表面有波状起伏，多见于有堆积体分布的斜坡地段，如湖北省秭归县境内土凤岩—马家坝滑坡。

牵引式滑坡：首先是在斜坡下部发生滑动，使上部失去支撑而发生变形滑动，从而逐渐向上扩展，引起由下而上的滑动。牵引式滑坡一般速度较慢，多具上小下大的塔式外貌，横向张性裂隙发育，表面多呈阶梯状或陡坎状，常形成沼泽地。这主要是由于斜坡底部受河流冲刷或人工开挖而造成的，如四川省云阳镇大桥沟。

平移式滑坡：滑动面一般较平缓，始滑部位分布于滑动面的许多点，这些点同时滑移，然后逐渐发展连接起来，如包头矿务局的白灰厂滑坡。

混合式滑坡：始滑部位上、下结合，共同作用。混合式滑坡比较常见。

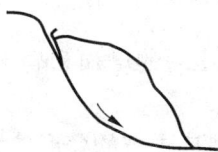

图 1.20　推动式滑坡　　　图 1.21　牵引式滑坡　　　图 1.22　平移式滑坡

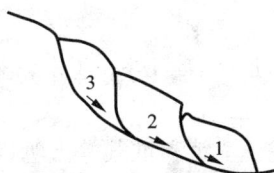

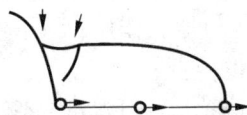

（3）按滑坡发生时代分类

古滑坡：全新世以前发生的滑坡。

老滑坡：全新世以来发生过滑动，现未活动的滑坡。

新滑坡：正在活动的滑坡。

（4）按滑坡规模分类

小型滑坡：滑坡体体积小于 5000 m³。

中型滑坡：滑坡体体积在 5000 m³ 与 50000 m³ 之间。

大型滑坡：滑坡体体积在 50000 m³ 与 100000 m³ 之间。

巨型滑坡：滑坡体体积大于 100000 m³。

（5）按形成原因分类

工程滑坡：由于开挖坡脚、坡顶加载、施工用水等工程活动诱发的滑坡，此类滑坡还可细分为：

①工程新滑坡：由于开挖坡脚、坡顶加载、施工用水等工程活动而新形成的滑坡

②工程古滑坡：久已存在的滑坡，由于开挖坡脚、坡顶加载、施工用水等工程活动引起重新活动的滑坡。

自然滑坡：由于自然地质作用产生的滑坡。

（6）按发生后的活动性分类

活滑坡：发生后仍在继续活动的滑坡。后壁及两侧有新鲜擦痕，体内有开裂、鼓起或前缘有挤出等变形迹象，其上偶有旧房遗址，幼小树木歪斜生长等。

死滑坡：发生后已停止发展，一般情况下不可能再重新活动，坡体上植被茂盛，常有居民点。

（7）按滑坡滑动速度分类

缓慢滑坡，间歇性滑坡，崩塌性滑坡，高速滑坡。

1.4.3　边坡变形破坏的主要条件及因素

边坡变形破坏的主要条件及因素主要有以下 8 个方面：

（1）岩土性质：包括岩土的坚硬程度、抗风化能力、抗软化能力、强度、组成、透水性等；

（2）岩层的构造与结构：表现在节理裂隙的发育程度及其分布规律、结构面的胶结情况、软弱面和破碎带的分布与边坡的关系、下伏岩土界面的形态以及坡向坡角等；

（3）水文地质条件：包括地下水的埋藏条件、地下水的流动及动态变化等；

（4）地形地貌条件：如边坡的高度、坡度和形态等；

（5）风化作用：主要体现为风化作用将减弱岩土的强度，改变地下水的动态；

（6）气候作用：气候引起岩土风化速度、风化厚度以及岩石风化后的机械、化学变化，同时引起地下水（降水）作用的变化；

（7）地震作用：除了使岩土体增加下滑力外，还常常引起孔隙水压力的增加和岩土体的强度的降低；

（8）人为因素：人类活动的开挖、填筑和堆载等人为因素都可能造成边坡的变形破坏。

1.4.4　典型边坡灾害事故

边坡失稳破坏产生的滑坡、滑动、沉陷、泥石流、岩崩为全球性三大地质灾害（地震、洪水、崩塌滑坡泥石流）之一，随时都有可能带来严重的破坏，甚至是灾难。如：美国的布法罗的煤矿废物泥浆挡坝的倒塌造成 125 人死亡；1963 年意大利的 Vaiont 水库左岸滑坡，使得 25000 万 m^3 的滑体以 28 m/s 的速度下滑到水库，形成 250 多 m 高的涌浪，造成下游2500多人丧生；1980 年我国湖北运安盐池河磷矿发生山崩，100 万 m^3 的岩体崩落，摧毁了矿务局和坑道的全部建筑物，造成 280 人死亡；2001 年 5 月 1 日重庆市武隆县县城江北西段发生山体滑坡，造成一栋 9 层居民楼房跨塌、死亡 79 人，阻断了 319 国道新干道，几辆停靠和正在通过的汽车也被掩埋在滑体中。

表 1.2　中国近三十年来滑坡灾害实例

滑坡名称	发生地点	发生时间	灾害情况
铁西滑坡	成昆线铁西车站	1980 年 7 月	滑坡体积 200 万 m^3，中断交通 40 天，治理费 2300 万元
洒勒山滑坡	甘肃省东乡县	1983 年 3 月	滑坡体积 5000 m^3，摧毁 4 个村庄，227 人死亡
鸡抓子滑坡	四川省云阳县	1982 年 7 月	滑坡体积 1300 万 m^3，100 万 m^3 滑入长江，造成急流险滩，治理费 8500 万元
新滩滑坡	湖北省秭归县	1985 年 6 月	滑坡体积 3000 万 m^3，摧毁新滩镇，侵占 1/3 长江航道，因提前预报无伤亡

续表 1.2

滑坡名称	发生地点	发生时间	灾害情况
韩城电厂滑坡	陕西省韩城市	1985 年 3 月	滑坡体积 500 万 m^3，破坏厂房设施，一、二期治理费 5000 余万元
天水锻压机床厂滑坡	甘肃省天水市	1990 年 8 月	滑坡体积 60 万 m^3，破坏 6 个车间，7 人死亡，损失 2000 多万元
头寨沟滑坡	云南省昭通县	1992 年 9 月	滑坡体积 400 万 m^3，变成碎屑流冲出 4 km，摧毁 1 个村庄
K190 滑坡	宝成线 K190	1992 年 5 月	滑坡体积 30 万 m^3，中断运输 35 天，砸坏明洞，改线花费 8500 万元
黄茨滑坡	甘肃省永靖县	1995 年 1 月	滑坡体积 600 万 m^3，摧毁 71 户民房，因提前预报无伤亡
岩口滑坡	贵州省印江县	1996 年 9 月	滑坡体积 260 万 m^3，堵断印江淹没上游一村镇，威胁下游印江县城安全
八渡车站滑坡	南昆线八渡	1997 年 7 月	滑坡体积 500 万 m^3，威胁车站安全，治理费 9000 万元

　　世界上每年由于人工边坡或自然边坡失稳造成的经济损失数以亿记，如：1978 年 Schuster 收集的资料显示，在美国仅加州由于边坡失稳造成的损失每年可达 33 亿美元，除此之外，在美国每年平均至少有 25 人死于这种灾害；1984 年在英国的 Carsington 大坝滑动，使耗资近 1500 万英镑的主堤几乎完全被破坏。

　　据不完全统计，1998 年以来福建省先后发生的崩塌、滑坡、泥石流、地面塌陷等有 21300 多起，涉及 40 多个县（市、区），造成 300 余人死亡，伤 500 余人，毁房 500 余间，经济损失高达 10 多亿元；四川省近 10 年来，每年地质灾害造成的损失达数亿元，死亡人数在 300 人左右；三峡库区的最新统计表明，1982 年以来库区两岸发生滑坡、崩塌、泥石流 70 多处，规模较大的 40 多处，死亡 400 人，直接经济损失数千万。云南省的公路边坡灾害调查数据显示，1990—1999 年，云南公路边坡发生大、中型崩塌、滑坡、泥石流 135 ~ 144 次，造成 1000 余座桥梁被毁，经济损失达 168 亿余元，并对全省 2220 km 公路的运营构成严重威胁。

　　边坡的治理费用在工程建设中也是极其昂贵的，根据 1986 年 E. N. Brohead 的统计，用于边坡治理的费用占地质和自然灾害的 25% ~ 50%。如：在英国的北 Kent 海岸滑坡处治中，平均每公里混凝土挡墙耗资高达 1500 万英镑；在伦敦南部的一个仅 2500 m^2 的小型滑坡处理中，勘察滑动面耗资 2 万英镑，而建造上边坡抗滑桩、挡土墙及排水系统花去 l5 万英镑，如果加上下边坡，费用将翻倍。在我国，随着大型工程建设的增多，用于边坡处治的费用在不断增大，如三峡库区仅用于一期边坡处治的国家投资高达 40 亿元人民币；特别是在我国西部高速公路建设中，用于边坡处治的费用占总费用的 30% ~ 50%。因此，对边坡进行合理地设计和有效治理将直接影响到国家对基础建设的投资以及安全运营。

1.5　边坡岩体的分类

　　岩体是岩石及结构面的组合体。岩石的软硬、风化程度、结构面的发育程度有着重要影响。

1.5.1 按岩石坚硬程度划分

岩石的坚硬程度应根据岩块的饱和单轴抗压强度 f_{rk} 按表 1.3 划分为坚硬岩、较硬岩、较软岩、软岩和极软岩。

表 1.3 岩石坚硬程度划分

岩石坚硬程度	坚硬岩	较硬岩	较软岩	软岩	极软岩
饱和单轴抗压强度标准值 f_{rk}（MP）	$f_{rk} > 60$	$60 \geqslant f_{rk} > 30$	$30 \geqslant f_{rk} > 15$	$15 \geqslant f_{rk} > 5$	$5 \geqslant f_{rk}$

注：①无法取得饱和单轴抗压强度数据时，可用点荷载试验强度换算，换算方法按现行国家标准《工程岩体分级标准》（GB/T 50218—2014）执行；②当岩体完整程度为极破碎时，可不进行坚硬程度分类。

1.5.2 按岩石风化程度划分

岩石风化程度可根据岩石结构的变化程度、风化裂隙发育情况、挖掘的难易程度等野外地质特征及波速比、风化系数等风化程度参数指标进行分类，如表 1.4 所示。表 1.4 中，波速比为风化岩石与新鲜岩石压缩波速度之比；风化系数为风化岩石与新鲜岩石饱和单轴抗压强度之比。

表 1.4 岩石风化程度分类

风化程度	野外特征	风化程度参数指标	
		波速比 K_v	风化系数 K_f
未风化	岩质新鲜，偶见风化痕迹	0.9~1.0	0.9~1.0
微风化	结构基本未变，仅节理面有渲染或略有变色，有少量风化裂隙	0.8~0.9	0.8~0.9
中等风化	结构部分被破坏，沿节理面有次生矿物，风化裂隙发育，岩体被切割成岩块。用镐难挖，岩芯钻方可钻进	0.6~0.8	0.4~0.8
强风化	结构大部分被破坏，矿物成分显著变化，风化裂隙很发育，岩体破碎，用镐可挖，干钻不易钻进	0.4~0.6	<0.4
全风化	结构基本被破坏，但尚可辨认，有残余结构强度，可用镐挖，干钻可钻进	0.2~0.4	—
残积土	组织结构全部被破坏，已风化成土状，锹镐易挖掘，干钻易钻进，具可塑性	<0.2	—

注：①岩石风化程度，除按表列野外特征和定量指标划分外，也可根据当地经验划分；②花岗岩类岩石，可采用标准贯入试验划分，$N \geqslant 50$ 为强风化，$50 > N \geqslant 30$ 为全风化，$N < 30$ 为残积土；③泥岩和半成岩，可不进行风化程度划分；④当风化系数等于或小于 0.75 时，应定为软化岩石；当岩石具有特殊成分、特殊结构或特殊性质时应定为特殊性岩石，如易溶性岩石、膨胀性岩石、崩解性岩石、盐渍性岩石等。

1.5.3 按边坡岩体类型划分

对于岩体边坡，坡体中的结构面往往对边坡的稳定性起着控制性作用。边坡岩体分类是非常重要的，岩质边坡工程勘察时应根据岩体主要结构面与坡向的关系、结构面的倾角大小、结合程度、岩体完整程度等因素对边坡岩体类型进行分类，详见表 1.5。

表 1.5 岩质边坡的岩体类型划分

边坡岩体类型	判定条件			
	岩体完整程度	结构面结合程度	结构面产状	直立边坡自稳能力
I	完整	良好或一般	外倾结构面或外倾不同结构面的组合线倾角大于75°或小于27°	30 m 高边坡长期稳定，偶有掉块
II	完整	良好或一般	外倾结构面或外倾不同结构面的组合线倾角27°～75°	15 m 高的边坡稳定，15～30 m 高的边坡欠稳定
II	完整	差	外倾结构面或外倾不同结构面的组合线倾角大于75°或小于27°	15 m 高的边坡稳定，15～30 m 高的边坡欠稳定
II	较完整	良好或一般	外倾结构面或外倾不同结构面的组合线倾角大于75°或小于27°	边坡出现局部落块
III	完整	差	外倾结构面或外倾不同结构面的组合线倾角为27°～75°	8 m 高的边坡稳定，15 m 高的边坡欠稳定
III	较完整	良好或一般	外倾结构面或外倾不同结构面的组合线倾角27°～75°	
III	较完整	差	外倾结构面或外倾不同结构面的组合线倾角大于75°或小于27°	
III	较破碎	良好或一般	外倾结构面或外倾不同结构面的组合线倾角大于75°或小于27°	
III	较完整（碎裂镶嵌）	良好或一般	结构面无明显规律	
IV	较完整	差或很差	外倾结构面以层面为主，倾角多为27°～75°	8 m 高的边坡不稳定
IV	较破碎	一般或差	外倾结构面或外倾不同结构面的组合线倾角为27°～75°	
IV	破碎或极破碎	碎块间结合程度很差	结构面无明显规律	

注：①结构面指原生结构面和构造结构面，不包括风化裂隙；②外倾结构面系指倾向与坡向的夹角小于30°的结构面；③不包括全风化基岩，全风化基岩可视为土体；④ I 类岩体为软岩时，应降为 II 类岩体；I 类岩体为较软岩且边坡高度大于 15 m 时，可降为 II 类；⑤当地下水发育时，II、III 类岩体可视具体情况降低一档；⑥强风化岩应划为 IV 类；完整的极软岩可划为 III 类或 IV 类；⑦当边坡岩体较完整、结构面结合差或很差、外倾结构面或外倾不同结构面的组合线倾角27°～75°、结构面贯通性差时，可划为 III 类；⑧当有贯通性较好的外倾结构面时应验算沿该结构面破坏的稳定性。

当坡体中无外倾结构面及外倾不同结构面组合时，完整、较完整的坚硬岩、较硬岩宜划为Ⅰ类，较破碎的坚硬岩、较硬岩宜划为Ⅱ类；完整、较完整的较软岩、软岩宜划为Ⅱ类，较破碎的较软岩、软岩可划为Ⅲ类。

确定岩质边坡的岩体类型时，由坚硬程度不同的岩石互层组成且每层厚度小于或等于5 m的岩质边坡宜视为由相对软弱岩石组成的边坡。当边坡岩体由两层以上单层厚度大于5 m的岩体组成时，可分段确定边坡岩体类型。

1.5.4 按岩体完整程度划分

岩体完整程度既可按完整性指数定量划分(表1.6)，也可按结构面发育程度、主要结构面结合程度、主要结构面类型、岩体结构类型等因素进行定性划分(表1.7)。

表1.6 岩体完整程度定量分类

完整程度	完整	较完整	较破碎	破碎	极破碎
完整性指数	>0.75	0.55~0.75	0.35~0.55	0.15~0.35	<0.15

注：完整性系数 $K_v = \left(\dfrac{v_R}{v_P}\right)^2$；$v_R$—弹性纵波在岩体中的传播速度；$v_P$—弹性纵波在岩块中的传播速度。

表1.7 岩体完整程度定性分类

完整程度	结构面发育程度		主要结构面的结合程度	主要结构面类型	相应结构类型
	组数	平均间距(m)			
完整	1~2	>1.0	好或一般	裂隙、层面	整体状或巨厚层状结构
较完整	1~2	>1.0	差	裂隙、层面	块状或厚层状结构
	2~3	0.4~1.0	好或一般		块状结构
较破碎	2~3	0.4~1.0	差	裂隙、层面、小断层	裂隙块状或中厚层状结构
			好		镶嵌碎裂结构
	≥3	0.2~0.4	一般		中、薄层状结构
破碎	≥3	0.2~0.4	差	各种类型结构面	裂隙块状结构
		≤0.2	一般或差		碎裂结构
极破碎	无序		很差		散体状结构

注：①平均间距指主要结构面(1~2组)间距的平均值；②镶嵌碎裂结构为碎裂结构中碎块较大且相互咬合、稳定性相对较好的一种结构。

1.6　边坡处治基本措施

边坡工程是一项复杂的系统性工程。边坡工程设计时，应结合边坡的工程地质条件、周边环境条件及主体工程建筑，综合实施多项措施；在保证边坡安全的前提下，综合考虑主体建筑、周边建筑、周边环境以及整体美观、适用、经济等特点进行优化设计。

1.6.1　边坡工程设计与施工所需资料

按照先勘察后设计的原则，边坡设计开始之前，应进行边坡的岩土工程勘察，收集掌握有关整个边坡的工程地质、水文条件、地震烈度等资料及相关的技术标准、规范以及相关工程资料。

（1）工程用地红线图，建筑平面布置总图，相邻建筑物的平面、立面、剖面和基础图等。

（2）场地和边坡地形地貌及工程地质条件。这是边坡定性分析与评价、支挡结构设计的主要资料，它包括边坡的地层结构，各地层的产状、构造、岩层的完整及破碎程度、风化程度等，覆盖层厚度及变化情况，可能破裂面（或滑动面）的位置、形态及潜在变化、地形变化及地貌特征等。

（3）场地和边坡气象及水文地质条件。边坡设计时，应掌握边坡地段地表水及地下水的情况，包括雨季及枯水季节的地下水位情况，设计标准年限内的最大降雨量等。

（4）场地和边坡地震资料。边坡设计时，应查阅国家地震烈度区划图，确定工程现场地震动参数指标，它们是进行抗震计算及抗震设计的主要依据。

（5）场地和边坡岩土物理力学参数。边坡岩土层的类别、物理力学性质指标以及土（岩）样柱状剖面图等是边坡工程分析计算的基础资料。

（6）周边相关工程资料。边坡工程的设计应与相关工程相适应，尽量不影响相关工程的使用功能，设计前应搜集相关工程的总体平面布置图、纵断面及横断面设计图等。

（7）同类边坡工程的经验资料。边坡设计时，在对当地的地质条件及降雨情况缺乏把握的情况下，当地同类边坡工程的经验资料包括边坡断面设计形状、坡比、台阶高度、台阶宽度、防护结构形式等具有重要的参考价值。

（8）边坡工程环境资料。边坡工程设计应考虑边坡工程对周边环境的影响，以保护与美化环境。

（9）施工条件、施工技术、设备性能和施工经验等资料。

1.6.2　边坡处治的常用措施

1. 放缓边坡

放缓边坡是边坡处治的常用措施之一，通常为首选措施。它的优点是施工简便、经济、安全可靠。

边坡失稳破坏通常是由于边坡过高、坡度太陡所致。通过削坡，削掉一部分边坡不稳定岩土体，使边坡坡度放缓，稳定性提高。

2. 加固

（1）注浆加固

当边坡坡体较破碎、节理裂隙较发育时，可采用压力注浆这一手段，对边坡坡体进行加固。灌浆液在压力的作用下，通过钻孔壁周围切割的节理裂隙向四周渗透，对破碎边坡岩土体起到胶结作用，形成整体；此外，砂浆柱对破碎边坡岩土体起到螺栓连接作用，达到提高坡体整体性及稳定性的目的。注浆加固可对边坡进行深层加固。

（2）锚杆加固

当边坡坡体破碎，或边坡地层软弱时，可打入一定数量的锚杆，对边坡进行加固。锚杆加固边坡的机理相当于螺栓的作用。锚杆加固为一种中浅层加固手段。

（3）土钉加固

对于软质岩石边坡或土质边坡，可向坡体内打入足够数量的土钉，对边坡起到加固作用。土钉加固边坡的机理类似于群锚的作用。

与锚杆相比，土钉加固具有"短"而"密"的特点，是一种浅层边坡加固技术。两者在作用机理、设计计算理论上有所不同，但在施工工艺上是相似的。

（4）预应力锚索加固

当边坡较高、坡体可能的潜在破裂面位置较深时，预应力锚索不失为一种较好的深层加固手段。目前，在高边坡的加固工程中，预应力锚索加固正逐渐发展成为一种趋势，被越来越多的人接受。在高边坡加固工程中，与其他加固措施相比，预应力锚索加固具有以下优点：

①受力主动、可靠。

②作用力可均匀分布于需加固的边坡上，对地形、地质条件适应力强，施工条件易满足。

③勿需放炮开挖，对坡体不产生扰动和破坏，能维持坡体本身的力学性能不变。

④施工速度快等。

3. 支挡

支挡（挡墙、抗滑桩等）是边坡处治的基本措施。对于不稳定的边坡岩土体，使用支挡结构（挡墙、抗滑桩等）对其进行支挡，是一种较为可靠的处治手段。它的优点是可从根本上解决边坡的稳定性问题，达到根治的目的。

建筑边坡支护结构形式应考虑场地地质和环境条件、边坡高度、边坡侧压力的大小和特点、对边坡变形控制的难易程度以及边坡工程安全等级等因素，可按表1.8选定。

表1.8　边坡支护结构常用形式

结构类型	边坡环境条件	边坡高度 H(m)	边坡工程安全等级	说明
重力式挡墙	场地允许，坡顶无重要建（构）筑物	土坡，$H \leqslant 10$ 岩坡，$H \leqslant 12$	一、二、三级	不利于控制边坡变形，土方开挖后边坡稳定较差时不应采用
扶壁式挡墙	填方区	土坡，$H \leqslant 10$	一、二、三级	土质边坡

续表 1.8

结构类型	边坡环境条件	边坡高度 H(m)	边坡工程安全等级	说明
悬臂式挡墙、扶壁式挡墙	填方区	悬臂式挡墙，$H \leqslant 6$ 扶壁式挡墙，$H \leqslant 10$	一、二、三级	适用于土质边坡
板肋式或格构式锚杆挡墙		土质边坡，$H \leqslant 15$ 岩质边坡，$H \leqslant 30$	一、二、三级	坡高较大或稳定性较差时宜采用逆作法施工，对挡墙变形有较高要求的土质边坡，宜采用预应力锚杆
排桩式锚杆挡墙支护	坡顶建（构）筑物需要保护，场地狭窄	土质边坡，$H \leqslant 15$ 岩质边坡，$H \leqslant 30$	一、二、三级	有利于对边坡变形控制，适用于稳定性较差的土质边坡、有外倾软弱结构面的岩质边坡、垂直开挖施工尚不能保证稳定的边坡
桩板式挡墙		悬臂式，$H \leqslant 15$ 锚拉式，$H \leqslant 25$	一、二、三级	桩嵌固段土质较差时不宜采用，当对挡墙变形要求较高时宜采用锚拉式桩板挡墙
岩石锚喷支护		I 类岩质边坡，$H \leqslant 30$	一、二、三级	适用于岩质边坡
		II 类岩质边坡，$H \leqslant 30$	二、三级	
		III 类岩质边坡，$H \leqslant 15$	二、三级	
坡率法	坡顶无重要建（构）筑物，场地有放坡条件	土坡，$H \leqslant 10$ 岩坡，$H \leqslant 25$	一、二、三级	不良地质段，地下水发育区、软塑及流塑状土时不应采用

4. 坡面防护

边坡坡面防护包括植物防护和工程防护。

（1）植物防护

植物防护是在坡面上栽种树木、植被、草皮等植物，通过植物根系发育起到固土的作用，防止水土流失的一种防护措施。这种防护措施一般适用于边坡不高、坡角不大的稳定边坡。

（2）工程防护

①砌体封闭防护

当边坡坡度较陡、坡面土体松散、自稳性差时，可采用圬工砌体封闭防护措施。砌体封闭防护包括浆砌片石、浆砌块石、浆砌条石、浆砌预制块、浆砌混凝土空心砖等。

②喷射素混凝土防护

对于稳定性较好的岩质边坡，可在其表面喷射一层素混凝土，防止岩石继续风化、剥落，达到稳定边坡的目的。这是一种表层防护处治措施。

③挂网锚喷防护

对于软质岩石边坡或石质坚硬但稳定性较差的岩质边坡，可采用挂网锚喷防护。挂网锚喷是在边坡坡面上铺设钢筋网或土工塑料网等，向坡体内打入锚杆（或锚钉）将网钩牢，向网上喷射一定厚度的素混凝土，对边坡进行封闭防护。

5. 防排水

排水设施有泄水洞、排水孔、支撑渗沟、截水暗沟、渗沟、截水墙等。有地下水时墙背填土后将有静水压力作用在墙背上，孔隙水压力将增大土压力，若能采取有效措施消除或减小孔隙水压力，如设置泄水孔（在墙后做滤水层和排水盲沟）等，会使挡土墙的设计更为经济。在墙顶地面宜铺设防水层，不允许地表逸流无节制地漫坡流动，边坡应进行绿化。当墙后有山坡时还应在坡下设置截水沟。

通过排除地表水和地下水，降低水压荷载，提高边坡的抗滑力。经验表明，地下水位每降低 0.3 m，边坡安全系数可提高 1%。

墙后填土一般应选择透水性好的填料，当选用黏性土时，宜适当混以块石；在季节性冻土地区宜选择非冻胀性填料（如炉渣、碎石、粗砂等），填土应分层夯实。

1.7　边（滑）坡工程设计原则

1. 边坡工程设计中的极限状态设计原则

边坡设计要解决的根本问题是在边坡的稳定与经济之间选择一种合理的平衡，力求以最经济的途径使服务于工程建筑物的边坡满足稳定性和可靠性的要求。

安全性：边坡及其支护结构在正常施工和正常使用时能承受可能出现的各种荷载作用，以及在偶然事件发生时及发生后应能保持必要的整体稳定性。

适用性：边坡及其支护结构在正常使用时能满足预定的使用要求，如作为建筑物环境的边坡能保证主体建筑物的正常使用。

耐久性：边坡及其支护结构在正常维护下，随着时间的变化，仍能保持自身整体稳定，同时不会因边坡的变形而影响主体建筑物的正常使用。

可靠度：为边坡及其支护结构在规定的时间内，在规定的条件下，保持自身整体稳定的概率。

边坡极限状态包括承载能力极限状态和正常使用极限状态。承载能力极限状态即对应于支护结构达到最大承载能力、锚固系统失效发生不适于继续承载的变形或坡体失稳应满足承载能力的极限状态；正常使用极限状态即对应于支护结构和边坡达到支护结构或邻近建（构）筑物的正常使用所规定的变形限值或达到耐久性的某项规定限值。

2. 边坡设计中的载荷效应及抗力限值计算原则

①按地基承载力确定支护结构或构件的基础底面积及埋深或按单桩承载力确定桩数时，传至基础或桩上的作用效应应采用荷载效应标准组合；相应的抗力应采用地基承载力特征值或单桩承载力特征值；

②计算边坡与支护结构的稳定性时，应采用荷载效应基本组合，但其分项系数均为 1.0；

③计算锚杆面积、锚杆杆体与砂浆的锚固长度、锚杆锚固体与岩土层的锚固长度时，传至锚杆的作用效应应采用荷载效应标准组合；

④在确定支护结构截面面积、基础高度、计算基础或支护结构内力、确定配筋和验算材料强度时，应采用荷载效应基本组合，并应满足：

$$\gamma_0 S \leqslant R \tag{1.1}$$

式中：S——基本组合的效应设计值；

　　　R——结构构件抗力的设计值；

　　　γ_0——支护结构重要性系数，对安全等级为一级的边坡不应低于1.1，二、三级边坡不应低于 1.0。

⑤计算支护结构变形、锚杆变形及地基沉降时，应采用荷载效应的准永久组合，不计入风荷载和地震作用，相应的限值应为支护结构、锚杆或地基的变形允许值；

⑥计算支护结构抗裂时，应采用荷载效应标准组合，并考虑长期作用影响；

⑦抗震设计时地震作用效应和荷载效应的组合应按国家现行有关标准执行。

3. 地震作用计算原则

①边坡工程抗震设防烈度应根据中国地震动参数区划图确定的本地区地震基本烈度确定，且不应低于边坡塌滑区内建筑物的设防烈度。

②抗震设防的边坡工程，其地震作用计算应按国家现行有关标准执行；抗震设防烈度为6度的地区，边坡工程支护结构可不进行地震作用计算，但应采取抗震构造措施；抗震设防烈度为6度以上的地区，边坡工程支护结构应进行地震作用计算；临时性边坡可不作抗震计算。

③支护结构和锚杆外锚头等，应按抗震设防烈度要求采取相应的抗震构造措施。

④抗震设防烈度为6度以上的地区，支护结构或构件承载能力应采用地震作用效应和荷载效应基本组合进行验算。

4. 设计计算原则

在边坡工程设计中必须进行下列验算：

①支护结构及其基础的抗压、抗弯、抗剪、局部抗压承载力的计算；支护结构基础的地基承载力计算。

②锚杆锚固体的抗拔承载力及锚杆杆体抗拉承载力的计算。

③支护结构稳定性验算。

边坡支护结构设计时尚应进行下列计算和验算：

①地下水发育边坡的地下水控制计算。

②对变形有较高要求的边坡工程还应结合当地经验进行变形验算。

5. 边坡工程设计中的动态化设计原则

由于边坡岩土介质的复杂性、可变性和不确定性，地质勘察参数难以准确确定，加之设计理论和设计方法带有经验性和类比性。因此边坡工程的设计往往难以一次定型，需要根据施工中反馈的信息和监控资料不断校核、补充和完善设计，这就是目前边坡工程处治设计中较为科学的动态设计方法，这种设计法要求提出特殊的施工方案和监控方案，以保证在施工过程中能获取对原设计进行效核、补充和完善的有效资料和数据。

6. 边坡工程设计中的综合治理原则

边坡工程设计，应根据边坡的具体情况，结合主体工程建筑物实施多措施综合治理原则。在保证边坡自身整体稳定的前提下，综合考虑主体建筑物、周边建筑物、周边环境以及整体美观、适用、经济等特点进行优化设计。

第 2 章

边(滑)坡工程勘察

岩土工程勘察是根据建设工程的要求，查明、分析、评价建设场地的地质、环境特征和岩土工程条件，编制勘察文件的活动。先勘察，后设计，再施工，是工程建设必须遵守的程序。各项建设工程在设计和施工之前，必须按基本建设程序进行岩土工程勘察。

2.1 岩土工程勘察等级划分

为指导勘察工作量的布置，以便突出重点、区别对待，在正式开展勘察活动前，需要根据工程重要性等级、场地和地基的复杂程度3项因素划分岩土工程勘察等级。

1. 工程重要性等级

工程的重要性等级即工程的安全等级，是根据工程的规模和特征，以及由岩土工程问题造成工程破坏或影响正常使用的后果划分的，一般分为三级。

一级工程：重要工程，后果很严重。

二级工程：一般工程，后果严重。

三级工程：次要工程，后果不严重。

2. 场地复杂程度等级

场地复杂程度是由建筑抗震稳定性、不良地质现象发育情况、地质环境破坏程度和地形地貌条件四个条件衡量的，也划分为3个等级，详见表2.1。

表 2.1 场地复杂程度等级

场地条件＼等级	一级（复杂）	二级（中等复杂）	三级（简单）
建筑抗震稳定性	危险	不利	抗震设防烈度≤6度，或对建筑抗震有利
不良地质现象发育情况	强烈发育	一般发育	不发育
地质环境破坏程度	已经或可能受到强烈破坏	已经或可能受到一般破坏	基本未受破坏
地形地貌条件	复杂	较复杂	简单
地下水影响	有影响工程的多层地下水、岩溶裂隙水或其他水文地质条件复杂，需专门研究	基础位于地下水位以下	无影响

注：①从一级开始，向二级、三级推定，以最先满足的为准；②一、二级场地各条件中只要符合其中任一条即可；③对建筑抗震有利、不利和危险地段的划分，应按现行国家标准《建筑抗震设计规范》(GB 50011—2010)的规定确定。

3. 地基复杂程度等级

地基复杂程度等级也分三级，划分依据如下：

(1)符合下列条件之一者为一级地基(复杂地基)：

①岩土种类多，很不均匀，性质变化大，需进行特殊处理；

②严重湿陷、膨胀、盐渍、污染的特殊性岩土，以及其他情况复杂、需作专门处理的岩土。

(2)符合下列条件之一者为二级地基(中等复杂地基)：

①岩土种类较多，不均匀，性质变化较大；

②上述一级地基第②条规定以外的特殊性岩土。

(3)符合下列条件者为三级地基(简单地基)：

①岩土种类单一，均匀，性质变化不大；

②无特殊性岩土。

4. 岩土工程勘察等级

岩土工程勘察等级根据工程重要性等级、场地复杂程度等级和地基复杂程度等级划分，也分三级。

甲级：在工程重要性、场地复杂程度和地基复杂程度等级中，有一项或多项为一级。

乙级：除勘察等级为甲级和丙级以外的勘察项目。

丙级：工程重要性、场地复杂程度和地基复杂程度等级均为三级。

注：建筑在岩质地基上的一级工程，当场地复杂程度等级和地基复杂程度等级均为三级时，岩土工程勘察等级可定为乙级。

2.2　岩土工程勘察阶段划分

一项工程建设，尤其是重大工程，从构思设想到建成运行需要经过反复研究和不断深化，而不可能是一次完成的。因此，对工程建设来说，必须要有一个合理的设计程序，将工程设计划由低级到高级分为的不同阶段，明确规定各设计阶段的目的、任务。岩土工程勘察是为工程建设服务的，它的基本任务就是为工程的设计、施工以及岩土体治理加固等提供地质资料和必要的技术参数，对有关的岩土工程问题作出评价，以保证设计工作的完成和顺利施工。因此，勘察阶段的划分，应与设计阶段相适应，一般划分为可行性研究勘察、初步勘察、详细勘察 3 个阶段。其中，可行性研究勘察应符合选择场址方案的要求；初步勘察应符合初步设计的要求；详细勘察应符合施工图设计的要求。而对于场地条件复杂或有特殊要求的工程，还应进行施工勘察。

可行性研究勘察也称为选址勘察，其目的是要强调在可行性研究时勘察工作的重要性，特别是对一些重大工程更为重要。可行性研究勘察的主要任务，是对拟选场址的稳定性和适宜性作出岩土工程评价，进行技术、经济论证和方案比较，满足确定场地方案的要求。这一阶段一般有若干个可供选择的场址方案，都要进行勘察；各方案对场地工程地质条件的了解程度应该是相近的，并对主要的岩土工程问题作初步分析、评价。以此比较说明各方案的优劣，选取最优的建筑场址。本阶段的勘察方法，主要是在搜集、分析已有资料的基础上进行现场踏勘，了解场地的工程地质条件。当场地工程地质条件比较复杂，已有资料不足以说明问题时，应进行工程地质测绘和必要的勘探工作。

初步勘察的目的，是密切结合工程初步设计的要求，提出岩土工程方案设计和论证。其主要任务是在可行性研究勘察的基础上，对场地内建筑地段的稳定性作出岩土工程评价，并为确定建筑总平面布置，对主要建筑物的岩土工程方案和不良地质现象的防治工程方案等进行论证，以满足初步设计或扩大初步设计的要求。此阶段是设计的重要阶段，既要对场地稳定性作出确切的评价结论，又要确定建筑物的具体位置、结构型式、规模和各相关建筑物的布置方式，并提出主要建筑物的地基基础、边坡工程等方案。如果场地内存在不良地质现象，影响场地和建筑物稳定性时，还要提出防治工程方案，因而岩土工程勘察工作是繁重的。但是，由于建筑场地已经选定，勘察工作范围一般限定于建筑地段内，相对比较集中。本阶段的勘察方法，在分析已有资料的基础上，根据需要进行工程地质测绘，并以勘探、物探和原位测试为主。应根据具体的地形地貌、地层和地质构造条件，布置勘探点、线、网，其密度和孔（坑）深按不同的工程类型和岩土工程勘察等级确定。原则上每一岩土层应取样或进行原位测试，取样和原位测试坑孔的数量应占相当大的比例。

详细勘察的目的，是对岩土工程设计、岩土体处理与加固、不良地质现象的防治工程进行计算与评价，以满足施工图设计的要求。此阶段应按不同建筑物或建筑群提出详细的岩土工程资料和设计所需的岩土技术参数。显然，该阶段勘察范围仅局限于建筑物所在的地段内，所要求的成果资料精细可靠，而且许多是计算参数。例如，工业与民用建筑需评价和计算地基稳定性和承载力；提供地基变形计算参数，预测建筑物的沉降、差异沉降或整体倾斜；判定高烈度地震区场地饱和砂土（或粉土）的地震液化，计算液化指数；深基坑开挖的稳定计算和支护设计所需参数，基坑降水设计所需参数，以及基坑开挖、降水对邻近工程的影响，桩基设计所需参数，单桩承载力等。本阶段勘察方法以勘探和原位测试为主。勘探点一般应按建筑物轮廓线布置，其间距根据岩土工程勘察等级确定，较之初勘阶段密度更大。勘探坑孔深度一般应以工程基础底面为准进行计算，采取岩土试样和进行原位测试的坑孔数量，也比初勘阶段的大。为了与后续的施工监理衔接，此阶段应适当布置监测工作。

对工程地质条件复杂或有特殊施工要求的重要工程，还需要进行施工勘察。施工勘察包括施工阶段和竣工运营过程中一些必要的勘察工作，主要是检验与监测工作、施工地质编录和施工超前地质预报。它可以起到核对已取得的地质资料和所作评价结论准确性的作用，以此可修改、补充原来的勘察成果。施工勘察并不是一个固定的勘察阶段，是视工程的需要而定的。此外，对一些规模不大且工程地质条件简单的场地，或有建筑经验的地区，可以简化勘察阶段。

2.3　岩土工程勘察技术

岩土工程勘察需要查明、分析、评价建设场地的地质地理环境特征和岩土工程条件，因而需要采用一定的技术手段。常用的勘察技术方法主要有工程地质测绘和调查、勘探和取样、原位测试、室内试验、检验和监测、分析计算、数据处理等。不同的工程要求和地质条件，应采用不同的技术方法。

　　工程地质测绘是岩土工程勘察的基础工作，一般在勘察的初期阶段进行。这一方法的本质是运用地质、工程地质理论，对地面的地质现象进行观察和描述，分析其性质和规律，并由此推断地下地质情况，为勘探、测试工作等其他勘察方法提供依据。对地形地貌和地质条件较复杂的场地，必须进行工程地质测绘；但对地形平坦、地质条件简单且较狭小的场地，则可采用调查代替工程地质测绘。工程地质测绘是认识场地工程地质条件最经济、最有效的方法，高质量的测绘工作能相当准确地推断地下地质情况，起到有效地指导其他勘察方法的作用。

　　勘探工作包括物探、钻探和坑探等方法。它被用来调查地下地质情况，并且可利用勘探工程取样进行原位测试和监测。应根据勘察目的及岩土的特性选用上述勘探方法。物探是一种间接的勘探手段，它的优点是较之钻探和坑探轻便、经济而迅速，能够及时解决工程地质测绘中难于推断而又急待了解的地下地质情况，所以常常与测绘工作配合使用，它又可作为钻探和坑探的先行或辅助手段。但是，物探成果判释往往具多解性，方法的使用又受地形条件等的限制，其成果需用勘探工程来验证。钻探和坑探也称勘探工程，均是直接勘探手段，能可靠地了解地下地质情况，在岩土工程勘察中是必不可少的。其中钻探工作使用最为广泛，可根据地层类别和勘察要求选用不同的钻探方法。当钻探方法难以查明地下地质情况时，可采用坑探方法。坑探工程的类型较多，应根据勘察要求选用。勘探工程一般都需要动用机械和动力设备，耗费人力、物力较多，有些勘探工程施工周期又较长，而且受到许多条件的限制。因此使用这种方法时应具有经济观点，布置勘探工程需要以工程地质测绘和物探成果为依据，切忌盲目性和随意性。

　　原位测试与室内试验的主要目的是为岩土工程问题分析评价提供所需的技术参数，包括岩土的物性指标、强度参数、固结变形特性参数、渗透性参数和应力、应变时间关系的参数等。各项试验工作在岩土工程勘察中占有重要的地位。原位测试与室内试验相比，各有优缺点。原位测试的优点是：试样不脱离原来的环境，基本上在原位应力条件下进行试验；所测定的岩土体尺寸大，能反映宏观结构对岩土性质的影响，代表性好；试验周期较短，效率高；尤其对难以采样的岩土层仍能通过试验评定其工程性质。其缺点是：试验时的应力路径难以控制；边界条件也较复杂；有些试验耗费人力、物力较多，不可能大量进行。室内试验使用的历史较久，其优点是：试验条件比较容易控制(边界条件明确，应力应变条件可以控制等)；可以大量取样。其主要的缺点是：试样尺寸小，不能反映宏观结构和非均质性对岩土性质的影响，代表性差；试样不可能真正保持原状，而且有些岩土也很难取得原状试样。可见二者的优缺点是互补的，应相辅相成，配合使用，以便经济有效地取得所需的技术参数。原位测试一般都借助于勘探工程进行，是详细勘察阶段主要的一种勘察方法。

　　现场检验与监测是构成岩土工程系统的一个重要环节，大量工作在施工和运营期间进行；但是这项工作一般需在高级勘察阶段开始实施，所以又被列为一种勘察方法。它的主要目的在于保证工程质量和安全，提高工程效益。现场检验的含义，包括施工阶段对先前岩土工程勘察成果的验证核查以及岩土工程施工监理和质量控制。现场监测则主要包含施工作用和各类荷载对岩土反应性状的监测、施工和运营中的结构物监测和对环境影响的监测等方面。检验与监测所获取的资料，可以反求出某些工程技术参数，并以此为依据及时修正设计，使之在技术和经济方面得到优化。此项工作主要是在施工期间内进行，但对有特殊要求的工程以及一些对工程有重要影响的不良地质现象，应在建筑物竣工运营期间继续进行。

岩土工程分析评价与成果报告是岩土工程勘察成果的总结性文件。在工程地质测绘、勘探、测试和搜集已有资料的基础上，根据任务要求、勘察阶段、地质条件和工程特点等进行。主要工作内容包括：岩土参数的分析与选定、岩土工程分析评价、反演分析、勘察成果报告及应附的图表。对不同的岩土工程勘察等级，其分析评价和成果报告要求有所不同。

各种勘察方法的选择和应用、工作的布置和工作量大小，需根据建筑物的类型、岩土工程勘察等级以及勘察阶段来确定。这些问题将在以后各章内容中具体论述。

最后要提及的是，随着科学技术的飞速发展，在岩土工程勘察领域中不断引进高新技术。例如，工程地质综合分析、工程地质测绘制图和不良地质现象监测中遥感(R5)、地理信息系统(GIS)和全球卫星定位系统(GPS)即 3S 技术的引进；勘探工作中地质雷达和地球物理层析成像技术(CT)的应用等。

2.4 边坡工程勘察

2.4.1 基本规定

一般的边坡工程可与建筑工程地质勘察一并进行，但应满足边坡勘察的工作深度和要求，勘察报告应有边坡稳定性评价的内容。

1. 边坡工程勘察前应收集的资料

①边坡及邻近边坡的工程地质资料；

②附有坐标和地形的拟建边坡支挡结构的总平面布置图；

③边坡高度、坡底高程和边坡平面尺寸；

④拟建场地的整平高程和挖方、填方情况；

⑤拟建支挡结构的性质、结构特点及拟采取的基础形式、尺寸和埋置深度；

⑥边坡滑塌区及影响范围内的建(构)筑物的相关资料；

⑦边坡工程区域的相关气象资料；

⑧场地区域最大降雨强度和 20 年一遇及 50 年一遇最大降水量；河、湖历史最高水位和 20 年一遇及 50 年一遇的水位资料；可能影响边坡水文地质条件的工业和市政管线、江河等水源因素，以及相关水库水位调度方案资料；

⑨对边坡工程产生影响的汇水面积、排水坡度、长度和植被等情况；

⑩边坡周围山洪、冲沟和河流冲淤等情况。

2. 边坡工程勘察内容

①场地地形和场地所在地貌单元；

②岩土时代、成因、类型、性状、覆盖层厚度、基岩面的形态和坡度、岩石风化和完整程度；

③岩、土体的物理力学性能；

④主要结构面特别是软弱结构面的类型、产状、发育程度、延伸程度、结合程度、充填状况、充水状况、组合关系、力学属性和与临空面的关系；

⑤地下水水位、水量、类型、主要含水层分布情况、补给及动态变化情况；

⑥岩土的透水性和地下水的出露情况；

⑦不良地质现象的范围和性质；

⑧地下水、土对支挡结构材料的腐蚀性；

⑨坡顶邻近(含基坑周边)建(构)筑物的荷载、结构、基础形式和埋深,地下设施的分布和埋深。

3. 专门性边坡工程岩土勘察

对于超过规范适用范围的边坡工程、地质条件和环境条件复杂或有明显变形迹象的一级边坡工程、边坡邻近有重要建(构)筑物的边坡工程应进行专门性边坡工程岩土勘察。

专门性边坡工程岩土勘察报告应包括以下主要内容：

①勘察目的、任务要求和执行的主要技术标准；

②边坡安全等级和勘察等级；

③边坡概况(含边坡要素、边坡组成、边坡类型、边坡性质等)；

④勘察方法、工作量布置和质量评述；

⑤自然地理概况；

⑥地质环境；

⑦边坡岩体类别划分和可能的破坏模式；

⑧岩土体物理力学性质；

⑨地震效应和地下水腐蚀性评价；

⑩边坡稳定性评价(定性、定量评价–计算模式、计算工况、计算参数取值依据、稳定状态判定等)及支护建议；

⑪结论与建议。

4. 边坡工程勘察阶段

大型和地质环境复杂的边坡工程宜分阶段勘察；当地质环境复杂、施工过程中发现地质环境与原勘察资料不符且可能影响边坡治理效果或因设计、施工原因变更边坡支护方案时尚应进行施工勘察。各勘察阶段应符合下列要求：

①初步勘察应搜集地质资料,进行工程地质测绘和少量的勘探和室内试验,初步评价边坡的稳定性；

②详细勘察应对可能失稳的边坡及相邻地段进行工程地质测绘、勘探、试验、观测和分析计算,进行稳定性评价,对人工边坡提出最优开挖坡角；对可能失稳的边坡提出防护处理措施的建议；

③施工勘察应配合施工开挖进行地质编录,核对、补充前阶段的勘察资料,必要时,进行施工安全预报,提出修改设计的建议。

2.4.2　边坡工程勘察等级

边坡工程勘察等级应根据边坡工程安全等级和地质环境复杂程度按表2.2划分。边坡工程勘察的工作量布置与勘察等级关系密切。划分工程勘察等级的目的是突出重点,区别对待,指导勘察工作的布置,以利于管理。

表 2.2 边坡工程勘察等级

边坡工程安全等级	边坡地质环境复杂程度		
	复杂	中等复杂	简单
一级	一级	一级	二级
二级	一级	二级	三级
三级	二级	三级	三级

表中边坡地质环境复杂程度可按下列标准判别。

①地质环境复杂：组成边坡的岩土体种类多，强度变化大，均匀性差，土质边坡潜在滑面多，岩质边坡受外倾结构面或外倾不同结构面组合控制，水文地质条件复杂；

②地质环境中等复杂：介于地质环境复杂与地质环境简单之间；

③地质环境简单：组成边坡的岩土体种类少，强度变化小，均匀性好，土质边坡潜在滑面少，岩质边坡受外倾结构面或外倾不同结构面组合控制，水文地质条件简单。

2.4.3 边坡工程勘察技术及要求

根据勘察阶段及勘察任务的不同，边坡工程勘察过程中主要采用工程地质测绘与调查、勘探取样、试验分析等技术手段。

1. 边坡工程地质测绘和调查

边坡工程勘察应先进行工程地质测绘和调查。工程地质测绘和调查工作应查明边坡的形态、坡角、结构面产状和性质等，工程地质测绘和调查范围应包括可能对边坡稳定性有影响及受边坡影响的所有地段。加强对沟底及山前堆积物的勘察。

边坡的调查测绘是边坡勘察中最基本、最主要的工作。它将从宏观上、整体上掌握边坡所在地段的地层岩性、坡体结构和构造格局；判断边坡是否可能发生整体失稳或局部变形，以及变形的类型、机制和规模；并提出勘探线、点的布设位置、数量和深度，以及是否需要进行动态监测等。

边坡调查测绘目前尚无公认的统一方法，一般仍是采用普遍适用的工程地质调查测绘方法，但针对边坡工程的特点，又有其特殊的要求和做法：

①调查范围顺边坡走向应超出边坡范围 100~200 m，以便于地质条件的对比。垂直边坡走向上（即横断面上）向上应达到稳定地层，向下应达到当地侵蚀基准面（河底或沟底），以便预测可能发生的变形发展深度；

②充分利用当地河岸、沟岸和山坡土的基岩露头及人工开挖面（如堑坡、采石场、坑、洞等）调查稳定地层的岩性和产状、构造分布及其与临空面、开挖面之间的关系；

③调查由整体到局部、由宏观到微观，面、线、点相结合步步深入。先从整体上掌握整个坡体的结构、构造格局和稳定性，再分段、分层调查各个局部的不同特征，以及已有的和潜在的变形类型和范围，逐一作出评价；

④工程地质对比法是调查评价的基础。

一般调查以下内容：

（1）自然山坡形态特征和稳定状况的调查

自然山坡的坡形、坡率和坡高，如直线坡、凸形坡、凹形坡、台阶状坡，每一坡段的高度、坡度及横向展布长度。它们的形成与不同岩性的地层分布、性质和风化程度有什么内在联系，硬岩层常形成陡坡和陡崖，甚至是峡谷，软岩则形成缓坡和宽谷，硬岩峡谷段多出现危岩、崩塌和落石，软岩宽谷段则多滑坡。

从山坡形态调查中还应区分出不同岩土类型的稳定坡、不稳定坡和极限稳定坡。

稳定坡表现为坡面平直、形态圆顺，无坡度突变处的陡坎；岩性较单一或为均匀互层；无不良重力地质现象出现，坡面冲沟分布较均匀且顺直。

不稳定坡表现为坡面凹凸不平，有台坎、平台，但分布不规律，若有滑坡则表现出滑坡特有的地貌特征；若有崩塌落石则山坡上部有崩塌遗迹，坡脚或坡面有块石堆积；若有坍塌则表现为多处土陷下突的不顺特征。坡面冲沟分布不匀且不顺直，沟岸常不稳定。有坍塌及堆积，甚至有堵沟现象。坡面树木不竖直，有东倒西歪现象，或有"马刀树"、"醉汉林"分布。

极限稳定坡是居于稳定与不稳定坡之间的一种过渡状态，当山坡的平均坡率达到或接近岩土的最大休止角时即处于极限稳定状态，外貌上表现为坡面基本平顺，有少量或局部不平顺，有少量裂缝出现，无大的变形迹象，它表明只要再受到自然和人为的作用就会发生变形。

（2）地层岩性的调查测绘

地层岩性是构成斜坡的物质基础。岩土的成因和性质决定了其能保持的稳定坡率和高度。土层，包括各种成因的黏性土，黄土，崩积、洪积、冲积、残积成因的土，各有其不同的颗粒组成、密实程度、含水状态和强度特征，因此有不同的稳定坡率。如膨胀土只能保持十几度的稳定坡；老黄土可保持近垂直的陡坡；新黄土陡于 45° 就可能变形；崩坡积块石土可形成 30°～35° 的岩堆和坡积裙；洪积土则随形成时的含水量而变化，有的只有几度到十几度（如洪积扇），有的可达 20°～30°（如洪积锥）。岩层的差别很大，坚硬岩石可形成数百米、上千米的陡坡，而软岩坡高数十米、上百米就会发生变形。

岩层层面和不同成因、不同时代岩层的接触面（如坡积与洪积接触面、风化界面、整合面与不整合面）是坡体结构上的软弱面，它们的产状常常控制边坡的稳定。当这些倾向开挖面有地下水作用时，常会发生变形。有多层软弱面就可能形成多层、多级滑坡，如岩石顺层滑坡和多层堆积层滑坡。岩石的风化程度不同，具有不同的强度，所能保持的坡高和坡度也不同。

如 20 世纪 60 年代成昆铁路通过成都郊区狮子山膨胀土丘陵区，边坡高度不足 20 m，路堑两侧发生了众多滑坡，边坡坡率放缓至 1∶3～1∶4 后仍然滑动，后来用支撑盲沟排水后才保持了稳定。21 世纪初，重庆市万县至梁平高速公路有 20 km 选在砂泥岩顺倾地段，倾角达 25°～30°，边坡高度 20～40 m。开挖后近 30 个边坡几乎都发生了顺层滑动。弱～微风化的花岗岩能保持高陡的边坡，但其强风化层高边坡却出现了众多变形。

（3）构造结构面的调查测绘

对岩质坡体的稳定性起控制作用的除层面外主要是构造结构面，因此这项调查测绘是非常重要的。宽度数十米至数百米的区域性断裂带造成岩体碎裂，形成陡坡中的缓坡段，当铁路、公路等线状建筑物平行穿过该带时，常发生线状分布的一连串边坡变形，如宝鸡—天水铁路沿渭河断裂带、成昆铁路沿石棉—普雄断裂带，滑坡、坍塌、崩塌、落石灾害严重，且规模巨大，治理困难。在岩体相对完整的坡段则应重视小构造的作用，小的断层、错动、节理，虽然规模小，但当它们密集分布、倾向开挖面和临空面，或有不利的组合、或下伏于坡脚时，常常造成边坡失稳。特别是那些贯通性、延伸性、隔水性好的构造面更不利于边坡的稳定。

众所周知崩塌受构造面控制，即使是块状坚硬岩体如花岗岩体中的滑坡也受构造面的控制。曾在 310 国道宝鸡—天水间遇到一花岗片麻岩沿弧形大节理面滑坡，在秦岭山区—花岗岩高边坡，设计坡率 1:0.35，坡高不足 40 m，开挖半年后因坡脚一小断层（宽2.85 m）先引起坍塌，后沿倾向临空的倾角 37°的节理面滑坡，裂缝长 100 余 m，变形影响高达 90 m。所以，岩质边坡的调查测绘更应注意小构造的调查测绘及其相互切割的配套分析，包括结构面的产状、性质、密度、延伸长度、结构面间的充填物及含水状况等，及其与开挖面的关系。

（4）地下水的调查

水是边坡失稳变形的重要因素。除调查边坡汇水条件外，更应重视地下水出露情况的调查，包括地下水露头（泉水、湿地）位置、形态（线状、点状、是否承压）、流量、水温、水质等，并分析地下水对边坡稳定性的影响。地下水呈线状出露处，其下的隔水层常是岩性软弱、遇水软化、容易发生变形的部位。

（5）坡体结构的调查

坡体结构是坡体内岩、土体及结构面的分布和排列顺序、位置、产状及其与临空面（边坡开挖面）之间的关系，它是边坡稳定或失稳变形的地质基础。在上述地质调查的基础上，应分析边坡所在坡体结构类型，从而可预测边坡开挖后可能出现的变形类型和发生的部位。

根据实践经验，坡体结构可划分为以下主要类型：

①均质体结构

如黏性土、黄土、堆积土（崩积、坡积、洪积和冰积）和残积土层结构，无明显软弱夹层，其可能的变形类型为坍塌及沿弧形滑面的滑坡。当地下水发育，含水量过高时，会发生溜坍，这属于土质边坡稳定问题。

②近水平层状结构

近水平层状结构指土层、半成岩地层和岩层产状近水平（倾角小于 10°）的结构，一般较稳定。但也存在上覆层沿下伏基岩面的顺层滑动，如膨胀土滑坡；也有同种土层中的滑坡；当上覆厚层硬岩层、下伏软岩时，既可能发生硬岩的崩塌，又可能形成错落性（软岩挤出型）滑坡；此外还有切层滑坡。

③顺倾层状结构

顺倾层状结构的土层或岩层层面倾向临空面（边坡开挖面），当倾角大于 10°时，最易形成顺层面和接触面的顺层滑坡。当有软弱岩层或夹层时，倾角为 10°～30°时最易滑动，当有多个软夹层时，会形成多层滑坡，并具牵引扩大的特点。当无软夹层时，倾角为 30°也不一定滑动，它取决于层面倾角与层间综合内摩擦角的对比，只有当前者大于后者时才会滑动。这类边坡失稳变形最多，应特别重视。

④反倾层状结构

反倾层状结构岩层面倾向山体内，一般稳定性较好，失稳者少，但有受节理面控制的崩塌。当岩体受构造破碎或下伏软岩时会形成切层滑坡。当软质岩层倾角较陡（>70°）时，易发生倾倒变形。

⑤斜交层状结构

斜交层状结构层面倾山或倾临空，但其走向与边坡走向斜交，夹角小于 35°，常受层面和节理两者控制发生滑坡和崩塌。当夹角大于 35°时，很少发生滑坡变形。

⑥碎裂状结构

碎裂状结构指大断层破碎带或多条断层交汇处,岩体十分破碎,又存在倾向临空面的次级小断层。因此,既有坍塌变形,又有沿小构造的滑坡变形,也可发生沿弧形面的滑动。

⑦块状结构

块状结构主要为厚层块状岩体,岩块强度高,如花岗岩、玄武岩等,一般边坡稳定受风化程度和构造面控制。当有倾临空面的构造面及其组合,且有地下水作用时,易发生崩塌和滑坡。

(6)已有边坡变形的调查测绘

若边坡地段已经有一古老的或正在活动的斜坡变形现象,如坍塌、滑坡、崩塌等,应详细调查它们的类型、规模、分布位置和主要地层等,分析其产生的条件和原因,并对其稳定性作出评价和预测,与拟建边坡进行对比分析。

通过以上调查测绘,对自然山坡和拟建边坡的稳定性可作出初步评价,对需要通过勘探验证的部位安排必要的勘探和取样。

2. 边坡工程勘探

(1)勘探方法的选择

仅通过工程地质测绘是难以查明边坡的工程地质条件的,所以在边坡的工程地质勘察中必须采用地质勘探工作。边坡工程地质勘探工作的首要任务就是要全面查明边坡的工程地质条件,包括地质构造、地貌特征及其成因、滑动面形状特征以及水文地质条件,其次就是为测定边坡岩土的物理力学性质、地下水运动规律准备条件。勘探的主要手段有钻探(直孔、斜孔)、坑(井)探、探槽和物探等。对于复杂、重要的边坡工程可辅以洞探、位于岩溶发育的边坡除采用上述方法外,尚应采用物探。

①钻探

通过钻探,可揭示边坡各地层的厚度、位置、产状,根据钻孔取芯试样的分析,可进一步确定出各地层的物质成分、物理力学性质。为鉴别和划分地层,钻孔直径不宜过小,须满足试验对取样尺寸的要求。

②坑(井)探

坑(井)探比钻探更直观、更能准确地揭示边坡各地层的厚度、位置、产状、结构组成情况。探井的深度受施工难易程度的限制,不及钻探所能达到的深度,成本也比钻探高得多。

③槽探

在边坡顶部滑动面边缘下部剪出口附近,滑动面位置较浅,可利用槽探手段揭示滑动面在边缘或剪出口部位处的形态特征及相应地层的情况。

④物探

物探(又称地球物理勘探)应在工程地质测绘和钻探的相互配合下进行,可作为一种辅助性勘探手段。物探方法可根据工程要求、探测对象的地球物理特性和场地地形地质条件等因素确定。

选择物探方法时,应充分考虑边坡场地的地形起伏、表土层的均匀性和各向异性、场地附近有无对物探工作造成干扰的因素(如变电设备、高压电线、地下金属管道、机械振动)等场地条件的适宜性。在地面调查测绘后尚不易查明的情况,如地层埋藏情况,风化界线、埋藏构造、软弱面和潜在滑动面的形状和埋深。地下水的含水层、隔水层等,需通过勘探予以查明。一般勘探采用地球物理勘探,坑、槽、洞探和钻探相结合的综合勘探方法,并应首先考虑采用速度快、费用低的物探和槽探,以减少钻探数量。

①物探是钻探的重要补充,它可以查明整个边坡体内的地层分布,埋藏断层和构造破碎带的位置、风化界限和过湿带的分布。虽精度不高,但造价低、速度快,可减少钻孔数量。物探线一般沿地形等高线布设以减少地形影响,其探测深度应大于钻探深度。物探多采用电测深法和地震法,前者有利于查清地层和地下水分布,后者能较准确划分地层界限,可结合使用。

②对特别重要、高大而复杂的边坡,如水利工程边坡,重点部位可布置井探和洞探,它们可以更清楚地揭露地层、构造和地下水情况,并可进行试验取样或进行原位试验。

③地表覆盖层较厚、基岩露头少的地区,地面调查有困难,可在覆盖层较薄处布置坑、槽探以查明地下地质条件。

④钻探是边坡地质勘探的最主要手段,为了查明控制边坡稳定的软弱地层、构造结构面的位置和地下水情况,因此要求有较高的岩芯采取率(一般不小于 85%),以免漏掉软弱夹层。钻探不应采用开水正循环钻进的方法。因为它会冲掉薄的软弱夹层,且查不清地下水的分布。建议采用无泵反循环钻进方法,其基本原理是:在岩芯管顶端接头顶部放一光滑钢球,岩芯管上部接一根长 1 m 的短钻杆,其上钻 2 个孔眼。每次下钻具前向钻孔中倒入一桶冷却用水(有地下水时不倒水),钻具下入钻孔后,随岩芯进入岩芯管,岩芯上部的水顶开钢球从钻杆上孔眼流出进入钻孔冷却钻头,如图所示。它的最大优点是岩芯采取率高(可达90%以上),不会漏掉软弱夹层,不会改变岩芯内部的含水状态,能及时发现地下水,其缺点是钻探速度较慢,尤其是岩层钻探,每回次进尺 0.3 ~ 0.5 m,提钻次数多,目前采用的双筒岩芯管虽可提高岩芯采取率,但仍无法查清地下水情况。钻探也可用风冷双筒岩芯管钻进的方法。

当边坡岩土体内有较丰富的地下水分布时,应进行抽(提)水试验,查明各层水的分布、流量、补给和排泄方向等,为排水设计提供依据。

(2)边坡工程勘探范围

边坡工程勘探范围应包括坡面区域和坡面外围一定的区域。

对无外倾结构面控制的岩质边坡的勘探范围:到坡顶的水平距离一般不应小于边坡高度;外倾结构面控制的岩质边坡的勘探范围应根据组成边坡的岩土性质及可能破坏模式确定。

对于可能按土体内部圆弧形破坏的土质边坡不应小于 1.5 倍坡高。

对可能沿岩土界面滑动的土质边坡,后部应大于可能的后缘边界,前缘应大于可能的剪出口位置。

勘察范围尚应包括可能对建(构)筑物有潜在安全影响的区域。

(3)边坡勘探点、线的布置

勘探线应以垂直边坡走向或平行主滑方向布置为主,在拟设置支挡结构的位置应布置平行和垂直的勘探线。成图比例尺应大于或等于 1:500,剖面的纵横比例应相同。

勘探点分为一般性勘探点和控制性勘探点。控制性勘探点宜占勘探点总数的 1/5 ~ 1/3,地质环境条件简单、大型的边坡工程取 1/5,地质环境条件复杂、小型的边坡工程取 1/3,并应满足统计分析的要求。

详细勘察的勘探线、点间距可按表或地区经验确定。每一单独边坡段勘探线不应少于 2条,每条勘探线不应少于 2 个勘探点。

表 2.3　详细勘察的勘探线、点间距

边坡安全等级	勘探线间距(m)	勘探点间距(m)
一级	≤20	≤15
二级	20～30	15～20
三级	30～40	20～25

注：初勘的勘探线、点间距可适当放宽。

(4)边坡勘探深度的确定

勘探点深度取决于最下层潜在滑面，一般应进入最下层潜在滑面 2.0～5.0 m，控制性钻孔取大值，一般性钻孔取小值；支挡位置的控制性勘探孔深度应根据可能选择的支护结构形式确定。对于重力式挡墙、扶壁式挡墙和锚杆挡墙可进入持力层不小于 2.0 m；对于悬臂桩进入嵌固段的深度土质时不宜小于悬臂长度的 1.0 倍，岩质时不小于 0.7 倍。此外，至少应有一孔深度达到当地最低基准面(河沟底或路基面)以下 5～10 m，这样做一方面是防止遗漏最深的破坏面，另一方面是为设置加固工程查清基础情况的需要。

钻探点在横断面上的布置如图 2.1 所示。在拟定边坡的坡脚时应有控制性钻孔，其深度应达路基面以下 8～10 m，一方面控制坡脚软弱地层的分布，另一方面为坡脚支挡工程(如桩)提供基础资料。边坡中部的钻孔，其深度达路基面高程即可。边坡顶部钻孔只要控制地层及深于推断破坏面以下 3～5 m 即可满足要求。只有当整个路基有滑动可能时，才在边坡另一侧布置钻孔。有特殊要求时，可适当增加钻孔数量。

勘探深度一般要达到中风化和微风化岩层内 3～5 m，必须揭露覆盖层和强风化层的厚度，因为这是容易发生变形的地层。当遇到岩堆或厚层堆积体，整个边坡均在堆积体中，应揭露基岩顶面的形状以便评价整

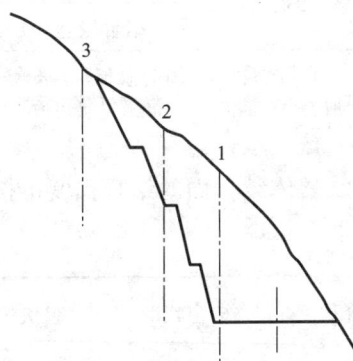

图 2.1　钻探点的布置示意图

(1、2、3 为钻孔编号)

个堆积体的稳定性。此时钻入基岩的深度应大于当地所见最大孤石的直径的 1.5 倍，以免误将孤石判定为基岩。

3. 边坡试验分析及力学参数确定

为便于定量分析计算，需要在勘察时取得边坡岩土体物理力学参数指标。一般而言，对主要岩土层和软弱层应采样进行室内物理力学性能试验，其试验项目应包括物性、强度及变形指标，试样的含水状态应包括天然状态和饱和状态。用于稳定性计算时土的抗剪强度指标宜采用直接剪切试验获取，用于确定地基承载力时土的峰值抗剪强度指标宜采用三轴试验获取。主要岩土层采集试样数量：土层不少于 6 组，对于现场直剪试验，每组不应少于 3 个试件；岩样抗压强度不应少于 9 个试件，岩石抗剪强度不少于 3 组。需要时应采集岩样进行变形指标试验，有条件时应进行结构面的抗剪强度试验。对有特殊要求的岩质边坡宜做岩体流变试验。

同时，建筑边坡工程勘察应提供水文地质参数。对于土质边坡及较破碎、破碎和极破碎的岩质边坡宜在不影响边坡安全的条件下，通过抽水、压水或渗水试验确定水文地质参数。以便进行地下水力学作用和地下水物理、化学作用的评价，论证孔隙水压力变化规律和对边

坡应力状态的影响,并考虑雨季和暴雨过程的影响。

此外,对于地质条件复杂的边坡工程,初步勘察时宜选择部分钻孔埋设地下水和变形监测设备进行监测;已有变形迹象的边坡也应在勘察期间进行变形监测。

(1)岩质边坡物理力学参数

①岩体结构面的抗剪强度指标宜根据现场原位试验确定。

试验应符合现行国家标准《工程岩体试验方法标准》(GB/T 50266)的规定。当无条件进行试验时,结构面的抗剪强度指标标准值在初步设计时可按表2.4并结合类似工程经验确定。

表2.4　结构面抗剪强度指标准值

结构面类型		结构面结合程度	内摩擦角 α(°)	黏聚力 c(MPa)
硬性结构面	1	结合好	>35	>0.13
	2	结合一般	35~27	0.13~0.09
	3	结合差	27~18	0.09~0.05
软弱结构面	4	结合很差	18~12	0.05~0.02
	5	结合极差(泥化层)	根据地区经验确定	

注:①无经验时取表中的低值;②极软岩、软岩取表中较低值;③岩体结构面连通性差取表中的高值;④岩体结构面浸水时取表中较低值;⑤临时性边坡可取表中高值;⑥表中数值已考虑结构面的时间效应。

②岩体结构面的结合程度可按表2.5确定。

表2.5　结构面的结合度

结合程度	结合状况	起伏粗糙程度	结构面张开度(mm)	充填状况	岩体状况
结合良好	铁硅钙质胶结	起伏粗糙	≤3	胶结	硬岩或较软岩
结合一般	铁硅钙质胶结	起伏粗糙	3~5	胶结	硬岩或较软岩
	铁硅钙质胶结	起伏粗糙	≤3	胶结	软岩
	分离	起伏粗糙	≤3(无充填时)	无充填或岩块、岩屑充填	硬岩或较软岩
结合差	分离	起伏粗糙	≤3	干净无充填	软岩
	分离	平直光滑	≤3(无充填时)	无充填或岩块、岩屑充填	各种岩层
	分离	平直光滑		岩块、岩屑夹泥或附泥膜	各种岩层
结合很差	分离	平直光滑、略有起伏		泥质或泥夹岩屑充填	各种岩层
	分离	平直很光滑	≤3	无充填	各种岩层
结合极差	结合极差	—	—	泥化夹层	各种岩层

注:①起伏度:当 R_A≤1% 时,平直;当 1%<R_A≤2% 时,略有起伏;当 R_A>2% 时,起伏;其中 $R_A=A/L$,A 为连续结构面起伏幅度(cm),L 为连续结构面取样长度(cm),测量范围 L 一般为 1.0~3.0 m;②粗糙度:很光滑,感觉非常细腻,如镜面;光滑,感觉比较细腻,无颗粒感觉;较粗糙,可以感觉到一定的颗粒状;粗糙,明显感觉到颗粒状。

③边坡岩体性能指标标准值可按地区经验确定。对于破坏后果严重的一级边坡应通过试验确定。

④当无试验资料和缺少当地经验时,天然状态或饱和状态岩体内摩擦角标准值可根据天然状态或饱和状态岩块的内摩擦角标准值结合边坡岩体完整程度按表 2.6 中系数折减确定。

表 2.6　边坡岩体内摩擦角折减系数

边坡岩体完整程度	内摩擦角的折减系数
完整	0.95 ~ 0.90
较完整	0.90 ~ 0.85
较破碎	0.85 ~ 0.80

注:①全风化层可按成分相同的土层考虑;②强风化基岩可根据地方经验适当折减。

⑤边坡岩体等效内摩擦角按当地经验确定。当无当地经验时,可按表 2.7 取值。

表 2.7　边坡岩体等效内摩擦角标准值

边坡岩体类型	I	II	III	IV
等效内摩擦角 $\varphi_e(°)$	$\varphi_e > 72$	$72 \geqslant \varphi_e > 62$	$62 \geqslant \varphi_e > 52$	$52 \geqslant \varphi_e > 42$

注:①适用于高度不大于 30 m 的边坡;当高度大于 30 m 时,应进行专门研究;②边坡高度较大时宜取低值,反之取高值;当边坡岩体变化较大时,应按同等高度段分别取值;坚硬岩、较硬岩、较软岩和完整性好的岩体取高值,软岩、极软岩和完整性差的岩体取低值;临时性边坡取表中高值;③表中数值已考虑时间效应和工作条件等因素。

(2)土质边坡物理力学参数

①根据坡体内的含水状态选择天然或饱和状态的抗剪强度试验方法;

②对于土质边坡,在计算土压力和抗倾覆计算时,对黏土、粉质黏土宜选择直剪固结快剪或三轴固结不排水剪,对粉土、砂土和碎石土宜选择有效应力强度指标;用于计算整体稳定、局部稳定和抗滑稳定性时,对一般的黏性土、砂土和碎石土,仍按相同的试验方法,但对饱和软黏性土,宜选择直剪快剪、三轴不固结不排水试验或十字板剪切试验;

③填土边坡的力学参数宜根据试验并结合当地经验确定。试验方法应根据工程要求、填料的性质和施工质量等确定,试验条件应尽可能接近实际状况;

④边坡稳定性计算应根据不同的工况选择相应的抗剪强度指标。土质边坡按水土合算原则计算时,地下水位以下宜采用土的饱和自重固结不排水抗剪强度指标;按水土分算原则计算时,地下水位以下宜采用土的有效抗剪强度指标。

2.4.4　边坡岩土工程勘察报告内容

边坡岩土工程勘察报告既应符合现行《岩土工程勘察规范》(GB 50021)相关章节关于勘察报告的要求,还应论述下列内容:

（1）边坡的工程地质条件和岩土工程计算参数。

（2）分析边坡和建在坡顶、坡上建筑物的稳定性，对坡下建筑物的影响。

（3）提出最优坡形和坡角的建议。

（4）提出不稳定边坡整治措施和监测方案的建议。

2.5　滑坡工程勘察

滑坡是一种对工程安全有严重威胁的不良地质作用和地质灾害，可能造成重大人身伤亡和经济损失，产生严重后果。拟建工程场地或其附近存在对工程安全有影响的滑坡或有滑坡可能时，均应进行专门的滑坡勘察。

滑坡勘察应查明滑坡类型及要素、滑坡的范围、性质、地质背景及其危害程度，分析滑坡原因，判断稳定程度，预测发展趋势，提出防治对策、方案或整治设计的建议。

2.5.1　工程地质测绘与调查

1. 范围

工程地质测绘与调查范围应包括滑坡区及其邻近地段。

2. 比例尺

根据滑坡规模可选用 1：200 ~ 1：1000 比例尺；用于整治设计时其比例尺为 1：200 ~ 1：500。

3. 主要内容

①搜集当地滑坡史、易滑地层分布、气象、工程地质图和地质构造图等资料；

②调查微地貌形态及其演变过程，详细圈定各滑坡要素；查明滑坡分布范围、滑带部位、滑痕指向、倾角以及滑带的组成和岩土状态；

③调查滑带水和地下水的情况、泉水出露地点及流量，地表水体、湿地的分布、变迁以及植被情况；

④调查滑坡内外已有建筑物、树木等的变形、位移、特点及其形成的时间和破坏过程；

⑤调查当地整治滑坡的过程和经验。

对滑坡的重点部位应摄影或录像。

2.5.2　滑坡勘探

1. 勘探的主要任务

查明滑坡体的范围、厚度、物质组成和滑动面（带）的个数、形状及各滑动带的物质组成；查明滑坡体内地下水含水层的层数、分布、来源、动态及各含水层间的水力联系等。

2. 勘探方法的选择

滑坡勘探工作应根据需要查明的问题的性质和要求选择适当的勘探方法。一般可参照表 2.8 选用。

表 2.8 滑坡勘探方法适用条件

勘探方法	适用条件及部位
井探、槽探	用于确定滑坡周界和滑坡壁、前缘的产状,有时也为现场大面积剪切试验的试坑
深井(竖井)	用于观测滑坡体的变化,滑动带特征及采取不扰动土试样等。深井常布置在滑坡体中前部主轴附近,采用深井时,应结合滑坡的整治措施综合考虑
洞探	用于了解关键性的地质资料(滑坡的内部特征),当滑坡体厚度大,地质条件复杂时采用。洞口常选在滑坡两侧沟壁或滑坡前缘,平洞常为排泄地下水整治工程措施的部分,并兼做观测洞
电探	用于了解滑坡区含水层、富水带的分布和埋藏深度,了解下伏基岩起伏和岩性变化及与滑坡有关的断裂破碎带范围等
地震勘探	用于探测滑坡区基岩的埋深,滑动面位置、形状等
钻探	用于了解滑坡内部的构造,确定滑动面的范围、深度和数量,观测滑坡深部的滑动动态

3. 勘探线和勘探点的布置

勘探线和勘探点的布置应根据工程地质条件、地下水情况和滑坡形态确定。除沿主滑方向应布置勘探线外,在其两侧滑坡体外也应布置一定数量勘探线。勘探点间距不宜大于 40 m,在滑坡体转折处和预计采取工程措施的地段,也应布置勘探点。在滑床转折处,应设控制性勘探孔。勘探方法除钻探和触探外,应有一定数量的探井。对于规模较大的滑坡,宜布置物探工作。

①定性阶段:一般沿滑坡主滑断面布置勘探点(图 2.2);对于大型复杂滑坡,还需在主滑断面两侧和垂直主滑断面的方向分别布置 1 ~ 2 条具有代表性的纵(或横)断面。一般情况下,断面中部滑动面(带)变化较小,勘探点间距可大些,断面两头变化较大,勘探点应适当加密。同时,还应考虑整治工程所需资料的搜集。

②整治阶段:如以支挡为主,则应满足验算和设计支挡建筑物所需资料为准。补加验算剖面的数目应视滑动面(带)横向变化情况而定。如果考虑以排水疏干为主要措施,则应在排水构筑物(如排水隧洞检查井)的位置上,增补少量勘探点。

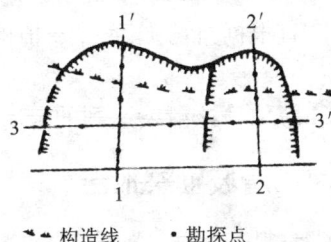

构造线 · 勘探点

图 2.2 滑坡勘探点平面布置

4. 勘探孔深度的确定

勘探孔的深度应穿过最下一层滑面,进入稳定地层,控制性勘探孔应深入稳定地层一定深度,满足滑坡治理需要。在滑坡体、滑动面(带)和稳定地层中应采取土试样,必要时应采取水试样。

①根据滑动面的可能深度确定,必要时可先在滑坡中、下部布置 1 ~ 2 个控制性深孔,其深度应超过滑坡床最大可能埋深 3 ~ 5 m,其他钻孔可钻至最下滑动面以下 1 ~ 3 m;

②当堆积层滑坡的滑床为基岩时,则钻入基岩的深度应大于堆积层中所见同类岩性最大孤石的直径,以能确定是基岩时终孔;

③若为向下作垂直疏干排水的勘探孔,应打穿下伏主要排水层,以了解其厚度、岩性和

排水性能。在抗滑桩地段的勘探深度，则应按其预计锚固深度确定。

2.5.3 试验工作

抽(提)水试验，测定滑坡体内含水层的涌水量和渗透系数；分层止水试验和连通试验，观测滑坡体各含水层的水位动态，地下水流速、流向及相互联系；进行水质分析，用滑坡体内、外水质对比和体内分层对比，判断水的补给来源和含水层数。

除对滑坡体不同地层分别作天然含水量、密度试验外，更主要的是对软弱地层，特别是滑带土进行物理力学性质试验。

滑带土的抗剪强度直接影响滑坡稳定性验算和防治工程的设计。因此测定 c，φ 值应根据滑坡的性质，组成滑带土的岩性、结构和滑坡目前的运动状态，选择尽量符合实际情况的剪切试验(或测试)方法。

试验工作应符合下列要求：

(1)宜采用室内或野外滑面重合剪或滑带土作重塑土或原状土多次剪，求出多次剪和残余抗剪强度指标。

(2)试验宜采用与滑动受力条件相类似的方法，用快剪、饱和快剪或固结快剪、饱和固结快剪。

(3)为检验滑动面抗剪强度指标的代表性，可采用反演分析法，并应符合：

①采用滑动后实测的主滑断面进行计算；

②需合理选择稳定安全系数 K 值，对正在滑动的滑坡，可根据滑动速率选择略小于 1 的 K 值(0.95 ≤ K < 1)，对处于暂时稳定的滑坡，可选择略大于 1 的 K 值(1 < K ≤ 1.05)；

③宜根据抗剪强度 c，φ 值的试验结果及经验数据，先给定其中某一比较稳定值，反求另一值；

④应估计该滑坡达到的最不利情况的可能性。

2.5.4 滑坡勘察报告

滑坡勘察报告，除应符合岩土工程勘察报告基本要求外，应重点阐明下列内容：

(1)滑坡的地质背景和形成条件。

(2)滑坡的形态要素、性质和演化。

(3)提供滑坡的平面图、剖面图和岩土工程特性指标。

(4)滑坡稳定分析。

(5)滑坡防治和监测的建议。

2.6 危岩与崩塌勘察

危岩是指岩体被结构面切割，在外力作用下产生松动和塌落；崩塌是指危岩的塌落过程及其产物。拟建工程场地或其附近存在对工程安全有影响的危岩或崩塌时，应进行危岩和崩塌勘察。危岩和崩塌勘察宜在可行性研究或初步勘察阶段进行，应查明产生崩塌的条件及其规模、类型、范围，并对工程建设适宜性进行评价，提出防治方案的建议。

危岩和崩塌勘察的主要方法是进行工程地质测绘和调查，比例尺宜采用 1:500 ~ 1:1000；

崩塌方向主剖面的比例尺宜采用 1:200。应查明下列内容:

①地形地貌及崩塌类型、规模、范围,崩塌体的大小和崩落方向;

②岩体基本质量等级、岩性特征和风化程度;

③地质构造、岩体结构类型、结构面的产状、组合关系、闭合程度、力学属性、延展及贯穿情况;

④气象(重点是大气降水)、水文、地震和地下水的活动;

⑤崩塌前的迹象和崩塌原因;

⑥当地防治崩塌的经验。

当需判定危岩的稳定性时,宜对张裂缝进行监测。对有较大危害的大型危岩,应结合监测结果,对可能发生崩塌的时间、规模、滚落方向、途径、危害范围等作出预报。危岩的观测可通过下列步骤实施:

①对危岩及裂隙进行详细编录;

②在岩体裂隙主要部位要设置伸缩仪,记录其水平位移量和垂直位移量;

③绘制时间与水平位移、时间与垂直位移的关系曲线;

④根据位移随时间的变化曲线,求得移动速度。

必要时可在伸缩仪上联接警报器,当位移量达到一定值或位移突然增大时,即可发出警报。

崩塌区岩土工程评价应根据山体地质构造格局、变形特征进行崩塌的工程分类,圈出可能崩塌的范围和危险区,对各类建筑物和线路工程的场地适宜性作出评价,并提出防治对策和方案。各类危岩和崩塌的岩土工程评价应符合下列规定:

①规模大、破坏后果很严重、难于治理的,不宜作为工程场地,线路应绕避;

②规模较大,破坏后果严重的,应对可能产生崩塌的危岩进行加固处理,线路应采取防护措施;

③规模小、破坏后果不严重的,可作为工程场地,但应对不稳定危岩采取治理措施。

危岩和崩塌区的岩土工程勘察报告除应满足岩土工程勘察报告基本外,应阐明危岩和崩塌区的范围、类型,作为工程场地的适宜性,并提出防治方案的建议。

第 **3** 章

边坡稳定性分析评价

边坡稳定性分析是一个古老而又复杂的课题。边坡稳定分析方法种类繁多，各种分析方法都有各自的特点和适用范围，基本上沿着以下 5 种途径进行：①以经验为主的工程类比法；②以刚体极限平衡理论为基础，考虑岩土体中结构面的控制作用，利用数学分析法或图解法，最后求得安全系数或类似安全系数来进行定量评价的极限平衡法；③以有限元、边界元或离散元法分析计算边坡内部的变形特征和应力状态，进而评价其稳定性的应力应变数值法；④以现场监测为基础的分析评价方法；⑤采用模型模拟试验进行的评价与分析。20 世纪 70 年代后期，蒙特卡罗模拟技术应用于岩体结构面几何参数概率分布模拟，得出边坡岩体结构面网络图像，直观地仿真岩体结构的特征，将其应用于岩质边坡稳定性评价，出现了边坡稳定性破坏概率分析方法。20 世纪 80 年代以来，边坡稳定性研究的理论和方法进一步成熟，利用计算机定量或半定量地模拟边坡开挖至破坏的全过程。此外，一些新理论、新方法（如系统论方法、信息论方法、模糊数学、灰色理论和数量化理论及有限元法、能量损伤理论等）被引入边坡稳定性研究，为定量评价和预测岩质边坡稳定性开辟了更为广阔的前景，边坡稳定性研究已经步入系统工程分析的研究阶段。

边坡的失稳破坏可能给人类生命财产安全造成严重的损失。因此，在进行工程项目建设时，均需在勘察阶段对与工程建设项目有关的边坡进行稳定性分析评价。规定下列建筑边坡应进行稳定性评价：

①选作建筑场地的自然斜坡；

②由于开挖或填筑形成、需要进行稳定性验算的边坡；

③施工期出现新的不利因素的边坡；

④运行期条件发生变化的边坡。

其中，施工期出现新的不利因素的边坡，指在建筑和边坡加固措施尚未完成的施工阶段可能出现显著变形、破坏及其他显著影响边坡稳定性因素的边坡；运行期条件发生变化的边坡，指在边坡运行期由于新建工程等而改变坡形（如加高、开挖坡脚等）、水文地质条件、荷载及安全等级的边坡。

3.1 边坡稳定性分析方法概述

一般来说，如果边坡土（岩）体内部某一个面上的滑动力超过了土（岩）体抵抗滑动的能力，边坡将产生滑动，即失去稳定；如果滑动力小于抵抗力，则认为边坡是稳定的。

在工程设计中，判断边坡稳定性的大小习惯上采用边坡稳定安全系数法。1955 年，

Bishop(A. W. Bishop)首次明确了土坡稳定安全系数的定义：

$$F_{\mathrm{S}} = \frac{\tau_{\mathrm{f}}}{\tau} \tag{3.1}$$

式中：τ_{f}——沿整个滑裂面上的平均抗剪强度；

$\quad\tau$——沿整个滑裂面上的平均剪应力；

$\quad F_{\mathrm{S}}$——边坡稳定安全系数。

按照上述边坡稳定性概念，显然，$F_{\mathrm{S}} > 1$，土坡稳定；$F_{\mathrm{S}} < 1$，土坡失稳；$F_{\mathrm{S}} = 1$，土坡处于临界状态。

不排水抗剪强度 τ_{f} 习惯上采用无侧限压缩试验或野外十字板试验来测定。过去在稳定性分析中，对于 τ_{f} 和 τ 都是取平均值来进行计算，即通过野外取样，做若干组抗剪试验，得出强度参数中的黏聚力 c 和内摩擦角 φ，然后应用刚体极限平衡理论进行边坡稳定性分析。但显然 τ_{f} 和 τ 都不是定值，而是受几种因素影响的随机变量。因此问题的关键在于如何寻求滑裂面，如何寻求滑裂面上的准确的抗剪强度 τ_{f} 和平均剪应力 τ。

边坡包括土质边坡和岩质边坡。土质边坡是指具有倾斜破面的土体，由于土体表面倾斜，在土体自重及结构物的作用下，整个土体都有从高处向低处滑动的趋势。如果土体内某一个面上的下滑力超过抗滑力，或者面上每点的剪应力达到抗剪强度，若无支挡就可能发生滑坡。土坡稳定分析的方法都是基于岩土塑性理论，因为岩土边坡的变形与发展都处于塑性阶段，直至坡体失稳破坏。边坡失稳在力学上主要是一个强度问题，这时计算上可简化为一个静力平衡问题和一个岩土屈服条件，其解可满足工程的要求。

岩石边坡与土质边坡相比，从整体概念来说是比较稳定的。但一旦遭到破坏，将是山崩地裂，其后果比土质边坡严重得多。岩质边坡由众多结构面切割的岩体组成，在自然界呈现多种失稳模式。学术界(1988 年)曾将岩质边坡失稳模式总结成平面、圆弧、楔体、倾倒和溃屈等多种形式，同时，也有其他各种分类方法。

边坡稳定分析方法种类繁多，其中最常用的主要有定性分析、定量分析及不确定分析法3 大类型。

3.1.1 定性分析方法

定性分析方法主要是通过工程地质勘察，对影响边坡稳定性的主要因素、可能的变形破坏方式及失稳的力学机制等的分析，对已变形地质体的成因及其演化史进行分析，从而给出被评价边坡一个稳定性状况及其可能发展趋势的定性的说明和解释。其优点是能综合考虑影响边坡稳定性的多种因素，快速地对边坡的稳定状况及其发展趋势作出评价。常用的方法主要有下面几种：

①自然(成因)历史分析法；

②工程类比法；

③边坡稳定性分析数据库和专家系统；

④图解法(赤平极射投影、实体比例投影、摩擦圆法)。

3.1.2 定量分析法

严格地讲，边坡稳定性分析还远远没有走到完全定量这一步，它只能算是一种半定量的分析方法。常用的边坡稳定性分析方法主要有下述几种：极限平衡法、滑移线场法、极限分析法、数值分析方法和模型模拟试验法等。

1. 极限平衡法

极限平衡法是当前国内外应用最广的边坡稳定分析方法。它是传统边坡稳定分析方法的代表。极限平衡法是在已知滑移面上对边坡进行静力平衡计算，从而求出边坡稳定安全系数的方法。可见极限平衡法必须事先知道滑移面的位置与形状。对于均质土休可以通过经验或者优化的方法获得滑移面，因而十分适用于土质边坡。当滑移面为一简单平面时，静力平衡计算可采用解析法计算，因而可获得解析解。著名的库仑公式就是一例，一直沿用至今。当滑移面为圆弧、对数螺线、折线或任意曲线时，无法获得解析解，通常需要采用条分法求解。此时坡体为一静不定问题，通过对某些未知量作假定，使方程式的数目与未知数数目相等从而使问题成为静定，这种方法十分简便，而且计算结果能满足工程要求而被广为应用。由于假设条件与应用的方程不同，条分法分为非严格条分法与严格条分法，在非严格条分法中，通常只满足一个平衡条件，而不管另一个平衡条件，在土条的平衡中只满足力的平衡，而不满足力矩平衡，在总体平衡中只满足力的平衡或者力矩平衡。可见，非严格条分法的计算结果是有一定误差的。非严格条分法有两个未知数(安全系数和条间力的作用方向)，但只有一个方程，因而尚需作一个假定。非严格条分法通常是假定条间力的方向，由于假定不同而形成各种方法，有瑞典法、简化 Bishop 法、简化 Janbu 法、陆军工程师团法、罗厄法、Sarma 法、不平衡推力法(传递系数法)等。严格条分法满足所有的力的平衡条件，它有 3 个未知数(安全系数、条间力作用方向和作用点)和 2 个方程，因而也要做一个假定。如果假定合理，其解答十分接近准确解。根据所用假设的不同，又分 Morgenstern – Price 法、Spencer 法、Janbu 法等。

块体极限平衡法的优点：方便简单，适用于研究多变的水压力及不连续的岩体和土体。

块体极限平衡法的缺点：不能反映岩土体内部真实的应力与应变的关系，所求稳定性参数是滑动面上的平均值，带有一定的假定性；难以分析岩土体从变形到破坏的发生发展全过程；难以考虑累进性破坏对岩土体稳定性的影响。

2. 滑移线场法

滑移线场法严格满足塑性理论，但假定土体为理想塑性体，并将上体分为塑性区与刚性区。塑性区满足静力平衡条件和莫尔 – 库仑准则。二者结合得一组偏微分方程，采用特征线法求解。然而，严格滑移线场解是十分有限的，因而这种方法在实际应用中并不泛，可以应用数值方法求取滑移线场的数值解，但这也只能用于稍微复杂的问题，对于复杂的问题滑移线场法常常无效，另外，滑移线场法也只能用于均质的土体。

3. 极限分析法

极限分析法是运用塑性力学中的上、下限定理求解边坡稳定问题。上限法也称能量法，通常需要假设一个滑裂面，并将土体分成若干块，土体视作刚塑性体，然后构筑一个协调位移场。为此需要假设滑裂面为对数螺线或直线，然后根据虚功原理求解滑体处于极限状态时的极限荷载或稳定安全系数。极限分析下限法的理论基础是下限定理，它在计算过程中需要构造一个合适的静力许可的应力分布，在通常情况下可用应力柱或者应力不连续法等来求得问题的下限解，其解偏于安全，可以实用。但只有极少数情况下可以获得下限解。目前，已将其扩展为上限有限元法与下限有限元法，不需假定滑面，从而扩大了应用范围。显然这种方法也只适用于土体。

4. 边坡稳定性分析数值模拟方法

从 20 世纪 70 年代开始，数值计算被广泛地应于边坡工程，比较成热的 3 大数值方法是有限元法、边界元法和离散元法。

有限元法是通过离散化，建立近似函数把有界区域内的无限问题简化为有限问题，并通过求解联立方程对工程问题进行应力位移分析的数值模拟方法，它假定岩土体是连续的力学介质，并在许多的重大工程中得到应用。有限元法适用范围广，可以采用精确的本构关系，因而具有优越性。

边界元法是采用在区域内部满足控制条件但不满足边界条件的近似函数逼近原问题解的数值方法，它与有限元法相比，具有方程个数少、所需数据量小等特点。

由于岩体边坡的地质构造复杂，一些边坡呈碎裂结构或层状碎裂结构，构成非连续力学介质，利用有限元法和边界元法求解遇到了困难，取而代之的是离散元法，一些学者称其为散体元法。离散元法由 Cundall 于 1971 年提出，该方法充分考虑了节理岩体的非连续性，以分离的块体为出发点，将岩块假定为刚体的移动或转动，并允许块体有较大的位移，甚至脱离母体而自由下落，特别适用于节理化岩体或碎裂结构的岩质边坡。由于其原理明了，并且容易结合 CAD 技术仿真边坡变形破坏的演变过程，因此备受人们的青睐。

5. 强度折减技术简介

所谓抗剪强度折减技术就是将土体的抗剪强度指标 c 和 φ 用一个折减系数 F_S [如式 (3.2) 和 (3.3) 所示的形式] 进行折减，然后用折减后的虚拟抗剪强度指标 c_F 和 φ_F 取代原来的抗剪强度指标 c 和 φ 进行计算，如式 (3.4) 所示。

$$c_F = c/F_S \tag{3.2}$$

$$\varphi_F = \arctan(\tan\varphi/F_S) \tag{3.3}$$

$$\tau_{fF} = c_F + \sigma\tan\varphi_F \tag{3.4}$$

式中：c_F——折减后岩土体虚拟的黏聚力；

　　　φ_F——折减后岩土体虚拟的内摩擦角；

　　　F_S——是折减后的抗剪强度。

折减系数 F_S 的初始值取得足够小，以保证开始时是一个近乎弹性的问题。分析计算时不断调整边坡岩土体的强度指标 c_F、φ_F 值，然后对土坡进行数值模拟分析（通常采用有限元法），直至其达到临界破坏，此时得到的折减系数即为边坡的稳定系数。这种方法借助数值模拟分析及其后处理可很快找出滑裂面，且可以直接求出边坡稳定系数，不需要事先假设滑裂面的形式和位置，另外还可以考虑土坡渐进破坏过程和变形对稳定的影响。

3.1.3　不确定分析法

近年来，随着科学技术的进步和滑坡、边坡理论研究的深入，人们已普遍认识到传统的边坡稳定性分析中还存在许多不确定性因素。因此，国内外许多学者探索如何在评价边坡稳定时将这些不确定性因素考虑进去，这几年发展起来的主要方法有概率分析法、人工神经网络分析法、模糊综合评判法和灰色系统理论分析法等。

人工神经网络（简称 ANN-Artificial Neural network）是指由大量简单神经元经广泛互连构成的一种计算结构，它是一种广义的并行处理系统。人脑的认知模式被认为是一种并行的分布式模式，神经网络采用类似于人大脑的神经网络的体系结构来构造模型仿真人大脑的功能，即把对信息的储存和计算推理同时储存在一个单元里。因此，在某种程度上神经网络被认为可以模拟生物神经系统的工作过程。特别是通过抽象、简化和模拟手段，神经网络部分反映了人脑的某些功能特征，且具有高度非线性、自组织、自学习、动态处理、联想记忆、容错性等特征。近年来，人工神经网络开始应用于边坡工程的稳定性分析和评价，对于解决复杂的边坡系统工程的稳定性问题提供了一条新的途径。

可靠性分析最早主要应用于宇航、电子工业界，之后逐渐推广到机械工程，可靠性分析方法从20世纪70年代开始应用于边坡工程领域，它基于对边坡岩体性质、荷载、工程地质条件等的不确定性认识，借鉴结构工程可靠性理论方法，结合边坡工程的具体情况，用可靠指标或破坏概率描述边坡工程质量的理论体系，它较传统的确定性理论能更好地反映边坡工程实际状态，正确合理地解释许多用确定性理论无法解释的工程问题，更为重要的是概率模型有助于形成新的考虑风险与可靠性的观念。

3.2　刚体极限平衡法

块体极限平衡法是当前国内外应用最广的边坡稳定分析方法。它是传统边坡稳定分析方法的代表。块体极限平衡法首先假定滑移面已知，同时假定滑动体为刚体，即忽略滑动体的变形对稳定性的影响，在以上假定条件下对边坡进行静力平衡计算，从而求出边坡稳定系数。

1. 块体极限平衡法的基本思路

首先，确定滑动面的位置和形状。实际的滑动面将取决于结构面的分布、组合关系及其所具有的剪切强度。实践证明，均质土坡的破坏面都接近于圆弧形，岩体中存在软弱结构面时，边坡岩体常沿某个软弱结构面或某几个软弱结构面的组合面滑动，因此，根据具体情况假定的滑动面与实际情况是很接近的。

其次，确定极限抗滑力和滑动力，并计算其稳定性系数。所谓稳定性系数即指可能滑动面上可供利用的抗滑力与滑动力的比值。由于滑动面是预先假定的，因此就可能不止一个，这样就要分别试算出每个可能滑动面所对应的稳定性系数，取其中最小者对应滑动面作为最危险滑动面。

最后以安全系数为标准评价边坡的稳定安全性。

2. 条分法

条分法实际上是一种刚体极限平衡分析法，是以极限平衡理论为基础，由瑞典人彼得森（K. E. Petterson）在1916年提出；20世纪30～40年代经过费伦纽斯（W. Fellenius）和泰勒（D. W. Taylor）等人的不断改进；1954年简布（N. Janbu）提出了普遍条分法的基本原理；1955年毕肖普（Bishop）明确了土坡稳定安全系数，使该方法在目前的工程界成为普遍采用的方法。

（1）条分法的基本思路

①假定边坡岩土体的坡坏：是由于边坡内产生了滑动面，部分坡体沿滑动面而滑动造成的；

②滑动面上的坡体服从破坏条件；

③假设滑动面已知：通过考虑滑动面形成的隔离体的静力平衡，确定沿滑面发生滑动时的破坏荷载，或者说判断滑动面上的滑体的稳定状态或稳定程度。该滑动面是人为确定的，

其形状可以是平面、圆弧面、对数螺旋面或其他不规则曲面；

④隔离体静力平衡：可以是滑面上力的平衡或力矩的平衡。隔离体可以是一个整体，也可由若干人为分隔的竖向土条组成。

由于滑动面是人为假定的，我们只有通过系统地求出一系列滑面发生滑动时的破坏荷载，其中最小的破坏荷载要求的极限荷载与之相应的滑动面就是可能存在的最危险滑动面。

（2）条分法的基本步骤

①坡体分条：把滑动土体竖向分为 n 个土条，在其中任取 1 条记为 i，如图 3.1 所示；

②确定各条块几何参数：土条的有关几何尺寸如底部坡角 α_i，底弧长 l_i，滑面上的土体强度等；

③分析条块受力情况：正确分析条块全部受力情况，包括全部已知力、未知力；

④确定稳定系数表达式，滑体的稳定系数 F_S。

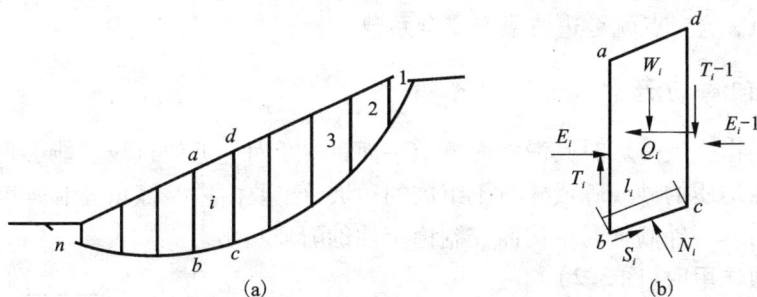

图 3.1　条分法计算简图

（3）土条 i 所受的力

①重力 W_i；

②条块侧面法向力 E_i、E_{i-1}，其作用点离弧面为 h_i、h_{i-1}；

③条块侧面切向力 T_i、T_{i-1}；

④土条底部的法向力 N_i、切向力 S_i，条块弧段长为 l_i。

（4）土条 i 平衡方程

力的平衡方程：
$$\begin{cases} \sum F_{xi} = 0 \\ \sum F_{zi} = 0 \\ \sum M_i = 0 \end{cases}$$

极限平衡方程：$S_i = \dfrac{N_i \cdot \tan\varphi_i + c_i \cdot l_i}{F_S}$

n 个土条，$n-1$ 个分界面，E_i、T_i、h_i 共 $3(n-1)$ 个未知数；N_i、S_i 共 $2n$ 个未知数；F_S 一个未知数。

则共有未知数 $5n-2$ 个，可建方程 $4n$ 个，为超静定问题。

（5）求解方法

①假定 $n-1$ 个 E_i 值，更简单地假定所有 $E_i = 0$ 的方法：Bishop 方法和瑞典条分法；

②假定 E_i 与 E_i 的交角或条间力合力方向的方法：斯宾塞（Spencer. E）法，摩根斯坦 – 普赖斯法（Morgenstem ~ N. R，Price. V. E）、沙尔玛法（Sarma. S. K.）以及不平衡推力传递法；

③假定条间力合力的作用点位置的方法：简布（N. Janbu）提出的普遍条分法。

考虑土条间力的作用，可以使稳定安全系数得到提高，但有 2 点必须注意：一是在土条分界面上不能违反土体破坏准则，即切向条间力得出的平均剪应力应小于分界面土体的平均抗剪强度；二是不允许土条间出现拉应力。如果这 2 点不能满足，就必须修改原来的假定，或采用别的计算办法。

研究表明，为减少未知量所作的各种假设，在满足合理性要求的条件下，求出的安全系数差别都不大。因此，从工程实用观点来看，在计算方法中无论采用何种假定，并不影响最后求得的稳定安全系数值。

边坡稳定分析的目的：就是要找出所有既满足静力平衡条件，同时又满足合理性要求的安全系数解集。从工程实用角度看，就是找寻安全系数解集中最小的安全系数，这相当于这个解集的一个点，这个点就是边坡稳定安全系数。

3.2.1　单平面滑动法

单平面滑动指边坡破坏时其滑裂面近似平面，在断面上近似直线。能够形成单平面滑动的边坡主要有由均质的砂或砾或碎石土组成的边坡、主要由内摩擦角控制强度的填土组成的土质边坡以及由单一外倾软弱结构面控制稳定性的岩质边坡。

1. 仅有重力作用时（图 3.2）

滑动面上的抗滑力：

$$T_f = G\cos\beta\tan\varphi_i + c_j L$$

滑动力：

$$\tau = G\sin\beta$$

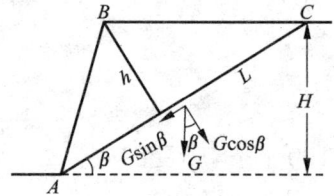

稳定性系数：

$$F_S = \frac{\tau_f}{\tau} = \frac{G\cos\beta\tan\phi_j + c_j L}{G\sin\beta}$$

图 3.2

【例题 1】　路堤剖面如图 3.3 所示，用直线滑动面法验算边坡的稳定性。已知条件：边坡高度 $H = 10$ m，边坡坡率为 1:1，路堤填料重度 $\gamma = 20$ kN/m³，黏聚力 $c = 10$ kPa，内摩擦角 $\varphi = 25°$。则直线滑动面的倾角 β 等于多少时，稳定系数最小？

A. 24°　　　　　　　　B. 28°

C. 32°　　　　　　　　D. 36°

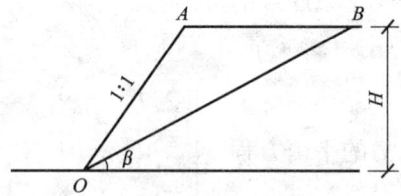

图 3.3

解： $\gamma V = 20 \times \frac{1}{2}H^2 \times \left(\frac{1}{\tan\alpha} - \frac{1}{\tan45°}\right) = 1000 \times \left(\frac{1}{\tan\alpha} - 1\right)$

$$F = \frac{\gamma V\cos\beta\tan\varphi + cA}{\gamma V\sin\beta} = \frac{1000 \times \left(\frac{1}{\tan\beta} - 1\right) \times \alpha \times \tan25° + 10 \times \frac{10}{\sin\alpha}}{1000 \times \left(\frac{1}{\tan\beta} - 1\right) \times \sin\alpha}$$

采用代入法，当 $\beta = 28°$ 时，$K = 1.39$ 为最小。

2. 有水压力作用(图 3.4)

作用于 CD 上的静水压力 V

$$V = \frac{1}{2}\rho_w g z_w^2$$

作用于 AD 上的静水压力 U 为

$$V = \frac{1}{2}\rho_w g z_w \frac{H_w - Z_w}{\sin\beta}$$

边坡稳定性系数为

$$F_S = \frac{(G\cos\beta - U - V\sin\beta)\tan\phi_j + c_j \overline{AD}}{G\sin\beta + V\cos\beta}$$

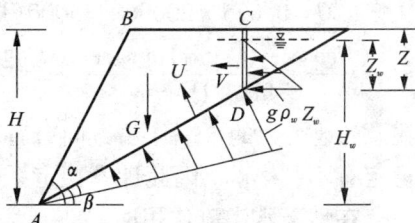

【例题 2】 有一岩石边坡,坡率为 1 : 1,坡高为 12 m,存在一条夹泥的结构面,如图 3.5 所示,已知单位长度滑动土体重量为 740 kN/m,$\gamma = 20$ kN/m³,结构面倾角 35°,结构面内夹层 $c = 25$ kPa,$\varphi = 18°$,在夹层中存在静水头为 8 m 的地下水,计算该岩坡的抗滑稳定系数。

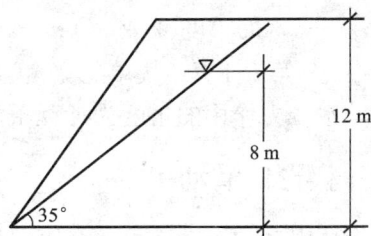

解: 滑面静水压力:

$$P_w = \frac{1}{2}\gamma_w h l = \frac{1}{2} \times 10 \times 8 \times \frac{8}{\sin 35°} = 557.9 (\text{kN/m})$$

$$F = \frac{(\gamma V\cos\alpha - P_w)\tan\varphi + cA}{\gamma V\sin\alpha} = \frac{(740 \times \cos 35° - 557.9) \times \tan 18° + 2}{740 \times \sin 35°} = 1.27$$

3. 有水压力作用与地震作用

水平地震作用

$$F_{EK} = a_w G$$

式中:a_w——综合水平地震系数,按表 3.1 选取。

边坡的稳定性系数

$$F_S = \frac{(G\cos\beta - U - V\sin\beta - F_{FX}\sin\beta)\tan\varphi_j + c_j \overline{AD}}{G\sin\beta + V\cos\beta + F_{FX}\cos\beta}$$

表 3.1　水平地震系数

地震基本烈度(度)	7		8		9
地震动峰值加速度	0.10g	0.15g	0.20g	0.30g	0.40g
综合水平地震系数 a_w	0.025	0.038	0.050	0.075	0.100

注:g:重力加速度,9.81 m/s²。

【例题 3】 有一滑坡体体积为 10000 m³,滑体重度为 20 kN/m³,滑面倾角为 20°,内摩擦角 $\varphi = 30°$,黏聚力 $c = 0$ kPa,水平地震峰值加速度为 0.10g 时,试按相应规范采用拟静力法计算稳定系数。

解: $G = \gamma V = 10000 \times 20 = 200000 (\text{kN})$

水平地震峰值加速度为 0.10g 时,查得综合水平地震系数 $a_w = 0.025$,

$$Q_e = a_w G = 0.025 \times 200000 = 5000 (\text{kN})$$

$$F = \frac{(G\cos\alpha - Q_e\sin\alpha)\tan\varphi + cA}{G\sin\alpha + Q_e\cos\alpha} = \frac{(200000 \times \cos20° - 5000 \times \sin20°) \times \tan30° + 0}{200000 \times \sin20° + 5000 \times \cos20°} = 1.47$$

注意：地震力的水平作用方向有背离滑面方向和指向滑面方向 2 种，由于地震作用对滑体的稳定有不利影响，因此计算稳定系数时按不利影响考虑。

4. 存在地下水渗流作用时

①水下部分岩土体重度取浮重度；

②第 i 计算条块岩土体所受的动水压力 P_{wi} 按下式计算：

$$P_{wi} = \gamma_w V_i \sin\frac{1}{2}(\alpha_i + \theta_i)$$

式中：γ_w——水的重度(kN/m^3)；

V_i——第 i 计算条块单位宽度岩土体的水下体积(m^3/m)。

③动水压力作用的角度为计算条块底面和地下水位面倾角的平均值，指向低水头方向。

3.2.2　楔形体滑动

楔形体滑动的滑动面由 2 个倾向相反且其交线倾向与坡面倾向相同、倾角小于边坡角的软弱结构面组成，如图 3.6 所示。

稳定性系数计算的基本思路：首先将滑体自重 G 分解为垂直交线 BD 的分量 N 和平行交线的分量(即滑动力 $G\sin\beta$)，然后将 N 投影到两个滑动面的法线方向，求得作用于滑动面上的法向力 N_1 和 N_2(如图 3.7 所示)，最后求得抗滑力及稳定性系数。

滑体的滑动力为 $G\sin\beta$，垂直交线的分量为 $N = G\cos\beta$。将 $G\cos\beta$ 投影到 $\triangle ABD$ 和 $\triangle BCD$ 面的法线方向上，得法向力 N_1、N_2：

$$N_1 = \frac{N\sin\theta_2}{\sin(\theta_1 + \theta_2)} = \frac{G\cos\beta\sin\theta_2}{\sin(\theta_1 + \theta_2)}, \quad N_2 = \frac{N\sin\theta_1}{\sin(\theta_1 + \theta_2)} = \frac{G\cos\beta\sin\theta_1}{\sin(\theta_1 + \theta_2)} \tag{3.10}$$

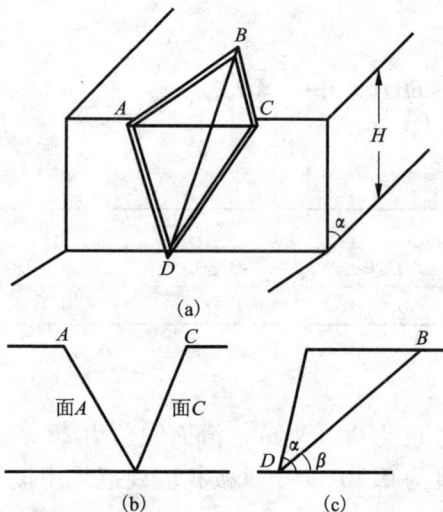

(a)　　　(b)　　　(c)

图 3.6　楔形体滑动

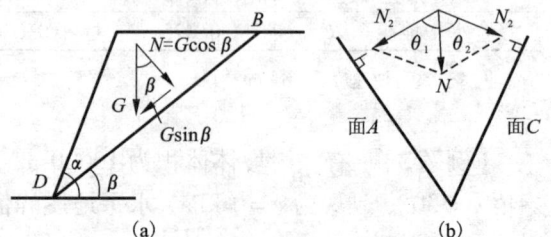

(a)　　　(b)

图 3.7　滑动楔体重力分解

边坡的抗滑力

$$R = N_1 \tan\varphi_1 + N_2 \tan\varphi_2 + C_1 S_{\triangle ABD} + C_2 S_{\triangle BCD} \tag{3.11}$$

边坡的稳定性系数

$$F_S = \frac{R}{T} = \frac{N_1 \tan\varphi_1 + N_2 \tan\varphi_2 + C_1 S_{\triangle ABD} + C_2 S_{\triangle BCD}}{G\sin\beta} \tag{3.12}$$

3.2.3　条分法

1. 瑞典条分法

瑞典条分法简称为瑞典圆弧法或费伦纽斯法，它是极限平衡方法中最早而又最简单的方法。

（1）基本假定

①边坡由均质材料构成，其抗剪强度服从库仑定律；

②按平面问题进行研究；

③剪切面为圆弧面；

④进行分析计算时，不考虑分条之间的相互作用关系；

⑤定义稳定系数为滑裂面上所能提供的抗滑力矩之和与外荷载及滑动土体在滑裂面上所产生的滑动力矩和之比，所有力矩都以圆心 O 为矩心。

即：稳定系数 $= \dfrac{抗滑力矩}{滑动力矩}$

（2）计算公式

如图 3.8 所示：土条高为 h_i，宽为 b_i，W_i 为土条本身的自重力，N_i 为土条底部的总法向反力，T_i 为土条底部（滑裂面）上总的切向阻力；土条底部坡角为 α_i；长为 l_i，坡体容重为 γ_i，R 为滑裂面圆弧半径，AB 为滑裂圆弧面，X_i 为土条中心线到圆心 O 的水平距离。

根据摩尔 - 库仑准则，滑裂面 AB 上的平均抗剪强度为：

$$\tau_f = c' + (\sigma - u)\tan\varphi'$$

式中：σ——法向总应力；

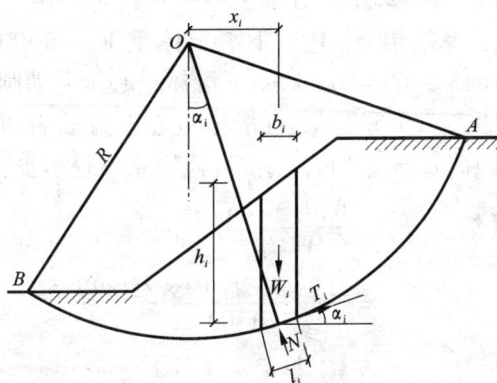

图 3.8　瑞典法计算

u——孔隙应力；

c'，φ' 滑裂面有效抗剪强度指标。

如果整个滑裂面 AB 上的平均安全系数为 F_S，土条底部的切向阻力 T_i 为：

$$T_i = \tau l_i = \frac{\tau_f}{F_S} l_i = \frac{1}{F_S}[c' + (N_i - u_i)\tan\varphi'_i] l_i$$

取土条底部法线方向力的平衡，可得：

$$N_i = W_i \cos\alpha = \gamma_i b_i h_i \cos\alpha_i$$

取所有土条对圆心的力矩平衡，有：

$$\sum W_i x_i - \sum T_i R_i = 0$$

如图所示，根据几何关系 $x_i = R\sin\alpha_i$ 根据力矩平衡条件可得：

$$F_S = \frac{\sum [c'_i l_i + (W_i\cos\alpha_i - u_i l_i)\tan\varphi'_i]}{\sum W_i\sin\alpha_i} \tag{3.13}$$

计算时土条厚度均取单宽，即 $W_i = \gamma_i h_i b_i$，因此上式可写为：

$$F_S = \frac{\sum [c'_i + \gamma_i h_i \cos^2\alpha - u_i] b_i \sec\alpha_i \tan\varphi'_i}{\sum \gamma_i h_i b_i \sin\alpha_i} \tag{3.14}$$

式(3.13)或式(3.14)就是瑞典法土坡稳定计算公式，它也可以从第(3)条假定中直接导出。

(3)瑞典法存在的问题

①滑动面的形状问题

在现实的边坡稳定破坏中，滑动面并不是真正的圆弧面。但对于均质边坡真正的临界剪切面，与圆弧面相差不大；

②分条间的作用力问题

即其基本假定④进行分析计算时，不考虑分条之间的相互作用关系。理论上不合理、计算结果有误差。

【例题 3－3】　一均质黏性土填筑的路堤在如图 3.9 所示的圆弧形滑面上，画面半径 $R = 12.5$ m，滑面长度 $L = 25$ m，滑带土不排水抗剪强度 $c_u = 19$ kPa，内摩擦角 $\varphi = 0°$，下滑土体重 $W_1 = 1300$ kN，抗滑土体重 $W_2 = 315$ kN，下滑体重心至滑动圆弧圆心的距离 $d_1 = 5.2$ m，抗滑体重心至滑动面圆弧圆心的距离 $d_2 = 2.7$ m，则抗滑稳定系数是多少？

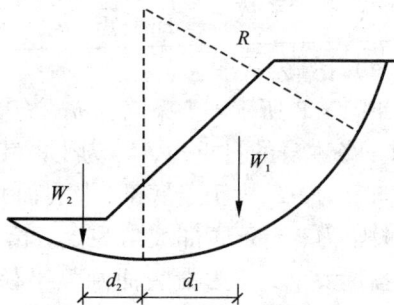

【解】　$F_S = \dfrac{W_2 d_2 + cLR}{W_1 d_1}$

$$= \frac{315 \times 2.7 + 19 \times 25 \times 12.5}{1300 \times 5.2}$$

$$= 1.004$$

图 3.9　例题 3－3 简图

【例题 3－4】　饱和软黏土坡度为 1∶2，坡高 10 m，内摩擦角 $\varphi = 0°$，不排水抗剪强度 $c_u = 30$ kPa，土的自然容重为 18 kN/m³，水位在坡脚以上 6 m，已知单位土坡长度滑坡体水位以下土体体积 $V_B = 4.44$ m，在滑坡体上部有 3.33 m 的拉裂缝，缝中充满水，水压力为 p_w，滑坡体水位以上的体积为 $V_A = 41.92$ m³/m，圆心距 $d_A = 13$ m，用整体圆弧法计算土坡沿该滑裂面滑动的安全系数。

【解】　滑动圆弧的半径：

$$R = \sqrt{11^2 + (10 + 4 + 6)^2} = 22.83(\text{m})$$

黏聚力对圆心 O 产生的抗滑力矩：

$$M_{cu} = 2\pi R \times \frac{76.06}{360} \times c_u \times R$$

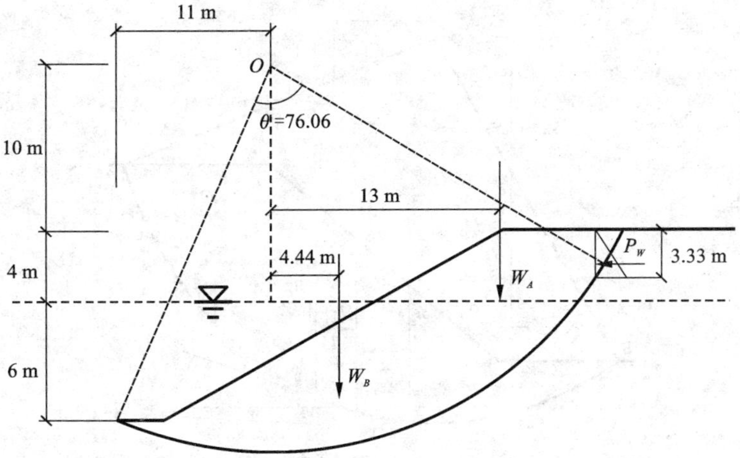

图 3.10　例题 3 - 4 简图

$$= 2 \times 3.14 \times 22.83 \times \frac{76.06}{360} \times 30 \times 22.83 = 20746.6 (\text{kN} \cdot \text{m/m})$$

裂缝水压力对圆心 O 产生的滑动力矩：

$$p_w = \frac{1}{2} \times 10 \times 3.33^2 \times \left(10 + \frac{2}{3} \times 3.33 \right) = 677.5 (\text{kN} \cdot \text{m/m})$$

A、B 2 个滑体的重力对圆心 O 产生的力矩：

$$M_G = 41.92 \times 18 \times 13 + 144.31 \times (18 - 10) \times 4.44 = 14928.1 (\text{kN} \cdot \text{m/m})$$

所以滑移稳定性：

$$F_S = \frac{M_{cu}}{p_w + M_G} = \frac{20746.6}{677.5 + 14928.1} = 1.33$$

注：裂隙中水压力分布为正置三角形，则其对滑弧中心的力矩是 12.22 m，而不是 11.11 m。

2. Bishop 条分法

Bishop 法是一种适用于圆弧滑动面的滑坡稳定分析方法，它考虑了土条间力的作用。

如图 3.11 所示：E_i 及 X_i 分别为土条间的法向和切向条间作用力；W_i 为土条自重力；Q_i 为土条的水平作用力；N_i、T_i 分别为土条底的总法向力和切向力；e_i 为土条水平力 Q_i 的作用点到圆心的垂直距离。

（1）计算方法

分析土条 i 的作用力，根据竖向力平衡条件，有：

$$W_i + X_i - X_{i+1} - T_i \sin\alpha_i - N_i \cos\alpha_i = 0$$

从而得：$N_i = W_i + X_i - X_{i-1} T_i \cos\alpha_i$

据安全系数定义和摩尔 - 库仑准则，有：

$$T_i = \tau l_i = \frac{\tau_f}{F_S} l_i = \frac{1}{F_S} [c'_i + (N_i - u_i) \tan\varphi'_i] l_i$$

整理后有：

$$N_i = \left[W_i + X_i - X_{i+1} - \frac{c' l_i \sin\alpha_i}{F_S} + \frac{u_i l_i \tan\varphi'_i \sin\alpha_i}{F_S} \right] \zeta_i$$

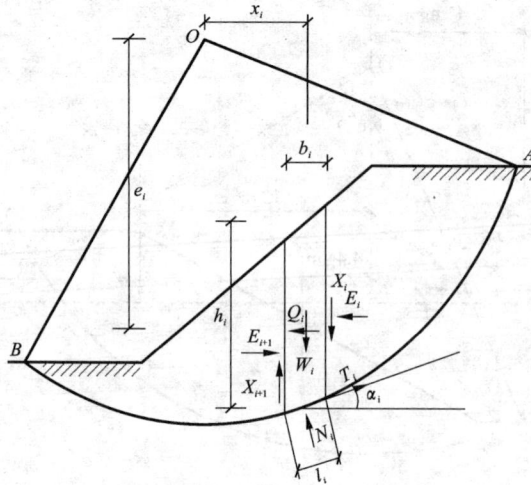

图 3.11 Bishop 法计算图示

式中：$\zeta_i = \dfrac{1}{\left[\cos\alpha_i + \dfrac{\tan\varphi'_i \sin\alpha_i}{F_S}\right]}$

根据各土条力对圆心的力矩平衡条件，即所有土条的作用力对圆心点的力矩之和为零，此时土条间的作用力将相互抵消，从而有：

$$\sum W_i x_i - \sum T_i R + \sum Q_i e_i = 0$$

整理得：$F_S = \dfrac{\sum \zeta_i [c'_i b_i + (W_i - u_{ib_i} + X_i - X_{i+1})\tan\varphi'_i]}{\sum W_i \sin\alpha_i + \sum Q_i \dfrac{e_i}{R}}$

上式中有 3 个未知量：F_S 和 X_i、X_{i+1}，要么补充新的条件，要么做一些简化消除 2 个未知量，问题才得有解。Bishop 采用了假定各土条之间的切向条间力 X_i 和 X_{i+1} 略去不计的方法，即假定条间力的合力为水平力即 Q_i，这样，上式简化为：

$$F_S = \dfrac{\sum [c'_i b_i + (W_i - u_i b_i)\tan\varphi'_i]\zeta_i}{\sum W_i \sin\alpha_i + \sum Q_i \dfrac{e_i}{R}}$$

（2）稳定计算方法

注意：在该表达式中，F_S 待求，等式右边的中间参数中含有 F_S，只能采用试算或迭代计算的方法求出 F_S。

在迭代计算时，一般可先假定 $F_S = 1$（或预先估计一个接近于 1 的数），求出 ζ_i，代入右边计算出新的 F_S，再用此 F_S 求出 ζ_i 及另一新的 F_S，如此反复计算，直至前后相邻两次算出的 F_S 非常接近（或满足预先设定的精度要求）时为止。

在 Bishop 法的迭代计算中，每次迭代所求的是同一个滑面的 F_S 值，故每次计算中，各土条的 c'_i、$\tan\varphi'_i$、b_i、W、u_i、Q_i、e_i、α_i、R 等均为定值，在式（3-9）中的分母和分子中除 ζ_i 以外的各项一次算后就不再变动，因此，这种迭代计算通常收敛很快。根据经验，一般迭代 3~4 次即可满足精度要求。

（3）简化 Bishop 法

圆弧形滑面的边坡稳定系数可按下列公式计算：

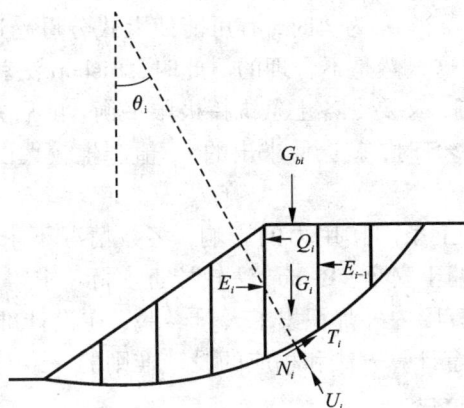

图 3.12 圆弧形滑面边坡计算示意

$$F_S = \frac{\sum\limits_{i=1}^{n} \frac{1}{m_{\theta i}}\left[c_i l_i \cos\theta_i + (G_i + G_{\mathrm{h}i} - U_i \cos\theta_i)\tan\varphi_i \right]}{\sum\limits_{i=1}^{n}\left[(G_i + G_{\mathrm{b}i})\sin\theta_i + Q_i \cos\theta_i \right.} \tag{3.15}$$

$$m_{\theta i} = \cos\theta_i + \frac{\tan\varphi_i \sin\theta_i}{F_S} \tag{3.16}$$

$$U_i = \frac{1}{2}\gamma_{\mathrm{w}}(h_{\mathrm{w}i} + h_{\mathrm{w}i-1})l_i \tag{3.17}$$

式中：F_S——边坡稳定性系数；

c_i——第 i 计算条块滑面黏聚力（kPa）；

φ_i——第 i 计算条块滑面内摩擦角（°）；

l_i——第 i 计算条块滑面长度（m）；

θ_i——第 i 计算条块滑面倾角（°），滑面倾向与滑动方向相同时取正值，滑面倾向与滑动方向相反时取负值；

U_i——第 i 计算条块滑面单位宽度总水压力（kN/m）；

G_i——第 i 计算条块单位宽度自重（kN/m）；

$G_{\mathrm{b}i}$——第 i 计算条块单位宽度竖向附加荷载（kN/m），方向指向下方时取正值，指向上方时取负值；

Q_i——第 i 计算条块单位宽度水平荷载（kN/m），方向指向坡外时取正值，指向坡内时取负值（m）；

$h_{\mathrm{w}i}$，$h_{\mathrm{w},i-1}$——第 i 及第 $i-1$ 计算条块滑面前端水头高度（m）；

γ_{w}——水重度，取 10 kN/m³；

i——计算条块号，从后方起编；

n——条块数量。

4）注意问题

①Bishop 法适用于任意形状的滑裂面；

②土条的滑面倾角 α_i 有正负之分，当滑面倾向与滑动方向一致时，α_i 为正；当滑面倾向与滑动方向相反时，α_i 为负。当 α_i 为负时，有可能使上式分母趋近于零，从而使趋近于无穷大，亦即 N_i 趋近于无穷大，这显然是不合理的。此时，Bishop 法就不能用。这是因为 Bishop 法在计算中略去了 X_i 的影响，又要令各土条维持极限平衡，前后并不完全一致，根据某些学者的意见，当任一土条的 $\zeta_i > 5$ 时，就会使求出的 F_s 值产生较大误差，此时应考虑 X_i 的影响或采用别的计算方法；

③由于 Bishop 法计入了土条间作用力的影响，多数情况下求得的 F_s 值较瑞典法的大，一般来说，瑞典法简单，但偏于安全；Bishop 法较接近实际，求得的 F_s 值较高，但可节省工程造价。2 种方法的设计计算国内外都积累了大量经验，在设计准则及安全系数的确定上两者是有差别的，设计时应注意计算方法和相应的设计准则的一致，不可张冠李戴。

（5）简化 Bishop 方法的特点

①假设条块间作用力只有法向力没有切向力；

②满足滑动土体整体力矩平衡条件，满足各条块力的多边形闭合条件，但不满足条块的力矩平衡条件；

③满足极限平衡条件；

④得到的安全系数比瑞典条分法得到的略高一点。

3. 不平衡推力传递法

不平衡推力传递法又称为折线法、传递系数法，是验算山区土层沿着岩面滑动最常用的边坡稳定验算法。

（1）基本假定

①每个分条范围内的滑动面为一直线段，即整个滑体沿着折线进行滑动。进行边坡稳定验算时，可根据岩面的实际情况，分割成若干直线段，每个直线段则成为一分条，如图 3.13 所示。

法分条间的反力平行于该分条的滑动面，且作用点在分隔面的中央。如第 i 块与下面 $i+1$ 块间的反力 P_i，平行于第 i 块的滑动面。

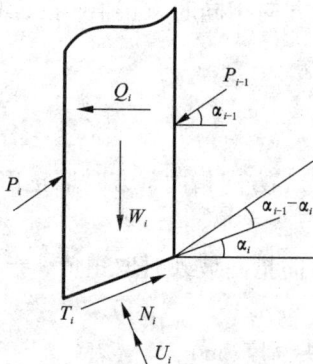

图 3.13　传递系数法计算草图

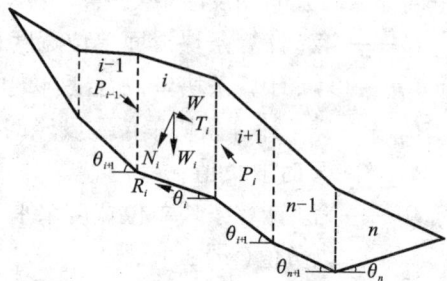

图 3.14　传递系数法图示

（2）稳定性计算

在滑体中取第 i 块土条，如图 3.14 所示，假定第 $i-1$ 块土条传来的推力 P_{i-1} 的方向平行于第 $i-1$ 块土条的底滑面，而第 i 块土条传送给第 $i+1$ 块土条的推力 P_i 平行于第 i 块土条的底滑面，即假定每一分界面上推力的方向平行于上一土条的底滑面，第 i 块土条承受的各种作用力示于图 3.14 中。将各作用力投影到底滑面上，其平衡方程如下：

$$P_i = (W_i \sin\alpha_i + Q_i \cos\alpha_i) - \left[\frac{c'_i l_i}{F_S} + \frac{(W_i \cos\alpha_i - u_i l_i + Q_i \sin\alpha_i)\tan\varphi'_i}{F_S} \right] + P_{i-1}\psi_{i-1} \qquad (3.18)$$

$$\psi_{i-1} = \cos(\alpha_{i-1} - \alpha_i) - \frac{\varphi'_i}{F_S}\sin(\alpha_{i-1} - \alpha_i) \qquad (3.19)$$

上式中第 1 项表示本土条的下滑力，第 2 项表示土条的抗滑力，第 3 项表示上一土条传下来的不平衡下滑力的影响，ψ_{i-1} 称为传递系数。

在进行计算分析时，需利用上式进行试算，即假定一个 F_S 值，从边坡顶部第 1 块土条算起求出它的不平衡下滑力 P_1（求 P_1 时，式中右端第 3 项为零），即为第 1 和第 2 块土条之间的推力。再计算第 2 块土条在原有荷载和 P_1 作用下的不平衡下滑力 P_2，作为第 2 块土条与第 3 块土条之间的推力。依此计算到第 n 块（最后一块），如果该块土条在原有荷载及推力 P_{n-1} 作用下，求得的推力 P_n 刚好为零，则所设的 F_S 即为所求的安全系数。如 P_n 不为零，则重新设定 F_S 值，按上述步骤重新计算，直到满足 $P_n = 0$ 的条件为止。

一般可取 3 个 F_S 同时试算，求出对应的 3 个 P_n 值，作出 $P_n \sim F_S$ 曲线，从曲线上找出 $P_n = 0$ 时的 F_S 值，该 F_S 值即为所求。

（3）在工程单位常用的简化方法

工程单位常采用采用传递系数法的近似显式解法，能够直接计算边坡的稳定性系数，且其精度亦能满足工程要求，计算公式如下：

$$F_S = \frac{\sum R_i \psi_i \psi_{i+1} \cdots \psi_{n-1} + R_n}{\sum T_i \psi_i \psi_{i+1} \cdots \psi_{n-1} + T_i}, \quad (i = 1, 2, 3, \cdots, n-1) \qquad (3.20)$$

$$\psi_i = \cos(\theta_i - \theta_{i+1}) - \sin(\theta_i - \theta_{i+1})\tan\varphi_{i+1} \qquad (3.21)$$

$$R_i = W_i \cdot \cos\theta_i \cdot \tan\varphi_i + c_i L_i \qquad (3.22)$$

$$T_i = W_i \cdot \sin\theta_i \qquad (3.23)$$

式中：ψ_i——第 i 计算条块剩余下滑力推力向 $i+1$ 计算条块的传递系数；

　　　θ_i——第 i 块段滑动面的倾角，与滑动方向相反时为负数。

（4）优缺点

优点：传递系数法能够计及土条界面上剪力的影响，计算也不繁杂，具有适用而又方便的优点，在我国的铁道部门得到广泛采用。

缺点：但传递系数法中 P_i 的方向被硬性规定为与上分块土条的底滑面（底坡）平行，所以有时会出现矛盾，当 α 较大时，求出的 F_S 可能小于 1。同时，本法只考虑了力的平衡，没有考虑力矩平衡，这也存在不足。

尽管如此，传递系数法因为计算简捷，在很多实际工程问题中，大部分滑裂面都较为平缓，对应垂直分界面上的 c、φ 值也相对较大，基本上能满足要求，对 F_S 影响不大。所以，该方法还是为广大工程技术人员所乐于采用。

【例题 3 –5】　有一部分浸水的砂土坡，坡率为 1:1.5，坡高 4 m，水位在 2 m 处，水上、

水下砂土内摩擦角 φ 均为 38°，水上砂土重度 $\gamma = 18$ kN/m³，水下砂土重度 $\gamma_{sat} = 20$ kN/m³。用传递系数法计算沿图 3.15 所示的折线滑动面滑动的安全系数约为多少？

（已知 $W_2 = 1000$ kN，$P_1 = 560$ kN，$a_1 = 38.7°$，$a_2 = 15.0°$。P_1 为第一块传递到第二块上的推力，W_2 为第二块已扣除浮力的自重）

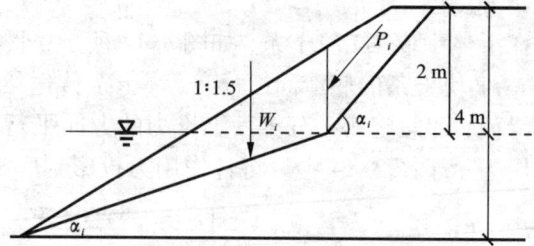

图 3.15 例题 3-5 简图

根据《规范》

$$P_1 = W_1 \sin\alpha_1 - W_1 \cos\alpha_1 \cdot \tan\varphi = W_1 \sin 38.7° - W_1 \cos 38.7° \cdot \tan 38° = 560 (\text{kN})$$

解得 $W_1 = 36120$ kN。

$$\Psi_1 = \cos(\theta_1 - \theta_2) - \sin(\theta_1 - \theta_2)\tan\varphi_2 = \cos(37.8° - 15°) - \sin(37.8° - 15°)\tan 38° = 0.6$$

$$R_1 = W_1 \cos\alpha_1 \tan\varphi = 36120 \times \cos 38.7° \times \tan 38° = 2202 (\text{kN})$$

$$T_1 = W_1 \sin\alpha_1 = 36120 \times \sin 38.7° = 22584 (\text{kN})$$

$$R_2 = W_2 \cos\alpha_2 \tan\varphi = 1000 \times \cos 15° \times \tan 38° = 755 (\text{kN})$$

$$T_2 = W_2 \sin\alpha_2 = 1000 \times \sin 15° = 259 (\text{kN})$$

$$F_S = \frac{\sum_{i=1}^{n-1}\left(R_i \prod_{j=1}^{n-1}\psi_j\right) + R_n}{\sum_{i=1}^{n-1}\left(T_i \prod_{j=1}^{n-1}\psi_j\right) + T_n} = \frac{22024 \times 0.6 + 755}{22584 \times 0.6 + 259} = 1.01$$

【例题 3-6】 某折现形滑面边坡如下表 3.2 所示，试计算该边坡滑动稳定系数为多少？

表 3.2 折现滑面边坡表

滑块编号	滑块自重 W(kN)	滑面倾角 θ(°)	滑面长度 L(m)	下滑力 (kN)	摩擦力 (kN)	黏聚力 c (kPa)	内摩擦角 φ(°)
1	700	35	8	400	200	5	16
2	600	28	6	280	280	5	25
3	1100	12	10	230	730	25	24

【解】 根据传递系数法的近似显式解法

$$\Psi_1 = \cos(\theta_1 - \theta_2) - \sin(\theta_1 - \theta_2)\tan\varphi_2 = \cos(35° - 28°) - \sin(35° - 28°)\tan 25° = 0.9357$$

$$\Psi_2 = \cos(\theta_2 - \theta_3) - \sin(\theta_2 - \theta_3)\tan\varphi_3 = \cos(28° - 12°) - \sin(28° - 12°)\tan 24° = 0.8385$$

$$F_S = \frac{(200 + 8 \times 5) \times 0.9357 \times 0.8385 \times (280 + 6 \times 5) \times 0.8385 + (730 + 10 \times 25)}{400 \times 0.9357 \times 0.8385 + 280 \times 0.8385 + 230} = 1.83$$

4. Janbu 条分法

Janbu 条分法简布(Janbu)法又称普遍条分法，它适用于任意形状的滑裂面。对于松散均质的边坡，由于受基岩面的限制常产生两端为圆弧、中间为平面或折线的复合滑动面，可用 Janbu 法分析其稳定性。

推力线：土条间作用力的合力作用点连线，如图 3.16 所示。

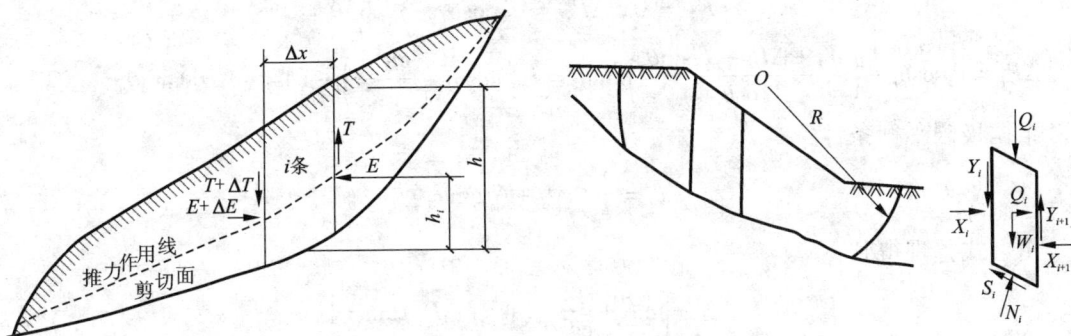

图 3.16　Janbu 法力学模型图

（1）基本假设

①假定边坡稳定为平面应变问题；

②假定整个滑裂面上的稳定安全系数是一样的，可用式 $F_S = \tau_f/\tau$ 表达；

③假定土条上所有垂直荷载的合力 Δ_W 作用线和滑裂面的交点与 Δ_N 的作用点为条块底面的中点；

④假定已知推力线的位置，即简单地假定土条侧面推力成直线分布，如果坡面有超载，侧面推力成梯形分布，推力线应通过梯形的形心；如果无超载，推力线应选在土条下三分点附近，对非黏性土（$c' = 0$）可在三分点处，对黏性土（$c' > 0$），可选在三分点以上（被动情况）或选在三分点以下（主动情况）。

普遍条分法的特点：假定条块间的水平作用力的位置。在这一前提下，每个条块都满足全部静力平衡条件和极限平衡条件，滑动体的整体力矩平衡条件得到了满足，而且适用于任何滑动面而不必规定滑动面是一个圆弧面。

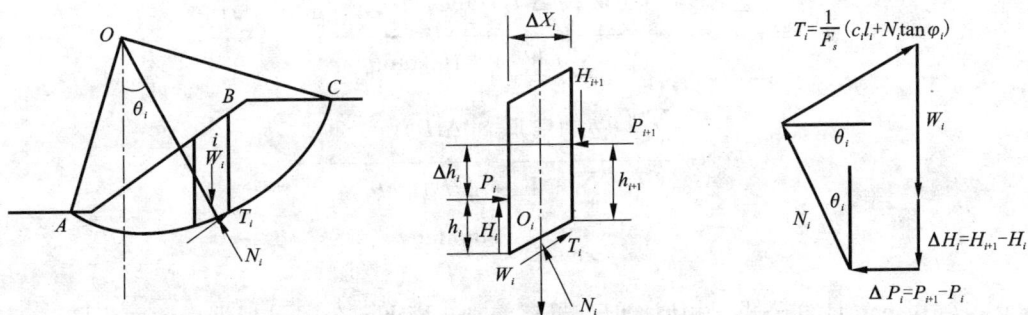

图 3.17　Janbu 法分析简图

（2）计算方法

根据竖向力平衡关系：

$$\sum F_Z = 0 \Rightarrow \begin{cases} W_i + \Delta H_i = N_i\cos\theta_i + T_i\sin\theta_i \\ N_i\cos\theta_i = W_i + \Delta H_i - T_i\sin\theta_i \end{cases}$$

根据水平向力平衡关系：

$$\sum F_x = 0, \quad \Delta P_i = T_i \cos\theta_i - N_i \sin\theta_i$$

$$\Delta P_i = T_i \cos\theta_i - \left(\frac{W_i + \Delta H_i - T_i \sin\theta_i}{\cos\theta_i}\right)\sin\theta_i = T_i\left(\cos\theta_i + \frac{\sin^2\theta_i}{\cos\theta_i}\right) - (W_i + \Delta H_i)\tan\theta_i$$

根据极限平衡条件：

$$T_i = \frac{1}{F}(c_i l_i + N_i \tan\varphi_i)$$

由上式整理得到：

$$T_i = \frac{\dfrac{1}{F_S}\left[c_i l_i + \dfrac{1}{\cos\theta_i}(W_i + \Delta H_i)\tan\varphi_i\right]}{1 + \dfrac{\tan\theta_i\tan\varphi_i}{F_S}}$$

上式代入前面 ΔP_i 计算式：

$$\Delta P_i = \frac{1}{F_S}\frac{\sec^2\theta_i}{1 + \tan\theta_i\tan\varphi_i/F_S}[c_i l_i \cos\theta_i + (W_i + \Delta H_i)\tan\varphi_i] - (W_i + \Delta H_i)\tan\theta_i \quad\text{(a)}$$

$$P_0 = 0, \quad P_n = 0$$

$$P_1 = \Delta P_1$$

$$P_2 = P_1 + \Delta P_2 = \Delta P_1 + \Delta P_2$$

$$P_i = \sum_{j=1}^{i}\Delta P_j \qquad\qquad\text{(b)}$$

$$P_n = \sum_{i=1}^{n}\Delta P_i = 0$$

$$\sum \Delta P_i = \frac{1}{F_S}\frac{\sec^2\theta_i}{1 + \tan\theta_i\tan\varphi_i/F_S}[c_i l_i \cos\theta_i + (W_i + \Delta H_i)\tan\varphi_i] - (W_i + \Delta H_i)\tan\theta_i = 0$$

$$F_S = \frac{\sum[c_i b_i + (W_i + \Delta H_i)\tan\varphi_i]\dfrac{\sec^2\theta_i}{1 + \tan\theta_i\tan\varphi_i/F_S}}{\sum(W_i + \Delta H_i)\tan\theta_i}$$

$$F_S = \frac{\sum[c_i b_i + (W_i + \Delta H_i)\tan\varphi_i]\dfrac{1}{m_{\theta i}}}{\sum(W_i + \Delta H_i)\sin\theta_i} \qquad\qquad\text{(c)}$$

$$m_{\theta i} = \cos\theta_i + \frac{\sin\theta_i\tan\varphi_i}{F_S}$$

上式与 Bishop 计算公式很相似，但分母有差别。Bishop 公式是根据滑动面为圆弧面，滑动土体满足力矩平衡条件推导出的。Janbu 法则是利用力的多边形闭合条件和极限平衡条件，最后由条间水平向推力代数和为零的条件推出的。

根据单个条块的力矩平衡关系，推导条块间切向力增量。

$$\sum M_{oi} = 0$$

$$H_i \frac{\Delta X_i}{2} + (H_i + \Delta H_i)\frac{\Delta X_i}{2} - (P_i + \Delta P_i)\cdot\left(h_i + \Delta h_i - \frac{\Delta X_i}{2}\tan\theta_i\right) + P_i\left(h_i - \frac{\Delta X_i}{2}\tan\theta_i\right) = 0$$

略去高阶微分微分项整理后得：

$$H_i \Delta X_i - P_i \Delta h_i - \Delta P_i h_i = 0$$

$$H_i = P_i \frac{\Delta h_i}{\Delta X_i} + \Delta P_i \frac{h_i}{\Delta X_i} \qquad (d)$$

$$\Delta H_i = H_{i+1} - H_i \qquad (e)$$

依据式（a）~（e），通过迭代法求解。

（3）求解步骤

Janbu 法通常用来校核一些形状比较特殊的滑裂面，一般不必假定很多滑裂面来计算，上述的迭代计算虽比较复杂和繁琐，根据经验，一般 3~4 轮迭代计算即可满足要求。

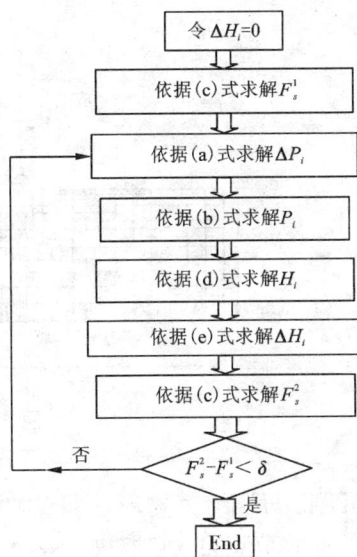

图 3.18　Janbu 法计算流程图

3.3　数值分析方法简介

数值分析方法是目前岩土力学计算中使用最普遍的分析方法。其中包括有限元（FEM）法、边界元（BEM）法、快速 Lagrangian 分析（FLAC）法、离散元（DEM）法、块体理论（BI）与不连续变形分析（DDA）、无界元（TDEM）法。

各种方法的原理不同，得出的分析结果表示方式不一，各有其优缺点；不同的边坡稳定性分析方法又各具特点，有一定的适用条件；不同的边坡工程常常赋存于不同的工程地质环境中，有极其复杂多变的特性，同时又有较强的隐蔽性。因而，在实际工程中，应根据边坡工程的具体特点及使用目的，最好能同时利用多种分析方法进行综合分析验证，力求得出一个更加客观、可靠、合理的评价结果。

3.3.1　有限元法

有限元法不但能够对边坡的稳定性进行定量的评价，而且能够考虑岩体的不连续性，岩土体应力–应变关系的非线性特性，力学性质方面的各向异性及复杂边界等问题；不但能够计算岩体的弹性变形状态，亦可以计算岩土体的破坏状态；不但可以考虑岩体中的地应力或区域构造应力条件，亦可以考虑一些特定条件的作用与影响，如地下水的渗流问题、蠕变问题等。基于有限元法具有上述优点，它在边坡岩土体的稳定性评价方面得到比较广泛的应用。

1. 有限元计算过程

采用有限元法进行边坡稳定性分析的基本步骤如下：

①边坡分析对象的确定及其离散化。取如图 3.19 所示的计算范围，即坡脚以下 H 深，自坡脚起水平距离为 $(4~6)H$ 的范围，进行网格剖分；

②单元分析。选择适当的位移模式，用单元函数表示单元内任一点的应变，求单元应力 $\sigma = D\varepsilon$。再利用能量原理，求出与单元内应力状态等效的节点力，再利用单元应力与节点位移的关系 $(\delta^*)^{eT} F^e \iint_A \varepsilon^{*T} \sigma t \mathrm{d}x \mathrm{d}y$，建立等效节点力与节点位移的关系，即 $\boldsymbol{F}^e = \boldsymbol{K}^e \delta^e$。其中，$\boldsymbol{K}^e$

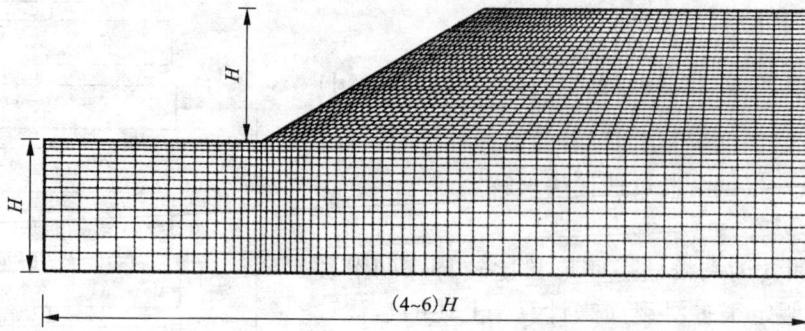

图 3.19　边坡计算范围及网格剖分

是单元刚度矩阵，其物理意义表示该单元的节点力与节点位移沿坐标方向产生单位位移时所需要的等效节点力，它取决于单元的形状、大小、方向及弹性参数，而与单元的位置无关。给我 i 处整个离散化结构的总体方程组，只需对总体结构中的每一个结点建立平衡方程即可，采用直接刚度法将各单元刚度矩阵进行组集得到总刚度矩阵 K。将作用于结构上的荷载 R 按静力等效的原则移置到节点上。通过静力平衡方程 $K\delta = R$，便可求得各节点的位移，进而得到各个单元的应力应变等。

有限元计算得到的是计算平面上各单元的应力，将这种应力转换成作用在滑动块体结构面上的应力，根据弹性力学理论，已知一点的应力状态，则可得到任意斜截面上的法向应力及剪应力。

2.通过地质勘查确定滑动面

如果滑坡是浅层滑动，探井、探槽和平洞能够比较清晰地揭露滑带的特征，对于滑坡的深层滑动，首先，利用钻孔资料分析边坡岩土体的组成，初步确定哪层是不利的地层，易导致边坡发生变形；然后，作整体分析，边坡大体是沿某一软弱层滑动；接着，利用钻孔资料，在一些特定的部位进行详细的辨识，利用擦痕、挤压带、变质层（受挤压、受热）判别。

3.计算安全系数

通过有限元计算得到坡体各单元的应力后，利用滑动面上力的平衡来计算稳定系数：

$$F_S = \frac{\sum_{i=1}^{m}(\sigma_n - u_i)\tan\varphi_i + \sum_{i=1}^{m}c_i l_i}{\sum_{i=1}^{m}\tau_i} \tag{3.24}$$

式中：m——滑面穿过段数；

此时，上式中的法向应力 σ_n 和剪应力 τ_n 均根据有限元计算的结果取值。

3.3.2　快速拉格朗日分析法

快速拉格朗日分析法的基本原理是有限差分法，它不但能处理一般的大变形问题，而且能模拟岩体沿某一弱面产生的滑动变形；另外，它能针对不同材料特性，使用相应的本构方程来比较真实地反映实际材料的动态行为，还可以考虑锚杆、挡土墙等支护结构与岩土体的相互作用，因此，它在边坡工程中的应用较为普遍。

1. 有限差分法的基本思想

有限差分法的基本思想是将连续的定解区域用有限个离散点构成的网格来代替,把连续定解区域上的连续变量函数用在网格上定义的离散变量函数来近似,把原方程和定解条件中的微商用差商来近似,积分用积分和来近似,于是原微分方程和定解条件就近似低代之以代数方程组,即有限差分方程组,解此方程组就可以得到原问题在离散点上的近似解,然后再利用差值方法便可以从离散解得到在整个区域上的近似解。有限差分的计算循环如图 3.20 所示。

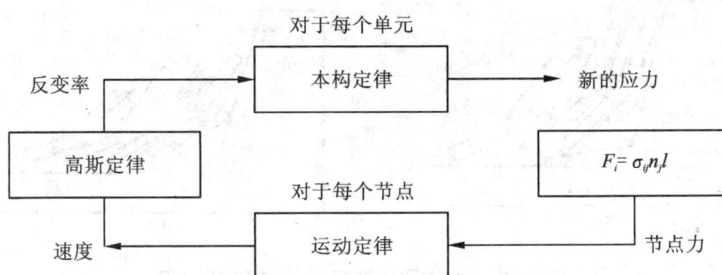

图 3.20　有限差分的计算循环

2. 边坡稳定性分析计算过程

利用快速拉格朗日分析法进行边坡稳定分析计算包括以下几个过程:

①建立模型。根据边坡工程地质条件简化处理形成抽象模型,其中包括建立概化模型、设置材料单元组和边界条件,并进行网格划分;

②建立原始平衡。若运行结果不理想应修改模型,直到合理为止;

③运用强度折减法,将边坡的黏聚力和内摩擦角按照一个常量因子同时减小,即降低边坡的强度,然后通过快速拉格朗日分析法自动得到每一组强度参数,并进行计算,直到边坡产生破坏面,即得安全系数;

④结合其他资料对运行结果进行评价。

3.3.3　离散元法

在边坡稳定性研究中,由于离散元法在模拟过程中考虑边坡失稳的动态过程,允许岩土体存在滑动、平移、转动和岩体的断裂及松散等复杂过程,具有宏观上的不连续性和单个岩块体运动的随机性,可以较真实、动态地模拟边坡在形成和开挖过程中的应力、位移和状态的变化,预测边坡的稳定性,因此在边坡稳定性的研究中得到广泛的应用。例如,图 3.20 就是用离散单元法确定的具有平行坡面陡倾软弱面边坡的破坏阶段。

1. 离散元的基本理论

将边坡体假定为离散块体的集合体,而节理、裂隙和断层等结构面被当作这些离散体之间相互作用的接触面。块体之间相互作用的力可以根据力和位移的关系求出,而单个块体的运动则完全根据该块体所受的不平衡力和不平衡力矩的大小按牛顿运动定律确定。该理论认为块体与块体之间的相互作用系在角和面(边)上有接触,角点允许有较大的位移,在某些情况下块体可以滑动甚至脱离母体而自由下落。

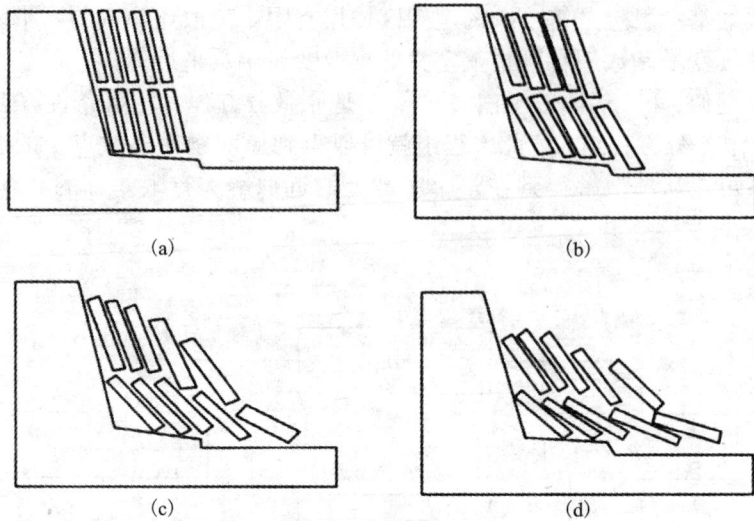

图 3.20　离散元法计算的边坡破坏过程

（a）原始状态；（b）滑动初期；（c）快速滑动；（d）滑动停止

2.离散元的计算过程

应用离散元程序，具体计算步骤如下：

①首先按照由实测结果整理后的边坡及其节理几何特性划分离散元单元；

②按照实测给出的应力分布施加在选定研究区域的边界上，计算出初始地应力场；

③将研究区域周边固定，维持区域周边固定，维持区域内的应力分布，计算开挖过程中的应力场变化；

④给出所需求截面上的应力场、位移场分布图；

⑤采用位移收敛、速度回零及整个系统的不平衡力值这 3 个判据判断边坡是否稳定，稳定性系数则常用临界位移法确定。通过改变影响边坡稳定的主要因素，即黏聚力 c 和内摩擦角 φ，可以找到使边坡处于临界稳定状态的临界值 c_{cr}、φ_{cr}，在假定 c、φ 有相同安全储备的条件下，边坡的临界稳定性系数为 $F_S = \dfrac{c}{c_{cr}} = \dfrac{\varphi}{\varphi_{cr}}$。

3.4 　赤平极射投影法

赤平投影方法和实体比例投影方法是岩质边坡稳定性评价的常用方法。它既可以确定边坡上的结构面（包括边坡临空面）的空间组合关系，给出边坡上可能不稳定结构体的几何形态、规模大小，以及它们的空间位置和分布，也可以确定不稳定结构体的可能变形位移方向，作出边坡稳定条件的分析和稳定性状态的初步评价，如图 3.22 所示。若结合结构面的强度条件和边坡上的作用力，还可以进行边坡稳定性的分析计算，求出其稳定性系数的数值。

大量工程地质实践表明，无论是边坡岩体的破坏、坝基岩体的滑移，还是地下洞室围岩的塌落等岩体失稳破坏现象，大多数是沿着岩体中的软弱结构面发生的，也就是说，岩体在

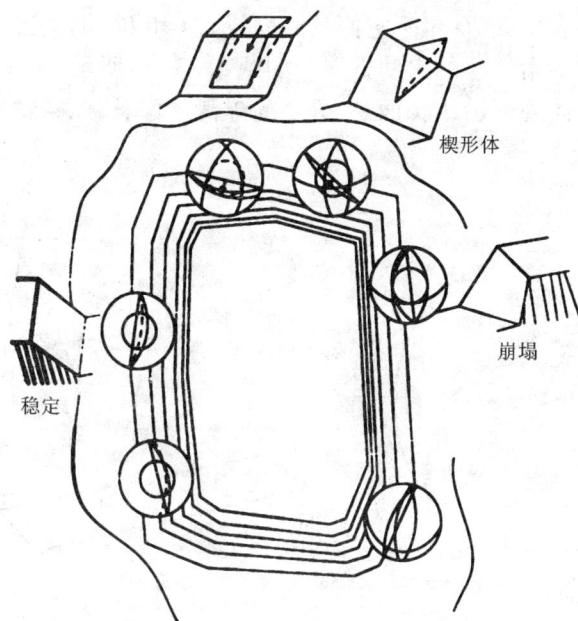

图 3.22　露天矿边坡可能的破坏模式分析图

自重力和工程力作用下发生的破坏，主要是由于由结构面切割构成的结构体沿结构面发生剪切位移，或拉开，或发生了整体的累积变形和破裂。因此，岩体的稳定性主要取决于以下几点：①结构面的物理力学性质及其空间分布位置和组合关系；②结构体的物理力学性质及其立体形式；③作用于岩体上的作用力(包括岩体自重力和工程作用力等)的大小和作用方向。前两项构成岩体本身的结构和强度，它是岩体发生变形破坏的内因和物质基础。因此，在对工程岩体的稳定性进行分析评价时，首先必须对岩体的结构作出正确的分析。

3.4.1　滑动方向的分析

　　层状结构边坡或其他的单滑动面边坡在纯自重作用的情况下，沿滑动面的倾向方向的滑移势能最大，即自重力在滑动面的倾向方向上的滑动分力最大。因此，对于单滑面边坡，滑动面的倾向方向就是它的滑移方向。

　　当边坡受 2 个相交的结构面切割时，构成的可能滑移体多数是楔形体。它们在自重力作用下的滑移方向，一般是由 2 个结构面的组合交线的倾斜方向控制，但也有例外。下面是根据结构面赤平极射投影图判断这类边坡的滑移方向的一般方法。

　　在赤平极射投影图上作出边坡面和两个结构面 J_1、J_2 的投影，绘出两结构面的倾向线 AO 和 BO，以及两结构面的组合交线 IO，则边坡的滑动方向有下列几种情况：

　　①当两结构面的组合交线 IO 位于它们的倾向线 AO 和 BO 的中间时，IO 的倾斜方向即滑移体的滑动方向，这时，两结构面都是滑动面，如图 3.23(a)所示。

　　②当两结构面的组合交线 IO 与某一结构面的倾向线重合时，即 IO 与结构面 J_2 的倾向线 BO 重合，IO 的倾斜方向也代表滑移体的滑动方向。但此时结构面 J_2 为主要滑动面，而结构

面 J_1 为次要滑动面，如图 3.23(b)所示。

③当两结构面的组合交线 IO 位于它们的倾向线 AO 和 BO 的一边时，则位于三者中间的那条倾向线的倾斜方向为滑移体的滑动方向。如图 3.23(c)所示，结构面 J_1 的倾向线 AO 为滑动方向。这时，滑移体为只沿结构面 J_1 滑动的单滑面滑移体，结构面 J_2 在这里只起侧向切割面作用。

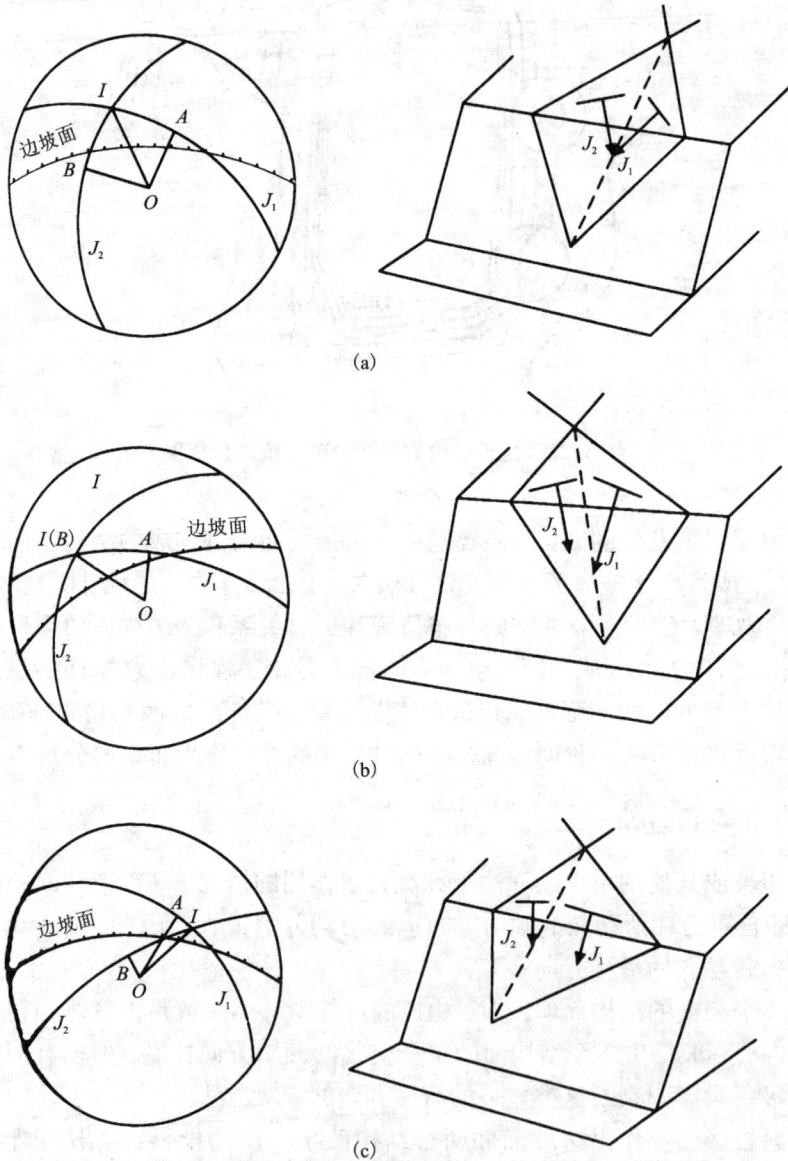

(a)

(b)

(c)

图 3.23 楔形滑移体滑动方向的分析

(a)IO 位于 AO 与 BO 之间；(b)IO 与 AO 或 BO 重合；(c)IO 位于 AO 或 BO 的一边

3.4.2 滑动的可能性与稳定边坡角的初步判断

根据边坡岩体结构分析,可以初步判断边坡产生滑动的可能性和作出稳定边坡坡脚的推断,即初步确定一个稳定边坡角。根据岩体结构分析推断出的稳定边坡角有以下 2 个作用:一是在边坡不高、地质条件比较简单的情况下,推断的稳定边坡角可以直接作为工程边坡设计的依据;二是在边坡较高、地质条件比较复杂的情况下,推断的稳定边坡角可以作为进行力学分析计算的基础,最后确定一个真正安全经济的边坡角。

1. 层状结构边坡的稳定条件分析

图 3.24 表示在层面(或其他结构面)走向与边坡面走向一致的条件下,层状结构边坡稳定条件的分析,可分为以下 4 种情况。

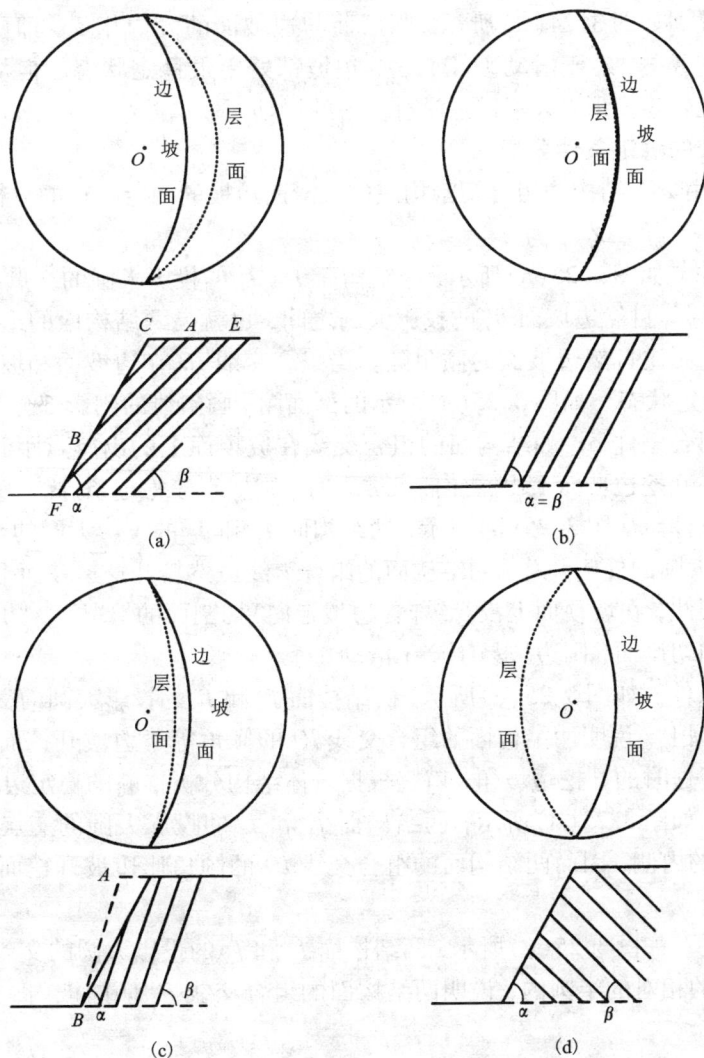

图 3.24 层状结构边坡稳定条件分析

(a)$\beta<\alpha$; (b)$\alpha=\beta$; (c)$\beta>\alpha$; (d)反倾边坡

①不稳定条件。层面与边坡面的倾向相同，并且层面的倾角 β 比边坡面的倾角 α 缓（$\beta < \alpha$），如图 3.24（a）所示，边坡处于不稳定状态。剖面图上画线条的部分 ABC 为有可能沿层面 AB 滑动的不稳定体。但在只有一个结构面的条件下，如如图 3.24（a）中的 EF，虽然其倾角较边坡角缓，但它未在边坡面上出露而插入坡下。这时，由于能产生一定的支撑，边坡岩体的稳定条件将获得不同程度的改进。

②基本稳定条件。如图 3.24（b）所示，层面的倾角等于边坡角（$\alpha = \beta$），沿层面不易出现滑动现象，边坡是基本稳定的，这种情况下的边坡角，就是从岩体结构分析的观点推断得到的稳定边坡角。

③稳定条件。如图 3.24（c）所示，层面的倾角大于边坡角（$\beta > \alpha$），边坡处于更稳定状态。在这种情况下，边坡角可以提高到图上虚线 AB 的位置，使 $\alpha = \beta$，才是比较经济合理的边坡角。

④最稳定条件。如图 3.24（d）所示，当层面与边坡面的倾向相反，即层面倾向坡内时，不管层面的倾角陡或缓，对于滑动破坏而言，边坡都处于最稳定状态。但从变形观点来看，反倾向边坡也可能发生变形，只不过是没有统一的滑动面。

2. 双滑面边坡的稳定条件分析

图 3.25 表示由 2 个结构面组合切割构成的双滑面边坡的稳定条件的分析，可分为以下 5 种情况。

①不稳定条件。如图 3.25（a）所示，两结构面 J_1、J_2 的投影大圆的交点 I，位于开挖的边坡面 S_c 的投影大圆与自然边坡面 S_n 的投影大圆之间，也就是两结构面的组合线的倾角比开挖破面的倾角缓，而比自然边坡面的倾角陡。当组合交线 IO 在边坡面和坡顶面上都有出露时，边坡处于不稳定状态。如图 3.25（a）所示的剖面图，画斜线的阴影部分为可能不稳定体。但在某些结构面组合条件下，如结构面的组合交线在坡顶面上的出露点距开挖边坡面很远，以致组合交线未在开挖边坡面上出露而插入坡下时，则属于较稳定条件。

②较不稳定条件。如图 3.25（b）所示，两结构面 J_1 和 J_2 的投影大圆的交点 I，位于自然边坡面 S_n 的投影大圆的外侧，说明两结构面的组合交线虽然较开挖边坡面平缓，但它在坡顶面上没有露点。因此，在坡顶面上没有纵向（边坡走向）切割面的情况下，边坡能处于稳定状态。如果存在纵向切割面，则边坡易于产生滑动。

③基本稳定条件。如图 3.25（c）所示，两结构面 J_1 和 J_2 的投影大圆的交点 I 位于开挖边坡面 S_c 的投影大圆上，说明两结构面的组合交线 IO 的倾角等于边坡开挖面的倾角，边坡处于基本稳定状态。这时的开挖边坡角，就是根据岩体结构分析推断的稳定边坡角。

④稳定条件。如图 3.25（d）所示，两结构面 J_1 和 J_2 的投影大圆的交点 I 位于开挖边坡面 S_c 的投影大圆的内侧，因而两结构面的组合交线 IO 的倾角比边坡开挖面的倾角陡，边坡处于更稳定状态。

⑤最稳定条件。如图 3.25（e）所示，两结构面 J_1 和 J_2 的投影大圆的交点 I 位于开挖边坡面 S_c 的投影大圆的相对的半圆内，说明两结构面的组合交线 IO 倾向坡内，边坡处于最稳定状态。

为了明显起见，图 3.25 表示的是两结构面的组合交线的倾向方位与边坡面的倾向方位一致的特殊情况。实际上，在结构面的组合交线的倾向方位与边坡面的倾向方位不同时，边坡稳定条件的分析判断也与图 3.25 完全相同，也就是说，在绘有结构面和边坡面的赤平极射

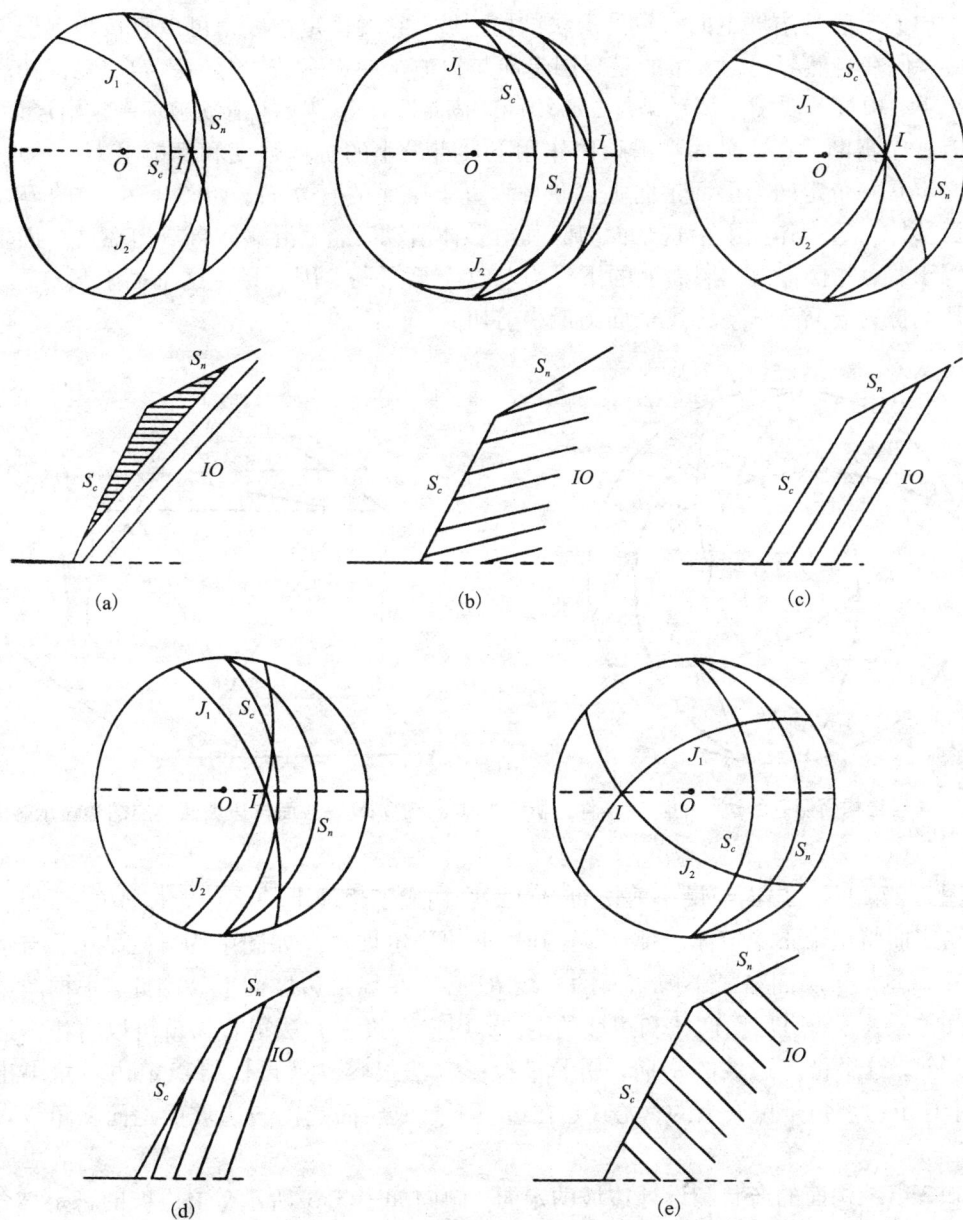

图 3.25　双滑面边坡的稳定条件分析

投影图上,可以根据结构面投影大圆的交点的位置,作出边坡稳定状态的初步判断。这对于根据结构面切割条件下初步判断结构面的各种不同组合的稳定条件是十分方便的。

　　例如,已知一个边坡发育 4 组结构面,它们的赤平投影图如图 3.26 所示,由图上可以看出,4 组结构面互相组合,共有 A、B、C、D、E、F 6 个交点。在这些交点中,只有结构面 J_1 和 J_2 的交点 A 位于开挖边界面 S_c 大圆和自然边坡面 S_n 大圆之间,属于不稳定条件。因此,在对边坡的稳定性作出进一步分析计算时,就可以只针对结构面 J_1、J_2 和由它们组合切割构成的结构体进行，而不必考虑其他结构面和其他组合。

对于层面走向与边坡走向一致的层状结构边坡，它的稳定边坡角可以直接根据层面的倾角来确定，但在自然界里，大量的是岩层走向与边坡走向或多或少具有一定交角的边坡。在这种情况下，边坡若要发生滑动破坏，必须同时满足 2 个条件：①滑动破坏一定沿层面发生；②必须有一个剪断面，这个面在滑移体作用下具有最小的抗剪强度和摩擦阻力。不难证明，这个面必定是一个走向与层面走向垂直并且垂直于层面的直立面，如图 3.27 中的 IKO 面所示。在滑移体自重力作用下沿这个面剪断和滑移体滑动时，因滑移体自重力在这个面上的法向分力等于零，并且重力在层面上的下滑力与这个面平行，因此，在这个面上只有黏聚力 c 起作用而摩擦力 φ 等于零，称这个面为最小剪切面。

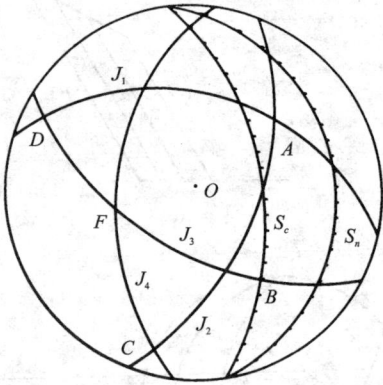

图 3.26　4 组结构面切割的边坡的稳定条件分析

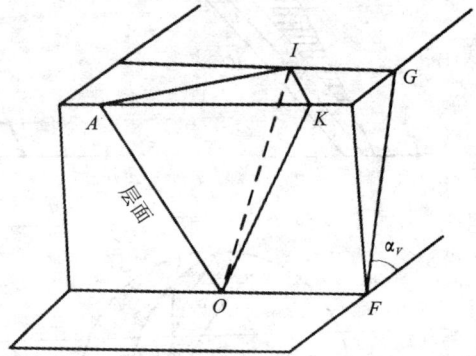

图 3.27　层面与边坡面斜交的边坡示意图

由图 3.27 可见，层面与最小剪切面 IKO 组合构成了边坡上的不稳定体 AIKO。如果为确保边坡稳定而将这个不稳定体挖掉，即得到边坡的稳定坡角。如图中为开挖线 GF 与水平面的夹角 α_v。这时，层面与最小剪切面的交线 IO 必定在稳定边坡面上。因此，根据图中各个面的空间关系，若一直层面产状和边坡的走向，用赤平投影方法很容易就可以将稳定边坡角求出。当然，这个稳定边坡的走向，用赤平投影方法很容易就可以将稳定边坡角求出。当然，这个稳定边坡角是偏安全的，尤其是在边坡不高或层面走向与边坡面走向交角较大的情况下。

已知 2 组结构面的产状和设计边坡的走向、倾向如表 3.3 所示，求边坡的稳定坡角，图解步骤如下：

表 3.3　结构面的产状表

结构面	走向	倾向	倾角(°)
J_1	N30°W	SW	60
J_2	N70°R	SE	50
边坡面	N50°W	SW	—

　①根据结构面的产状作它们的赤平极射投影图，如图 3.28 所示，分别为大圆 J_1 和大圆 J_2，它们相交于 I 点；

　②根据设计边坡的走向方位，在投影图上标出边坡的走向线 $A-A$；

　③将投影图覆盖于投影网上，使 $A-A$ 与投影网的 SN 线重合，将 I 点所在的经线绘于投影图上，即稳定边坡面的投影，由图读的其倾角为 52°。

　应当指出，在以上关于边坡稳定条件的分析和稳定边坡角的推断中，没有考虑结构面（滑动面）的抗剪强度，即假定其 c、φ 均很小，

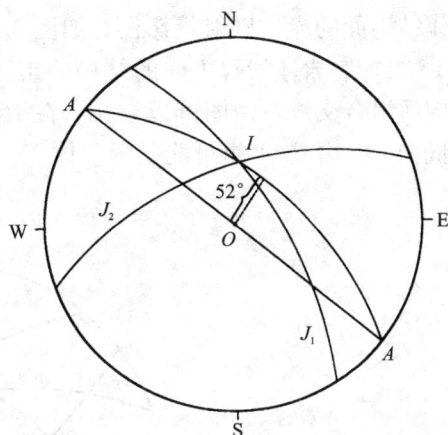

图 3.28　双滑面边坡稳定坡脚的图解

因而一律把滑动面以上的岩体当不稳定体对待，这是偏于安全的。在滑动面的倾角比较陡的情况下问题不大。滑动面的倾角越是平缓，这种分析就会越显出不合理。同时，这些分析只考虑了岩体结构（结构面产状）这一单一条件，而实际边坡的稳定或破坏总是许多因素综合作用的结果，它们是比较复杂的。因此，边坡稳定条件的岩体结构分析只是边坡稳定性研究的一个初步和基础的概念。

3.4.3　多组结构面条件下稳定边坡角的初步确定

　边坡设计的中心问题是如何确定稳定边坡角，做到既安全又经济。对于结构比较简单，可能滑移体比较单一的一般边坡（如 3.4.2 节所讨论的），可以根据工程的要求和设计阶段，或根据岩体结构分析进行判断，或通过力学分析计算来确定其稳定边坡角。但在实际岩体中，往往存在许多组结构面，并且它们在力学性质、规模大小、延展性、充填性等方面常不同。对于这种多组结构面切割条件下的边坡，尽管结构面的组合形式比较复杂，也可以结合对结构面不同组合时的稳定性系数的分析计算，用赤平极射投影方法来确定稳定边坡角，即在这个岩体中开挖一个走系那个南北（SN）、倾向西（W）的边坡，求其稳定边坡角。设一岩体共发育 6 组结构面，它们的延展性均较强，产状见表 3.4。

表 3.4　结构面的产状表

结构面组	走向	倾向	倾角(°)
(1)	N50°E	SE	40
(2)	N22°E	NW	60
(3)	N8°W	SW	40
(4)	N41°W	SW	50
(5)	N54°W	NE	70
(6)	N74°W	SW	50

作结构面的赤平极射投影图，如图 3.29 所示。6 组结构面的投影大圆共有 15 个交线，即有 15 组控制岩体滑移方向的结构面组合交线，在 15 组交线中有 11 组控制岩体滑移方向的结构面组合交线。由图可以看出，在 15 组交线中有 11 组交线的倾向与设计边坡的倾向（W）同向，即构成 11 组可能是滑移体。

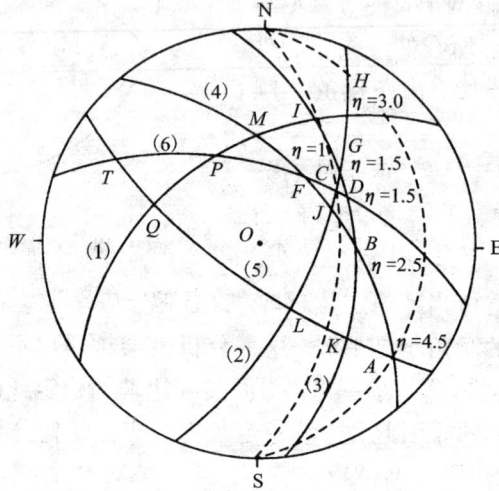

图 3.29 多组结构面条件下稳定边坡角的确定

3.5 边坡工程安全性评价

3.5.1 边坡稳定性分析的有关规定

在进行边坡稳定性分析之前，应该根据岩土工程地质条件对边坡的可能破坏方式及相应破坏方向、破坏范围、影响范围等作出判断。判断边坡的可能破坏方式时应同时考虑到受岩土体强度控制的破坏和受结构面控制的破坏。

边坡抗滑移稳定性计算可采用刚体极限平衡法。对结构复杂的岩质边坡，可结合采用极射赤平投影法和实体比例投影法；当边坡破坏机制复杂时，可采用数值极限分析法。

计算沿结构面滑动的稳定性时，应根据结构面形态采用平面或折线形滑面。计算土质边坡、极软岩边坡、破碎或极破碎岩质边坡的稳定性时，可采用圆弧形滑面。采用刚体极限平衡法计算边坡抗滑稳定性时，可根据滑面形态按《规范》附录 A 选择具体方法计算。当边坡可能存在多个滑动面时，对各个可能的滑动面均应进行稳定性计算。

在进行边坡稳定性计算时，对基本烈度为 7 度及 7 度以上地区的永久性边坡应进行地震工况下边坡稳定性校核。塌滑区内无重要建（构）筑物的边坡采用刚体极限平衡法和静力数值法计算稳定性时，滑体、条块或单元的地震作用可简化为一个作用与滑体、条块或单元重心处、指向坡外（滑动方向）的水平静力，其值应按下列公式计算：

$$Q_e = \alpha_w G$$
$$Q_{ei} = \alpha_w G_i$$

式中：Q_e、Q_{ei}——滑体、第 i 计算条块或单元单位宽度地震力（kN/m）；

　　　G、G_i——滑体、第 i 计算条块或单元单位宽度自重[含坡顶建(构)筑物作用]（kN/m）；

　　　α_w——边坡综合水平地震系数，由所在地区地震基本烈度按表3.1确定。

3.5.2　边坡稳定性评价标准

1. 边坡稳定性系数和安全系数

稳定性系数：反映滑动面上抗滑力与滑动力的比例关系，用以说明边坡岩体的稳定程度。

安全系数：简单地说就是允许的稳定性系数值，安全系数的大小是根据各种影响因素人为规定的；安全系数的选取是否合理，直接影响到工程的安全和造价。它必须大于1才能保证边坡安全，但比1大多少却是很有讲究的。

2. 安全系数选取的影响因素

主要有以下几方面：

①岩体工程地质特征研究的详细程度；

②各种计算参数，特别是可能滑动面剪切强度参数确定中可能产生的误差大小；

③在计算稳定性系数时，是否考虑了岩土体实际承受和可能承受的全部作用力；

④计算过程中各种中间结果的误差大小；

⑤工程的设计年限、重要性以及边坡破坏后的后果如何等。

一般来说，当岩土体工程地质条件研究比较详细，确定的最危险滑动面比较可靠，计算参数确定比较符合实际，计算中考虑的作用力全面，加上工程规模等级较低时，安全系数可以规定得小一些；否则，应规定得大一些。通常，安全系数在1.05～1.5之间选取。

除校核工况外，边坡稳定性状态分为稳定、基本稳定、欠稳定和不稳定4种状态，可根据边坡稳定性系数按表3.5确定。

表 3.5　边坡稳定性状态划分

边坡稳定性系数	$F_S < 1.00$	$1.00 \leqslant F_S < 1.05$	$1.05 \leqslant F_S < F_{st}$	$F_S \geqslant F_{st}$
边坡稳定性状态	不稳定	欠稳定	基本稳定	稳定

注：F_{st} 为边坡稳定安全系数。

边坡稳定安全系数 F_{st} 应按表3.6确定，当边坡稳定性系数小于边坡稳定安全系数时应对边坡进行处理。

表 3.6　比边坡稳定安全系数

边坡类型 / 安全等级 / 稳定安全系数 边坡工程 安全等级		一级	二级	三级
永久边坡	一般工况	1.35	1.30	1.25
	地震工况	1.15	1.10	1.05
临时边坡		1.25	1.20	

注：①地震工况时，安全系数仅适用于塌滑区内无重要建筑物的边坡；

②对地质条件很复杂或破坏后果极严重的边坡工程，其稳定安全系数应适当提高。

第 4 章

边坡支护结构上的荷载

作用在支护结构上的荷载主要是土压力或者滑坡推力。

侧向岩土压力分为静止岩土压力、主动岩土压力和被动岩土压力。侧向岩土压力可采用库仑土压力或朗金土压力公式求解。侧向总岩土压力可采用总岩土压力公式直接计算或按岩土压力公式求和计算，侧向岩土压力和分布应根据支护类型确定。当支护结构变形不满足主动岩土压力产生条件时，或当边坡上方有重要建筑物时，应对侧向岩土压力进行修正。

对于复杂情况也可采用数值极限分析法进行计算。目前国际上和我国水利水电部门广泛采用数值极限分析方法，如有限元强度折减法和超载法，其计算结果与传统极限分析法相同，对于传统极限分析法无法求解的复杂问题十分适用，因此对于复杂情况下岩土侧压力计算可采用数值极限分析法。如岩土组合边坡的稳定性分析采用有限元强度折减法可以方便地求出稳定安全系数与滑动面。

当用支挡结构治理滑坡时，坡体本身处于老滑坡地段，或者存在软弱夹层、结构面等，整个坡体处于不稳定状态，此时，作用在支挡结构上的荷载是部分坡体沿着滑面滑动产生的滑坡推力。

正确、合理地确定土压力或者滑坡推力的大小、方向、作用点以及对支挡结构作用的规律，这是支挡和锚固结构设计的第一步，也是关键的一步。

4.1　侧向土压力

在山区斜坡上填方或挖方筑路、地下室基坑开挖、修筑护岸或码头等常需要设置挡土墙来防止边坡土方坍塌，如图 4.1 所示。挡土墙常用砖石、混凝土、钢筋混凝土等建成，近年来采用加筋土挡墙的逐渐增多。

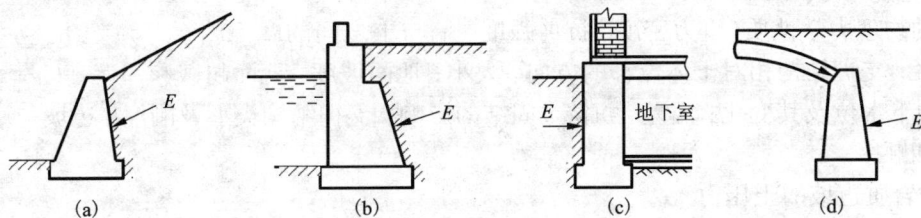

图 4.1　挡土墙的几种类型

挡土墙要承受挡土墙后的土体、地下水、墙后地面建筑物及其他形式荷载对墙背产生的侧向压力，称之为土压力。土压力的大小及其分布规律同支护结构的水平位移方向和大小、土的性质、支护结构物的刚度及高度等因素有关。在影响土压力的诸多因素中，墙体位移条件是最主要的因素。墙体位移的方向和位移量决定着所产生土压力的性质和土压力的大小。

1. 静止土压力

当挡土墙具有足够的截面，并且建立在坚实的地基上（例如岩基），墙在墙后填土的推力作用下，不产生任何移动或转动时如图 4.2(a) 所示，墙后土体没有被破坏，这时挡土墙处于弹性平衡状态，作用于墙背上的土压力称之为静止土压力，用 E_0 表示。

2. 主动土压力

如果墙基可以变形，墙在土压力作用下产生向着离开填土方向的移动或绕墙根的转动时（图 4.2(b)），墙后土体因侧面所受限制的放松而有下滑趋势。为阻止其下滑，土内潜在滑动面上剪应力增加，从而使作用在墙背上的土压力减小。当墙的移动或转动达到某一数量时，滑动面上的剪应力等于土的抗剪强度，墙后土体达到主动极限平衡状态，产生一般为曲线形的滑动面 AC，这时作用在墙上的土推力达到最小值，称为主动土压力 E_a。

3. 被动土压力

当挡土端在外力作用下向着填土方向移动或转动时（例如拱桥桥台），墙后土体受到挤压，有上滑趋势（图 4.2(c)）。为阻止其下滑，土内剪应力反向增加，使得作用在墙背上的土压力加大。直到墙的移动量足够大时，滑动面上的剪应力又等于抗剪强度，墙后土体达到被动极限平衡状态，土体发生向上滑动，滑动面为曲面 AC，这时作用在墙上的土抗力达到最大位，称为被动土压力 E_p。

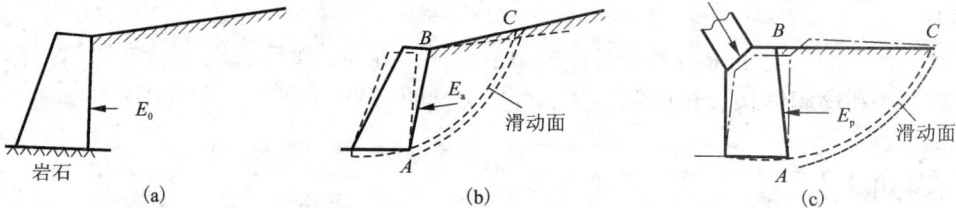

图 4.2 作用在挡土墙上的 3 种土压力

(a)静止土压力；(b)主动土压力；(c)被动土压力

4. 侧向岩土压力影响因素

（1）土质边坡的土压力

土的物理力学性质（重力密度、抗剪强度、墙与土之间的摩擦因素等）；土的应力历史和应力路径；支护结构相对土体位移的方向、大小；地面坡度、地面超载和邻近基础荷载；地震荷载；地下水位及其变化；温差、沉降、固结的影响；支护结构类型及刚度；边坡与基坑的施工方法和顺序。

（2）岩质边坡的土压力

岩体的物理力学性质（重力密度、岩石的抗剪强度和结构面的抗剪强度）；边坡岩体类别（包括岩体结构类型、岩石强度、岩体完整性、地表水浸蚀和地下水状况、岩体结构面产状、倾向坡外结构面的结合程度等）；岩体内单个软弱结构面的数量、产状、布置形式及抗剪强度；支护结构相对岩体位移的方向与大小；地面坡度、地面超载和邻近基础荷载；地震荷载；支护结构类型及刚度；岩石边坡与基坑的施工方法与顺序。

5. 侧向岩土压力一般规定

（1）侧向岩土压力分为静止岩土压力、主动岩土压力和被动岩土压力（库仑公式与朗金公式）。当支护结构的变形不满足静止岩土压力、主动岩土压力或被动岩土压力产生条件时，应对侧向岩土压力进行修正。

（2）侧向总岩土压力可采用总岩土压力公式直接计算或按岩土压力公式求和计算，侧向岩土压力和分布应根据支护类型确定。

4.1.1　库伦土压力的计算

根据平面滑裂面假定，主动土压力合力标准值可据《规范》按下式计算：

$$E_{ak} = \frac{1}{2}\gamma H^2 K_a \tag{4.1}$$

式中：

$$K_a = \frac{\sin(\alpha+\beta)}{\sin^2\alpha\sin^2(\alpha+\beta-\varphi-\delta)}\{K_q[\sin(\alpha+\beta)\sin(\alpha-\delta)+\sin(\varphi+\delta)\sin(\varphi-\beta)]$$
$$+2\eta\sin\alpha\cos\varphi\cos(\alpha+\beta-\varphi-\delta)-2\sqrt{K_q\sin(\alpha+\beta)\sin(\varphi-\beta)+\eta\sin\alpha\cos\varphi}$$
$$\times\sqrt{K_q\sin(\alpha-\delta)+\eta\sin\alpha\cos\varphi}\} \tag{4.2}$$

$$K_q = 1 + \frac{2q\sin\alpha\cos\beta}{\gamma H\sin(\alpha+\beta)} \tag{4.3}$$

$$\eta = \frac{2c}{\gamma H} \tag{4.4}$$

式中的各参数含义参见图 4.3。

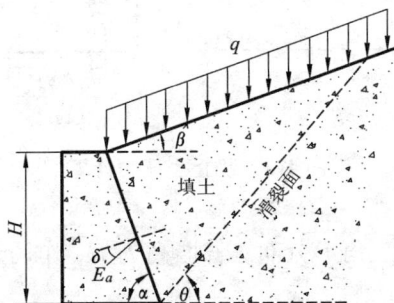

图 4.3　库伦土压力理论示意图

表 4.1　土对挡土墙墙背的摩擦角 δ

挡土墙情况	摩擦角 δ
墙背平滑，排水不良	$(0\sim0.33)\varphi$
墙背粗糙，排水不良	$(0.33\sim0.50)\varphi$
墙背很平滑，排水不良	$(0.50\sim0.67)\varphi$
墙背与填土间不可能滑动	$(0.67\sim1.00)\varphi$

4.1.2　朗金土压力的计算

（1）静止土压力

如前所述，当挡土墙完全没有侧向位移、偏转和自身弯曲变形时，作用在其上的土压力即为静止土压力。建在岩石地基上的重力式挡土墙，或上、下端有顶、底板固定的敢力式挡土墙（图4.4(c)），实际变形极小，就会产生这种土压力。这时，墙后土体应处于侧限压缩应力状态，与土的自重应力状态相同。因此可用计算自重应力的方法来确定静止土压力的大小。

图4.4(a)表示半无限土体中 z 深度处一点的应力状态，已知其水平向和竖直面都是主应方面，所以作用于该土单元上的竖直向主应力就是自重应力 $\sigma_{cz} = \gamma z$，水平向自重应力 $\sigma_{cx} = K_0 \sigma_{cz} = K_0 \gamma z$。设想用一垛墙代替墙背左侧的土体。若该墙的墙背垂直光滑（无摩擦剪应力），则代替后，右侧土体中的应力状态并没有改变，墙后土体仍处于侧限应力状态[图4.4(b)]，σ_P 仍然是土的自重应力，只不过 σ_h 由原来表示土体内部的应力，现在变成土对墙的压力。按定义即为静止土压力的强度 P_0，故：

$$P_0 = K_0 \gamma z \tag{4.5}$$

式中：K_0——侧压力系数，在这里称为静止土压力系数，一般设为常数。

若将处在静止土压力时土单元的应力状态用摩尔圆表示在 $\sigma \sim \tau$ 坐标上，则如图4.4(d)所示。可以看出，这种应力状态离破坏包线还很远，一般属于弹性平衡应力状态。

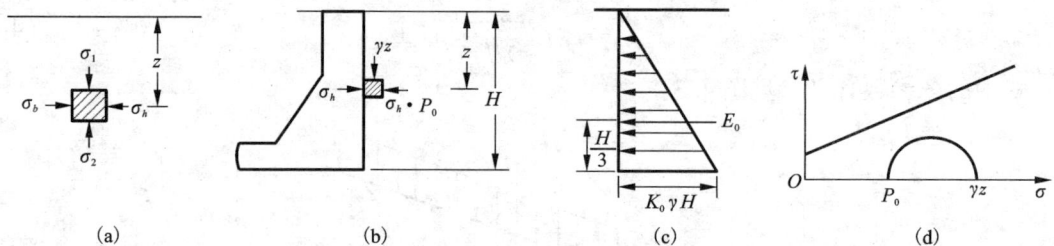

图 4.4　静止土压力计算

由式(4.5)，P_0 沿墙高呈三角形分布；若墙高为 H，作用于单位长度墙上的总静止土压力 E_0 为：

$$E_0 = \frac{1}{2} \gamma H^2 K_0 \tag{4.6}$$

E_0 的作用点应在墙高的1/3处，见图4.4(c)。

实际 K_0 在室内可由常规三轴仪或应力路径三轴仪测得，在原位可用自钻式旁压仪测得。当缺乏试验资料时，对砂土可取0.34～0.45，对黏性土可取0.5～0.7。对于正常固结土，可用经验公式(4.7)估算；对于超固结土，可用经验公式(4.8)估算。

$$K_0 = 1 - \sin\varphi' \tag{4.7}$$

$$K_0 = \sqrt{OCR}(1 - \sin\varphi') \tag{4.8}$$

式中：φ'——土的有效摩擦角；

OCR——土的固结比。

此外，依据土的种类与软硬状态，静止土压力系数 K_0 也可以采用表4.2提供的参考值。

表 4.2　K_0 的经验值

土的种类及状态	碎石土	砂土	粉土	粉质黏土			黏土		
				坚硬	可塑	软塑～流塑	坚硬	可塑	软塑～流塑
K_0	0.18～0.25	0.25～0.33	0.33	0.33	0.43	0.53	0.33	0.53	0.72

静止土压力标准值，可按下式计算：

$$e_{0ik} = \left(\sum_{j=1}^{i} \gamma_j h_j + q \right) K_{0i} \tag{4.9}$$

式中：e_{0ik}——计算点处的静止土压力标准值(kN/m^2)；

γ_j——计算点以上第 j 层土的重度(kN/m^2)；

h_j——计算点以上第 j 层的厚度(m)；

q——地面均布荷载(kN/m^2)；

K_{0i}——计算点处的静止土压力系数。

对于墙后填土有地下水的情况，在计算静止土压力时，地下水位以下对于透水性的土应采用有效重度 γ' 计算，同时考虑作用于挡土墙上的静水压力。

（2）当墙背直立光滑、土体表面水平时，主动土压力标准值可按下式计算：

$$e_{aik} = \left(\sum_{j=1}^{i} \gamma_j h_j + q \right) K_{ai} - 2c_i \sqrt{K_{ai}} \tag{4.10}$$

式中：e_{aik}——计算点处的主动土压力标准值(kN/m^2)，当 $e_{aik} < 0$ 时，取 $e_{aik} = 0$；

K_{ai}——计算点处的主动土压力系数，取 $K_{ai} = \tan^2(45° - \varphi_i/2)$；

c_i——计算点处土的黏聚力(kN/m^2)；

i——计算点处土的内摩擦角(°)。

无黏性土的主动土压力合力为：

$$E_a = \frac{1}{2} \gamma H^2 K_a$$

黏性土计算主动土压力之前，要先按下式确定土压力零点位置：

$$z_0 = \frac{2c}{\gamma \sqrt{K_a}}$$

坡顶存在均不附加荷载 q 时，z_0 可按下式计算：

$$z_0 = \left(\frac{2c}{\gamma \sqrt{K_a}} - q \right) \Big/ \gamma$$

总主动土压力为：

$$E_a = \frac{1}{2}\gamma H^2 K_a - 2cH\sqrt{K_a} + \frac{2c^2}{\gamma} \text{ 或 } E_a = \frac{1}{2}\gamma(H - z_0)^2 K_a (\text{须满足 } H > z_0) \tag{4.11}$$

（3）当墙背直立光滑、土体表面水平时，被动土压力标准值可按下式计算：

$$e_{pik} = \left(\sum_{j=1}^{i}\gamma_j h_j + q\right)K_{pi} + 2c_i\sqrt{K_{pi}} \tag{4.12}$$

式中：e_{pik}——计算点处的被动土压力标准值（kN/m^2）；

K_{pi}——计算点处的被动土压力系数，取 $K_{pi} = \tan^2(45° + \varphi_i/2)$。

无黏性土被动土压力合力为：

$$E_p = \frac{1}{2}\gamma H^2 K_p$$

黏性土被动土压力合力为：

$$E_p = \frac{1}{2}\gamma H^2 K_p + 2cH\sqrt{K_p}$$

土中有地下水但未形成渗流时，作用于支护结构上的侧压力可按下列规定计算：

①对砂土和粉土按水土分算原则计算；

②对黏性土宜根据工程经验按水土分算或水土合算原则计算；

③按水土分算原则计算时，作用在支护结构上的侧压力等于土压力和静止水压力之和，地下水位以下的土压力采用浮重度（γ'）和有效应力抗剪强度指标（c'、φ'）计算；

④按水土合算原则计算时，地下水位以下的土压力采用饱和重度（γ_{sat}）和总应力抗剪强度指标（c、φ）计算。

（4）土中有地下水形成渗流时，作用于支护结构上的侧压力，除按 c 条计算外，尚应计算动水压力。

【例题 4 - 1】 某钢筋混凝土扶壁式挡土墙墙高 5 m，墙背垂直光滑，墙后填土为砂土，$\gamma = 18$ kN/m^3，$\varphi = 40°$，$c = 0$，填土表面水平，地下水地下 7 m，试比较静止土压力、主动土压力和被动土压力的大小。若在挡土墙上每间隔 2 m 设一根水平预应力锚索（位于墙高 $H/3$ 处），计算填土达到主动和被动破坏时，锚索承受的拉力值。

【解】 根据《规范》：

①静止压力

$$K_{0i} = 1 - \sin\varphi'_f = 1 - \sin40° = 0.36$$

$$e_{0ik} = \left(\sum_{j=1}^{i}\gamma_j h_j + q\right)K_{0i} = 18 \times 5 \times 0.36 = 32.4(kPa)$$

$$E_0 = \frac{1}{2} \times 32.4 \times 5 = 81(kN/m)$$

②主动土压力

$$K_{ai} = \tan^2(45° - \varphi_i/2) = \tan^2(45° - 40/2) = 0.22$$

$$e_{aik} = \left(\sum_{j=1}^{i}\gamma_j h_j + q\right)K_{ai} - 2c_i\sqrt{K_{ai}} = 18 \times 5 \times 0.22 = 19.8(kPa)$$

$$E_a = \frac{1}{2} \times 19.8 \times 5 = 49.5(kN/m)$$

③被动土压力

$$K_{pi} = \tan^2(45° + \varphi_i/2) = \tan^2(45° + 40/2) = 4.6$$

$$e_{pik} = \left(\sum_{j=1}^{i} \gamma_j h_j + q \right) K_{pi} + 2c_i \sqrt{K_{pi}} = 18 \times 5 \times 4.6 = 414(\text{kPa})$$

$$E_p = \frac{1}{2} \times 414 \times 5 = 1035(\text{kN/m}), \text{ 所以 } E_p > E_0 > E_a。$$

由于锚索间隔 2 m，则填土达到主动破坏时，锚索拉力为 49.5 × 2 = 99(kN)，达到被动破坏时，锚索拉力为 1035 × 2 = 2070(kN)。

4.1.3　有限范围填土情况

当挡墙后土体破裂面以内有较陡的稳定岩石坡面时，应视为有限范围填土情况计算主动土压力，主动土压力合力标准值：

$$E_{ak} = \frac{1}{2}\gamma H^2 K_a \tag{4.13}$$

$$K_a = \frac{\sin(\alpha + \beta)}{\sin(\alpha - \delta + \theta - \delta_R)\sin(\theta - \beta)}\left[\frac{\sin(\alpha + \theta)\sin(\theta - \delta_R)}{\sin^2\alpha} - \eta\frac{\cos\delta_R}{\sin\alpha}\right] \tag{4.14}$$

式中：θ——稳定岩石坡面的倾角(°)；

　　　　δ_R——稳定且无软弱层的岩石坡面与填土间的内摩擦角(°)，宜根据试验确定。当无试验资料时，可取$(0.40 \sim 0.70)\varphi$，φ 为填土的内摩擦角。

【例题 4-2】　某重力式挡土墙如图 4.5 所示，墙面直立，墙背与水平夹角为 70°，墙背与墙后填土摩擦角为 15°，墙后填土表面倾角为 15°，填土重度为 18.5 kN/m³，内摩擦角为 20°，内聚力为 10 kPa，填土与岩石间摩擦角为 18°，岩石坡面倾角为 75°，墙高为 5 m，按《建筑边坡工程技术规范》计算挡墙单位长度的主动土压力。

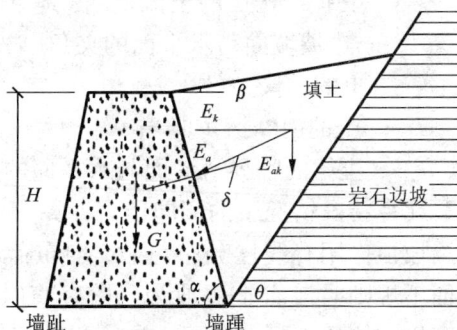

图 4.5　例题 4-2 简图

【解】

$a = 70°$、$\theta = 75°$、$\delta = 15°$、$\delta_R = 18°$、$c = 10$ kPa、$\gamma = 18.5$ kN/m³、$H = 5$ m。

$$\eta = \frac{2c}{\gamma H} = \frac{2 \times 10}{18.5 \times 5} = 0.21$$

$$K_a = \frac{\sin(\alpha + \beta)}{\sin(\alpha - \delta + \theta - \delta_R)\sin(\theta - \beta)}\left[\frac{\sin(\alpha + \theta)\sin(\theta - \delta_R)}{\sin^2\alpha} - \eta\frac{\cos\delta_R}{\sin\alpha}\right]$$

$$= \frac{\sin(70° + 15°)}{\sin(10° - 15° + 75° - 18°)\sin(75° - 15°)} \times$$

$$\left[\frac{\sin(70° + 75°)\sin(75° - 18°)}{\sin^2 70°} - 0.21 \times \frac{\cos18°}{\sin70°}\right] = 0.412$$

$$E_{ak} = \frac{1}{2}\gamma H^2 K_a = \frac{1}{2} \times 18.5 \times 5^2 \times 0.412 = 95.3(\text{kN/m})$$

4.1.4 坡顶水平时的土压力计算

1)当边坡的坡面为倾斜、坡顶水平、无超载时(图4.6),土压力的合力可按(4.15)式计算,边坡破坏时的破裂角可按式(4.16)计算:

$$E_a = \frac{1}{2}\gamma H^2 K_a \qquad (4.15)$$

$$K_a = (\cot\theta - \cot\alpha')\tan(\theta - \varphi)$$
$$- \frac{\eta\cos\varphi}{\sin\theta\cos(\theta - \varphi)} \qquad (4.16)$$

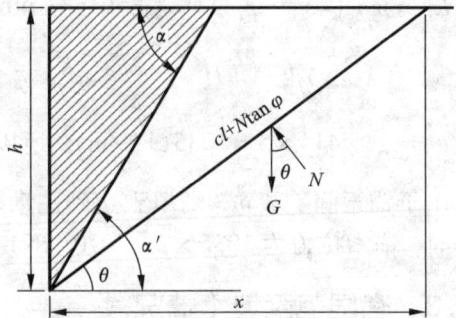

图 4.6 边坡的坡面为倾斜时计算简图

$$\theta = \arctan\left[\frac{\cos\varphi}{\sqrt{1 + \dfrac{\cot\alpha'}{\eta + \tan\varphi} - \sin\varphi}}\right] \qquad (4.17)$$

$$\eta = \frac{2c}{\gamma h} \qquad (4.18)$$

式中:E_a——水平土压力合力(kN/m);

K_a——水平土压力系数;

h——边坡垂直高度(m);

γ——支护结构后的土体重度,地下水位以下用有效重度(kN/m³);

α'——边坡坡面与水平面的夹角(°);

c——土的黏聚力(kPa);

φ——土的内摩擦角(°);

θ——土体的临界滑动面与水平面的夹角(°)。

2. 几种特殊情况下的侧向压力计算

当坡顶作用有线性分布荷载、均布荷载和坡顶填土表面不规则时或岩土边坡为二阶竖直时,在支护结构上产生的侧压力可按以下方法简化计算。

(1)距支护结构顶端 a 处作用有线分布荷载 Q_L 时,附加侧向压力分布可简化为等腰三角形,如图4.7所示。最大附加侧向土压力标准值可按下式计算:

$$e_{h,\max} = \left(\frac{2Q_L}{h}\right)\sqrt{K_a} \qquad (4.19)$$

式中:$e_{h,\max}$——最大附加侧侧向压力标准值(kN/m²);

h——附加侧向压力分布范围(m),

$\qquad h = a(\tan\beta - \tan\varphi)$,$\beta = 45° + \dfrac{\varphi}{2}$;

Q_L——线分布荷载标准值(kN/m);

K_a——主动土压力系数,$K = \tan^2\left(45° - \dfrac{\varphi}{2}\right)$。

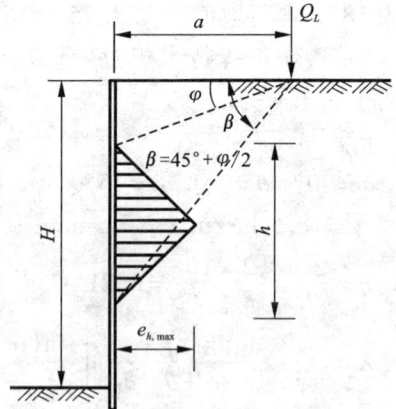

图 4.7 线荷载产生的
附加侧向压力分布图

【例题 4 - 3】　某边坡采用悬臂式支护见图 4.8，边坡高 $H = 6$ m，坡后填土重度 $\gamma = 18$ kN/m³，内摩擦角 $\varphi = 30°$，$c = 8$ kPa，坡顶地面水平，距离坡顶后 $a = 3$ m 处有一条形基础，作用于基础底面的荷载标准值 100 kN/m，不考虑填土与挡墙间的摩擦。试按《建筑边坡支护技术规范》(GB 50/5018—2013) 计算坡脚以上的主动土压力。

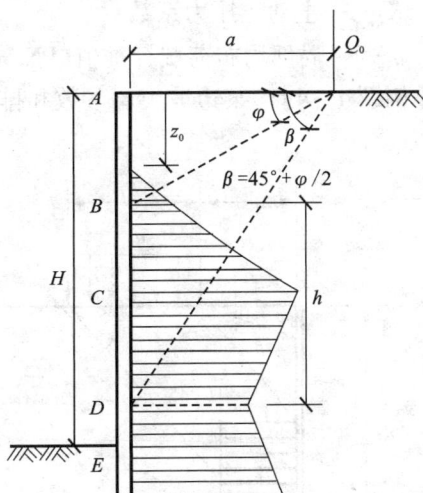

图 4.8　例题 4 - 3 简图

【解】　主动土压力系数：

$$K_a = \tan^2\left(45° - \frac{\varphi}{2}\right) = 0.333$$

$$AB = a\tan\varphi = 3\tan30° = 1.732(\text{m})$$

$$AD = a\tan\beta = 3\tan(45° - 30°/2) = 5.196(\text{m})$$

$$h = BD = AD - AB = 5.196 - 1.732 = 3.464(\text{m})$$

土压力强度为零的临界深度：

$$z_0 = \frac{2c}{\gamma\sqrt{K_a}} = \frac{2 \times 8}{18 \times \sqrt{0.333}} = 1.54(\text{m}) < 1.732(\text{m})$$

A 点的土压力强度为 $e_{aik} = 0$。

B 点的主动土压力强度：

$$e_{aik} = 18 \times 1.732 \times 0.333 - 2 \times 8 \times \sqrt{0.333} = 1.15(\text{kPa})$$

C 点的土压力强度：

$$e_{aik} = 18 \times 3.464 \times 0.333 - 2 \times 8 \times \sqrt{0.333} + \left(\frac{2 \times 100}{3.464}\right) \times \sqrt{0.333} = 44.85(\text{kPa})$$

D 点的土压力强度：

$$e_{aik} = 18 \times 5.196 \times 0.333 - 2 \times 8 \times \sqrt{0.333} = 21.91(\text{kPa})$$

E 点的土压力强度：

$$e_{aik} = 18 \times 6 \times 0.333 - 2 \times 8 \times \sqrt{0.333} = 26.73(\text{kPa})$$

所以作用于挡墙的主动土压力：

$$E_a = \frac{1.732 - 1.54}{2} \times 1.15 + \frac{3.464 - 1.732}{2} \times (1.15 + 44.85) + \frac{5.196 - 3.464}{2} \times (44.85 + $$

$$21.91) + \frac{6 - 5.196}{2} \times (21.91 - 26.73) = 117.3(\text{kN/m})$$

【注】　①由于 $c = 8$ kPa，因此需先确定临界深度，然后依次确定土压力突变处的深度及压力，对本题，亦可以将 2 个荷载分开计算其对应的土压力。②要注意线性荷载影响深度与临界深度和边坡高度的关系，当线性荷载的影响深度上界小于 1.54 m 时，应按叠加后的土压力重新计算临界深度。

（2）距支护结构顶端 a 处作用有宽度 b 的均布荷载时如图 4.9 所示，附加侧向土压力标准值按下式计算：

$$e_{hk} = K_a q_L \qquad\qquad (4 - 20)$$

式中：e_{hk}——附加侧向土压力标准值(kN/m²)；

K_a——主动土压力系数；

q_L——局部均布荷载标准值(kN/m^3)。

【例题 4-4】　某边坡土层参数和排桩支护深度如图 4.10，试计算作用于挡墙上的主动土压力。

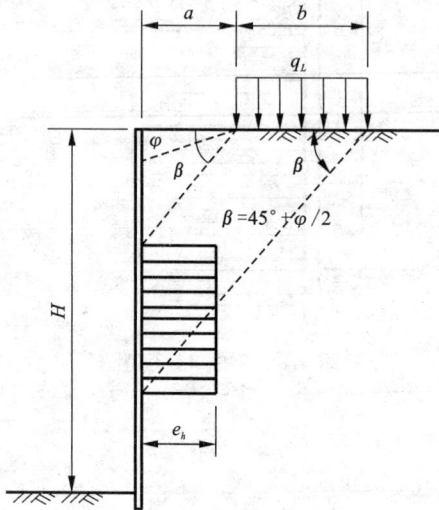

图 4.9　局部均布荷载产生的附加侧向压力分布图

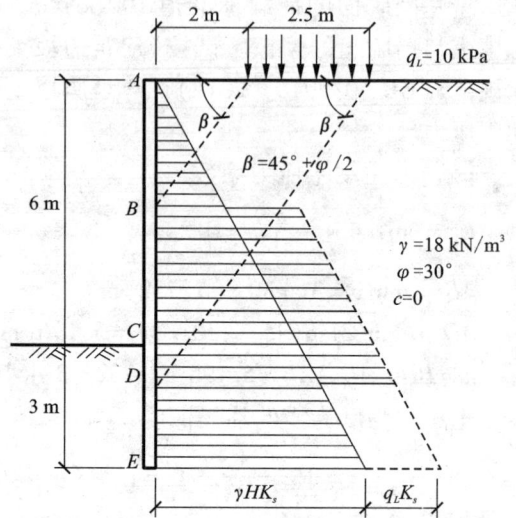

图 4.10　例题 4-4 简图

【解】　根据《规范》：

$\theta = 45° + \varphi/2 = 45° + 30°/2 = 60°$

$\overline{AB} = 2\tan\beta = 2\tan60° = 3.46(m)$

$\overline{AD} = (2 + 2.5)\tan\beta = 10\tan60° = 7.8(m)$

$\overline{AD} > \overline{AC}$

$K_a = \tan^2(45° - 30°/2) = 0.33$

A 点的土压力强度为 0，

B 点上的主动土压力强度：

$e_a = 18 \times 3.46 \times 0.33 = 20.55(kPa)$

B 点下的主动土压力强度：

$e_a = (18 \times 3.46 + 10) \times 0.33 = 23.85(kPa)$

D 点上的主动土压力强度：$e_a = (18 \times 7.8 + 10) \times 0.33 = 49.63(kPa)$

D 点下的主动土压力强度：$e_a = 18 \times 3.46 \times 0.33 = 20.55(kPa)$

E 点的主动土压力强度：$e_a = 18 \times 9.0 \times 0.33 = 53.46\ kPa$

所以主动土压力合力按下式计算：

$$E_a = \frac{1}{2} \times 20.55 \times 3.46 + \frac{1}{2} \times (23.85 + 49.63) \times (7.8 + 3.46) + \frac{1}{2} \times (46.33 + 53.46) \times$$

$(9.0 - 7.8) = 254.9(kN/m)$

【注】　题目要求计算作用于排桩上的主动土压力，因此需要先确定均布荷载的影响深度与排桩的支护深度的相对位置关系，必要时建议辅助作图。

4.1.5   坡顶地面非水平时土压力计算

（1）如图 4.11（a）所示的情况：延长倾斜坡面交墙背于 C 点，分别计算墙背为 AB 且坡顶地面水平时的主动土压力分布图 Abd、以及墙背为 AC 而坡顶地面倾斜时的主动土压力分布图 Ace，叠加后为 $AefBA$。

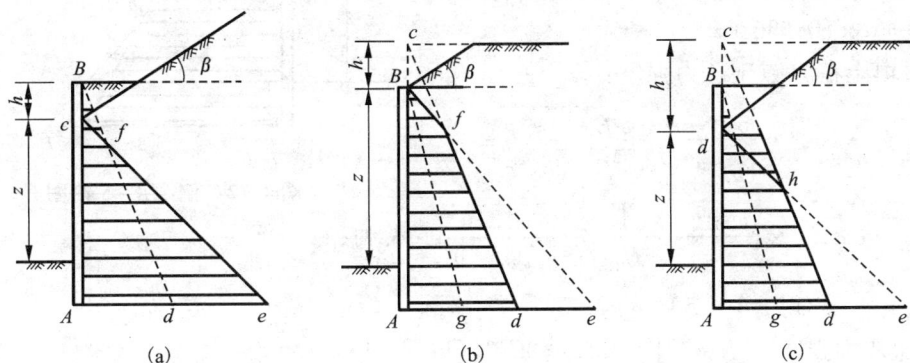

图 4.11   地面非水平时支护结构上主动土压力的近似计算

$$e_a = \gamma \cdot z \cdot \cos\beta \cdot \frac{\cos\beta - \sqrt{\cos^2\beta - \cos^2\varphi}}{\cos\beta + \sqrt{\cos^2\beta - \cos^2\varphi}} \tag{4.21}$$

$$e'_a = K_a\gamma(z + h') - 2c\sqrt{K_a} \tag{4.22}$$

式中：β——边坡坡顶地表斜坡面与水平面的夹角（°）；

$\quad\quad c$——土体的黏聚力（kPa）；

$\quad\quad \varphi$——土体的内摩擦角（°）；

$\quad\quad \gamma$——土体的重度（kN/m³）；

$\quad\quad K_a$——主动土压力系数；

$\quad\quad e_a$、e'_a——侧向土压力（kN/m²）；

$\quad\quad z$——计算点的深度（m）；

$\quad\quad h'$——地表水平面与地表斜坡和支护结构相交点的距离（m）。

（2）图 4.11（b）所示的情况，计算支护结构上的侧向土压力时，可将斜面延长到 C 点，则 $BAdfB$ 为主动土压力的近似分布图形。

（3）图 4.11（c）所示的情形，可按图 4.11（a）和图 4.11（b）的方法叠加计算。

【例题 4-5】   某边坡及支护结构如图 4.12 所示，已知 $\beta = 15°$，$BG = 2$ m，$h = 2$ m，$Z = 12$ m，墙后砂土重度为 18 kN/m³，$\varphi = 30°$，$c = 0$，试按《建筑边坡支护技术规范》（GB 50/5018—2013）计算坡脚以上的主动土压力合力。

【解】   根据题意，需先计算土压力强度转折点对应深度，即 D、H 的深度。BG 段填土作用于挡土墙的土压力为三角形 BAg 围成的面积，GF 段填土作用于挡土墙的土压力为三角形 KAf 围成的面积（K 点为 GF 延长线与挡墙的交点），FM 段填土作用于挡土墙的土压力为三角形 CAc 围成的面积。

$BK = BG\tan\beta = 2\tan15° = 0.536(m)$,

$K_a = \tan^2(45° - 30°/2) = 0.33$

B 点的土压力强度为 0。

①计算第一个转折点 D 点的深度

BG 段填土在 D 点的土压力强度：

$e'_a = K_a\gamma(z + h) - 2c\sqrt{K_a} = 18 \times (0.536 + z_1) \times 0.33 = 6 \times (0.536 + z_1)$

GF 段填土在 D 点土压力强度：

$e_a = \gamma \cdot z \cdot \cos\beta \cdot \dfrac{\cos\beta - \sqrt{\cos^2\beta - \cos^2\varphi}}{\cos\beta + \sqrt{\cos^2\beta - \cos^2\varphi}} =$

图 4.12 例题 4-5 简图

$18 \times z_1 \times \cos15° \times \dfrac{\cos15° \sqrt{\cos^2 15° - \cos^2 30°}}{\cos15° + \sqrt{\cos^2 15° - \cos^2 30°}} = 6.71z_1$

由 $e'_a = e_a$，解得 $z_1 = 4.53(m)$。

D 点土压力强度：$e_a = 6.71 \times 4.53 = 30.39(kPa)$

②计算第二个转折点 H 点的深度

GF 段填土在 H 点土压力强度：

$e_a = \gamma \cdot z \cdot \cos\beta \cdot \dfrac{\cos\beta - \sqrt{\cos^2\beta - \cos^2\varphi}}{\cos\beta + \sqrt{\cos^2\beta - \cos^2\varphi}} = 18 \times z_2 \times \cos15° \times \dfrac{\cos15° \sqrt{\cos^2 15° - \cos^2 30°}}{\cos15° + \sqrt{\cos^2 15° - \cos^2 30°}} = 6.71z_2$

FM 段填土在 H 点土压力强度：

$e'_a = K_a\gamma(z + h) - 2c\sqrt{K_a} = 18 \times (2 + z_1) \times 0.33 = 6 \times (2 + z_2)$

由 $e'_a = e_a$，解得 $z_2 = 16.90$ m > 12 m，即实际上 H 点的深度已经超过了 E 点的深度，则 E 点土压力强度按 GF 段的影响计算：

$e_a = 6.71z_2 = 6.71 \times 12 = 80.52(kPa)$

则坡脚以上的主动土压力：

$E_a = \dfrac{1}{2} \times 30.39 \times (0.536 + 4.530) + \dfrac{1}{2} \times (30.39 + 80.52) \times (12 - 4.53) = 491.23(kN/m)$

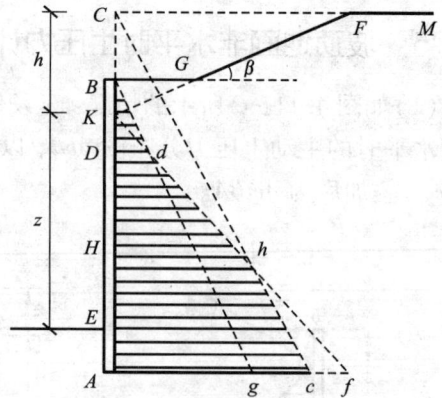

4.1.6 二阶竖直边坡土压力计算

当边坡为二阶且竖直、坡顶水平且无超载时（图 4.13），岩土压力的合力和边坡破坏时的平面裂角应符合下列规定：

①岩土压力的合力应按下列公式计算：

$$E_a = \frac{1}{2}\gamma h^2 K_a \tag{4.23}$$

$$K_a = \left(\cot\theta - \frac{2a\xi}{h}\right)\tan(\theta - \varphi) - \frac{\eta\cos\varphi}{\sin\theta\cos(\theta - \varphi)} \tag{4.24}$$

式中：E_a——水平岩土压力合力（kN/m）；

K_a——水平岩土压力系数；

γ——支挡结构后的岩土重度，地下水以下用有效重度（kN/m³）；

h——边坡的垂直高度(m)；

a——上阶边坡的高度(m)；

ζ——上阶边坡的高度与总的边坡高度的比值；

Φ——岩土体或外倾结构面的内摩擦角(°)；

θ——岩土体的临界滑动面与水平面的夹角(°)。当岩体存在外倾结构面时，θ 可取外倾结构面的倾角，取外倾结构面的抗剪强度指标；当存在多个外倾结构面时，应分别计算，取其中的最大值为设计值；当岩体中不存在外倾结构面时，θ 可按式 (4-21) 计算。

②边坡破坏时的平面破裂角应按下列公式计算：

$$\theta = \arctan\left[\frac{\cos\varphi}{1 + \dfrac{2a\zeta}{h(\eta + \tan\varphi)} - \sin\varphi}\right] \tag{4.25}$$

$$\eta = \frac{2c}{\gamma h} \tag{4.26}$$

式中：γ——支挡结构后的岩土重度，地下水以下用有效重度(kN/m³)；

h——边坡的垂直高度(m)；

a——上阶边坡的高度(m)；

ζ——上阶边坡的高度与总的边坡高度的比值；

Φ——岩土体或外倾结构面的内摩擦角(°)；

c——岩土体或外倾结构面的黏聚力(kPa)。

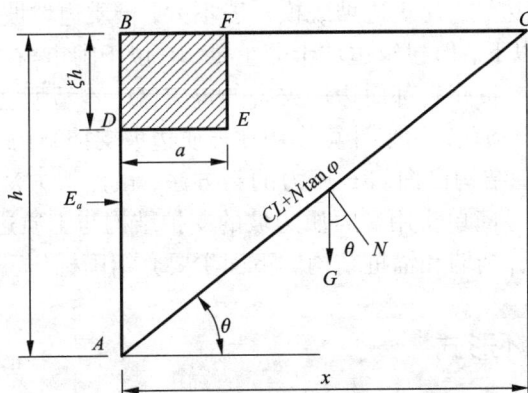

图 4.13　二阶竖直边坡的计算简图

4.1.7　考虑地震时土压力计算

考虑地震作用时，作用于支护结构上的地震主动土压力可按规范公式计算，主动土压力系数按下式计算：

$$K_a = \frac{\sin(\alpha+\beta)}{\cos\rho\sin^2\alpha\sin^2(\alpha+\beta-\varphi-\delta)}$$
$$\{K_q[\sin(\alpha+\beta)\sin(\alpha-\delta-\rho) + \sin(\varphi+\delta)\sin(\varphi-\rho-\beta)] +$$

$$
\begin{aligned}
&2\eta\sin\alpha\cos\varphi\cos\rho\cos(\alpha+\beta-\varphi-\delta) - \\
&2\big[\,(K_q\sin(\alpha+\beta)\sin(\varphi-\rho-\beta) + \eta\sin\alpha\cos\varphi\cos\rho) \\
&= (K_q\sin(\alpha-\delta-\rho)\sin(\varphi+\delta) + \\
&\eta\sin\alpha\cos\varphi\cos\rho)\,\big]^{0.5}\big\}
\end{aligned}
$$

(4.27)

式中：ρ——地震角，可按表取值。

表 4.3　地震角 ρ

类别	7 度		8 度		9 度
	0.10g	0.15g	0.20g	0.30g	0.40g
水上(°)	1.5	2.3	3.0	4.5	6.0
水下(°)	2.5	3.8	5.0	7.5	10.0

4.2　侧向岩石压力

　　我国是一个多山之国，尤其是广大西部地区及浙江、福建、广东等丘陵地区。随着西部开发和山区城镇建设的发展，出现了大量公路、铁路、水利、矿山等边坡，这些边坡多数是坡高较大的岩质边坡。这些边坡的数量很大，事故很多，已成为我国公路、铁路和水利建设的难点问题。与此同时，随着我国山区城镇建设的发展，还出现了数量众多的由于城镇建设施工开挖与填方形成的建筑边坡，建筑边坡规模一般不大，土质边坡坡高一般在 15 m 以下，岩质边坡坡高一般在 30 m 以下，但建筑边坡十分重要，它位于闹市与居民点之中，边坡失稳会造成严重的后果。重庆市、贵州省都属边坡灾害的重灾区。本节所述的岩石边坡，主要是针对坡高为 30 m 以下的岩石边坡，用来计算作用在岩质边坡支挡结构下的岩石压力。国标《规范》中提出了岩质边坡支护结构侧向岩石压力的新方法，虽然该方法比较粗浅，但是抓住了岩质边坡的主要特征，而且简单实用。岩质边坡的支护结构与土质边坡也有很大不同，一般不采用挡土墙，而采用锚杆挡墙和锚桩结构。下面主要介绍国标《规范》中岩石压力的算法。

4.2.1　岩质边坡的破坏形式

　　《规范》中将岩质边坡按其破坏形式分为滑移型与崩塌型，大多数边坡属于滑移型破坏形式。滑移型破坏又分为有外倾结构面(硬性结构面与软弱结构面)与无外倾结构面的情况(均质岩体、破碎岩体与只有内倾结构面的岩体)。有外倾结构面岩体，其破坏特征是沿结构面发生单面滑动或双面滑动无外倾结构面岩体中均质岩体只有极软岩才有可能滑塌，裂隙很多的破碎岩体包括碎裂岩、强风化岩与散体状岩体与土类似，也可视作均质岩体。上述无外倾结构面岩体的破坏特征与土坡相似，对垂直边坡将沿着倾角为 $45° + \varphi/2$ 的破裂面下滑或圆弧形破裂面下滑。只有内倾结构面的块状岩体一般不会发生滑塌破坏，只可能发生坡面局部破坏。

　　崩塌型边坡中巨块危岩主要是沿陡倾大裂隙或软弱结构面倾倒或坠落。小块危岩主要是按结构面的不利组合而发生坠落、掉块。危岩的稳定性定量评价，由于有许多不确定性因素，评价的可靠性很差，因而未列入规范中。

4.2.2 岩石压力的计算

1）静止岩石压力标准值，可按下式计算：

$$e_{0ik} = \left(\sum_{j=1}^{i} \gamma_j h_j + q \right) K_{0i} \tag{4.28}$$

式中：e_{0ik}——计算点处的静止土压力标准值（kN/m^2）；

γ_j——计算点以上第 j 层土的重度（kN/m^2）；

h_j——计算点以上第 j 层的厚度（m）；

q——地面均布荷载（kN/m^2）；

K_{0i}——计算点处的静止岩石压力系数，$K_{0i} = v/1 - v$；

v——岩石泊松比，宜采用实测数据或当地经验数据。

【例题 4-6】 某岩石边坡，岩石重度 $\gamma = 22.5$ kN/m³，岩体较完整，岩体泊松比为 0.3，坡高 8 m，坡顶岩体水平，地表作用均布荷载 20 kPa，试按《建筑边坡工程技术规范》计算作用于挡墙的静止侧向压力。

【解】 $K_{0i} = \dfrac{v}{1-v} = \dfrac{0.3}{1-0.3} = 0.4286$

坡顶的侧向压力标准值：

$$e_{0ik} = \left(\sum_{j=1}^{i} \gamma_j h_j + q \right) K_{0i} = (22.5 \times 0 + 20)0.4286 = 8.572(kPa)$$

坡底的侧向压力标准值：

$$e_{0ik} = \left(\sum_{j=1}^{i} \gamma_j h_j + q \right) K_{0i} = (22.5 \times 8 + 20)0.4286 = 85.72(kPa)$$

所以作用于挡墙的侧向压力合力为：

$$E_a = \frac{1}{2} \times (8.572 + 85.72) \times 8 = 377.17(kN/m)$$

2）沿外倾结构而滑移时的岩石压力

（1）对沿外倾结构面滑动的边坡，主动岩石压力合力可按下列公式计算：

$$E_a = \frac{1}{2} \gamma H^2 K_a \tag{4.29}$$

$$K_a = \frac{\sin(\alpha+\beta)}{\sin^2\alpha \sin(\alpha-\delta+\theta-\varphi_s)\sin(\theta-\beta)} \left[K_q \sin(\alpha+\theta)\sin(\theta-\varphi_s) - \eta\sin\alpha\cos\varphi_s \right] \tag{4.30}$$

$$\eta = \frac{2c_s}{\gamma H} \tag{4.31}$$

式中：θ——边坡外倾结构面倾角（°）；

c_s——边坡外倾结构面黏聚力（kPa）；

φ_s——边坡外倾结构面内摩擦角（°）；

K_q——系数，可按公式计算；

δ——岩石与挡墙背的摩擦角(°)，取$(0.33 \sim 0.50)\varphi$。

当有多组外倾结构时，应计算每组结构面的主动岩石压力并取其大值。

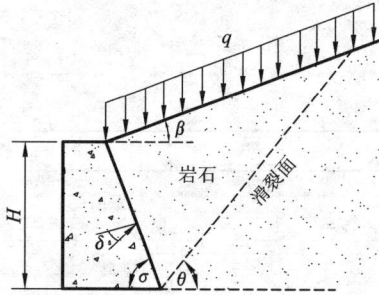

图 4.14　岩石压力计算

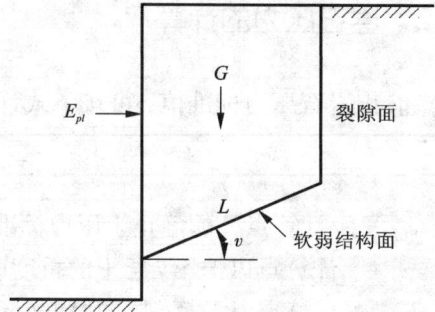

图 4.15　岩石边坡四边形滑裂面侧向岩石压力

(2)沿缓倾的外倾软弱结构面滑动的边坡如图 4.15 所示，主动岩石压力合力标准值按下式计算：

$$E_{ak} = G\tan(\theta - \varphi_s) - \frac{c_s L\cos\varphi_s}{\cos(\theta - \varphi_s)} \tag{4.32}$$

式中：G——四边形滑裂体自重(kN/m)；

L——滑裂面长度(m)；

θ——缓倾的外倾软弱结构面的倾角(°)；

c_s——外倾软弱结构面的黏聚力(kPa)；

φ_s——外倾软弱结构面内摩擦角(°)。

边坡中的外倾结构软弱结构面是十分危险的，即使结构面倾角很小，也可能出现滑动。通常在施工阶段就会出现滑动。

(3)岩质边坡的侧向岩石压力计算和破裂角应符合下列规定：

①对无外倾结构面的岩质边坡，以岩体等效内摩擦角按侧向土压力方法计算侧向岩石压力；对坡顶无建荷载的永久性边坡和坡顶有建筑荷载时的临时性边坡和基坑边坡，破裂角应按$45° + \varphi/2$确定，Ⅰ类岩体边坡可取$75°$左右；坡顶无建筑荷载的临时性边坡和基坑边坡的破裂角，Ⅰ类岩体边坡可取$82°$，Ⅱ类岩体边坡取$72°$，Ⅲ类岩体边坡取$62°$，Ⅳ类岩体边坡取$45° + \varphi/2$。

②当有外倾硬性结构面时，应分别以外倾硬性结构面的抗剪强度参数按式(4.29)的方法和岩体等效内摩擦角按侧向土压力方法分别计算，取 2 种结果的较大值；破裂角取①和外倾结构面倾角两者中的较小值。

③当边坡沿外倾软弱结构面破坏时，侧向岩石压力按 2)中的(2)计算，破裂角取该外倾结构面的视倾角和$45° + \varphi/2$两者中的较小值，同时应按式(4.29)和式(4.32)计算，破裂角取该外倾结构面的倾角，同时应按本条①进行验算；

④当岩质边坡的坡面为倾斜、坡顶水平、无超载时，岩石压力的合力可按式(4.15)计算，当岩体存在外倾结构面时，θ可取外倾结构面的倾角，抗剪强度指标取外倾结构面的抗剪强度指标；当存在多个外倾结构面时，应分别计算，取其中最大值为设计值。

（4）考虑地震作用

考虑地震作用时，作用于支护结构上的地震主动岩石压力应按式（4.29）计算，其主动岩石压力系数应按下式计算：

$$K_a = \frac{\sin(\alpha+\beta)}{\cos\rho\sin^2\alpha\sin(\alpha-\delta+\theta-\varphi_s)\sin(\theta-\beta)}\left[K_q\sin(\alpha+\theta)\sin(\theta-\varphi_s+\rho)-\eta\sin\alpha\cos\varphi_s\cos\rho\right]$$

(4.33)

式中，ρ——地震角，可按表 4.3 取值。

【例题 4-7】　某岩石边坡，岩石重度为 $\gamma=22.5\ \text{kN/m}^3$，岩体较完整，坡高 $H=8\ \text{m}$，坡顶岩体水平，地表作用均布荷载 $q=20\ \text{kPa}$，岩体内有一组倾斜结构面通过坡脚，该结构面倾角 $\theta=55°$，$\varphi_s=30°$，$c_s=20\ \text{kPa}$，挡墙与岩体间内摩擦角为 $\delta=15°$，挡墙直立，试按《建筑边坡工程技术规范》计算主动岩石压力合力标准值。

【解】　$\eta=\dfrac{2\cdot c_s}{\lambda\cdot H}=\dfrac{2\times22}{22.5\times8}=0.222$

$K_q=1+\dfrac{2q\sin\alpha\cdot\cos\beta}{\gamma\cdot H\cdot\sin(\alpha+\beta)}=1+\dfrac{2\times20\sin90°\cos0°}{22.5\times8\sin(90°+0°)}=1.222$

$K_a=\dfrac{\sin(\alpha+\beta)}{\sin^2(\alpha-\delta+\theta-\delta_s)\sin(\theta-\beta)}\left[K_q\sin(\alpha+\theta)\sin(\theta-\varphi_s)-\eta\sin\alpha\cos\varphi_s\right]$

$=\dfrac{\sin(90°+0°)\times[1.222\sin(90°+55°)\sin(55°-30°)-0.222\sin90°\cos30°]}{\sin^290°\sin(90°-15°+55°-30°)\sin(55°-0°)}=0.129$

$E_{ak}=\dfrac{1}{2}\gamma H^2 K_a=\dfrac{1}{2}\times22.5\times8^2\times0.129=92.79(\text{kN/m})$。

【例题 4-8】　某岩质边坡，滑裂体的剖面上呈不规则的四边形，四边形底边长 15 m，滑裂面倾角 48°，内摩擦角 $\varphi_s=18°$，$c_s=10\ \text{kPa}$，滑裂体重度为 1200 kN/m，试按《建筑边坡工程技术规范》计算主动岩石压力合力标准值。

【解】　主动土压力标准值

$E_{ak}=G\tan(\theta-\varphi_s)-\dfrac{c_s L\cos\varphi_s}{\cos(\theta-\varphi_s)}=1200\tan(48°-18°)-\dfrac{10\times15\cos18°}{\cos(48°-18°)}=528(\text{kN/m})$

4.3　侧向岩土压力的修正

（1）对支护结构变形有控制要求或坡顶有重要建（构）筑物时，可按表 4.4 确定支护结构上侧向岩土压力：

表 4.4　侧向岩土压力的修正

支护结构变形控制要求或坡顶重要建（构）筑物基础位置 a		侧向岩土压力修正方法
土质边坡	$a<0.5H$	E_0
	$0.5H$ 构 $a\leq.5H$ 构	$E'=\dfrac{1}{2}(E_0+E_a)$
	$a>1.0H$	E_a

续表 4.4

	支护结构变形控制要求或坡顶 重要建(构)筑物基础位置 a	侧向岩土压力修正方法
岩质边坡	$a < 0.5H$	$E'_0 = \beta_1 E_0$
	$a \geqslant$ 支护结构	E_a

注:

①E_a 为主动岩土压力, E'_a 为修正主动土压力合力, E_0 为静止土压力合力;

②β_1——为主动岩石压力修正系数;

③a——坡脚线到坡顶重要建(构)筑物基础外边缘的水平距离;

④对多层建筑物,当基础浅埋时, H 取边坡高度;当基础埋深较大时,若基础周边与岩土间设置摩擦小的软性弹性材料隔离层,能使基础垂直荷载传至边坡破裂面以下足够深度的稳定岩土层内且其水平荷载对边坡不造成较大影响,则 H 可从隔离层下端算至坡底,否则 H 仍取坡高度;

⑤对高层建筑物应设置钢筋混凝土地下室,并在地下室侧墙临边坡一侧设置摩擦小的软性材料隔离层,使建筑物基础的水平荷载不传给支护结构,并应将建筑物垂直荷载传至边坡破裂面以下足够深度的稳定岩土层内时, H 可从地下室底标高算至坡底;否则, H 仍取边坡高度。

(2)岩质边坡主动岩石压力修正系数 β_1,可根据边坡岩体类别按下表确定:

表 4.5　主动岩石压力修正系数 β_1

边坡岩土类型	I	II	III	IV
主动岩石压力修正系数 β_1	1.30	1.30	1.30~1.45	1.45~1.55

注:

①当裂隙发育时取大值,裂隙不发育时取小值;

②坡顶有重要既有建(构)筑物对边坡变形控制要求较高时取大值;

③对临时性边坡及基坑边坡取小值。

坡顶有重要建(构)筑物的有外倾结构面的岩土质边坡侧压力修正应符合下列规定:

①对有外倾结构面的土质边坡,其侧压力修正值应按公式(4.10)计算后乘以 1.3 的增大系数,应按表 4.4 分别计算并取两个计算结果的最大值;

②对有外倾结构面的岩质边坡,其侧压力修正值应按 4.1 节计算并乘以 1.15 的增大系数,应按公式(4.29)和公式(4.32)分别计算并取两个计算结果的最大值。

4.4　滑坡推力

4.4.1　滑坡推力计算基本方法

对于有潜在滑面的边坡且不稳定时,作用在支挡结构上的主要荷载为滑体沿着潜在滑面滑动所产生的滑坡推力。

对滑坡推力的计算,当前国内外普遍采用的做法是利用极限平衡理论计算每米宽滑动断面的推力,同时假设断面两侧为内力而不计算侧向摩擦力。由于滑动面剖面形态可能是直线形、圆弧形、折线形等不同的形状,因此在计算滑坡推力时,应根据边坡类型和可能的破坏形式采用相应的计算方法。

与边坡稳定性分析方法相对应,滑坡推力计算方法一般采用刚体极限平衡法进行。计算滑坡推力时,一般作如下假定:

①滑坡体是不可压缩的介质,不考虑滑坡体的局部挤压变形;

②块间只传递推力不传递拉力;

③块间作用力(即推力)以集中力表示,其方向平行于前一块滑动面;

④垂直于主滑动方向取 1 m 宽的土条作为计算单元,忽略土条两侧的摩阻力;

⑤滑坡体的每一计算块体的滑动面为平面,并沿滑动面整体滑动。

1. 平面形滑动面滑坡推力计算

如果滑动面为单一平面(如图 4.16 所示)时,滑坡推力为:

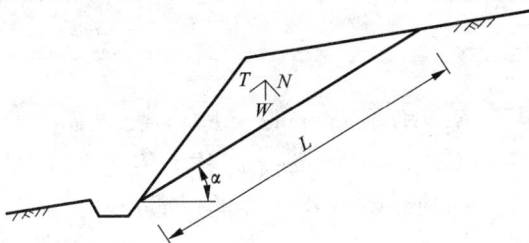

图 4.16　单一滑面滑体

$$E = KW\sin\alpha - (W\cos\alpha\tan\varphi + cL) \tag{4.34}$$

式中:E——滑坡体下滑力(kN);

W——滑坡体重力(kN);

α——滑动面与水平面间的倾角(°);

L——滑动面长度(m);

c——滑动面土的黏聚力(kPa);

φ——滑动面土的内摩擦角(°);

K——安全系数,即工程设计中计算滑坡推力时考虑的安全储备,《规范》用 γ_τ 表示。

2. 折线形滑动面滑坡推力计算

如果滑动面为折面(如图 4.7 所示),根据第 i 条块的受力情况(如图 4.8 所示),其剩余下滑力为:

$$E_i = KT_i + E_{i-1}\cos(\alpha_{i-1} - \alpha_i) - [N_i + E_{i-1}\sin(\alpha_{i-1} - \alpha_i)]\tan\varphi_i - c_iL_i \tag{4.35}$$

式中:E_i——第 i 条块的剩余下滑力(kN);

T_i——第 i 条块自重 W_i 的切向分力(kN);

$$T_i = W_i\sin\alpha_i \tag{4.36}$$

N_i——第 i 条块自重 W_i 的法向分力(kN);

$$N_i = W_i\cos\alpha_i \tag{4.37}$$

α_i——第 i 条块所在的滑动面的倾角(°);

φ_i——第 i 条块滑动面土的内摩擦角(°);

c_i——第 i 条块滑动面土的黏聚力(kPa);

L_i——第 i 条块滑动面的长度(m)。

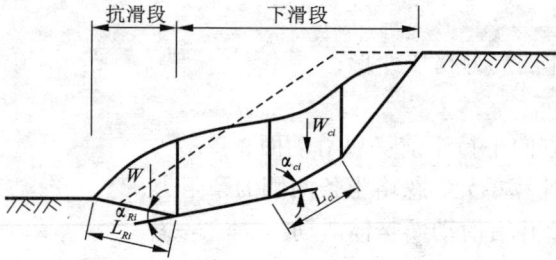

图 4.17 折线形滑动面

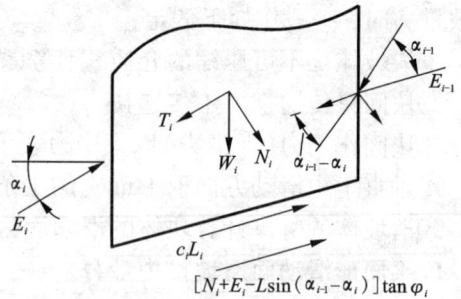

图 4.18 作用于滑体分块上的基本力系

上式亦可表示：

$$E_i = KT_i - (N_i\tan\varphi_i + c_iL_i) + E_{i-1}\psi_i \qquad (4.38)$$

式中：$\psi_i = \cos(\alpha_{i-1} - \alpha_i) - \sin(\alpha_{i-1} - \alpha_i)\tan\varphi_i$，$\psi_i$ 称为传递系数，即上一条块的剩余下滑力 E_{i-1} 通过该系数转换变成下一条块剩余下滑力 E_i 的一部分。

对于第一条块，其剩余下滑力 E_l 的计算与单一滑动面的相同，即：

$$\begin{aligned} E_1 &= KT_1 - (N_1\tan\varphi_1 + c_1L_1) \\ &= KW_1\sin\alpha_1 - (W_1\cos\alpha_1\tan\varphi_1 + c_1L_1) \end{aligned} \qquad (4.39)$$

3. 圆弧形滑动面滑坡推力计算

如果是圆弧形滑动面，其推力可采用条分法进行计算。

当 E_i 为正值时，说明滑坡体有下滑推力，是不稳定的，应传给下一条块；当 E_i 为负值时，表示第 i 条块以上滑坡体处于稳定状态，E_i 不能传递；当 E_i 为零时，第 i 条块以上滑坡体也是稳定的。

在滑坡推力计算中，关于安全系数 K 的使用目前认识尚不一致，有的建议采用 $c_i' = \dfrac{c_i}{k}$、$\tan\varphi_i' = \dfrac{\tan\varphi_i}{K}$ 来计算推力；而有的则采用扩大自重下滑力，即采用 $KW_i\sin\alpha_i$ 来计算推力。式(4.35)~式(4.39)是按后者来计算滑坡推力的。

用式(4.35)~式(4.39)计算推力时应注意：

①计算所得 E_i 为负值时，说明以上各条块在满足安全情况下已能自身稳定。根据假定，负值 E_i(即拉力)不再往下传递，因此，下条块计算时按上一条块的推力等于零考虑；

②计算断面中有反坡时，由于滑动面倾角为负值，因而分块也为负值，即它已不是下滑力，而是抗滑力了。在计算推力时，项就不应乘安全系数 K。

应该指出，剩余下滑力法只考虑了力的平衡，而没有考虑力矩平衡的问题。虽有缺陷，但因计算简便，工程上应用较广。

4.4.2 规范推荐滑坡推力计算方法

1.《建筑地基基础设计规范》(GB 50007—2011)推荐方法

在计算滑坡推力时，《建筑地基基础设计规范》(GB 50007—2011)要求如下：

①当滑体有多层滑动面(带)时,可取推力最大的滑动面(带)确定滑坡推力。

②选择平行于滑动方向的几个具有代表性的断面进行计算。计算断面一般不得少于 2 个,其中应有一个是滑动主轴断面。根据不同断面的推力设计相应的抗滑结构。

③滑坡推力作用点,可取在滑体厚度的 1/2 处。

④滑坡推力安全系数,应根据滑坡现状及其对工程的影响等因素确定,对地基基础设计等级为甲级的建筑物宜取 1.30,设计等级为乙级的建筑物宜取 1.20,设计等组为丙级的建筑物宜取 1.10。

⑤根据土(岩)的性质和当地经验,可采用试验和滑坡反算相结合的方法,合理地确定滑动面上的抗剪强度。

当滑动面为折线形时,滑坡推力可按下列公式进行计算:

$$F_n = F_{n-1} \cdot \psi + \gamma_t G_{nt} - G_{nn} \cdot \tan\varphi_n - c_n \cdot l_n \tag{4.40}$$

$$\psi = \cos(\beta_{n-1} - \beta_n) - \sin(\beta_{n-1} - \beta_n) \cdot \tan\varphi_n \tag{4.41}$$

式中:F_n、F_{n-1}——第 n 块、第 $n-1$ 块滑体的剩余滑力(kN);

　　　ψ——传递系数;

　　　γ_t——滑坡的推力安全系数;

　　　G_{nt}、G_{nn}——第 n 块滑体自重沿水平滑动面、垂直滑动面的分力(kN);

　　　φ_n——第 n 块滑体沿滑动面的内摩擦角标准值;

　　　c_n——第 n 块滑体沿滑动面的黏聚力标准值(kPa);

　　　l_n——第 n 块滑体沿滑动面的长度(m)。

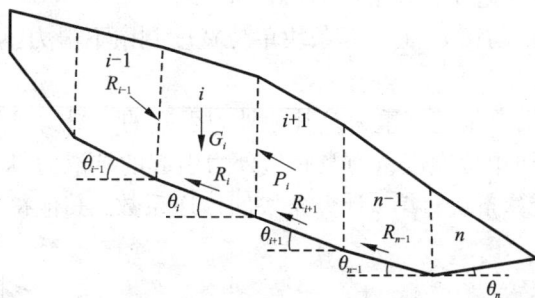

图 4.19　《建筑地基基础设计规范》滑坡推力计算简图

2.《规范》推荐方法

《规范》指出,滑坡计算应考虑滑坡自重、滑坡体上建(构)筑物等的附加荷载、地下水及洪水的静水压力和动水压力以及地震作用等的影响,取荷载效应的最不利组合值作为滑坡的设计控制值;计算剖面不宜少于 3 条,其中应有 1 条是主轴(主滑方向)剖面,剖面间距不宜大于 30 m;当滑体具有多层滑面时,应分别计算各滑动面的滑坡推力,取滑坡推力作用效应(对支护结构产生的弯矩或剪力)最大值作为设计值;滑坡滑面(带)的强度指标应考虑岩土性质、滑坡的变形特征及含水条件等因素,根据试验值、反算值和地区经验值等综合分析确定;作用在抗滑支挡结构上的滑坡推力分布,可根据滑体性质和高度等因素确定为三角形、矩形或梯形。

边坡稳定安全系数 F_{st} 应按表4.6确定,当边坡稳定性系数小于边坡稳定安全系数时应对边坡进行处理。

表 4.6 边坡稳定安全系数

稳定安全系数 边坡类型	边坡工程 安全等级	一级	二级	三级
永久边坡	一般工况	1.35	1.30	1.25
	地震工况	1.15	1.10	1.05
临时边坡		1.25	1.20	1.15

注：①地震工况时,安全系数仅适用于塌滑区内无重要建(构)筑物的边坡;
②对地质条件很复杂或破坏后果极严重的边坡工程,其稳定安全系数应适当提高。

折线形滑动面的边坡可采用传递系数法隐式解,边坡稳定性系数可按下列公式计算:

$$P_n = 0 \tag{4.42}$$
$$P_i = P_{i-1}\psi_{i-1} + T_i - R_i/F_i \tag{4.43}$$
$$\psi_{i-1} = \cos(\theta_{i-1} - \theta_i) - \sin(\theta_{i-1} - \theta_i)\tan\varphi_i/F_i \tag{4.44}$$
$$T_i = (G_i + G_{bi})\sin\theta_i + Q\cos\theta_i \tag{4.45}$$
$$R_i = c_i l_i + [(G_i + G_{bi})\cos\theta_i - Q_i\cos\theta_i - U_i]\tan\varphi_i \tag{4.46}$$

式中：P_n——第 n 条块单位宽度剩余下滑力(kN/m);

P_i——第 i 计算条块与第 $i+1$ 计算条块单位宽度剩余下滑力(kN/m),当 $P_i < 0 (i < n)$ 时取 $P_i = 0$;

T_i——第 i 计算条块单位宽度重力及其他外力引起的下滑力(kN/m);

R_i——第 i 计算条块单位宽度重力及其他外力引起的抗滑力(kN/m);

ψ_{i-1}——第 $i-1$ 计算条块对第 i 计算条块的传递系数,其他符号同前。

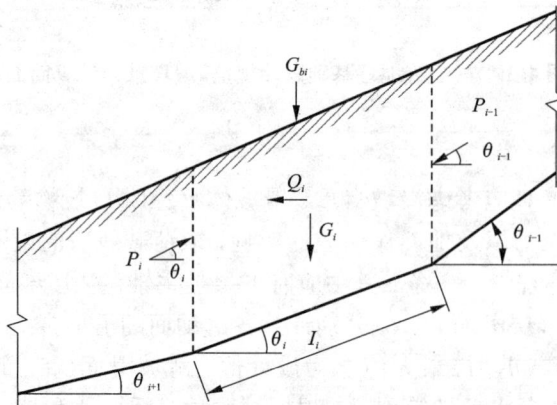

图 4.20 折线形滑面边坡传递系数法计算简图

【注】 在用折线形滑面计算滑坡推力时，应将式(A.0.3-2)和公式(A.0.3-3)中的稳定系数 F_i 替换为 F_{st}，以此计算 P_n，即为滑坡的推力。

【例题 4-9】 某一滑坡面为折线的单个滑坡，拟设计抗滑结构物，其主轴断面及作用力参数如图 4.21 所示，计算安全系数 γ_t 为 1.05，试计算最终作用在抗滑结构物上的滑坡推力。

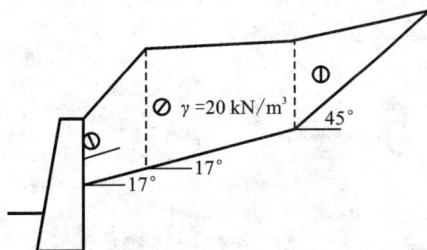

图 4.21 例题 4-9 简图

	下滑分力 T(kN/m)	抗滑力 R(kN/m)	滑面倾角 θ(°)	传递系数 ψ
①	12000	5500	45	
②	17000	19000	17	0.733
③	2400	2700	17	1.0

【解】 根据《建筑地基基础设计规范》

$F_1 = \gamma_t T_1 - R_1 = 1.05 \times 12000 - 5500 = 7100 (\text{kN/m})$

$F_2 = \gamma_t T_2 - R_2 + \psi_1 F_1 = 1.05 \times 17000 - 19000 + 0.733 \times 7100 = 4054.3 (\text{kN/m})$

$F_3 = \gamma_t T_3 - R_3 + \psi_2 F_2 = 1.05 \times 24000 - 2700 + 1.0 \times 4054.3 = 3874.3 (\text{kN/m})$

【例题 4-10】 某滑坡拟采用抗滑桩治理，桩布设在紧靠第 6 块的下侧(图 4.22)。滑面为残积土，底为基岩，试计算滑体对桩的水平推力。($F_6 = 380$ kN/m、$G_6 = 420$ kN/m，残积土 $\varphi = 18°$，$c = 11.3$ kPa，$l_6 = 12$ m，$\gamma_t = 1.15$)

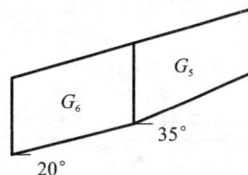

图 4.22 例题 4-10 简图

【解】 根据《建筑地基基础设计规范》

$\psi_6 = \cos(\beta_5 - \beta_6) - \sin(\beta_5 - \beta_6)\tan\varphi = \cos(35° - 20°) - \sin(35° - 20°)\tan18° = 0.882$

$F_6 = F_5\psi_6 + \gamma_t G_{6t} - G_{6n}\tan\varphi - cl_6$

$= 380 \times 0.882 + 1.15 \times 420 \times \sin20° - 420 \times \cos20° \times \tan18° - 11.3 \times 12 = 236.5 (\text{kN/m})$

水平推力 $F_{6H} = F_6\cos20° = 236.5 \times \cos20° = 222.2 (\text{kN/m})$

特别提醒，题目问的是第 6 块滑体对桩的水平推力，而不是剩余下滑力，剩余下滑力是平行于下滑面的。

第 5 章
坡率法与减重堆载

5.1　概述

5.1.1　坡率法与减重堆载的概念

在边坡设计中，如果通过控制边坡的高度和坡度而无须对边坡进行整体加固就能使边坡达到自身稳定的边坡设计方法，通常称之为坡率法，工程中又称为削坡（或刷坡），如图 5.1 所示。坡率法是通过控制边坡的高度和坡度，使边坡对所有可能的潜在滑动面的下滑力和阻滑力处于安全的平衡状态。

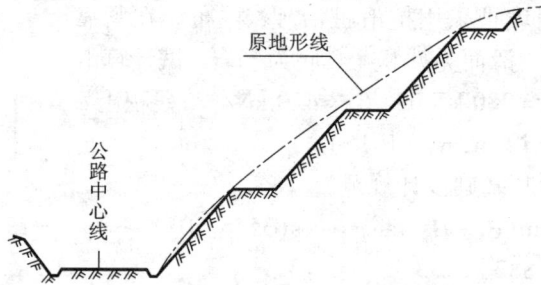

图 5.1　分级削坡

减重的概念是针对滑坡处治而提出的，它是减轻滑坡致滑段的滑体超重部分，以减小滑体的下落力，使滑坡趋于稳定。显然，它与坡率法有着本质的区别，不同于一般的边坡削坡，因为减重的目的是使滑坡稳定，故减去的土体位于滑坡的致滑段（一般在滑坡的上部），如图 5.2 所示。如果误将滑坡下部的阻滑部分削去，将进一步加剧滑坡的发展。在滑坡处治技术中，与减载相对应的另一种技术是堆载阻滑技术，它是通过在滑坡的阻滑段（一般在滑坡的下部）堆载来提高滑坡的阻滑力以使滑坡处于稳定状态的方法，如图 5.3 所示。在一般情况下，滑坡减重和堆载阻滑都只能减小滑体的下滑力或增大阻滑力，不能改变其下滑的趋势，因此它们常与其他整治措施配合使用。

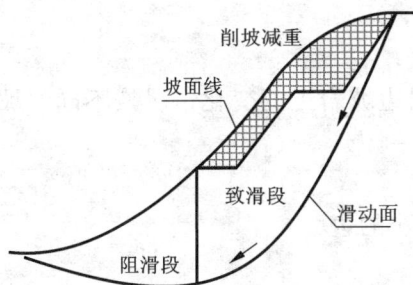

图 5.2　滑坡减重

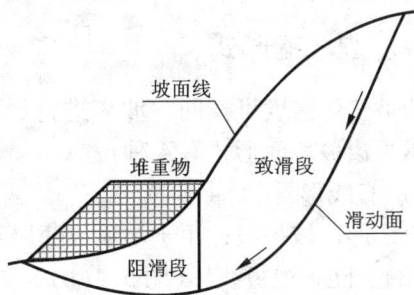

图 5.3　堆载阻滑

5.1.2　坡率法与减重堆载的适用范围

坡率法适用于岩层、塑性黏土和良好的砂性土中，并要求地下水位较低，放坡开挖时有足够的场地。但对地质条件复杂，破坏后果很严重的边坡工程治理不应单独使用坡率法。单独采用坡率法时可靠性低，因此应与其他边坡支护方法联合使用。坡率法可分别与砂袋堆码、锚钉边坡、锚板支护等方法联合应用，形成组合边坡。例如当不具备全高放坡时，上段可采用坡率法，下段可采用土钉墙、喷锚、挡土墙等支护结构控制边坡的稳定，以确保达到安全可靠的效果。对于填方边坡可在填料中增加加筋材料提高边坡的稳定性或加大放坡的坡度以保证边坡的稳定性。采用坡率法时应进行边坡环境整治、坡面绿化和排水处理。高度较大的边坡应分级开挖放坡，分级放坡时应验算边坡整体的和各级的稳定性。

有下列情况之一的边坡不应单独采用坡率法，应与其他边坡支护方法联合使用：

①放坡开挖对相邻建（构）筑物有不利影响的边坡；

②地下水发育的边坡；

③软弱土层等稳定性差的边坡；

④坡体内有外倾软弱结构面或深层滑动面的边坡；

⑤单独采用坡率法不能有效改善整体稳定性的边坡；

⑥地质条件复杂的一级边坡。

由于减重是在滑坡后缘挖除一定数量的滑体而使滑坡稳定下来，因而它适用于推动式滑坡或由塌落形成的滑坡，并且滑床上陡下缓，滑坡后缘及两侧的地层稳定，不致因刷方而引起滑坡向后或向两侧发展。与减重相对应的堆载阻滑技术则主要适用于牵引式滑坡，同时应注意堆载不要引起次一级的滑面。在一般情况下，滑坡减重和堆载阻滑都只能减小滑体的下滑力或增大阻滑力，不能改变其下滑的趋势，因此它们常与其他整治措施配合使用。

5.2　坡率法

坡率法设计边坡主要是在保证边坡稳定的条件下确定边坡的形状和坡度。其设计内容包括确定边坡的形状、确定边坡的坡度、设计坡面防护和边坡稳定性验算。但在进行设计之前必须查明边坡的工程地质条件，包括边坡岩土名称性质、各种软弱结构面的产状、地质构造、岩土风化或密实程度、地下水、地表水、当地地质条件相似的自然极限山坡或人工边坡。

5.2.1 边坡的形式

边坡整体高度可按同一坡率进行放坡，也可根据边坡岩土的变化情况按不同的坡率放坡。常见边坡坡面形式有4种：

（1）直线形（图5.4(a)）

直线形边坡一般适用于均质或薄层互层且高度较小的边坡。

（2）上陡下缓折线形（图5.4(b)）

边坡较高或由多层土组成而上部岩土层的稳定性较下部好时，可采用上陡下缓的折线形边坡。

（3）上缓下陡折线形（图5.4(c)）

若上部为覆盖层或稳定性较下部岩土层差时，宜采用上缓下陡的折线形边坡。

（4）台阶形（图5.4(d)）

当边坡由多层土组成或边坡高度很大时，可在坡面上设置一级或多级平台（亦称马道），形成台阶式边坡。一般每10 m左右设一级平台，平台一般宽1~2 m。台阶形边坡稳定性较好，但相应的土石方量较大。

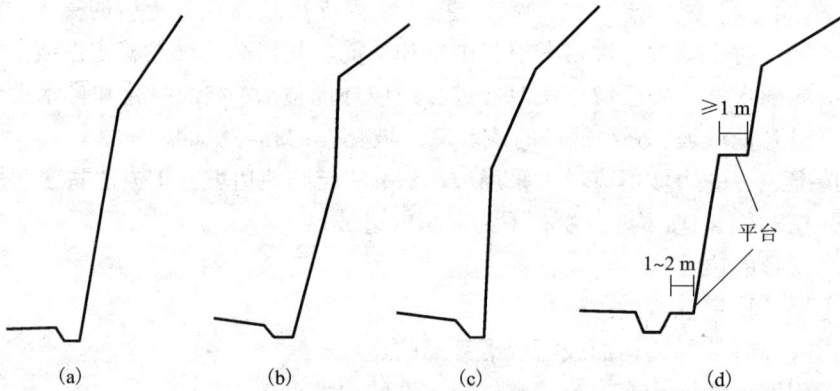

图5.4 边坡形式

5.2.2 边坡坡率

边坡的坡率的确定可以根据岩石性质、工程地质和水文地质条件、施工方法、边坡的高度等因素，对照当地自然极限边坡或人工边坡的坡度确定；对于土质均匀的边坡，可采用力学检验法或稳定性验算法进行确定。受外倾软弱结构面影响、稳定性较差的岩块应加锚杆处理；永久性边坡坡面应采用锚喷、锚钉等构造措施。

1. 土质边坡坡率

土质边坡的坡率允许值应根据工程经验，按工程类比的原则并结合已有稳定边坡的坡率值分析确定。当无经验且土质均匀良好、地下水贫乏、无不良地质作用和地质环境条件简单时，边坡坡率允许值可按表5.1确定。

表 5.1　土质边坡坡率允许值

边坡土体类别	状态	坡率允许值(高宽比)	
		坡高小于 5 m	坡高 5 ~ 10 m
碎石土	密实 中密 稍密	1:0.35 ~ 1:0.50 1:0.50 ~ 1:0.75 1:0.75 ~ 1:1.00	1:0.50 ~ 1:0.75 1:0.75 ~ 1:1.00 1:1.00 ~ 1:1.25
黏性土	坚硬 硬塑	1:0.75 ~ 1:1.00 1:1.00 ~ 1:1.25	1:1.00 ~ 1:1.25 1:1.25 ~ 1:1.50

注：①碎石土的充填物为坚硬或硬塑状态的黏性土；
　　②对于砂土或充填物为砂土的碎石土，其边坡坡率允许值应按砂土或碎石土的自然休止角确定。

2. 压实填土边坡坡率允许值

填土边坡由于所用土料及密实度要求可能有很大差别，不能一概而论。填土边坡的坡率允许值应根据边坡稳定性计算结果并结合地区经验确定。对由填土而产生的新边坡，当填土边坡坡度符合表 5.2 的要求时，可不设置支挡结构。当天然地面坡度大于 20% 时，应采取防止填土可能沿坡面滑动的措施，并应避免雨水沿斜坡排泄。

表 5.2　压实填土边坡坡率允许值

填土类型	边坡坡率允许值(高宽比)		压实系数(λ_c)
	坡高 $H < 8$ m	坡高 8 m$\leqslant H <$ 15 m	
碎石、卵石	1:1.50 ~ 1:1.25	1:1.75 ~ 1.50	0.94 ~ 0.97
砂夹石 (碎石、卵石占全重的 30% ~ 50%)	1:1.50 ~ 1:1.25	1:1.75 ~ 1.50	
土夹石 (碎石、卵石占全重的 30% ~ 50%)	1:1.50 ~ 1:1.25	1:2.00 ~ 1.50	
粉质黏土、粘粒含量 $\rho_c \geqslant 10\%$ 的粉土	1:1.75 ~ 1:1.50	1:2.25 ~ 1.75	

注：土的压实系数(λ_c)为填土的实际干密度与最大干密度之比。

3. 岩石边坡坡率允许值

在边坡保持整体稳定的条件下，岩质边坡开挖的坡率允许值应根据工程经验，按工程类比的原则结合已有稳定边坡的坡率分析确定。对无外倾软弱结构面的边坡，放坡坡率可按表 5.3 确定。

表 5.3　岩质边坡坡率允许值

边坡岩体类型	风化程度	坡率允许值(高宽比)		
		$H < 8$ m	8 m$\leqslant H <$ 15 m	15 m$\leqslant H <$ 25 m
Ⅰ 类	未(微)风化	1:0.00 ~ 1:0.10	1:0.10 ~ 1:0.15	1:0.10 ~ 1:0.15
	中等风化	1:0.10 ~ 1:0.15	1:0.15 ~ 1:0.25	1:0.15 ~ 1:0.25

续表5.3

边坡岩体类型	风化程度	坡率允许值(高宽比)		
		$H<8$ m	8 m$\leqslant H<15$ m	15 m$\leqslant H<25$ m
Ⅱ类	未(微)风化	1:0.10~1:0.15	1:0.15~1:0.25	1:0.25~1:0.35
	中等风化	1:0.15~1:0.25	1:0.25~1:0.35	1:0.35~1:0.50
Ⅲ类	未(微)风化	1:0.25~1:0.35	1:0.35~1:0.50	—
	中等风化	1:0.35~1:0.50	1:0.50~1:0.75	—
Ⅳ类	中等风化	1:0.50~1:0.75	1:0.75~1:1.00	—
	强风化	1:0.75~1:1.00		

注：①H为边坡高度；②Ⅳ类强风化包括各类风化程度的极软岩；③全风化岩体可按土质边坡坡率取值。

4. 下列边坡的坡率允许值应通过稳定性计算分析确定

①有外倾软弱结构面的岩质边坡；

②土质较软的边坡；

③坡顶边缘附近有较大荷载的边坡；

④边坡高度超过表5.1和表5.2范围的边坡。

若边坡所在地层具有明显的倾斜结构面(如层面、节理面、断层面和其他软弱面)，且倾向边坡外侧，则此结构面的倾斜坡度及其面上的单位黏聚力和摩擦力将影响边坡的稳定性。此时应通过稳定性计算来确定边坡的坡率，必要时应采取其他相应的加固措施。根据调查统计资料表明，当滑动面为如下几种情况时，边坡仅在重力作用下，软弱面的倾角大于其摩擦角而小于边坡角时是最危险的软弱面：

①黏土岩、黏土页岩、泥质灰岩、泥质板岩等泥化层面时，滑动倾角为9°~12°；

②砂岩层面或砾岩层面时，滑动倾角大于30°~35°；

③无泥质充填物的结构面时，滑动倾角为30°~75°(大多变化于35°~60°范围)。

在进行稳定性计算时如没有试验数据，可参考表5.4及表5.5中的数值.

表5.4　各种软弱结构面的抗剪强度参数

软弱结构面类型	摩擦角(°)	摩擦因数(f)	黏聚力 c(Pa)
各种泥化的软弱面、滑石片岩片理面、云母片岩片理面等	9~20	0.16~0.36	0~50
黏土岩层面、泥炭岩层面、凝灰岩层面、夹泥断层、页岩层面、炭质夹层、千枚岩片理面、绿泥石片岩片理面等	20~30	0.36~0.53	50~100
砂岩层面、石灰岩层面、部分页岩层面、构造节理等	30~40	0.58~0.84	50~100 (有时至400)
各种坚硬岩体的构造节理、砾岩层面、部分砂岩层面、部分石灰岩层面等	40~43.5 (有时至49)	0.84~0.95 (有时至1.15)	80~220 (有时至500)

注：本表是根据相当数量的现场试验，沿软弱面施加剪力所得的岩体软弱面峰值抗剪强度资料而综合得出的。

表 5.5 软弱夹层的抗剪强度

软弱夹层类型	摩擦因数 f	黏聚力 $c(Pa)$	软弱夹层类型	摩擦因数 f	黏聚力 $c(Pa)$
含阳起石的构造挤压破碎带	0.48	27	节理中充填30%的黏土	1.0	100
黏土页岩夹层	0.40	15	节理中充填40%的黏土	0.51	0
断层破裂带	0.35	0	碎石充填的节理	0.4~0.5	100~300
膨润土薄层充填的页岩状石灰岩	0.13	15	有黏土覆盖的节理	0.2~0.3	0~100
膨润土薄层	0.21~0.30	93~119	含角砾的泥岩	0.42	10

5.2.3 边坡防护及排水

边坡坡顶、坡面、坡脚和水平台阶应设排水沟,并做好坡脚防护;在坡顶外围应设截水沟;当边坡表层有积水湿地、地下水渗出或地下水露头时,应根据实际情况设置外倾排水孔、排水盲沟和排水钻孔。

对局部不稳定块体应清除,或采用锚杆和其他有效加固措施。

永久性边坡宜采用锚喷、浆砌片石或格构等构造措施护面。在条件许可时,宜尽量采用格构或其他有利于生态环境保护和美化的护面措施。临时性边坡可采用水泥砂浆护面。

5.3 滑坡减重堆载

削坡减载是一种通过改变边坡几何形态而提高滑坡体稳定性的一种滑坡处理方法,具有技术简单、工期短的优点,但其治理效果与削坡减载部位及地质环境关系密切。

削坡减载适用于下列情况:

①滑坡后壁及两侧地层稳定、不会因削方引起新的塌方滑坡;

②不会恶化地质环境的推移式滑坡(特别是矩形或圆弧形滑面,前缘后翘的推移式滑坡);

③错落坍塌转变成的滑坡以及主滑段、牵引段后部较陡而前缘较缓,具有上陡下缓滑床、前缘采用压坡或支挡阻滑的牵引式滑坡。

采用削坡减载治理滑坡,应注意避免出现激活滑坡或引起坡体在减载后产生次生滑坡的情况,同时应验算滑坡减载后滑面从残存滑体的薄弱部分剪出的可能性。削方后应有利于排水,不应因削方而导致汇集地表水,且要有合适的弃方场地。对于一般牵引式滑坡或滑带土会松弛膨胀、浸水后抗滑力急剧下降的滑坡,则不宜采用削坡减载的方法。

施工时,如滑体上的开挖高度小于8 m宜一次性开挖到底;土质边坡的开挖高度为8~10 m、岩质边坡开挖高度为15~20 m时,应自上而下分段开挖,边开挖边用喷锚网、钢筋混凝土格构支护或采用浆砌块石挡墙支挡。堆积体或土质边坡每级台阶设置平台(马道)宽度2~3 m;岩质边坡平台(马道)宽度1.5~2.5 m。每级平台(马道)上设横向排水沟,纵向排水沟宜与城市或公路排水系统衔接。

5.3.1 一般要求

(1)滑坡减重设计前必须弄清滑坡的成因和性质,查明滑动面的位置、形状及可能发展的范围,根据稳定滑坡和修建防滑构造物的要求进行设计计算,以决定减重范围。对于小型滑坡可以全部清除。

(2)滑坡减重的弃土,不能堆置在滑坡的主滑地段,应尽量堆填于滑坡前缘,以便起到堆载阻滑的作用。

(3)牵引式滑坡或滑带土具有卸载膨胀性质的滑坡,不宜采用削坡减重的方法。

(4)滑坡减重之后,应检算滑面从残存滑体的薄弱部分剪出的可能性。

(5)滑坡减重后的坡面必须注意整平、排水及防渗处理。

5.3.2 滑坡超重计算

滑坡超重计算是滑坡减重设计的重要依据,一个滑坡应在什么部位减重,减重多少完全取决于滑坡超重计算的结果。超重计算在主滑断面上进行,对于大面积的滑坡应取多个纵断面计算。计算方法采用不平衡推力传递系数法。计算步骤如下:

(1)确定潜在滑动面及滑体、滑面的物理力学参数,地下水位。

(2)确定安全系数。

(3)对滑体分条并用传递系数法计算每个土条的下滑力、剩余下滑力。

(4)根据(3)的计算结果确定减重的部位和数量。

5.3.3 滑坡稳定性验算

在滑坡超重计算后,便可按照计算获得的减重部位和数量对滑坡进行削坡设计,设计中应注意控制滑坡体从残存滑体的薄弱部分剪出。为了检验设计是否满足边坡稳定的要求,需要对减重后的滑坡进行稳定性验算。验算所用的力学参数、安全系数、主滑断面、计算方法均与超重计算完全相同;验算时除了验算原滑动面外,还要对滑坡从残存滑体的薄弱部分剪出的可能的潜在滑动面进行验算。当所有验算均满足要求时,可认为滑坡的减重设计可行;否则须重新修改设计或采用其他方案。

在进行滑坡稳定性验算时,滑带岩土抗剪强度指标的选取除采用试验方法外,还应用反分析法和经验数据法加以验证。

5.4 施工注意事项

挖方边坡施工开挖应自上而下有序进行,并应保持两侧边坡的稳定,保证弃土、弃渣的堆填不应导致边坡附加变形或破坏现象发生。

填土边坡施工应自下而上分层进行,每一层填土施工完成后应进行相应技术指标的检测,质量检验合格后方可进行下一层填土施工。

边坡工程在雨期施工时应做好水的排导和防护工作。

第 6 章
重力式、悬臂式、扶壁式挡土墙

6.1　概述

挡土墙是最常用的边坡支挡结构，广泛应用于土木建筑、水利水电、道路交通、矿山等工程建设中，如房前屋后的挡墙、道路两旁的挡墙、桥梁的桥台、河道两岸的护岸墙等。挡土墙类型繁多，其类型划分的方法也多样，可按结构型式、建筑材料、施工条件及所处环境条件等进行划分。按断面的几何形状及其受力特点，常见的挡土墙类型有重力式、半重力式、衡重式、悬臂式、扶壁式、锚杆式、锚定板式、加筋土挡土墙、板桩式及地下连续墙等；按材料分可为木质、砖石、混凝土及钢筋混凝土型、钢筋挡土墙结构；按所处环境条件分为一般地区、浸水地区、地震地区的挡土墙等；按挡土墙墙身刚度，又可分为刚性挡土墙、柔性挡土墙等。

各种类型的挡土墙其适用范围将取决于支挡位置的地形、工程地质条件、水文地质条件、水文地质条件、建筑材料、挡土墙的用途、施工方法、技术经济条件及当地的经验等因素。表 6.1 为常用挡土墙类型及适用范围，可供参考。

表 6.1　常用挡土墙类型及适用范围

类型	结构示意图	特点及适用范围
重力式		依靠墙自重承受土压力、保持平衡；一般用浆砌片石砌筑，缺乏石料地区可用混凝土；形式简单，取材容易，施工简便，经济效果好；当地基承载力低时，可在墙底设钢筋混凝土板，可减薄墙身，减少开挖量 适用范围：低墙（土质边坡≤10 m；岩质边坡≤12 m）、地质条件较好、有石材地区
半重力式		用混凝土灌注，在墙背布设少量钢筋；墙趾展宽或基底设凸榫以减薄墙身、节省圬工 适用范围：地基承载力低，缺乏石料地区
悬臂式	立臂 墙趾板　墙踵板	采用钢筋混凝土，由立臂、墙趾板、墙踵板组成，断面尺寸小；墙身过高时，下部弯矩大，钢筋用量大 适用范围：石料缺乏地区、地基承载力低地区、墙高不宜超过 6 m

续表 6.1

类型	结构示意图	特点及适用范围
扶壁式	墙面板　扶臂 墙趾板 墙踵板	由墙面板、墙趾板、墙踵板、扶壁组成；采用钢筋混凝土 适用范围：石料缺乏地区，挡土墙高 <6 m 的土质边坡，较悬臂式经济
锚杆式	锚杆 肋柱　挡土板	由肋柱、挡土板、锚杆组成，靠锚杆的拉力维持挡土墙的平衡 适用范围：一般地区岩质或土质边坡加固工程，可采用单级或多级，在多级墙的上下级墙体之间应设置宽度不小于 2 m 的平台，每级墙高不宜大于 6 m，总高度宜控制在 18 m 以内；为减少开挖量的挖方地区、石料缺乏地区
锚碇板式	锚碇板 墙面板　拉杆	结构特点与锚杆相似，只是拉杆的端部用锚碇板固定于稳定区；填土压实时，拉杆易弯，产生次应力 适用范围：缺乏石料的大型填方工程
加筋土式	墙面板　拉条	由墙面板、拉条及填土组成，结构简单、施工方便，对地基承载力要求较低 适用于大型填方工程，可采用单级或多级，单级高度不宜大于 10 m，当墙高超过 10 m 或地震烈度为 8 度及以上地区时，应作特别设计
板桩式	墙面板 板桩	深埋的桩间用挡土板拦挡土体；桩可用钢筋混凝土桩、钢板桩，低墙或临时支撑可用木板桩；桩上端可自由，也可锚碇 适用于一般地区、浸水地区和地震区的路堑和路堤，也可用于滑坡等地质灾害的治理

重力式挡土墙基本构成要素(图 6.1、图 6.2)如下：

β：地面倾角；

δ：墙背摩擦角，即墙背与填土间的摩擦角；

墙背(面)倾斜度：单位墙高与其水平长度之比 $1:n$ 或 $1:m$；

墙背(面)倾角 α：墙背(面)与竖直面的夹角；

E_a：主动土压力；

E_p：被动土压力。

挡土墙设计的基本原则：①必须保证结构安全、正常使用，挡土墙不能滑移、倾覆，墙身要有足够的强度，基础要满足承载力的要求；②根据工程

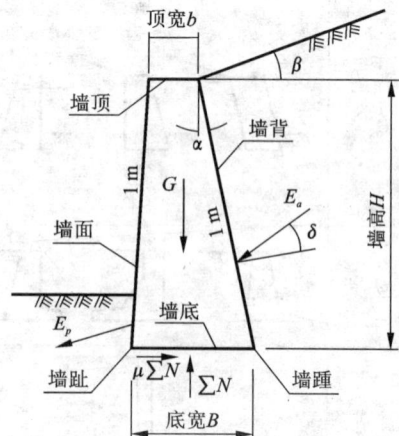

图 6.1　挡土墙基本构成要素

要求以及地形地质条件，确定挡土墙结构的平面布置和高度，选择挡土墙的类型及截面尺寸；③在满足规范要求下使挡土墙结构与环境协调；④对挡土墙的施工提出指导性意见。

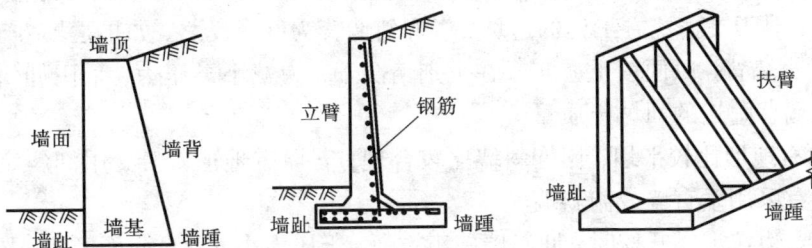

图 6.2　重力式、悬臂式、扶壁式挡土墙

6.2　重力式挡土墙

6.2.1　概述

重力式挡土墙是以挡土墙自身重力来维持挡土墙在土压力作用下的稳定。重力式挡土墙可用块石、片石或混凝土预制块砌筑而成，或用片石混凝土、混凝土进行整体浇筑。它具有就地取材，施工方便，经济效果好等优点。所以，重力式挡土墙在我国铁路、公路、水利、港湾、矿山等工程中得到广泛的应用。

由于重力式挡土墙靠自重维持平衡稳定，因此，体积、重量都大，在软弱地基上修建往往受到承载力的限制。如果墙太高，它耗费材料多，也不经济。当地基较好，挡土墙高度不大，本地又有可用石料时，应当首先选用重力式挡土墙。重力式挡土墙一般不配钢筋或只在局部范围内配以少量的钢筋，墙高在 6 m 以下，地层稳定、开挖土石方时不会危及相邻建筑物安全的地段，其经济效益明显。采用重力式挡墙时，土质边坡高度不宜大于 10 m，岩质边坡高度不宜大于 12 m。

根据墙背的倾斜情况，重力式挡土墙可分俯斜、垂直、仰斜 3 种类型，如图 6.3 所示。

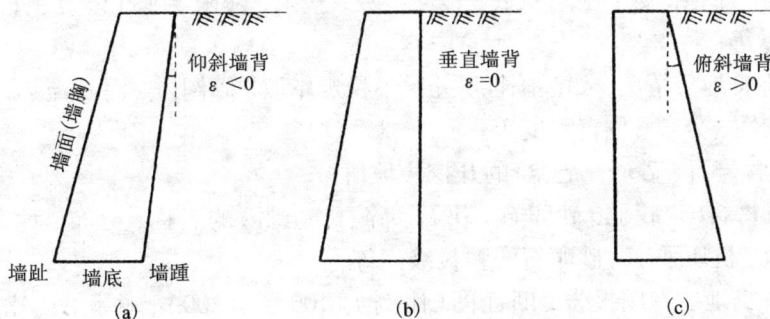

图 6.3　重力式挡土墙示意图

按土压力理论，仰斜墙背的主动土压力最小，而俯斜墙背的主动土压力最大，垂直墙背位于两者之间。

如挡土墙修建时需要开挖，因仰斜墙背可与开挖的临时边坡相结合，而俯斜墙背后需要回填土，因此，对于支挡挖方工程的边坡，以仰斜墙背为好。反之，如果是填方工程，则宜用俯斜墙背或垂直墙背，以便填土夯实。在个别情况下，为减小土压力，采用仰斜墙也是可行的，但应注意墙背附近的回填土质量。

若墙前原有地形比较平坦，用仰斜墙比较合理；若原有地形较陡，用仰斜墙会使墙身增高很多，此时宜采用垂直墙或俯斜墙。

综上所述，边坡需要开挖时，仰斜墙施工方便，土压力小，墙身截面经济，故设计时应优先选用仰斜墙。而填方路堤或边坡，则宜优先选用垂直墙或俯斜墙。

6.2.2 挡土墙设计步骤

1. 设计资料准备

由于挡土墙的广泛应用，特别是新材料、新技术的不断推广，使得挡土墙的发展前景愈来愈好。挡土墙既是一般的建筑工程，也是工程除险加固的一种重要手段。正因为如此，在进行挡土墙设计之前，必须充分做好准备工作，才能把挡土墙设计做好。通常情况下，主要应从下列一些方面进行准备：

①根据建设单位的委托设计任务书，熟悉具体的设计内容和要求，了解建设单位的意见，使设计有明确的方向和目的，避免不必要的返工及时间、人力的浪费。

②设计前应获得工程地点的平面地形图及相关的地形剖面图。

③设计前应持有工程地质勘察部门提供的工程地质报告，以供挡土墙设计使用。工程地质报告至少应包括以下内容(不限于此)：

a. 工程地点的地形、地貌、地质、水文、气象、地下水埋深、水质评价等自然地理特征及所属地震烈度等；

b. 工程地点的地质构造、岩层类别、名称、特性及岩层的埋深、厚度、倾角、倾向等地质要素；

c. 各岩层(含岩石、砂砾、土类)的物理力学指标，主要有天然重度、干重度、承载力、凝聚力、内摩擦角、摩擦因数、湿陷系数、塑性指数、塑限、液限、弹性模量、土类的天然含水量及最佳含水量等；

d. 存在的不良地质情况，如湿陷性黄土、不稳定岸坡、倾倒体、泥石流、泥沼、滑坡、断层、裂隙等的特性、分布、危害程度等；

e. 各岩层(含岩石、砂砾、土类)的开挖边坡值；

f. 附近建筑材料(含砂子、砂卵石、块石、碎石、土料)的名称、分布、埋深、覆盖层厚、有效层厚、储量、抗压强度、砂卵石的颗粒级配等；

g. 滑坡等不良地质专题报告、断面图(比例1:100~1:200)、柱状图(比例1:100~1:200)；

h. 其他相关地质资料，如必要的勘探资料、试验资料、现场实(观)测资料、重要的调研报告等。

④进行现场实地察看，进一步了解地质、地形现状、周边环境状况和建设单位的具体要求。

⑤了解并熟悉掌握建筑材料、填土类别、地基土类别、地下水、不良地质等方面的基本情况和各类技术参数。

⑥根据地形、地质、环境、建筑材料供应等具体情况，结合施工难易程度，初步确定采用的挡土墙形式。

2. 设计要求及程序

1）设计注意事项

在很多情况下，挡土墙规模相对较小，因此常被设计者忽视。实际上，挡土墙是防止土坡、山崖、河岸坍塌的构筑物，对保证坡体安全起着重要作用。在挡土墙的设计计算中，必须首先确定挡土墙的断面形式和尺寸，选择合理的方法计算土压力，并进一步验算墙身强度、基底应力和稳定性。挡土墙所受土压力与墙体结构形式、墙的变形、墙后填土性质、填土的含水量及填土过程等因素有关。就挡土墙的作用而言，它多属于工程加固处理的范畴，是一种防护工程，作用是相当大的，很多工程事故也都是人们不重视所造成。设计者在进行挡土墙设计时应始终坚持下述设计思想：

①严格执行相关设计规范，正确引用计算公式，准确选用技术参数，确保工程安全；

②必须根据地形条件、地质条件、建筑材料供应的难易程度、方便施工、节约投资和保护环境等原则来优化、确定挡土墙形式；

③树立"百年大计，质量第一"的观念，不管工程规模大小，都必须以科学的态度认真对待，详细计算，精心设计，确保设计质量；

④重要工程项目或规模较大的工程项目，应选择 2～3 个挡土墙形式进行计算比较，择优确定；

⑤挡土墙设计要充分利用当地材料；岩石地基或坚硬的土类地基，尽量要设计为无基础挡土墙，以节省墙体材料；软土类地基要设计为有基础挡土墙或长底板轻型结构挡土墙，以确保安全。

（2）设计原则

进行挡土墙设计时，必须遵循下列原则：

①不盲目追求挡土墙的设置，要依据实际情况认真进行研究论证，该设的一定要设，不该设的坚决不设，真正做到设有其用；

②应通过稳定计算或结构计算，正确选择挡土墙断面尺寸，既不过大采用墙断面尺寸，造成工程浪费；也不过小采用墙断面尺寸，遗留工程安全隐患；

③挡土墙设计者要有高度的社会责任感，不管所设置挡土墙的规模大小，应一律严肃对待，精心设计，保证设计质量；

④进行挡土墙设计时，首先应依工程实际情况，合理确定挡土墙的结构构造，结构构造包括断面形式和使用材料，结构形式选择得好，不但可以使挡土墙发挥有效的作用，确保工程安全，而且能够节约工程投资；

⑤依据挡土墙的断面形式和受力条件，正确采用土压力计算和结构计算公式，不得无针对性地采用不适宜的计算公式；

⑥挡土墙工程应与周边环境相结合，尽可能做到布置紧凑、少占耕地、美观大方、协调一致；

⑦鉴于砂性土类所产生的土压力比黏性土要小，故墙后填土应设计为砂土、碎石土、砾石土等，若当地缺乏砂性土类而必须采用黏性土时，应在黏性土中掺入灰渣、石渣等以增大填土的内摩擦角，减小作用在墙背上的土压力。

（3）设计程序

挡土墙设计必须遵循一定的程序，主要设计步骤是：

①设计前的准备和设计资料收集；

②选择挡土墙类别和形式，确定挡土墙的断面尺寸；

③准确选用计算参数，进行土压力计算；

④进行抗滑、抗倾覆稳定验算；

⑤进行墙身断面强度复核；

⑥进行基底应力验算；

⑦挡土墙结构计算和配筋计算（仅适用于轻型钢筋混凝土结构）；

⑧绘制挡土墙施工图并向建设单位提供。

挡土墙设计过程中需要根据计算情况不断进行断面修改和尺寸调整，及时作出设计修改，具体的设计程序见图6.4。

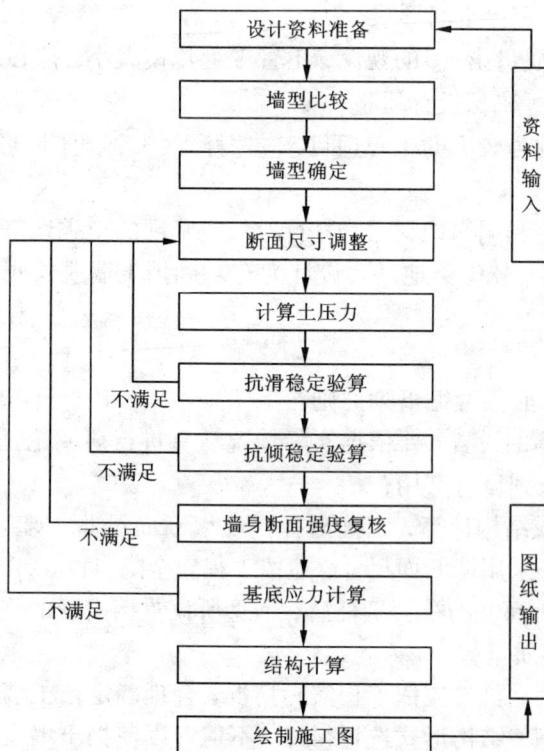

图6.4 重力式挡土墙具体的设计程序

从图中可以看到，当墙的形式确定以后，调整断面尺寸是不可少的，而引起这种调整的原因则是挡土墙的稳定验算、或墙身强度验算、或基底应力验算达不到设计要求。所以，重复土压力计算、墙的稳定计算、墙身强度计算、基底应力计算是挡土墙设计计算的必要内容和过程，很少有不重复计算的情况，更多的是需要多次进行重复计算，只有这样，才会得出好的设计方案。

6.2.3　重力式挡土墙设计计算

进行支挡结构的设计，首先应清楚结构的受力。作用在挡土墙上的荷载一般有墙后回填土及地表的超载引起的土压力、墙身自重。作用在挡土墙上的约束反力一般有地基反力和摩擦力、墙前的被动土压力（为安全考虑，通常不计被动土压力），见图6.5(a)。挡土墙设计就要保证在以上力系的作用下，挡土墙不会发生过大位移及破坏。重力式挡土墙的破坏形式有因抵抗转动力矩不足而产生绕墙趾转动的倾覆破坏（图6.5(b)）、水平抗力的不足引起的滑移破坏（图6.5(c)）、竖向承载力不足导致的沉降（图6.5(d)）、及墙身破坏、整体失稳等。重力式挡土墙一般沿墙纵向方向取一延米计算。土质边坡采用重力式挡墙高度不小于5 m时，主动土压力按第4章计算后乘以增大系数来确定。挡墙高度为5~8 m时增大系数宜取1.1，挡墙高度大于8 m时增大系数宜取1.2。

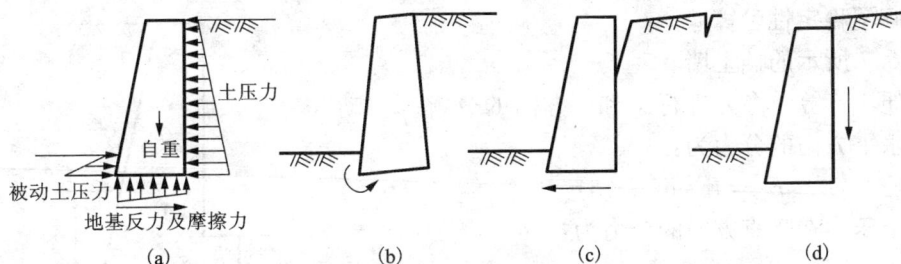

图6.5　重力式挡土墙所受荷载及破坏形式

1. 抗滑移稳定性验算

如图6.6所示墙底有一倾角 α_0（逆坡）的挡土墙，墙背倾角为 α，受到主动土压力 E_a 和自重 G，基底摩擦因素为 μ。在主动土压力 E_a 的作用下，挡土墙有沿着基底滑移的趋势。将所有的力都沿着基底和基底的法向分解，由此分析挡土墙的抗滑移稳定性。

主动土压力在平行于基底方向的分力为：

$$E_{at} = E_a \sin(\alpha - \alpha_0 - \delta) \tag{6.1}$$

在垂直于基底方向的分力为：

$$E_{an} = E_a \cos(\alpha - \alpha_0 - \delta) \tag{6.2}$$

同样有自重的分解：

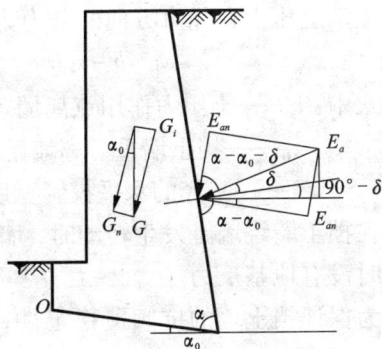

图6.6　重力式挡土墙抗滑移计算简图

$$G_n = G\cos\alpha_0 \qquad G_t = G\sin\alpha_0 \qquad\qquad (6.3)$$

即要求：

$$K_s = \frac{(G_n + E_{an})\mu}{E_{at} - G_t} \geqslant 1.3 \qquad\qquad (6.4)$$

当地基为饱和黏土时，$K_s = \dfrac{A \cdot c_u}{E_{at} - G_t}$。

提高挡土墙抗滑移性能的措施有：增大断面尺寸、增大墙底逆坡倾角 α_0、增大基底摩擦因数 μ、减小墙背倾角 α、在墙底设凸榫等。若基础地质条件好、挡土墙埋深较大时可以部分考虑墙前被动土压力。基底摩擦因数 f 的取值宜由试验确定，也可参考表 6.2。

表 6.2 岩土对挡土墙基底的摩擦因数 f

土的类别		摩擦因数 f	土的类别	摩擦因数 f
黏性土	可塑	0.20 ~ 0.25	中砂、粗砂、砾砂	0.35 ~ 0.40
	硬塑	0.25 ~ 0.30	碎石土	0.40 ~ 0.50
	坚硬	0.30 ~ 0.40	软质岩	0.40 ~ 0.60
粉土		0.25 ~ 0.35	表面粗糙的硬质岩	0.65 ~ 0.75

2. 抗倾覆稳定性验算

如图 6.7 所示的挡土墙。

为了便于计算，将力进行 x 和 z 方向的分解。主动土压力在水平方向的分力为：

$$E_{ax} = E_a\sin(\alpha - \delta) \qquad\qquad (6.5)$$

主动土压力在竖直方向的分力为：

$$E_{az} = E_a\cos(\alpha - \delta) \qquad\qquad (6.6)$$

设 E_{ax} 作用点到墙趾的竖直距离为 z_f：

$$z_f = z - b\tan\alpha_0 \qquad\qquad (6.7)$$

主动土压力在竖直方向的分力为：

$$x_f = b - z\cos\alpha \qquad\qquad (6.8)$$

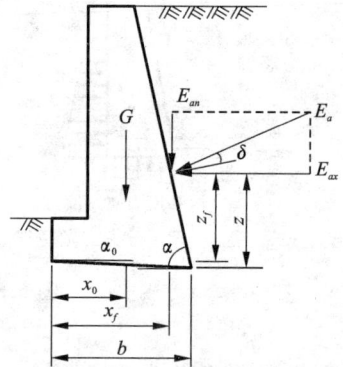

图 6.7 挡土墙抗倾覆计算简图

式中：z——土压力作用点离墙踵的高度；

x_0——挡土墙重心离墙趾的水平距离；

b——基底的水平投影宽度。

在挡土墙绕墙趾发生转动时，墙底和基础脱空，地基反力已不存在，所以抗倾覆稳定性验算时没有地基反力。

为保证挡土墙的抗倾覆稳定性，所有外力对墙趾点取矩，要求抗倾覆力矩大于倾覆力矩，即：

$$k_L = \frac{Gx_0 + E_{az}x_f}{E_{ax}z_f} \geqslant 1.6 \qquad\qquad (6.9)$$

提高重力式挡墙抗倾覆稳定性的措施有：增大挡土墙断面尺寸，增加墙趾台阶宽度，以增加抗倾覆力矩的力臂，采用仰斜式挡土墙使重心后移并减小土压力，做卸荷台。

3. 地基承载能力验算

当挡土墙基础底面水平时，挡土墙的基底应力可以按偏心受压公式计算：

$$p_{min}^{max} = \frac{F+G}{A} \pm \frac{M}{W} \qquad (6.10)$$

式中：A——基底面积(m^2)；

　　　F——作用在基底的竖直荷载(kN)；

　　　M——各种荷载作用于基底的力矩之和(kN·m)；

　　　W——基底的截面模量。

设挡土墙墙底宽为 b，荷载的偏心距为 e，设 F 和 G 之和为 N，并在纵向上取单位宽度计算，此时有

$$p_{min}^{max} = \frac{F+G}{b \times 1} \pm \frac{(F+G) \times e}{W} = \frac{N}{b}\left(1 \pm \frac{6e}{b}\right) \qquad (6.11)$$

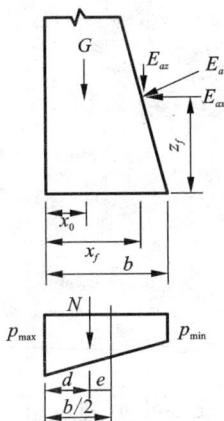

图 6.8　基底压力计算

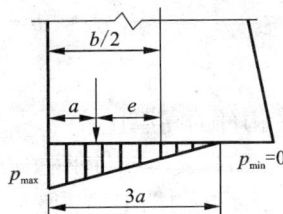

图 6.9　偏心距 $e > b/6$ 时基底压力计算

对于挡土墙，一般情况下，作用在其上的竖向荷载只有土压力在竖直方向上的分力 E_{az}，没有其他竖向荷载(如图 6.8 所示)，代入上式可得：

$$p_{min}^{max} = \frac{E_{az}+G}{b}\left(1 \pm \frac{6e}{b}\right) \qquad (6.12)$$

在公式中，若偏心距较大(如图 6.9 所示)，以致 $e > b/6$，求出的 $P_{min} < 0$，基底出现了拉力，但挡土墙和地基土之间是不能承受拉力的，此时产生拉应力部分的基底将与地基脱开而不能传递荷载，基底压力将重新分布为三角形。

设基底反力的分布范围为 $3a$(a 为竖起荷载 N 作用点距墙趾的水平距离)，由基底反力的合力和竖直荷载相等有

$$P_{max} = \frac{2N}{3a} = \frac{2N}{3\left(\dfrac{b}{2} - e\right)} \qquad (6.13)$$

当 $e < b/6$ 时，用式(6.12)计算出的基底压力，或者当 $e > b/6$ 时，用式(6.13)计算出的

基底压力,应满足

$$\frac{P_{\max}+P_{\min}}{2}\leqslant f_a \tag{6.14}$$

且 $P_{\max}<1.2f_a$(f_a 为修正后的地基承载力特征值),同时基底合力的偏心距应满足 $e<b/4$,否则应重新设计计算。

4. 墙身强度验算

重力式挡土墙一般用石砌或混凝土砌块砌筑,为保证墙身的安全可靠,需验算任意墙身截面处的法向应力和剪切应力,保证这些应力应小于墙身材料极限承载能力。对于截面转折或急剧变化的地方,应分别进行验算。对一般地区的挡土墙,应选取 1~2 个控制截面进行强度计算。

(1)抗压验算

砌体偏心受压构件承载力计算公式

$$N\leqslant\phi\cdot f\cdot A \tag{6.15}$$

式中: ϕ——高厚比 β 和轴向力的偏心距 e 对受压构件承载力影响系数,按下式计算:

当 $\beta\leqslant3$ 时,

$$\phi=\frac{1}{1+12\left(\dfrac{e}{h}\right)^2} \tag{6.16}$$

当 $\beta\geqslant3$ 时,

$$\phi=\frac{1}{1+12\left[\dfrac{e}{h}+\sqrt{\dfrac{1}{12}\left(\dfrac{1}{\phi_0}-1\right)}\right]^2} \tag{6.17}$$

式中: β——构件的高厚比;

ϕ_0——轴心受压构件的稳定系数。

对混凝土灌注的挡土墙,则应按素混凝土偏心受压计算。受压承载力按下列公式计算

$$N\leqslant\phi f_{cc}b(h-2e_0) \tag{6.18}$$

式中: f_{cc}——素混凝土轴心抗压强度设计值;

e_0——受压区混凝土的合力点至截面重心的距离。

对 $e_0>0.45\times h/2$ 的受压构件,应在混凝土受拉区配置构造钢筋,否则必须满足下式方可不配构造筋

$$N\leqslant\frac{\gamma_m f_{ct}bh}{\dfrac{6e_0}{h}-1} \tag{6.19}$$

式中: f_{ct}——素混凝土抗拉强度设计值;

γ_m——截面抵抗矩塑性影响系数;

b、h——分别为挡土墙的单位长和挡土墙的厚度。

(2)抗剪承载力验算

对于重力式挡土墙截面大,剪应力很小,通常可不作剪力承载力验算。

6.2.4 构造要求

重力式挡土墙的尺寸随墙型和墙高而变,若修建高度过高,则基底压力大,基础面积大、

体积大，既不利于土地利用，也往往是不经济的。因此，各类规范均对重力式挡土墙的高度作了限制。《建筑地基基础设计规范》规定：重力式挡土墙适用于高度小于 8 m，地层稳定、开挖土石方时不会危及相邻建筑物安全的地段。《建筑边坡工程技术规范》规定：采用重力式挡土墙时，土质边坡高度不宜大于 10 m，岩质边坡高度不宜大于 12 m。若边坡高度大于这些限制就应该考虑采用其他类型的挡土墙或其他支挡结构。

重力式挡土墙的材料可使用浆砌块石、条石、毛石混凝土或素混凝土。通常挡土墙材料必须具有一定强度，块石、条石的强度等级不应低于 MU30，砂浆强度等级不应低于 M5.0；混凝土的强度等级不应低于 C15。

块、条石挡土墙墙顶宽度不宜小于 400 mm，毛石混凝土、素混凝土挡土墙墙顶宽度不宜小于 200 mm。通常墙顶宽约为 $H/12$（H 为墙高），墙底宽为 $0.5H \sim 0.7H$。

重力式挡土墙的墙胸坡度和墙背坡度一般选用 1:0.2 ~ 1:0.3，仰斜墙背的坡度不宜过缓，以免施工困难。

基底设置逆坡有利于挡土墙的抗滑稳定性，但若逆坡坡度过大，会造成墙踵处基底压力的集中，导致墙踵陷入地基，因此，对于土质地基逆坡坡度不宜大于 1:10，对于岩质地基不宜大于 1:5。

重力式挡土墙基础的埋置深度，应根据地基稳定性、地基承载力、冻结深度、水流冲刷情况和岩石风化程度等因素确定。在土质地基中，基础最小埋置深度不宜小于 0.5 m；在岩质地基中，基础最小埋置深度不宜小于 0.3 m，基础埋置深度应从坡脚排水沟底算起，受水流冲刷时，埋深应从预计冲刷底面算起。位于稳定斜坡地面的重力式挡土墙，其墙趾最小埋入深度和距斜坡面的最小水平距离应符合表 6.3 的规定。

表 6.3　斜坡地面墙趾最小埋入深度和距斜坡地面的最小水平距离

地基情况	最小埋入深度（m）	距斜坡地面的最小水平距离（m）
硬质岩石	0.60	0.60 ~ 1.50
软质岩石	1.00	1.50 ~ 3.00
土质	1.00	3.00

注：硬质岩指单轴抗压强度大于 30 MPa 的岩石，软质岩指单轴抗压强度小于 15 MPa 的岩石。

在设计中，挡土墙在纵向上一般都较长，若整个挡土墙为一整体，在温度变化时由于挡土墙本身的热胀冷缩，会在墙中产生温度应力，混凝土挡土墙还会因为混凝土收缩而产生应力，应力高时可能产生裂缝，因此挡土墙每隔一段距离必须设置伸缩缝，伸缩缝为柔性材料，能够适应挡土墙的伸缩变形。重力式挡土墙的伸缩缝间距，对条石、块石挡土墙一般采用 20 ~ 25 m，对混凝土挡土墙应采用 10 ~ 15 m。有时挡土墙的基础会坐落在不同的地基上，比如一边是岩石地基，一边是土质地基，在 2 种地基上的挡土墙的沉降值会不同，这时，为了适应挡土墙的不同沉降而设置沉降缝，若不设置，挡土墙在地基变化处就会受到较大的剪力。同样，在挡土墙墙高或截面变化时，由于墙高变化，自重也就变化了，所以也会有不同的沉降值，这种情况下也应设置沉降缝。在地基性状、挡土墙高度和挡土墙截面变化处应设沉降缝，缝宽一般采用 20 ~ 30 mm，缝中地应填塞沥青麻筋或其他有弹性的防水材料，填塞深度不应小于150 mm，在挡墙拐角处，应适当加强构造措施。工程中一般将伸缩缝和沉降缝设在一起。

为了使地基压应力不超过地基承载力，可在墙底加设墙趾台阶，加设墙趾台阶对挡土墙抗倾覆稳定也有利。墙趾的高度与宽度比应按圬工（砌体）的刚性角确定，要求墙趾台阶连线与竖直线之间的夹角 θ（刚性角）对于石砌圬工不大于35°，对于混凝土圬工不大于45°。一般墙趾的宽度不大于墙高的1/20，也不应小于0.1 m。墙趾高度应按刚性角确定，但不宜小于0.4 m。

6.3 悬臂式挡土墙

6.3.1 概述

悬臂式挡土墙是依靠墙身的重量及底板以上填土（含表面超载）的重量来维持其平衡的，其主要特点是厚度小，自重轻，挡土高度可以很高，而且经济指标也比较好。适用于缺乏石料、地基承载力低的填方边坡工程，一般不宜超过6 m。

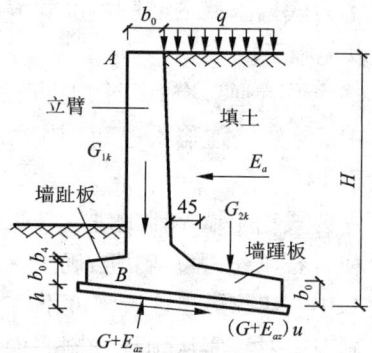

图6.10 悬臂式挡土墙

6.3.2 悬臂式挡土墙设计

悬臂式挡土墙设计，分为墙身截面尺寸拟定及钢筋混凝土结构设计两部分。

悬臂式挡土墙墙身截面尺寸的确定，一般通过试算法来进行。其做法是先拟定截面的试算尺寸，计算作用在其上的土压力，通过稳定验算来确定墙踵板和墙趾板的长度。

钢筋混凝土结构设计，则是对已确定的墙身截面尺寸进行内力计算和钢筋设计。在配筋设计时，可能会调整截面尺寸，特别是墙身的厚度。一般情况下这种墙身厚度的调整对整体稳定影响不大，可不再进行全墙的稳定验算。一般钢筋直径不小于12 mm，间距不宜大于250 mm，保护层不宜小于25 mm，墙身混凝土的强度等级不宜小于C20，悬臂式挡土墙，一般也以墙长方向取一延米计算。根据构造要求，初步拟定出墙身截面尺寸。

1. 墙踵板长度

墙踵板长度决定于挡土墙抗滑稳定性，一般可按下式确定

$$K_s = \frac{f \cdot \sum G}{E_{ax}} \geqslant 1.3 \qquad (6.20)$$

当有凸榫时

$$K_s = \frac{f \cdot \sum G}{E_{ax}} \geqslant 1.0 \qquad (6.21)$$

式中：K_s——滑动稳定安全系数；

　　f——基底摩擦因数；

　　$\sum G$——墙身自重、墙踵板以上第二破裂面（或假想墙背）重量（包括这部分土体上的超载）及土压力的竖向分量之和；

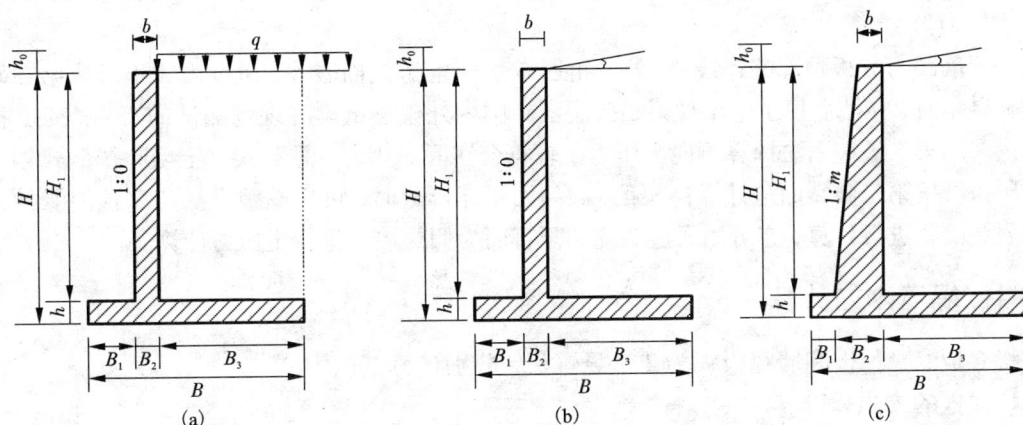

图 6.11　悬臂式挡土墙

E_{ax}——主动土压力水平分力。

2. 墙趾板长度

墙趾板的长度,根据全墙抗倾覆稳定系数、基底合力偏心距 e 限制和基底地基承载力等要求来确定。有时因地基承载力很低,致使计算的墙趾板过长。此时,可增长墙踵板长,再重新计算。

3. 抗滑、抗倾稳定性验算

悬臂式挡土墙的抗滑、抗倾稳定性验算见 6.2.3。

6.3.3　土压力计算

土压力计算有库仑土压力理论和朗肯土压力理论。如图 6.12 所示,用墙踵下缘与立板上边缘连线 AB 作为假想墙背,按库仑公式计算,此时,滑动土楔 ABC 和假想墙背之间的摩擦角 δ 值应取土的内摩擦角 φ。计算 ΣG 时,要计入墙背与假想墙背四边形 $ABDF$ 之间的土体自重力。

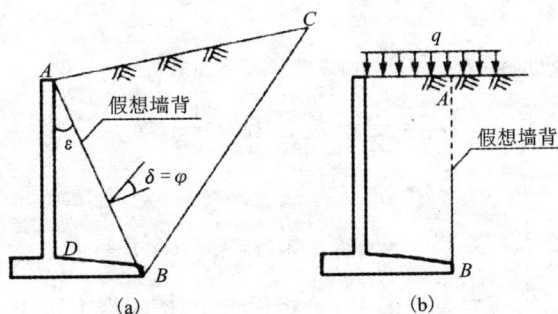

图 6.12　悬臂式挡土墙土压力计算图式

(a)按库仑土压力理论计算;(b)按朗肯土压力理论计算

当墙后填土表面水平时,可按朗肯理论计算,以通过墙踵的竖直面 *AB* 为假想墙背,计算主动土压力。

由于墙踵与立板顶部的连线 *AB* 的倾角通常都较重力式挡墙大,所以当大于形成第二破裂面的临界角时,在墙后填土中出现第二破裂面。国内外模型试验和现场测试的资料表明,按库仑理论采用第二破裂面法计算侧向土压力比较符合实际。因此,悬臂式挡土墙和扶壁式挡土墙的土压力可按第二破裂面法计算;当第二破裂面不能形成时,可用墙踵下缘与墙顶内缘的连线作为假想墙背进行计算,亦可用通过墙踵的竖直面为假想墙背进行土压力计算。

6.3.4 墙身内力计算

将立板、墙趾板和墙踵板视为 2 个悬臂板,分别计算其内力。

1. 立板的内力

立板主要承受墙后的主动土压力与地下水压力,墙前土压力不考虑,作为受弯构件计算。可忽略立板自身重力,悬臂式挡土墙属于混凝土构件,在内力计算时应按照混凝土结构的计算方法和相应规范,按承载能力极限状态下荷载效应的基本组合,采用相应的分项系数。

如图 6.13 所示的悬臂式挡土墙,填土表面作用——活载,活载的换算土层厚度为 h_0,计算截面距立板顶部为 z。由恒载(填土自重)引起的土压力为图 6.13(b)中的①部分,成三角形分布;由活载引起的土压力为图 6.13(b)中的②部分,成矩形分布。

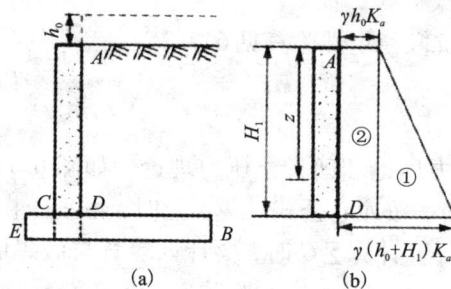

图 6.13 立板内力计算

恒载作用下的荷载效应(剪力和弯矩)为

$$V_{1z} = \frac{1}{2}\gamma z^2 K_a, \quad M_{1z} = \frac{1}{6}\gamma z^3 K_a \tag{6.22}$$

活载作用下的荷载效应(剪力和弯矩)为

$$V_{1z}^V = \gamma h_0 z K_a, \quad M_{1z}^V = \frac{1}{2}\gamma h_0 z^2 K_a \tag{6.23}$$

配筋设计时,所采用的剪力设计值 V、弯矩设计值 M 应由 V_{1z}、M_{1z}、V_{1z}^V 和 M_{1z}^V 进行荷载组合而得。

对由可变荷载效应控制的组合:

$$V = 1.2V_{1z} + 1.4V_{1z}^V = 1.2 \times \frac{1}{2}\gamma z^2 K_a + 1.4\gamma z h_0 K_a \tag{6.24}$$

$$M = 1.2M_{1z} + 1.4M_{1z}^{V} = 1.2 \times \frac{1}{6}\gamma z^3 K_a + 1.4 \times \frac{1}{2}\gamma h_0 z^2 K_a \tag{6.25}$$

对由永久荷载效应控制的组合：

$$V = 1.35V_{1z} + 1.4\psi_c V_{1z}^{V} = 1.35 \times \frac{1}{2}\gamma z^2 K_a + 1.4\psi_c \gamma z h_0 K_a \tag{6.26}$$

$$M = 1.35M_{1z} + 1.4\psi_c M_{1z}^{V} = 1.35 \times \frac{1}{6}\gamma z^3 K_a + 1.4\psi_c \times \frac{1}{2}\gamma h_0 z^2 K_a \tag{6.27}$$

式中：V_{1z}、M_{1z}——分别为恒载作用下距墙顶 z 处立板的剪力和弯矩；

V_{1z}^{V}、M_{1z}^{V}——分别为活荷载作用下距墙顶 z 处立板的剪力和弯矩；

V、M——分别为荷载效应组合的剪力和弯矩的设计值；

ψ_c——可变荷载的组合值系数，应按《建筑结构荷载规范》的规定采用。

2. 墙踵板的内力

墙踵板上作用有第二破裂面（或假想墙背）与墙背之间的土体（含其上的列车、汽车等荷载）的重量、墙踵板自重、主动土压力的竖向分力、地基反力、地下水浮托力、板上水重等荷载。

当无可变荷载和地下水时，如图 6.14 所示，作用在墙踵板上的力分为 4 部分：①作用在假想墙背 AB 上的土压力的竖向分量，沿墙踵板 DB 成三角形分布或者梯形分布；②土楔 ABD 的自重，沿 DB 成三角形分布；③墙踵板的自重，沿 DB 为矩形分布；④基底压力。墙踵板内力计算值可表示为

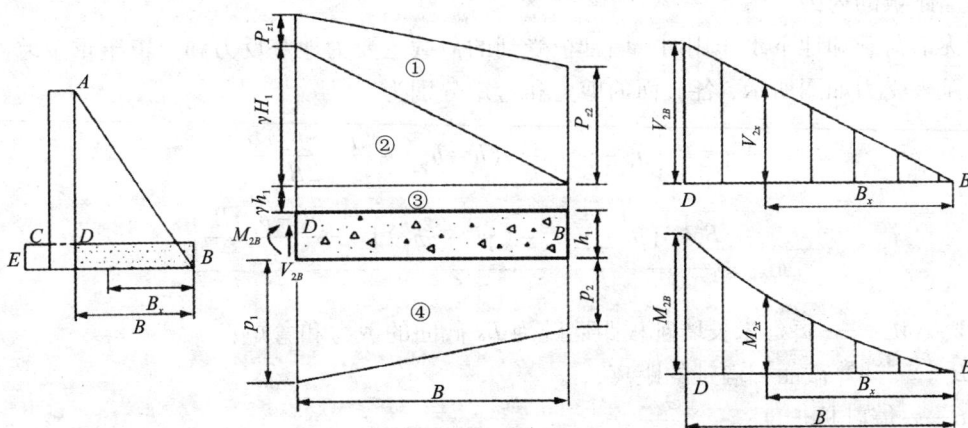

图 6.14　墙踵板的内力计算示意图

$$V_{2x} = B_x\left[p_{z2} + \gamma_c h_1 - p_2 + \frac{(\gamma H_1 - p_{z2} + p_{z1})B_x}{2B} - \frac{(p_1 - p_2)B_x}{2B}\right] \tag{6.28}$$

$$M_{2x} = \frac{B_x^2\left[3(p_{z2} + \gamma_c h_1 - p_2) + \frac{(\gamma H_1 - p_{z2} + p_{z1})B_x}{B} - \frac{(p_1 - p_2)B_x}{B}\right]}{6} \tag{6.29}$$

式中：V_{2x}——距墙踵为 B_x 处截面的剪力；

M_{2x}——距墙踵为 B_x 处截面的弯矩；

B_x——计算截面到墙踵的距离；

h_1——墙踵板的厚度；

H_1——立臂高度；

γ_c——混凝土的重度；

P_{z1}、P_{z2}——分别为墙顶、墙踵处的竖直土压应力；

p_1、p_2——分别为墙趾、墙踵处的地基压力；

B——墙底板长度；

内力设计值为

$$V = 1.35V_{2x}, \quad M = 1.35M_{2x} \qquad (6.30)$$

当有活载（列车、汽车）作用时，则应分2种情况，即可变荷载效应控制和永久荷载效应控制。

由可变荷载效应控制，其内力设计值为：

$$V = 1.2V_{2x} + 1.4V_{2x}^V, \quad M = 1.2M_{2x} + 1.4M_{2x}^V \qquad (6.31)$$

由永久荷载效应控制，其内力设计值为：

$$V = 1.35V_{2x} + 1.4\psi_c V_{2x}^V, \quad M = 1.35M_{2x} + 1.4\psi_c M_{2x}^V \qquad (6.32)$$

式中：V_{2x}^V、M_{2x}^V——分别为活载作用下计算截面的剪力和弯矩；

ψ_c——可变荷载的组合值系数，应按《建筑结构荷载规范》（GB 50009—2012）的规定采用。

3. 墙趾板的内力

当无活荷载和地下水作用时，墙趾板受到的荷载主要为地基反力和上覆土重及墙趾板自重。墙趾板受力如图所示，各截面的剪力和弯矩分别为

$$V_{3x} = B_x \left[p_1 - \gamma_c h_p - \gamma(h - h_p) - \frac{(p_1 - p_2)B_x}{2B} \right] \qquad (6.33)$$

$$M_{3x} = \frac{B_x^2 \left[3[p_1 - \gamma_c h_p - (\gamma h - \gamma h_p)] - \frac{(p_1 - p_2)B_x}{B} \right]}{6} \qquad (6.34)$$

式中，V_{3x}、M_{3x}——每延米长墙趾板距墙趾为 Bs 截面的剪力和弯矩；

B_x——计算截面到墙趾的距离；

B——墙趾板长度；

H_p——墙趾板的平均厚度；

h——墙趾板的埋置深度。

按荷载效应组合设计值：$V = 1.35V_{3x}$，$M = 1.35M_{3x}$，若有活载作用，同样应计入活载作用下的内力并进行荷载组合。

6.3.5 墙身钢筋混凝土配筋设计

悬臂式挡土墙的立板和底板，按受弯构件设计。除构件正截面受弯承载能力、斜截面受剪承载能力外，还要进行裂缝宽度验算。其最大裂缝宽度可按下列公式计算：

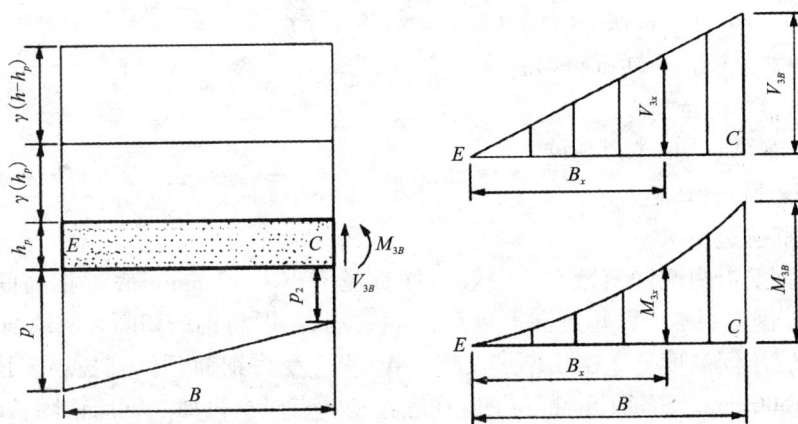

图 6.15　墙趾板的内力计算示意图

$$\omega_{\max} = \alpha_{cr}\psi\frac{\sigma_{sk}}{E_s}\left(1.9c + 0.08\frac{d_{eq}}{\rho_{te}}\right) \tag{6.35}$$

$$\psi = 1.1 - 0.65\frac{f_{tk}}{\rho_{te}\sigma_{sk}} \tag{6.36}$$

$$\rho_{te} = \frac{A_s + A_p}{A_{te}} \tag{6.37}$$

$$\sigma_{sk} = \frac{M_k}{0.87h_0A_s} \tag{6.38}$$

式中：α_{cr}——构件受力特征系数，对于钢筋混凝土受弯构件取 2.1；

　　　ψ——裂缝间纵向受拉钢筋应变不均匀系数，当 $\psi < 0.2$ 时，取 $\psi = 0.2$；当 $\psi > 1$ 时，取 $\psi = 1$；对直接承受重复荷载的构件，取 $\psi = 1$；

　　　σ_{sk}——按荷载效应标准组合计算的钢筋混凝土构件纵向受拉钢筋的应力；

　　　E_s——钢筋弹性模量；

　　　c——最外层纵向受拉钢筋外边缘至受拉区底边的距离；

　　　ρ_{te}——按有效受拉混凝土截面面积计算的纵向受拉钢筋配筋率，当 $\rho_{te} < 0.01$ 时，取 $\rho_{te} = 0.01$；

　　　f_{tk}——混凝土轴心抗拉强度标准值；

　　　A_{te}——有效受拉混凝土截面面积；

　　　A_s——受拉区纵向钢筋截面面积；

　　　d_{eq}——受拉区纵向钢筋的直径；

　　　d_i——受拉区第 i 种纵向钢筋的直径；

　　　n_i——受拉区第 i 种纵向钢筋的根数；

　　　V_i——受拉区第 i 种纵向钢筋的相对黏结特性系数，光面钢筋取 0.7，螺纹钢筋取 1.0；

　　　M_k——按荷载效应标准组合计算的弯矩值；

　　　h_0——截面的有效高度。

钢筋面积计算可按下列公式计算

$$A_s = \frac{f_c}{f_y} bh_0 \left(1 - \sqrt{1 - \frac{2M}{f_c bh_0^2}} \right) \tag{6.39}$$

式中：f_c——混凝土轴心抗压强度设计值；

f_y——钢筋、抗拉强度设计值；

b——截面宽度，取单位长度；

M——截面设计弯矩。

1. 立板钢筋构造要求

立板受力钢筋沿内侧竖直放置，一般钢筋直径不小于 12 mm，底部钢筋间距一般采用 100 ~ 150 mm。因立板承受弯矩越向上越小，可根据材料图将钢筋切断。当墙身立板较高时，可将钢筋分别在不同高度分 2 次切断，仅将 1/4 ~ 1/3 受力钢筋延伸到板顶。顶端受力钢筋间距不应大于 500 mm。钢筋切断部位，应在理论切断点以上再加一钢筋锚固长度，而其下端插入底板一个锚固长度。锚固长度 L_m 一般取 $25d ~ 30d$（d 为钢筋直径），配筋见图 6.16。

在水平方向也应配置不小于 $\phi6$ 的分布钢筋，其间距不大于 400 ~ 500 mm，截面积不小于立板底部受力钢筋的 10%。

对于特别重要的悬臂式挡土墙，在立板的墙面一侧和墙顶，也按构造要求配置少量钢筋或钢丝网，以提高混凝土表层抵抗温度变化和混凝土收缩的能力，防止混凝土表层出现裂缝。

2. 底板钢筋设计构造要求

墙踵板受力钢筋，设置在墙踵板的顶面。受力筋一端插入立板与底板连接处以左不小于一个锚固长度，另一端按材料图切断，在理论切断点向外伸出一个锚固长度。

墙趾板的受力钢筋，应设置于墙趾板的底面，该筋一端伸入墙趾板与立臂连接处以右不小于一个锚固长度；另一端一半延伸到墙趾，另一半在 $B_1/2$ 处再加一个锚固长度处切断，配筋见图 6.16。

在实际设计中，常将立臂的底部受力钢筋一半或全部弯曲作为墙趾板的受力钢筋。立臂与墙踵板连接处最好做成贴角予以加强，并配以构造筋，其直径与间距可与墙踵板钢筋一致，底板也应配置构造钢筋。钢筋直径及间距均应符合有关规范规定。

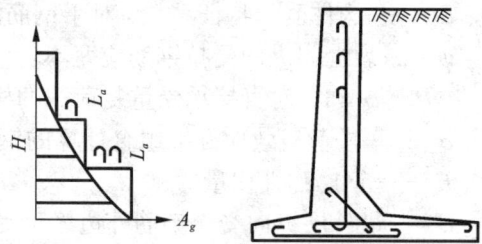

图 6.16 悬臂式挡土墙配筋

6.3.6 悬臂式挡土墙设置基本要求

悬臂式挡墙的混凝土强度等级应根据结构承载力和所处环境类别确定，且不应低于 C25。立板和扶壁的混凝土保护层厚度不应小于 35 mm，底板的保护层厚度不应 40 mm，受力钢筋直径不应小于 12 mm，间距不宜大于 250 mm。悬臂式挡墙截面尺寸应根据强度和变形计算确定，立板顶宽和底板厚度不应小于 200 mm。当挡墙高度大于 4 m 时，宜加根部翼。

悬臂式挡土墙的伸缩缝间距，对条石、块石挡土墙一般采用 20 ~ 25 m，对混凝土挡土墙应采用 10 ~ 15 m。在挡墙高度突变处及其与其他建(构)筑物连接处应设沉降缝，在地基岩土性状变化处应设置沉降缝。沉降缝、伸缩缝的缝宽一般采用 20 ~ 30 mm，缝中应填塞沥青麻筋或其他有弹性的防水材料，填塞深度不应小于 150 mm，挡墙伸缩缝间距宜采用 10 ~ 15 m。宜在不同结构单元处和地层性状变化处设置沉降缝，且沉降缝与伸缩缝宜合并设置。

悬臂式挡土墙设计的一般规定：悬臂式挡土墙高度不宜大于 6 m，应采现浇钢筋混凝土结构。悬臂式挡土墙的基础应置于稳定的岩土层内，其埋置深度应符合下列要求：应根据地基稳定性、地基承载力、冻结深度、水流冲刷情况和岩石风化程度等因素确定。在土质地基中，基础最小埋置深度不宜小于 0.5 m；在岩质地基中，基础最小埋置深度不宜小于 0.3 m，基础埋置深度应从坡脚排水沟底算起，受水流冲刷时，埋深应从预计冲刷底面算起。

重力式挡土墙基础的埋置深度，应根据地基稳定性、地基承载力、冻结深度、水流冲刷情况和岩石风化程度等因素确定。在土质地基中，基础最小埋置深度不宜小于 0.5 m；在岩质地基中，基础最小埋置深度不宜小于 0.3 m，基础埋置深度应从坡脚排水沟底算起，受水流冲刷时，埋深应从预计冲刷底面算起。位于稳定斜坡地面的重力式挡墙，其墙趾最小埋入深度和距斜坡面的最小水平距离应符合表 6.4 的规定。

表 6.4　斜坡地面墙趾最小埋入深度和距斜坡地面的最小水平距离

地基情况	最小埋入深度（m）	距斜坡地面的最小水平距离（m）
硬质岩石	0.60	0.60 ~ 1.50
软质岩石	1.00	1.50 ~ 3.00
土质	1.00	3.00

注：硬质岩指单轴抗压强度大于 30 MPa 的岩石，软质岩指单轴抗压强度小于 15 MPa 的岩石。

当挡墙受滑动稳定控制时，应采取提高抗滑能力的构造措施。宜在墙底下设防滑键，其高度应保证键前土体不被挤出。防滑键厚度应根据抗剪强度计算确定，且不应小于 300 mm。悬臂式挡墙位于纵向坡度大于 5% 的斜坡时，基底宜做成台阶形。

6.4　扶壁式挡土墙

6.4.1　构造要求

当墙身较高时，在悬臂式挡土墙的基础上，沿墙长方向，每隔一定距离加设扶壁，扶壁把立板同墙踵板连接起来，以改善立板和墙底板的受力条件，提高结构的刚度和整体性，减小变形。扶壁式挡土墙宜整体灌注，也可采用拼装，但拼装式扶壁挡土墙不宜在地质不良地段和地震烈度大于或等于 8 度的地区使用，一般不宜超过 10 m。

扶壁式挡土墙由立板、墙趾板、墙踵板和扶壁组成，通常底板还设置凸榫。墙趾板和凸榫的构造与悬臂式挡土墙相同。立板与墙踵板可根据边界约束条件按三边固定、一边自由的板或以扶壁为支点的连续板进行计算；墙趾底板可简化为固定在立板上的悬臂板进行计算；扶壁可简化为 T 型悬臂梁进行计算，其中立板为梁的翼缘，扶壁为梁的腹板。

扶壁式挡墙尺寸应根据强度和变形计算确定，并应符合下列规定：

①两扶壁之间的距离宜取挡墙高度的 $1/3 \sim 1/2$；

②扶壁的厚度宜取扶壁间距的 $1/8 \sim 1/6$，且不宜小于 300 mm；

③立板顶端和底板的厚度不应小于 200 mm；

④立板在扶壁处的外伸长度，宜根据外伸悬臂固端弯矩与中间跨固端弯矩相等的原则确定，可取两扶壁净距的 0.35 倍左右。

扶壁式挡土墙的伸缩缝间距，对条石、块石挡土墙一般采用 $20 \sim 25$ m，对混凝土挡土墙应采用 $10 \sim 15$ m。在挡墙高度突变处及其与其他建(构)筑物连接处应设沉降缝，在地基岩土性状变化处应设置沉降缝。沉降缝、伸缩缝的缝宽一般采用 $20 \sim 30$ mm，缝中应填塞沥青麻筋或其他有弹性的防水材料，填塞深度不应小于 150 mm，挡墙伸缩缝间距宜采用 $10 \sim 15$ m。宜在不同结构单元处和地层性状变化处设置沉降缝，且沉降缝与伸缩缝宜合并设置。

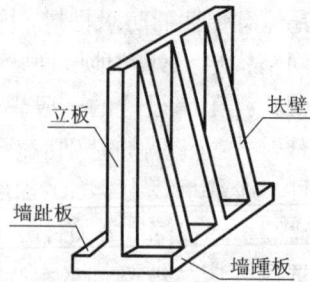

图 6.17 扶壁式挡土墙

6.4.2 扶壁式挡土墙设计

扶壁式挡土墙的设计与悬臂式挡土墙相近，其墙踵板与墙趾板长度的确定、土压力计算及墙趾板内力计算同悬臂式挡土墙，但它有其自己的特点。

1. 立板的内力计算

立板为三向固结板。为简化计算，通常将墙面板沿墙高和墙长方向划分为若干个单位宽度的水平和竖直板条，分别计算水平和竖向 2 个方向的弯矩和剪力作用于立板的荷载，可按图 6.19 所示的梯形分布，图中 H 为立板高度，σ_H 为立板底端内填料引起的法向土压应力：

$$\sigma_H = \gamma H K_a \tag{6.40}$$

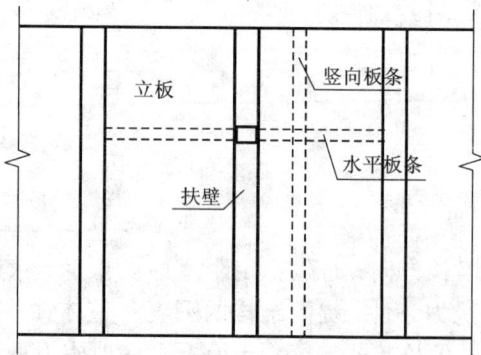

图 6.18 立板内力计算文中位置

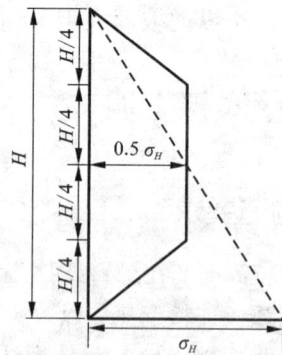

图 6.19 立板内力计算的荷载

立板的水平内力计算：假定每一水平板条为支承在扶壁上的连续梁，荷载沿板条按均匀分布，其大小等于该板条所在深度的法向土压应力。

各水平板条的弯矩和剪力按连续梁计算。墙面板在土压力的作用下，除了产生水平弯矩外，将同时产生沿墙高方向的竖直弯矩。立板跨中的竖直弯矩沿墙高的分布如图 6.20(a)所示，沿墙长方向（纵向），竖直弯矩的分布如图 6.20(b)所示，呈抛物线形分布。设计时，可采用中部 $2l/3$ 范围内的竖直弯矩不变，两端各 $l/6$ 范围内的竖直弯矩较跨中减少一半，为阶梯形分布。

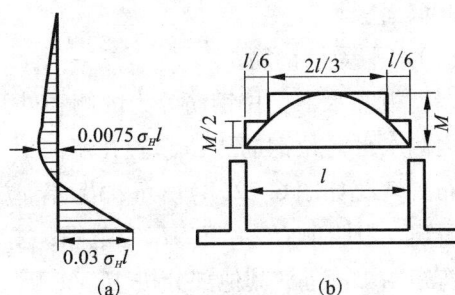

图 6.20　立板竖向弯矩计算

2. 墙踵板的内力计算

墙踵板可视为支承于扶壁上的连续板，不计立板对它的约束，而视其为铰支。内力计算时，可将墙踵板顺墙长方向划分为若干单位宽度的水平板条，根据作用于墙踵上的荷载，对每一连续板条进行弯矩、剪力计算，并假定在每一连续板条上的最大竖向荷载均匀作用在板条上。

作用在墙踵板上的力有：计算墙背与实际墙背间的土重及活荷载、墙踵板自重、作用在墙踵板顶面上的土压力竖向分力、由墙趾板固端弯矩 M_1，作用在墙踵板上引起的等代荷载以及地基反力等。

墙踵板弯矩引起的等代荷载的竖直压应力可假设为抛物线分布，如图 6.21 所示，其重心位于距固端 $5B/8$ 处，由弯矩的平衡可得墙踵处的应力

$$\sigma = \frac{2.4M_1}{B^2} \qquad (6.41)$$

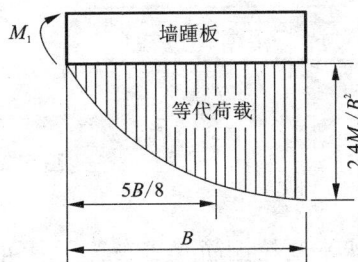

图 6.21　等代荷载

将上述荷载在墙踵板上引起的竖直压应力叠加，即可按照连续梁求解墙踵板内力。由于假设了墙踵板与墙面板为铰支连接，故不计算墙踵板横向板条的弯矩和剪力。

3. 扶壁的内力计算

扶壁可视为固支在墙踵板上的 T 型变截面悬臂梁，立板则作为该 T 型梁的翼缘板，扶壁为腹板。扶壁承受相邻两跨立板中点之间的全部水平土压力，扶壁自重和作用于扶壁的竖直土压力可忽略不计。

计算出各构件的内力后即可进行配筋设计，设计计算方法可参考前一节悬臂式挡土墙的配筋设计计算。

4. 抗滑、抗倾稳定性验算

扶壁式挡土墙的抗滑、抗倾稳定性验算见 6.2.3。

6.4.3　墙身钢筋混凝土配筋设计

扶壁式挡土墙的墙面板、墙趾板和墙踵板按一般受弯构件（板）配筋，扶壁按变截面的 T 型梁配筋。

1. 墙趾板

同悬臂式挡土墙。

2. 墙面板

（1）水平受拉钢筋

墙面板的水平受拉钢筋分为内侧和外侧 2 种钢筋。

内侧水平受拉钢筋 N_2，布置在墙面板靠填土的一侧，承受水平负弯矩。该钢筋沿墙长方向的布置情况如图 6.22(b) 所示；沿墙高方向的布筋，从图 6.22 所示的计算荷载 $abde$ 图形可以看出，距墙顶 $H_1/4$ 至 $7H_1/8$ 范围，按第三个 $H_1/4$ 墙高范围板条（即受力最大板条）的固端负弯矩 $M_端$ 配筋，其他部分按 $M_端/2$ 配筋，如图 6.22(a) 所示。

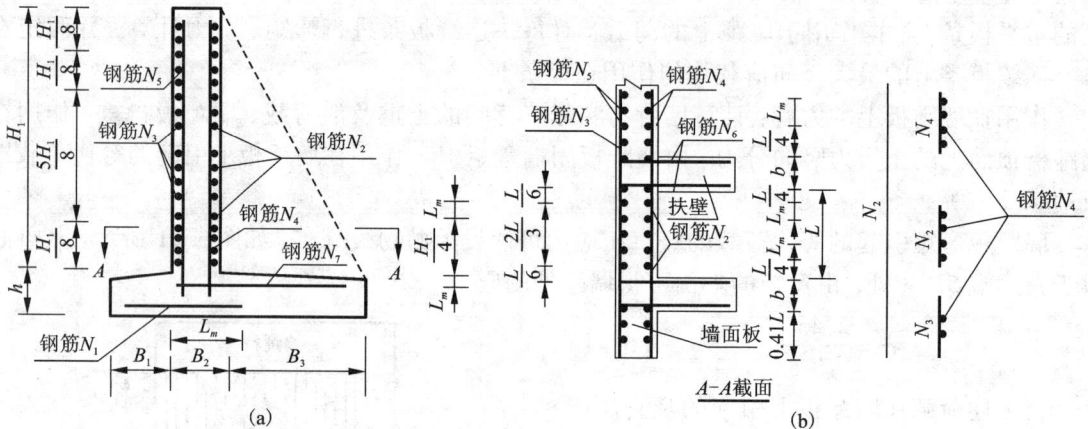

图 6.22 墙面板钢筋布置图

外侧水平受拉钢筋 N_3，布置在中间跨墙面板临空一侧，承受水平正弯矩。该钢筋沿墙长方向布置，如图 6.23 所示。但为了方便于施工，可在扶壁中心切断，沿墙高方向的布筋，从图 6.24 所示的计算荷载范围 $abce$ 图形可以看出，从距墙顶 $H_1/8$ 至 $7H_1/8$ 范围，应按图中 $H_1/2$ 范围板条也即受力最大板条的跨中正弯矩 $M_中$ 配筋。图 6.22(a) 中其他部分按 $M_中/2$ 配筋。

（2）竖向纵向受力钢筋

墙面板的竖直纵向受力钢筋 N_4，布置在墙面板靠填土一侧，承受墙面板的竖直负弯矩。该钢筋向下伸入墙踵板不少于一个钢筋锚固长度，向上在距墙踵板顶面 $H_1/4$ 加钢筋锚固长度处切断，如图 6.22(a) 所示。沿墙长方向的布筋从图图 6.22(b) 可以看出，在跨中 $2L/3$ 范围内按跨中的最大竖直负弯矩 $M_底$ 配筋，其两侧各 $L/6$ 部分按 $M_底/2$ 配筋。两端悬出部分的竖直内侧钢筋可参照上述原则布置。

外侧竖直受力钢筋 N_5，布置在墙面板的临空一侧，承受墙面板的竖直正弯矩，按 $M_底$ 配筋。该钢筋可通长布置，兼做墙面板的分布钢筋之用。

（3）墙面板与扶壁之间的 U 型拉筋

钢筋 N_6（图 6.22(b)）为连接墙面板和扶壁的水平 U 型拉筋，其开口朝扶壁的背侧。该钢筋长约每一肢承受宽度为拉筋间距的水平板条的板端剪力 $Q_端$，在扶壁的水平方向通长布置(图 6.23(a))。

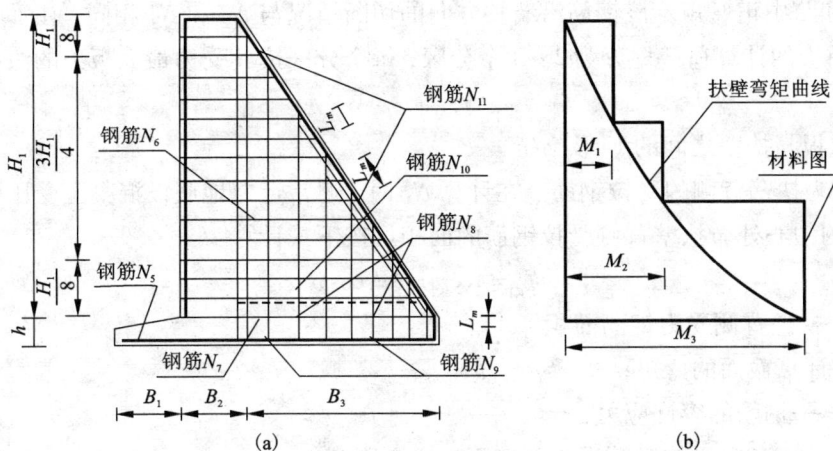

图 6.23　墙踵板和扶壁钢筋布置示意图

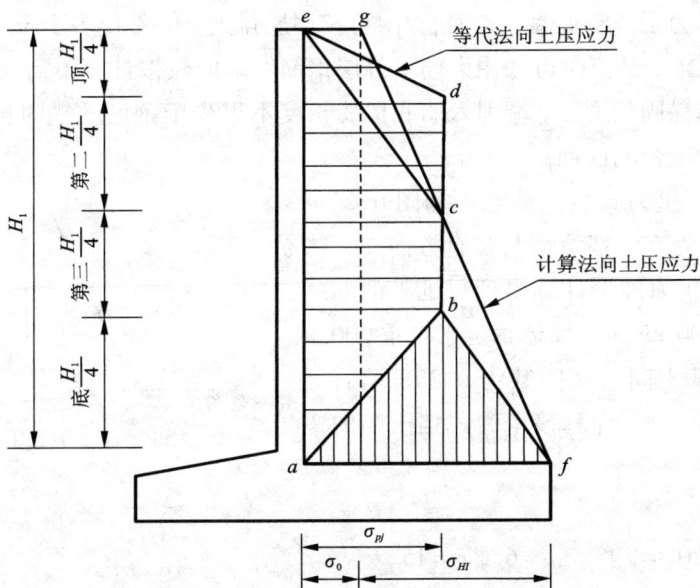

图 6.24　墙面板的等代土压应力

3. 墙踵板

(1)顶面横向水平钢筋

墙踵板顶面横向水平钢筋 N_7,是为了使墙面板承受竖直负弯矩的钢筋 N_4 得以发挥作用而设置。该钢筋位于墙踵板顶面,并与墙面板垂直,如图 6.23(b)所示,承受与墙面板竖直最大负弯矩相同的弯矩。钢筋 N_7 沿墙长方向的布置与 N_4 相同,在垂直于墙面板方向,一端伸入墙面板一个钢筋锚固长度,另一端延长至墙踵,作为墙踵板顶面纵向受拉钢筋 N_8 的定位钢筋。如果钢筋 N_7 较密，其中一般可以在距墙踵板内缘 $B_3/2$ 加钢筋锚固长度处切断。

钢筋 N_8 和 N_9 [图 6.23(a)]为墙踵板顶面和底面的纵向水平受拉钢筋，承受墙踵板扶壁两端负弯矩和跨中正弯矩。该钢筋沿墙长方向的切断情况与 N_2 和 N_3 相同；在垂直墙面板方向，可将墙踵板的计算荷载划分为 2～3 个分区，每个分区按其受力最大板条的法向压应力配置钢筋。

（2）墙踵板与扶壁之间的 U 形拉筋

钢筋 N_{11} 为扶壁背侧的受拉钢筋。在计算 N_{11} 时，通常近似地假设混凝土受压区的合力作用在墙面板的中心处。扶壁背侧受拉钢筋的面积可按下式计算：

$$F_g = M/[\sigma_g] d_s \cos\omega \qquad (6.42)$$

式中：F_g——扶壁背侧受力钢筋面积；

　　　M——计算截面的弯矩；

　　　$[\sigma_g]$——钢筋的容许应力；

　　　d_s——扶壁背侧受拉钢筋重心至墙面板中心距离；

　　　ω——扶壁背侧受拉钢筋与竖直方向的夹角。

在配置钢筋 N_{11} 时，一般根据扶壁的弯矩图（图 6.23(b)）选取 2～3 个截面，分别计算所需受拉钢筋根数。为了节省混凝土，钢筋 N_{11} 可按多层排列，但不得多于 3 层，而且钢筋间距必须满足规范的要求，必要时可采用束筋。各层钢筋上端应较按计算不需要此钢筋的截面处向上延长一个钢筋锚固长度，下端埋入墙底板的长度不得少于钢筋的锚固长度，必要时可将钢筋沿横向弯入墙踵板的底面。

【例题 6-1】 重力式挡土墙断面如图 6.25 所示，墙基地倾角为 6°，墙背面与竖直方向夹角为 20°。用库仑土压力理论计算得到每延米的总主动压力为 $E_a = 200$ kN/m，墙体每延米自重 300 kN/m，墙底与地基土间摩擦因数为 0.33，墙背面与填土间摩擦角 15°。计算该重力式挡土墙的抗滑稳定安全系数。

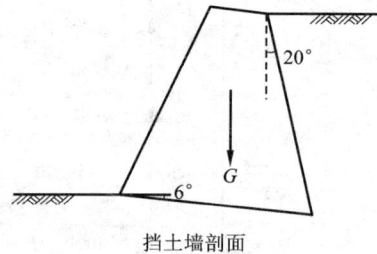
挡土墙剖面

【解】

（1）$\alpha = 90° - 20° = 70°$，$\alpha_0 = 6°$，$\delta = 15°$

$G_n = G\cos\alpha_0 = 300 \times \cos6° = 298.36$（kN/m）

$G_t = G\sin\alpha_0 = 300 \times \sin6° = 31.36$（kN/m）

$E_{an} = E_a\cos(\alpha - \alpha_0 - \delta) = 200 \times \cos(70° - 6° - 15°) = 131.21$（kN/m）

$E_{at} = E_a\sin(\alpha - \alpha_0 - \delta) = 200 \times \sin(70° - 6° - 15°) = 150.94$（kN/m）

（2）$F_S = \dfrac{(G_n + E_{an})\mu}{E_{at} - G_t} = \dfrac{(298.36 + 131.21) \times 0.33}{150.94 - 31.36} = 1.19$

【例题 6-2】 某建筑浆砌石挡土墙重度为 22 kN/m³，墙高 6 m，底宽 2.5 m，顶宽 1 m，墙后填料重度为 19 kN/m³，黏聚力为 20 kPa，内摩擦角为 15°。忽略墙背与填土的摩阻力，地表均布荷载为 25 kPa，计算该挡土墙的抗倾覆稳定安全系数（图 6.26）。

【解】 (1) $K_a = \tan^2(45° - \varphi/2)$

$\qquad\qquad = \tan^2(45° - 15°/2)$

$\qquad\qquad = 0.59$

$$Z_0 = \frac{2c}{\gamma\sqrt{K}} - \frac{q}{\gamma} = \frac{2 \times 20}{19 \times \sqrt{0.59}} - \frac{25}{19} = 1.42(\text{m})$$

$$e_a = \frac{1}{2}(\gamma h + q)K_a - 2c\sqrt{K_a}$$

$$\quad = (19 \times 6 + 25) - 2 \times 20 \times \sqrt{0.5}$$

$$\quad = 51.29(\text{kPa})$$

$$E_a = \frac{1}{2}e_a(h - z_0) = \frac{1}{2} \times 51.29 \times (6 - 1.42) =$$

117(kN/m)

图 6.26

作用点高:$a_a = (6 - 1.42)/3 = 1.53(\text{m})$

(2) 重力式挡墙墙高 5 ~ 8 m,取主动土压力增大系数 1.1:

$$F_t = \frac{G \cdot a_G}{E_a \cdot a_a} = \frac{0.5 \times 1.5 \times 6 \times 22 \times 1 + 6 \times 1 \times 22 \times (1.5 + 0.5)}{117 \times 1.1 \times 1.53} = 1.84$$

【例题 6 - 3】 设计一浆砌石块挡土墙,如图 6.27 所示,墙高 $H = 5$ m,墙背倾斜,$\alpha = 80°$,填土摩擦角 $\delta = 20°$,填土面倾斜,$\beta = 10°$,填土为中砂,重度 $\gamma = 18.5$ kN/m³,内摩擦角 $\varphi = 20°$,黏聚力 $C = 0$,基底摩擦因素 $\mu = 0.6$,地基承载力设计值 $f_a = 200$ kPa,采用 MU20 毛石,混合砂浆 M2.5,毛石砌体的抗压强度设计值 $f = 0.47$ MPa,浆砌石块挡土墙 $\gamma_s = 22$ kN/m³,试设计挡土墙的尺寸。

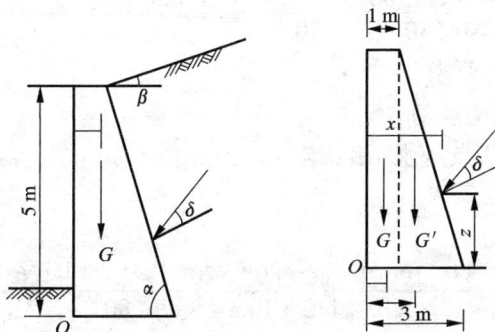

图 6.27

【解】 (1) 挡土墙的断面尺寸选择

顶宽不应该小于 0.5 m,且 $b_0 = \dfrac{H}{10} = \dfrac{5}{10} = 0.5$ m,取 1 m。

底宽 $b = b_0 + H\cot\alpha = 1 + 5\cot 80° = 2.8$ m,取 3 m。

(2) 按库伦理论计算作用在墙上的主动土压力,由公式计算得主动土压力系数 $k_a = 0.46$,则主动土压力

$$E_a = \frac{1}{2}\gamma H^2 k_a = 0.5 \times 18.5 \times 5^2 \times 0.46 = 106.4(\text{kN/m})$$

土压力作用点距离墙趾的距离

$$z_f = z = \frac{H}{3} = \frac{5}{3} = 1.67(\text{m})$$

$$x_f = b - z\cot\alpha = 3 - 1.67\cot80° = 2.39(\text{m})$$

（3）求每延米墙体自重及重心位置

挡土墙的断面分成一个矩形和一个三角形，它们的重量分别是：

$$G_1 = 1 \times 5 \times 22 = 110(\text{kN/m})$$

$$G_2 = 0.5 \times 2 \times 5 \times 22 = 110(\text{kN/m})$$

可知它们作用点距墙趾 O 点的水平距离：

$$x_{01} = 0.5 \text{ m}$$

$$x_{02} = 2.33 \text{ m}$$

（4）抗倾覆稳定验算

$$K_t = \frac{G_1 x_{01} + G_2 x_{02} + E_{az} x_f}{E_{az} z_f}$$

$$= \frac{110 \times 0.5 + 110 \times 2.33 + 106.4 \times \cos(80° - 20°) \times 2.39}{106.4 \times \sin(80° - 20°) \times 1.67}$$

$$= 2.85 > 1.6 \quad 满足要求$$

（5）抗滑稳定验算

$$K_s = \frac{(G_1 + G_2 + E_{az})\mu}{E_{az}}$$

$$= \frac{[110 + 110 + 106.4 \times \cos(80° - 0 - 20°)] \times 0.6}{106.4 \times \sin(80° - 0 - 20°)}$$

$$= 1.78 > 1.3 \quad 满足要求$$

（6）挡土墙的地基承载力验算

合力作用点距离墙趾 O 点的水平距离

$$x_0 = \frac{G_1 x_{01} + G_2 x_{02} + E_{az} x_f - E_{ax} z_f}{G_1 + G_2 + E_{ax}}$$

$$= \frac{110 \times 0.5 + 110 \times 2.33 + 106.4 \times \cos(80° - 20°) \times 2.39 - 106.4 \times \sin(80° - 20°) \times 1.67}{110 + 110 + 106.4 \times \cos(80° - 20°)}$$

$$= 1.04(\text{m})$$

偏心距：

$$e = b/2 - x_0 = 3/2 - 1.04 = 0.46 \text{ m} < b/6 = 0.5(\text{m})$$

$$P_{\max} = \frac{G_1 + G_2 + E_{ax}}{b}\left(1 + \frac{6e}{b}\right)$$

$$= \frac{110 + 110 + 106.4 \times \cos(80° - 20°)}{3}\left(1 + \frac{6 \times 0.46}{3}\right)$$

$$= 174.84 < 1.2 f_a = 1.2 \times 200 = 240(\text{kPa}) \quad 满足要求$$

$$P = \frac{P_{\max} + P_{\min}}{2} = \frac{G_1 + G_2 + E_{ax}}{b}$$

$$= \frac{110 + 110 + 106.4 \times \cos(80° - 20°)}{3}$$

$$= 91.07 < f_a (200 \text{ kPa}) \quad \text{满足要求}$$

（7）墙身强度验算

经验算也满足要求，过程从略，从而确定墙顶宽度为 1 m，墙底宽度为 3 m。

【例题 6-4】　悬臂式挡土墙设计实例

已知：设计一无石料地区挡土墙，墙背填土与墙前地面高差为 4.3 m，填土表面水平，上有均布标准荷载 $p_k = 10 \text{ kN/m}^2$，地基承载力设计值为 120 kN/m²，填土的标准重度为 $\gamma_s = 17 \text{ kN/m}^3$，内摩擦角为 30°，底板与地基摩擦因数 $\mu = 0.45$，由于采用钢筋混凝土挡土墙，墙背竖直且光滑，可假定墙背与填土之间的摩擦角 $\delta = 0$。

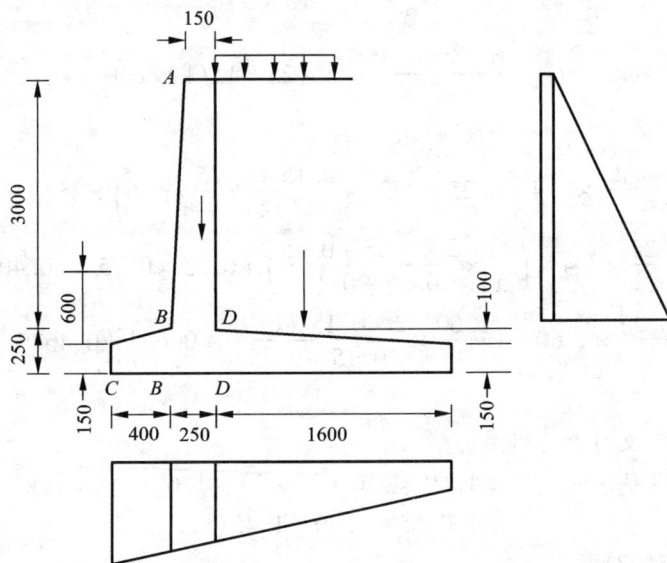

图 6.28

由于缺石地区，选择钢筋混凝土结构。墙高低于 6 m，选择悬臂式挡土墙。尺寸按悬臂式挡土墙规定初步拟定，如图 6.28 所示。

（1）土压力计算

沿墙体延伸方向取一延长米。由于地面水平，墙背竖直且光滑，土压力计算选用朗金理论计算公式：

$$K_a = \tan^2 \left(45° - \frac{\varphi}{2} \right) = 0.333$$

悬臂底 A 点水平土压力：

$$\sigma_A = \gamma_t h_0 K_a = 17 \times 0.588 \times 0.333 = 3.33 (\text{kN/m}^2)$$

悬臂底 B 点水平土压力：

$$\sigma_B = \gamma_t (h_0 + H_1) K_a = 17 \times (0.588 + 3) \times 0.333 = 20.33 (\text{kN/m}^2)$$

底板 C 点水平土压力：

$$\sigma_C = \gamma_t(h_0 + H_1 + h)K_a = 17 \times (0.588 + 3 + 0.25) \times 0.333 = 21.75(\text{kN/m}^2)$$

土压力合力：

$$E_{x1} = \sigma_A \times H_1 = 0.333 \times 3 = 10(\text{kN/m})$$

$$z_1 = 3/2 + 0.25 = 1.75(\text{m})$$

$$E_{x2} = (\sigma_C - \sigma_A)H_1/2 = (21.75 - 3.33) \times 3/2 = 25.5(\text{kN/m})$$

$$z_1 = 3/3 + 0.25 = 1.25(\text{m})$$

（2）竖向荷载计算

①立臂板自重力

$$x_1 = 0.4 + \frac{\dfrac{0.1 \times 3}{2} + \dfrac{2 \times 0.1}{3} + 0.15 \times 3 \times \left(0.10 + \dfrac{0.15}{2}\right)}{\dfrac{0.1 \times 3}{2} + 0.15 \times 3} = 0.55(\text{m})$$

$$G_{1k} = \frac{0.15 + 0.25}{2} \times 3 \times 25 = 15(\text{kN/m})$$

②底板自重

$$G_{2k} = \left(\frac{0.15 + 0.25}{2} \times 0.4 + 0.25 \times 0.25 + \frac{0.15 + 0.25}{2} \times 1.6\right) \times 25 = 11.56(\text{kN/m})$$

$$x_2 = \left[\frac{0.15 + 0.25}{2} \times 0.4 \times \left(\frac{40}{3} \times \frac{2 \times 0.25 + 0.15}{0.25 + 0.15}\right) + 0.25 \times 0.25 \times (0.40 + 0.125)\right.$$

$$\left. + \frac{0.15 + 0.25}{2} \times 1.60 \times \left(\frac{1.60}{3} \times \frac{2 \times 0.15 + 0.25}{0.15 + 0.25} + 0.65\right)\right]/0.4625$$

$$= 1.07(\text{m})$$

③地面均布活载及填土的自重力

$$G_{3k} = (P_k + \gamma_t \times 3) \times 1.60 = (10 + 17 \times 3) \times 1.60 = 97.60(\text{kN/m})$$

$$x_3 = 0.65 + 0.80 = 1.45(\text{m})$$

（3）抗倾覆稳定验算

稳定力矩：

$$M_{zk} = G_{1k}x_1 + G_{2k}x_2 + G_{3k}x_3 = 15 \times 0.55 + 11.56 \times 1.07 + 97.60 \times 1.45 = 162.14(\text{kN} \cdot \text{m/m})$$

倾覆力矩：

$$M_{qk} = E_{x1}z_1 + E_{x2}z_2 = 10 \times 1.75 + 25.5 \times 1.25 = 49.38(\text{kN} \cdot \text{m/m})$$

抗倾覆稳定系数：

$$K_0 = M_{zk}/M_{qk} = 162.14/49.38 = 3.28 > 1.6 \qquad 稳定$$

（4）抗滑稳定验算

竖向力之和 $\quad G_k = \sum G_{ik} = 15 + 11.56 + 97.6 = 124.16(\text{kN/m})$

抗滑力 $\quad G_k \cdot \mu = 124.16 \times 0.45 = 55.876(\text{kN})$

抗滑稳定系数

$$K_c = G_k \cdot \mu/E_x = 55.87/35.5 = 1.57 > 1.3 \qquad 稳定$$

（5）地基承载力验算

地基承载力采用设计荷载，分项系数：地面活荷载 $\gamma_1 = 1.3$，土体荷载为 $\gamma_2 = 1.2$，结构自重荷载为 $\gamma_3 = 1.2$。

总竖向力到墙趾的距离为：$e_0 = (M_v - M_H)/G_k$。

M_v 为竖向荷载引起的弯矩：

$$M_v = (G_{1k}x_1 + G_{2k}x_2 + \gamma_t \times 3 \times 1.6 \times x_3) \times \gamma_2 + P_k \times 1.6 \times x_3 \times \gamma_1$$
$$= (15 \times 0.55 + 11.56 \times 1.07 + 17 \times 3 \times 1.6 \times 1.45) \times 1.2 + 10 \times 1.6 \times 1.45 \times 1.3$$
$$= 196.89 (\mathrm{kN \cdot m})$$

M_H 为水平力引起的弯矩

$$M_H = 1.3E_{x1}z_1 + 1.2E_{x2}z_2 = 1.3 \times 10 \times 1.75 + 1.2 \times 25.5 \times 1.25 = 61 (\mathrm{kN \cdot m})$$

（6）结构设计

立臂与底板采用 C20 混凝土和 II 级钢筋

$f_{ck} = 13.4 \ \mathrm{N/mm^2}$，$f_{tk} = 1.54 \ \mathrm{N/mm^2}$，$f_y = 300 \ \mathrm{N/mm^2}$

$E_s = 2 \times 10^5 \ \mathrm{N/mm^2}$

① 立臂设计

底截面设计弯矩：$M = 10 \times 1.5 \times 1.3 + 25.5 \times 1 \times 1.2 = 50.1 (\mathrm{kN \cdot m})$

标准弯矩：$M_k = 10 \times 1.5 + 25.5 \times 1 = 40.5 (\mathrm{kN \cdot m})$

强度设计：取 $h0 = 250 - 40 = 210 \ \mathrm{mm}$，$b = 1000 \ \mathrm{mm}$。

$$A_s = \frac{f_{ck}}{f_y} bh_0 \left(1 - \sqrt{1 - \frac{2M}{f_{ck}bh_0^2}}\right) = \frac{13.4}{300} \times 1000 \times 210 \times \left(1 - \sqrt{1 - \frac{2 \times 50.1 \times 10^6}{13.4 \times 1000 \times 210^2}}\right)$$
$$= 832 (\mathrm{mm^2})$$

取 $\varPhi 12@120$，$A_s = 942 \ \mathrm{mm^2}$。

② 底板设计

设计弯矩：墙踵板根部 D 点的地基压力设计值：

$$\sigma_D = \sigma_{\min} + \frac{\sigma_{\max} - \sigma_{\min}}{B} \times 1.6 = 26.77 + \frac{107.09 - 26.77}{2.25} \times 1.6 = 83.89 (\mathrm{kN/m^2})$$

墙址板根部 B 点的地基压力设计值：

$$\sigma_B = \sigma_{\min} + \frac{\sigma_{\max} - \sigma_{\min}}{B} \times 1.85 = 26.77 + \frac{107.09 - 26.77}{2.25} \times 1.85 = 92.81 (\mathrm{kN/m^2})$$

墙踵板根部 D 点的设计弯矩：

$$M_D = 0.32 \times 25 \times 0.733 \times 1.2 + 17 \times 3 \times 1.6 \times 0.8 \times 1.2 + 10 \times 1.6 \times 0.8 \times 1.3 - 26.77 \times$$
$$1.6 \times 0.8 - (83.89 - 26.77) \times (1.6/2) \times (1.6/3)$$
$$= 43.37 (\mathrm{kN \cdot m})$$

墙址板根部 B 点的设计弯矩：

$$M_B = 92.81 \times 0.4 \times 0.2 + \frac{108.09 - 92.81}{2} \times 0.4 \times \frac{2 \times 0.4}{3} = 8.72 (\mathrm{kN \cdot m})$$

标准弯矩计算，由前面计算可知，标准荷载作用时；

$$e = (M_{zk} - M_{qk})/G_k = (162.14 - 49.38)/124.16 = 0.91 (\mathrm{m})$$

基础底面偏心距 $e_0 = B/2 - e = 2.25/2 - 0.91 = 0.215 (\mathrm{m})$

此时地基压力 $\sigma_{\min}^{\max} = \frac{G_k}{B}\left(1 \pm \frac{6e_0}{B}\right) = \frac{124.16}{2.25}\left(1 \pm \frac{6 \times 0.215}{2.25}\right) = {}_{23.73}^{86.63} \mathrm{kN/m^2}$

$M_D = 0.32 \times 25 \times 0.733 + 17 \times 3 \times 1.6 \times 0.8 + 10 \times 1.6 \times 0.8 - 23.73 \times 1.6 \times 0.8 -$

$$(68.46 - 23.73) \times (1.6/2) \times (1.6/3)$$
$$= 34.49(\mathrm{kN \cdot m})$$

墙踵板强度设计：

强度计算：

取 $h_0 = 250 - 40 = 210$ mm，$b = 1000$ mm。

$$A_s = \frac{f_{ck}}{f_y} b h_0 \left(1 - \sqrt{1 - \frac{2M}{f_{ck} b h_0^2}}\right) = \frac{13.4}{300} \times 1000 \times 210 \times \left(1 - \sqrt{1 - \frac{2 \times 43.37 \times 10^6}{13.4 \times 1000 \times 210^2}}\right)$$
$$= 716(\mathrm{mm}^2)$$

取 $\Phi 12@120$，$A_s = 942$ mm^2。

第 7 章

锚杆挡土墙

7.1　锚杆(索)设计

锚杆是能将张拉力传递到稳定的或适宜的岩土体中的一种受拉杆件(体系),一般由锚头、杆体自由段和杆体锚固段组成。当采用钢绞线或钢丝束作杆体材料时,可称为锚索。

通过将锚杆(索)植入地层中,从而提高岩土自身的强度和自稳能力的工程技术称为岩土锚固技术。岩土锚固技术通过锚杆(索)的加筋作用,能够调用岩土自身的强度,使得岩土体成为工程结构的一部分,从而大大减少支挡结构的体积、减轻了加固结构物的自重、节约工程材料;通过施加预应力,可以实现主动防治措施,对于控制岩土体的变形效果明显;同时,岩土锚固技术还具有施工方便、作业空间占用少、对岩土体扰动小、施工时对环境影响小等诸多优点。因此,岩土锚固具有显著的经济效益和社会效益,被广泛应用于土木工程的各个领域,如边坡、基坑、隧道、坝体、码头、船闸、桥梁等。

锚杆的锚固段必须设置在稳定的地层中才能有效地发挥作用,不应设置在未经处理的有机质土或淤泥质土、液限 w_L 大于 50% 的土层、松散的砂土或碎石土等地层中。

采用预应力锚杆能实现主动加固,有效控制支护结构及边坡的变形量,有助提高滑裂面上的抗滑力。因此,在边坡变形控制要求严格、边坡在施工期稳定性很差、高度较大的土质边坡采用锚杆支护、高度较大且存在外倾软弱结构面的岩质边坡采用锚杆支护、滑坡整治采用锚杆支护等情况下,应优先采用预应力锚杆。

7.1.1　锚杆(索)的结构与分类

锚杆是一种将拉力传至稳定岩层或土层的结构体系,主要由锚头、自由段和锚固段组成,如图 7.1 所示。

(1)锚头:锚杆外端用于锚固或锁定锚杆拉力的部件,由垫墩、垫板、锚具、保护帽和外端锚筋组成;

(2)锚固段:锚杆远端将拉力传递给稳定地层的部分,即通过注浆而将锚杆(索)与周围岩土体黏结在一起的部分;

(3)自由段:将锚头拉力传至锚固段的中间区段;

(4)锚杆配件:为了保证锚杆受力合理、施工方便而设置的部件,如定位支架、导向帽、架线环、束线环、注浆塞等(图 7.2)。

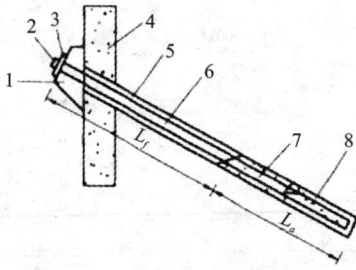

图 7.1　锚杆结构示意图

L_f—自由段长度；L_a—锚固段长度

1—台座；2—锚具；3—承压板；4—支挡结构；
5—锚孔；6—隔离层；7—锚杆；8—注浆体

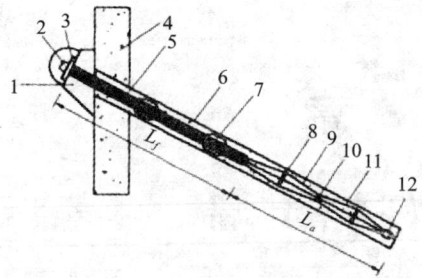

图 7.2　锚索结构示意图

1—台座；2—锚具；3—承压板；4—支挡结构；
5—隔离层；6—锚孔；7—对中支架；8—隔离架；
9—钢绞线；10—架线环；11—注浆体；12—导向帽

　　锚杆的分类方法较多，通常可以按锚固地层、是否预先施加应力以及锚固段灌浆体受力情况、锚固体形态等因素进行分类。

　　按锚固段地层情况可分为岩石锚杆（索）和土层锚杆（索）2 种。其中，岩石锚杆是指内锚段锚固于各类岩层中的锚杆，而自由段可以位于岩层或土层中；土层锚杆是指锚固于各类土层中的锚杆。

　　按是否预先施加应力，分为预应力锚杆（索）和非预应力锚杆（索）。非预应力锚杆是指锚杆锚固后不施加外力，锚杆处于被动受载状态；预应力锚杆是指锚杆锚固后施加一定的外力，使锚杆处于主动受载状态。非预应力锚杆通常采用Ⅱ、Ⅲ级螺纹钢筋，锚头较简单，如板肋式锚杆挡墙、锚板护坡等结构中通常采用非预应力锚杆，锚头最简单的做法就是将锚筋做成直角弯钩并浇注于面板或肋梁中；预应力锚杆在锚固工程中占有重要地位，图 7.1 和图 7.2 是典型的预应力锚杆（索）结构示意图，预应力锚杆的设计与施工比非预应力锚杆复杂，其锚筋一般采用精轧螺纹钢筋（ϕ25 ~ 32）或钢绞线。

　　根据锚固段灌浆体受力的不同，主要分为拉力型［图 7.3（a）］、压力型［图 7.3（b）］、荷载分散型（拉力分散型与压力分散型）等。拉力型锚杆为传统型锚杆（索），杆体受拉时，杆体与锚固段灌浆体产生剪切作用而使灌浆体受拉，浆体易开裂，防腐性能差，但易于施工；压力型锚杆杆体采用全长自由的无黏结预应力钢绞线或高强钢筋，锚杆底端设有承载体与杆体连接，杆体受拉时拉力直接由杆体传至底端的承载体，承载体对注浆体施加压应力，锚固段灌浆体处于受压状态，浆体不易开裂，防腐性能好，承载力高，可用于永久性工程。荷载分散型锚杆（索）可分为拉力分散型锚杆（索）和压力分散型锚杆（索）2 种，如图 7.4 所示。分散型锚杆（索）为在锚孔内有多个独立的单元锚杆（索）所组成的复合锚固体系，每个单元锚杆（索）由独立的自由段和锚固段组成，能使锚杆（索）所承担的荷载分散于各单元锚杆（索）的锚固段上。

　　按锚固体形态可分为圆柱形锚杆、端部扩大型锚杆（索）和连续球型锚杆（索）。其中，圆柱型锚杆是国内外早期开发的一种锚杆形式，这种锚杆可以预先施加预应力而成为预应力锚杆，也可以是非预应力锚杆；锚杆的承载力主要依靠锚固体与周围岩土介质间的黏结摩阻强度提供，这种锚杆适用于各类岩石和较坚硬的土层，一般不在软弱黏土层中应用，因软黏土

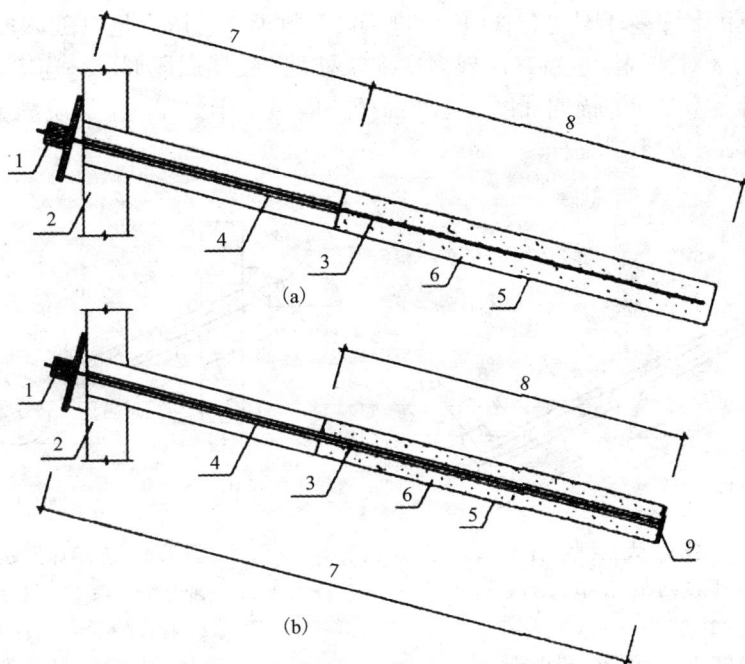

图 7.3　拉力型与压力型锚杆(索)

(a)拉力型锚杆；(b)压力型锚杆

1—锚头；2—支护结构；3—杆体；4—保护套管；5—锚杆钻孔；

6—锚固段灌浆体；7—自由段区；8—锚固段区；9—承载板(体)

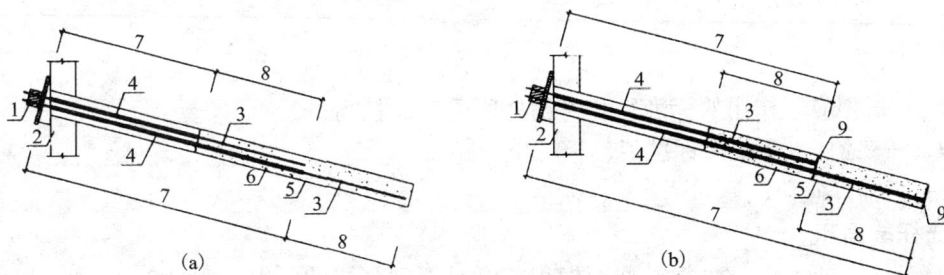

图 7.4　分散型锚杆(索)

(a)拉力分散型；(b)压力分散型

1—锚头；2—支护结构；3—杆体；4—保护套管；5—锚杆钻孔；

6—锚固段灌浆体；7—自由段区；8—锚固段区；9—承载板(体)

中的黏结摩阻强度较低，往往很难满足设计抗拔力的要求。端部扩大头型锚杆(图 7.5)是为了提高锚杆的承载力而在锚固段最底端设置扩大头的锚杆，锚杆的承载力由锚固体与土体间的摩阻强度和扩大头处的端承强度共同提供，因此在相同的锚固长度和锚固地层条件下，端部扩大头型锚杆的承载力远比圆柱型锚杆的大；这种锚杆较适用于黏土等软弱土层以及比邻地界限制土锚长度不宜过长的土层和一般圆柱型锚杆无法满足要求的情况；端部扩大头型锚杆可采用爆破或叶片切削方法进行施工。连续球型锚杆(图7.6)是利用设于自由段与锚固段交界处的密封袋和带许多环圈的套管(可以进行高压灌浆,其压力足以破坏具有一定强度5.0 MPa的灌浆体),对锚固段进行二次或多次灌浆处理,使锚固段形成一连串球状体,从而提高锚固体与周围土体之间的锚固强度;这种锚杆一般适用于淤泥、淤泥质黏土等极软土层或对锚固力有较高要求的土层锚杆。

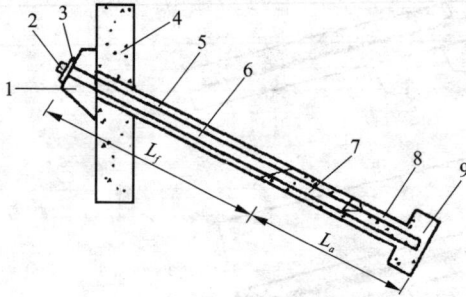

图7.5 端部扩大头型锚杆

L_f—自由段长度;L_a—锚固段长度;

1—台座;2—锚具;3—承压板;

4—支挡结构;5—锚孔;6—隔离层;

7—锚杆(索);8—注浆体;9—端部扩大头

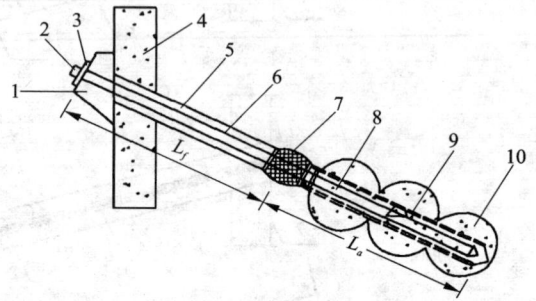

图7.6 连续球型锚杆

L_f—自由段长度;L_a—锚固段长度

1—台座;2—锚具;3—承压板;4—支挡结构;

5—锚孔;6—隔离层;7—止浆密封装置;

8—锚杆(索);9—注浆导管;10—锚固体

7.1.2 锚杆(索)的设计与计算

1. 锚杆(索)轴向拉力标准值

$$N_{ak} = \frac{H_{tk}}{\cos\alpha} \tag{7.1}$$

式中:N_{ak}——相应于作用的标准组合时锚杆所受轴向拉力(kN);

H_{tk}——锚杆水平拉力标准值(kN);

α——锚杆倾角(°)。

2. 锚杆截面积

普通钢筋锚杆锚杆(索)钢筋截面面积应满足下列公式的要求:

$$A_s \geq \frac{K_b N_{ak}}{f_y} \tag{7.2}$$

预应力锚索锚杆钢筋截面面积应满足下列公式的要求:

$$A_s \geq \frac{K_b N_{ak}}{f_{py}} \tag{7.3}$$

式中:A_s——锚杆钢筋或预应力锚索截面面积(m^2);

f_y、f_{py}——普通钢筋或预应力钢绞线抗拉强度设计值(kPa);

K_b——锚杆杆体抗拉安全系数,应按表7.1取值。

表 7.1　锚杆杆体抗拉安全系数

边坡工程安全等级	安全系数	
	临时性锚杆	永久性锚杆
一级	1.8	2.2
二级	1.6	2.0
三级	1.4	1.8

3. 锚杆锚固段长度

锚杆锚固段长度按照锚杆锚固体与岩土层间的锚固长度、锚杆杆体与锚固砂浆间的锚固长度设计取两者大值即可。永久性锚杆抗震验算时，其安全系数应按 0.8 折减。预应力岩石锚杆和全黏结岩石锚杆可按刚性拉杆考虑。

锚杆(索)锚固体与岩土层间的长度应满足下式的要求：

$$l_a \geqslant \frac{KN_{ak}}{\pi \cdot D \cdot f_{rbk}} \tag{7.4}$$

式中：K——锚杆锚固体抗拔安全系数，按表 7.2 取值；

$\quad l_a$——锚杆锚固段长度(m)，尚应满足本章 7.1.3 的构造设计规定；

$\quad f_{rbk}$——岩土层与锚固体极限黏结强度标准值(kPa)，应通过试验确定；当无试验资料时可按表 7.3 和表 7.4 取值；

$\quad D$——锚杆锚固段钻孔直径(mm)。

表 7.2　岩土锚杆锚固体抗拔安全系数

边坡工程安全等级	安全系数	
	临时性锚杆	永久性锚杆
一级	2.0	2.6
二级	1.8	2.4
三级	1.6	2.2

表 7.3　岩石与锚固体极限黏结强度标准值

岩石类别	f_{rbk}值(kPa)
极软岩	270 ~ 360
软岩	360 ~ 760
较软岩	760 ~ 1200
较硬岩	1200 ~ 1800
坚硬岩	1800 ~ 2600

注：①适用于注浆强度等级为 M30；②仅适用于初步设计，施工时应通过试验检验；③岩体结构面发育时，取表中下限值；④岩石类别根据天然单轴抗压强度 $f_t < 5$ MPa 为极软岩，5 MPa$\leqslant f_t < 15$ MPa 为软岩，15 MPa$\leqslant f_6 < 30$ MPa 为较软岩，30 MPa$\leqslant f_t < 60$ MPa 为较硬岩，$f_t \geqslant 60$ MPa 为坚硬岩。

表 7.4　土体与锚固体极限黏结强度标准值

土层种类	土的状态	f_{rbk} 值（kPa）
黏性土	坚硬	65～100
	硬塑	50～65
	可塑	40～50
	软塑	20～40
砂土	稍密	100～140
	中密	140～200
	密实	200～280
碎石土	稍密	120～160
	中密	160～220
	密实	220～300

注：①适用于注浆强度等级为 M30；②仅适用于初步设计，施工时应通过试验检验。

锚杆（索）杆体与锚固砂浆间的锚固长度应满足下式的要求：

$$l_a \geqslant \frac{KN_{ak}}{n\pi df_b}$$ (7.5)

式中：l_a——锚筋与砂浆间的锚固长度（m）；

　　　　n——锚筋直径（m）；

　　　　d——杆体（钢筋、钢绞线）根数（根）；

　　　　f_b——钢筋与锚固砂浆间的黏结强度设计值（kPa），应由试验确定，当缺乏试验资料时可按表 7.5 取值。

表 7.5　钢筋、钢绞线与砂浆之间的黏结强度设计值 f_b

锚杆类型	水泥浆或水泥砂浆强度等级		
	M25	M30	M35
水泥砂浆与螺纹钢筋间的黏结强度设计值 f_b（kPa）	2.10	2.40	2.70
水泥砂浆与钢绞线、高强钢丝间的黏结强度设计值 f_b（kPa）	2.75	2.95	3.40

注：①当采用 2 根钢筋点焊成束的做法时，黏结强度应乘 0.85 折减系数；②当采用 3 根钢筋点焊成束的做法时，黏结强度应乘 0.7 折减系数；③成束钢筋的根数不应超过 3 根，钢筋截面总面积不应超过锚孔面积的 20%，当锚固段钢筋和注浆材料采用特殊设计，并经试验验证锚固效果良好时，可适当增加锚筋用量。

4. 锚杆（索）的弹性变形和水平刚度系数

锚杆（索）的弹性变形和水平刚度系数应由锚杆锚杆抗拔试验确定。当无试验资料时，自由段无黏结的岩石锚杆水平刚度系数 K_h 及自由段无黏结的土层锚杆水平刚度系数 K_t 可按下列公式进行估算：

$$K_h = \frac{AE_s}{l_f}\cos^2\alpha$$ (7.6)

$$K_t = \frac{3AE_sE_cA_c}{3l_fE_cA_c + E_sAl_a}\cos^2\alpha \tag{7.7}$$

式中：K_h——自由段无黏结的岩石锚固水平刚度系数（kN/m）；

　　　K_t——自由段无黏结的土层锚固水平刚度系数（kN/m）；

　　　l_f——锚杆无黏结自由段长度（m）；

　　　l_a——锚杆锚固段长度，特指锚杆杆体与锚固体黏结的长度（m）；

　　　E_s——杆体弹性模量（kN/m^2）；

　　　E_m——注浆体弹性模量（kN/m^2）；

　　　E_c——锚固体组合弹性模量，$E_c = \dfrac{AE_s + (A_c - A)E_m}{A_c}$；

　　　A——杆体截面面积（m^2）；

　　　A_c——锚固体截面面积（m^2）；

　　　α——锚杆倾角（°）。

7.1.3　构造设计

1. 锚杆总长度

锚杆总长度应为锚固段、自由段和外锚头的长度之和，并应符合下列规定：

①锚杆自由段长度应为外锚头到潜在滑裂面的长度；预应力锚杆自由段应不小于 5.0 m，且应超过潜在滑裂面 1.5 m；

②锚杆锚固段长度应取式（7.4）和式（7.5）计算结果中的较大值。同时，土层锚杆的锚固段长度不应小于 4.0 m，并不宜大于 10.0 m；岩石锚杆的锚固段长度不应小于 3.0 m，且不宜大于 45D 和 6.5 m，预应力锚索不宜大于 55D 和 8.0 m；

③位于软质岩中的预应力锚索，可根据地区经验确定最大锚固长度；

④当计算锚固长度超过构造要求长度时，应采取改善锚固段岩土体质量、压力灌浆、扩大锚固段直径、采用荷载分散型锚杆等，提高锚杆承载能力。

2. 锚杆的钻孔直径及锚杆倾角

锚杆的钻孔直径应符合下列规定：

①钻孔内的锚杆钢筋面积不超过钻孔面积的 20%；

②钻孔内的锚杆钢筋保护层厚度，对永久性锚杆不应小于 25 mm，对临时性锚杆不应小于 15 mm。

锚杆的倾角宜采用 10°～35°，并应避免对相邻构筑物产生不利影响。

锚杆隔离架应沿锚杆轴线方向每隔 1～3 m 设置一个，对土层应取小值，对岩层可取大值。

3. 预应力锚杆传力结构

预应力锚杆传力结构应符合下列规定：

①预应力锚杆传力结构应有足够的强度、刚度、韧性和耐久力；

②强风化或软弱破碎岩质边坡和土质边坡宜采用框架格构型钢筋混凝土传力结构；

③对 Ⅰ、Ⅱ 类及完整性好的 Ⅲ 类岩质边坡，宜采用墩座或地梁型钢筋混凝土传力结构；

④传力结构与破面的结合部位应做好防排水设计及防腐蚀措施；

⑤承压板及过渡管宜由钢板和钢管制成，过渡管钢管壁厚不宜小于 5 mm。

4. 永久性锚杆的防腐蚀处理

永久性锚杆的防腐蚀处理应符合下列规定:

①非预应力锚杆的自由段位于岩土层中时,可采用除锈、刷沥青船底漆和沥青玻纤布缠裹二层进行防腐蚀处理;

②对采用钢绞线、精轧螺纹钢制作的预应力锚杆(索),其自由段可按①进行防腐蚀处理后装入套管中;自由段套管两端 100 ~ 200 mm 长度范围内用黄油充填,外绕扎工程胶布固定;

③对位于无腐蚀性岩土层内的锚固段,水泥浆或水泥砂浆保护层厚度不应小于 25 mm;对位于腐蚀性岩土层内的锚固段,应采取特殊防腐蚀处理,且水泥浆或水泥砂浆保护层厚度不应小于 50 mm;

④经过防腐蚀处理后,非预应力锚杆的自由段外端应埋入钢筋混凝土构件内 50 mm 以上;对预应力锚杆,其锚头的锚具经除锈、涂防腐漆三遍后应采用钢筋网罩,现浇混凝土封闭,且混凝土等级不应低于 C30,厚度不应小于 100 mm,混凝土保护层厚度不应小于 50 mm。

5. 临时性锚杆的防腐蚀处理

临时性锚杆的防腐蚀可采取下列处理措施:

①非预应力锚杆的自由段,可采用除锈后刷沥青防锈漆处理;

②预应力锚杆的自由段,可采用除锈后刷沥青防锈漆或加套管处理;

③外锚头可采用外涂防腐材料或外包混凝土处理。

6. 锚杆(索)原材料

锚杆(索)原材料性能应符合国家现行标准的有关规定,并应满足设计要求,方便施工,且材料之间不应产生不良影响。锚杆(索)杆体可使用普通钢材,精轧螺纹钢。钢绞线包括无黏结钢绞线和高强钢丝,其材料尺寸和力学性能应符合《建筑边坡工程技术规范》(GB 50330—2013)附录 E 的规定,不宜采用镀锌钢材。

当锚固段岩体破碎、渗(失)水量大时,应对岩体进行灌浆加固处理。灌浆材料应符合下列规定:

①水泥宜使用普通硅酸盐水泥,需要时可采用抗硫酸盐水泥;

②砂的含泥量按重量计不得大于 3%,砂中云母、有机物、硫化物和硫酸盐等有害物质的含量按重量计不得大于 1%;

③水中不应含有影响水泥正常凝结和硬化的有害物质,不得使用污水;

④外加剂的品种和掺量应由试验确定;

⑤浆体配制的灰砂比宜为 0.80 ~ 1.50,水灰比宜为 0.38 ~ 0.50;

⑥浆体材料 28 d 的无侧限抗压强度,不应低于 25 MPa。

锚具应符合下列规定:

①预应力筋用锚具、夹具和连接器的性能均应符合现行国家标准《预应力筋用锚具、夹具和连接器》GB/T 14370 的规定;

②预应力锚具的锚固效率应至少发挥预应力杆体极限抗拉力的95%以上,达到实测极限拉力时的总应变应小于2%;

③锚具应具有补偿张拉和松弛的功能,需要时可采用可以调节拉力的锚头;

④锚具罩应采用钢材或塑料材料制作加工,需完全罩住锚杆头和预应力筋的尾端,与支

承面的接缝应为水密性接缝。

套管材料和波纹管应符合下列规定：

①具有足够的强度，保证其在加工和安装过程中不损坏；

②具有抗水性和化学稳定性；

③与水泥浆、水泥砂浆或防腐油脂无不良反应。

防腐材料应符合下列规定：

①在锚杆设计使用年限内，保持其防腐性能和耐久性；

②在规定的工作温度内或张拉过程中不得开裂、变脆或成为流体；

③应具有化学稳定性和防水性，不得与相邻材料发生不良反应；不得对锚杆自由段的变形产生限制和不良影响。

7.1.4　锚杆(索)的张拉锁定与锚头设计

1. 锚杆(索)的张拉锁定

锚杆需要张拉时，正常情况下应在锚固体强度大于 20 MPa 并达到设计强度的 80% 后进行；锚杆张拉顺序应避免相近锚杆相互影响。锚杆在进行正式张拉之前，应对锚杆预张拉 1 ~ 2 次，使其各部位的接触紧密和杆体完全平直，预张拉值取 10% ~ 20% 锚杆轴向拉力值。张拉时，锚杆张拉控制应力不宜超过 65% 钢筋或钢绞线的强度标准值，且应进行锚杆设计预应力值 1.05 ~ 1.10 倍的超张拉，预应力保留值应满足设计要求。

锚杆张拉后要进行锁定，原则上可按锚杆设计轴向力(工作荷载)作为预应力值加以锁定，但锁定荷载应视锚杆的使用目的和地层性状而加以调整。

①边坡坡体结构完整性较好时，可将设计锚固力的 100% 作为锁定荷载；

②边坡坡体有明显蠕变且预应力锚杆与支护桩相结合，或因坡体地层松散引起的变形过大时，应由张拉试验确定锁定荷载。通常这种情况下将锁定荷载取为设计锚固力的 50% ~ 80%；

③当边坡具有崩滑性时，锁定荷载可取为设计锚固力的 30% ~ 70%；

④如果设计的支挡结构容许变位时，锁定荷载应根据设计条件确定，有时按容许变形的大小可取设计锚固力的 50% ~ 70%；

⑤当锚固地层有明显的徐变时，可将锚杆张拉到设计拉力值的 1.2 ~ 1.3 倍，然后再退到设计锚固力进行锁定，这样可以减少地层的徐变量引起的预应力损失。

2. 锚杆(索)的锚头设计

锚杆头部的传力台座(张拉台座)的尺寸和结果构造应具有足够的强度和刚度，不得产生有害的变形；可采用 C25 以上的现浇钢筋混凝土结构，一般为梯形断面，表 7.6 为推荐尺寸表。

表 7.6　外锚墩尺寸推荐表

设计荷载级别	底面积(m × m)	顶面积(m × m)	高(m)	备　注
1000 kN	0.8 × 0.8	0.4 × 0.4	0.4	加两层钢筋网 $\phi 8@50$
2000 kN	1.0 × 1.0	0.5 × 0.5	0.5	加三层钢筋网 $\phi 8@50$
3000 kN	1.2 × 1.2	0.6 × 0.6	0.6	加四层钢筋网 $\phi 8@50$

　　预应力锚杆的锚具品种较多，锚具型号、尺寸的选取应保持锚杆预应力值的恒定，设计中必须在工程设计施工图上注明锚具的型号、标记和锚固性能参数。表 7.7 为 OVM 锚具的基本参数。

表 7.7　OVM 锚具的基本参数

OVM 锚具	钢绞线直径（mm）	钢绞线根数	锚垫板（mm×mm×mm）边长×厚度×内径	锚板（mm×mm）直径×厚度	波纹管（mm×mm）外径×内径
OVM15-6、7	15.2~15.7	6 根、7 根	200×180×140	135×60	77×70
OVM15-12	15.2~15.7	12 根	270×250×190	175×70	97×90
OVM15-19	15.2~15.7	19 根	320×310×240	217×90	107×100

7.2　锚杆挡土墙设计

7.2.1　概述

　　锚杆挡墙是挡土结构与锚杆结合起来而形成的组合支挡结构，一般由锚杆（索）、肋柱（立柱或格构梁）和挡土板等组成。根据挡墙的结构形式，常用的锚杆挡墙主要有板肋式锚杆挡墙、格构式锚杆挡墙和排桩式锚杆挡墙 3 种，此外，还有竖肋和板均为预制构件的装配肋板式锚杆挡墙。根据锚杆的类型又可分为非预应力锚杆挡墙和预应力锚杆（索）挡墙。

　　各类锚杆挡墙方案的特点和其适用性各有不同，实际工程中应根据地形、地质特征和边坡荷载等情况合理选择。钢筋混凝土装配式锚杆挡土墙适用于填方地段；现浇钢筋混凝土板肋式锚杆挡土墙适用于挖方地段，当土方开挖后边坡稳定性较差时应采用"逆作法"施工；排桩式锚杆挡土墙适用于边坡稳定性很差、坡肩有建（构）筑物等附加荷载地段的边坡。钢筋混凝土格架式锚杆挡土墙墙面可设置成垂直型和后仰型 2 种，其中墙面垂直型适用于稳定性、整体性较好的Ⅰ、Ⅱ类岩石边坡，在坡面上现浇网格状的钢筋混凝土格架梁，竖向肋和水平梁的结点上加设锚杆，岩面可加钢筋网并喷射混凝土作支挡或封面处理；墙面后仰型可用于各类岩石边坡和稳定性较好的土质边坡，格架内墙面根据稳定性可作封面、支挡或绿化处理。当挡土墙的变形需要严格控制时，宜采用钢筋混凝土预应力锚杆挡土墙。

1. 板肋式锚杆挡土墙

　　板肋式锚杆挡墙（图 7.7、图 7.8）由肋柱、挡土板和锚杆组成，可以为预制拼装式，也可就地灌注；根据需要可以是直立式或倾斜式，直立式便于施工；也可以根据地形地质条件，把挡土墙设计为单级的或多级的，上、下级之间一般应设置平台，平台宽度不小于 1.5 m，每级墙高一般不大于 6 m；锚杆应根据墙高、墙后填土性质等条件确定用单排锚杆或多排锚杆。

　　板肋式锚杆挡土墙适用于挖方地段，当开挖后边坡稳定性较差时，可采用"逆作法"施工，即开挖到一定深度，施工锚杆、绑扎钢筋、墙面板灌注混凝土；待每一层结构达到一定强度后再开挖下一层，重复各步骤。

　　肋柱截面多为矩形，也可设计为"T"形。混凝土强度等级不低于 C20，为安放挡土板和锚杆，截面宽度不宜小于 30 cm。肋柱的间距视工地的起吊能力和锚杆的抗拔力而定，一般可选用 2～3 m。每根肋柱根据其高度可布置 2～3 层锚杆，其位置应尽量使肋柱受力合理，即最大正、负弯矩值相近。

肋柱的底端视地基承载力的大小和埋置深度不同，一般可设计为铰支端或自由端。如基础埋置较深，且为坚硬岩石，也可设计为固定端。

挡土板多采用钢筋混凝土槽形板、矩形板和空心板，一般采用混凝土强度等级 C20。挡土板的厚度应由肋柱间距及土压力大小计算确定，对于矩形板最薄不得小于 15 cm。挡土板与肋柱搭接长度不宜小于 10 cm。

当肋柱就地灌注时，锚杆必须插入肋柱，并保证其锚固长度符合规范要求。当肋柱为预制拼装时，锚杆与肋柱之间一般采用螺栓连接。

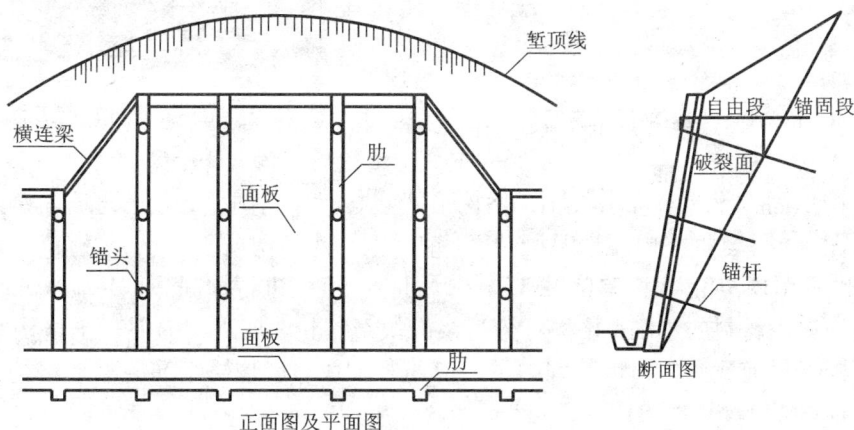

图 7.7　板肋式锚杆挡土墙示意图

图 7.8　板肋式锚杆挡土墙实例

2. 格构式锚杆挡墙

格构式锚杆挡墙是利用浆砌块石、现浇钢筋混凝土或预制预应力混凝土进行边坡坡面防护，并利用锚杆或锚索加以固定的一种边坡加固技术。格构的主要作用是将边坡坡体的剩余下滑力或土压力、岩石压力分配给格构结点处的锚杆或锚索，然后通过锚索传递给稳定地层，从而使边坡坡体在由锚杆或锚索提供的锚固力的作用下处于稳定状态。因此就格构本身来讲仅仅是一种传力结构，而加固的抗滑力主要由格构结点处的锚杆或锚索提供。

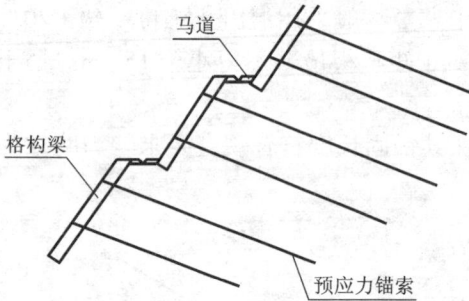

图 7.9 格构锚杆挡墙剖面示意图

图 7.10 格构式锚杆挡墙工程实例

边坡格构加固技术具有布置灵活、格构形式多样、截面调整方便、与坡面密贴、可随坡就势等显著优点，并且框格内视情况可挂网(钢筋网、铁丝网或土工网)、植草、喷射混凝土进行防护，也可用现浇混凝土(钢筋混凝土或素混凝土)板进行加固。

根据格构采用材料的不同，格构可分为浆砌块石格构、现浇钢筋混凝土格构和预制预应力混凝土格构。目前我国在边坡工程中主要使用浆砌块石和现浇钢筋混凝土格构，格构的常用型式有 4 种：

①方型：指顺边坡倾向和沿边坡走向设置方格状格构(图 7.11)。格构水平间距对于浆砌块石格构应小于 3.0 m，对于现浇钢筋混凝土格构应小于 5.0 m。

②菱型：沿平整边坡坡面斜向设置格构(图 7.12)。格构间距对于浆砌块石格构应小于 3.0 m，对于现浇钢筋混凝土格构应小于 5.0 m。

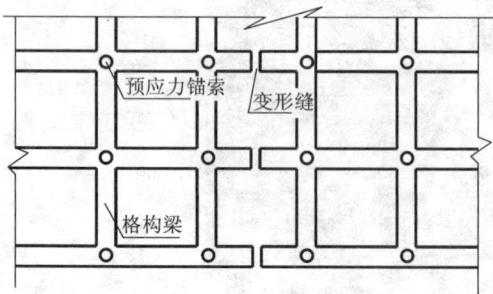

图 7.11 方形格构

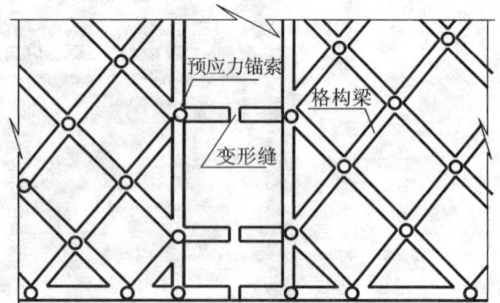

图 7.12 菱形格构

③人字形：按顺边坡倾向设置浆砌块石条带，沿条带之间向上设置人字形浆砌块石拱或钢筋混凝土(图 7.13)。格构横向或水平间距对于浆砌块石格构应小于 3.0 m，对于现浇钢筋混凝土格构应小于 4.5 m。

④弧形：按顺边坡倾向设置浆砌块石或钢筋混凝土条带，沿条带之间向上设置弧形浆砌块石拱或钢筋混凝土（图 7.14）。格构横向或水平间距对于浆砌块石格构应小于 3.0 m，对于现浇钢筋混凝土格构应小于 4.5 m。

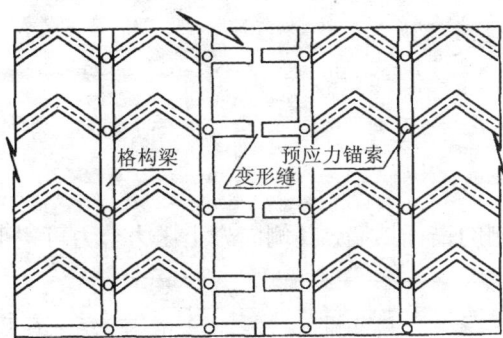

图 7.13　人字形格构　　　　　图 7.14　弧形格构

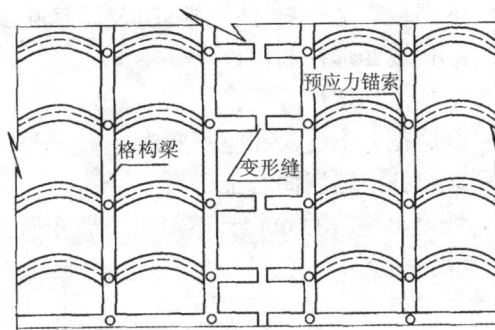

3. 排桩式锚杆挡墙

排桩式锚杆挡墙也称桩锚支护（图 7.15），它由竖桩、锚杆（索）、面板、压顶梁、连系梁等构件组成。竖桩和锚杆（索）组成承载体系，面板、压顶梁、连系梁等构件组成构造体系，承载体系和构造体系共同组成桩锚支挡结构体系。面板的作用主要是围护承载体系之间的土体，使其不致塌落，以保持墙面的美观。压顶梁和连系梁的主要作用是协调各桩承载体系间的受力条件，同时加强桩锚结构体系的整体刚度。竖桩的顶部应设置压顶梁，以调节桩锚结构体系间的变形。当竖桩的高度较大时，为增加桩锚结构体系的平面刚度，应沿着竖桩的长度方向，每间隔 3 m 左右设置一道连系梁。

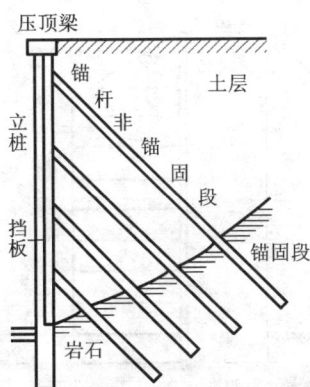

图 7.15　排桩式锚杆挡墙剖面示意图　　　　图 7.16　基坑桩锚支护工程实例图

7.2.2　锚杆挡墙支护设计

1. 锚杆挡墙设计内容

锚杆挡墙设计应包括下列内容：

①侧向岩土压力计算；

②挡墙结构内力计算；

③立柱嵌入深度计算；

④锚杆计算和混凝土结构局部承压强度以及抗裂性计算；

⑤挡板、立柱(肋柱或排桩)及其基础设计；

⑥边坡变形控制设计；

⑦整体稳定性分析；

⑧施工方案建议和监测要求。

2. 锚杆挡墙侧向岩土压力

坡顶无建(构)筑物且不需对边坡变形进行控制的锚杆挡墙,其侧向岩土压力合力可按下式计算:

$$E'_{ah} = E_{ah}\beta_2 \qquad (7.1)$$

式中: E'_{ah}——相应于作用的标准组合时,每延米侧向岩土压力合力水平分力修正值(kN);

E_{ah}——相应于作用的标准组合时,每延米侧向主动岩土压力合力水平分力(kN);

β_2——锚杆挡墙侧向岩土压力修正系数,应根据岩土类别和锚杆类型按表7.8确定。

表7.8 锚杆挡墙侧向岩土压力修正系数

锚杆类型岩土类别	非预应力锚杆		
	土层锚杆	自由段为土层的岩石锚杆	自由段为岩层的岩石锚杆
β_2	1.1 ~ 1.2	1.1 ~ 1.2	1.0

注:当锚杆变形计算值较小时取大值,较大时取小值。

确定岩土自重产生的锚杆挡墙侧压力分布,应考虑锚杆层数、挡墙位移大小、支护结构刚度和施工方法等因素,可简化为三角形、梯形或当地经验图形。填方锚杆挡墙和单排锚杆的土层锚杆挡墙的侧压力,可近似按库仑理论取为三角形分布;对岩质边坡以及坚硬、硬塑状黏性土和密实、中密砂土类边坡,当采用逆作法施工的、柔性结构的多层锚杆挡墙时,侧压力分布可近似按图7.17确定,图中 e'_{ah} 按下列公式计算:

对岩质边坡:

$$e'_{ah} = \frac{E'_{ah}}{0.9H} \qquad (7.2)$$

对土质边坡:

$$e'_{ah} = \frac{E'_{ah}}{0.875H} \qquad (7.3)$$

式中: e'_{ah}——相应于作用的标准组合时侧向岩土压力水平分力修正值(kN/m²);

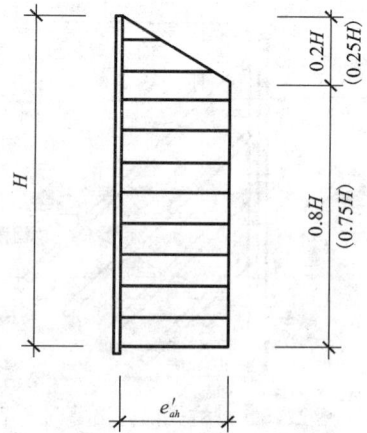

图7-17 锚杆挡墙侧压力分布图
(括号内数值适用于土质边坡)

H——挡墙高度(m)。

3. 挡墙结构内力计算及立柱嵌入深度计算

岩质边坡以及坚硬、硬塑状黏性土和密实、中密砂土类边坡的锚杆挡墙,立柱可按下列规定计算:

①立柱可按支承于刚性锚杆上的连续梁计算内力;当锚杆变形较大时立柱宜按支承弹性锚杆上的连续梁计算内力;

②根据立柱下端的嵌岩程度,可按铰接端或固定端考虑;当立柱位于强风化岩层以及坚硬、硬塑状黏性土和密实、中密砂土内时,其嵌入深度可按等值梁法计算。

除坚硬、硬塑状黏性土和密实、中密砂土类外的土质边坡锚杆挡墙,结构内力宜按弹性支点法计算。当锚固点水平变形较小时,结构内力可按静力平衡法或等值梁法计算。

根据挡板与立柱连接构造的不同,挡板可简化为支撑在立柱上的水平连续板、简支板或双铰拱板;设计荷载可取板所处位置的岩土压力值。岩质边坡锚杆挡墙或坚硬、硬塑状黏性土和密实、中密砂土等且排水良好的挖方土质边坡锚杆挡墙,可根据当地的工程经验考虑两立柱间岩土形成的卸荷拱效应。

当锚固点变形较小时,钢筋混凝土格构式锚杆挡墙可简化为支撑在锚固点上的井字梁进行内力计算;当锚固点变形较大时,应考虑变形对格构式挡墙内力的影响。

(4)整体稳定性分析

由支护结构、锚杆和地层组成的锚杆挡墙体系的整体稳定性验算可采用圆弧滑动法或折线滑动法,详见本教材有关章节。

7.2.3　静力平衡法与等值梁法

1. 适用范围

对板肋式和桩锚式挡墙,当立柱(肋柱和桩)入土深度较小或坡脚土体较软弱时,可视立柱下端为自由端,按静力平衡法计算。

当立柱(肋柱和桩)入土深度较大或为岩层或坡脚土体较坚硬时,可视立柱下端为固定端,按等值梁法计算。

2. 计算思路

假定采用从上到下的逆作法施工、上部锚杆施工后开挖下部边坡时上部分的锚杆内力保持不变、立柱在锚杆处为不动点。

计算挡墙后侧向压力时,在坡脚地面以上部分计算宽度应取立柱间的水平距离,在坡脚地面以下部分计算宽度对肋柱取 $1.5b + 0.50$(其中 b 为肋柱宽度),对桩取 $0.90(1.5d + 0.50)$(其中 d 为桩直径)。

挡墙前坡脚地面以下被动侧向压力,应考虑墙前岩土层稳定性、地面是否无限等情况,按当地工程经验折减使用。

3. 静力平衡法

静力平衡法计算简图如图 7.18 所示。

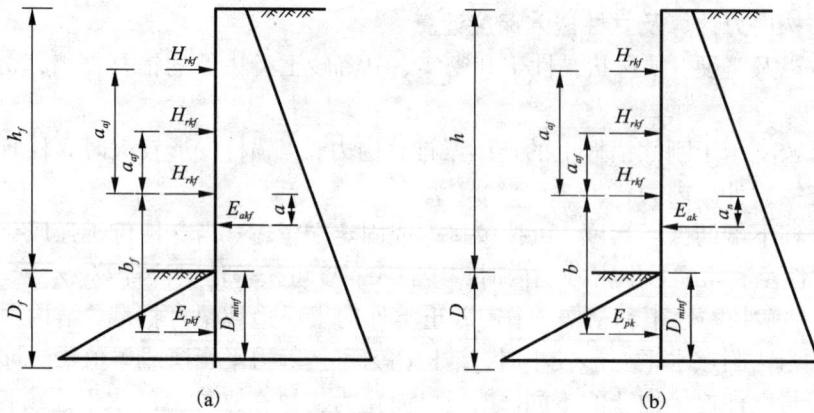

图7.18　静力平衡法计算简图

(a)第 j 层锚杆水平分力；(b)立柱嵌入深度

①锚杆水平分力

$$H_{tkj} = E_{akj} - E_{pkj} - \sum_{i=1}^{j-i} H_{tkj}(j = 1, 2, \cdots, n) \tag{7.4}$$

式中：H_{tki}、H_{tkj}——相应于作用的标准组合时，第 i、j 层锚杆水平分力(kN)；

　　　E_{akj}——相应于作用的标准组合时，挡墙后侧向主动土压力合力(kN)；

　　　E_{pkj}——相应于作用的标准组合时，坡脚地面以下挡墙前侧向被动土压力合力(kN)；

　　　n——沿边坡高度范围内设置的锚杆总层数。

②最小嵌入深度 D_{min}

$$E_{pk} \cdot b - E_{ak} \cdot a_n - \sum_{i=1}^{n} H_{tkj} \cdot a_{aj} = 0 \tag{7.5}$$

式中：E_{ak}——相应于作用的标准组合时，挡墙后侧向主动土压力合力(kN)；

　　　E_{pk}——相应于作用的标准组合时，挡墙前侧向被动土压力合力(kN)；

　　　a_{aj}——H_{tk1} 作用点到 H_{tkn} 的距离(m)；

　　　a_{ai}——H_{tki} 作用点到 H_{tkn} 的距离(m)；

　　　a_n——E_{ak} 作用点到 H_{tkn} 的距离(m)；

　　　b——E_{pk} 作用点到 H_{tkn} 的距离(m)。

③立柱设计嵌入深度

$$h_r = \xi \cdot h_{rl} \tag{7.6}$$

式中：ξ——立柱嵌入深度增大系数，对一、二、三级边坡分别为1.50、1.40、1.30；

　　　h_r——立柱设计嵌入深度(m)；

　　　h_{rl}——挡墙最低一排锚杆设置后，开挖高度为边坡高度时立柱的最小嵌入深度(m)。

④立柱内力

立柱的内力可根据锚固力和作用于支护结构上侧压力按常规方法计算。

(4)等值梁法

计算简图如图7.19所示。

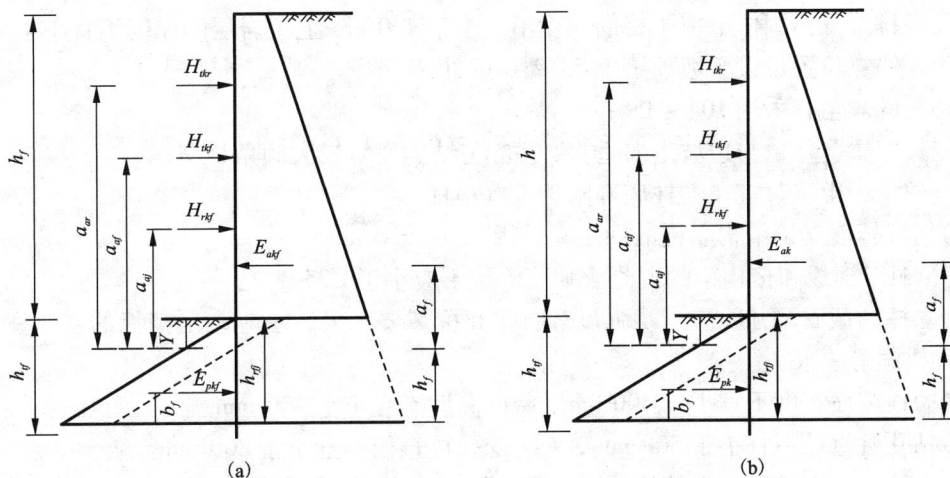

图 7.19　等值梁法计算简图

①坡脚地面以下立柱反弯点到坡脚地面的距离 Y_n

$$e_{ak} - e_{pk} = 0 \tag{7.7}$$

式中：e_{ak}——相应于作用的标准组合时，挡墙后侧向主动土压力（kN/m^2）；

　　　e_{pk}——相应于作用的标准组合时，挡墙前侧向被动土压力（kN/m^2）。

②第 j 层锚杆的水平分力

$$H_{tkj} = \frac{E_{akj} \cdot a_j - \sum_{i=1}^{j-1} H_{tkj} \cdot a_{ai}}{a_{aj}} \quad (j = 1, 2, \cdots, n) \tag{7.8}$$

式中：a_{ai}——H_{tki} 作用点到反弯点的距离（m）；

　　　a_{aj}——H_{tkj} 作用点到反弯点的距离（m）；

　　　a_j——E_{akj} 作用点到反弯点的距离（m）。

③立柱设计嵌入深度 h_r

$$h_r = Y_n + t_n \tag{7.9}$$

$$t_n = \frac{E_{pk} \cdot b}{E_{ak} - \sum_{i=1}^{n} H_{tkj}} \tag{7.10}$$

式中：b——桩前作用于立柱的被动土压力合力 E_{pk} 作用点到立柱底的距离（m）。

④立柱设计嵌入深度

立柱设计嵌入深度可按式（7.6）计算。

⑤立柱的内力

可根据锚固力和作用于支护结构上的侧压力按常规方法计算。

7.2.4　锚杆挡墙构造设计

（1）锚杆挡墙支护中锚杆的布置应符合下列规定：

①锚杆上下排垂直间距、水平间距均不宜小于 2.0 m；

②当锚杆间距小于上述规定或锚固段岩土层稳定性较差时,锚杆宜采用长短相间的方式布置;

③第一排锚杆锚固体上覆土层的厚度不宜小于4.0 m,上覆岩层的厚度不宜小于2.0 m;

④第一锚点位置可设于坡顶下1.5~2.0 m处;

⑤锚杆的倾角宜采用10°~35°;

⑥锚杆布置应尽量与边坡走向垂直,并应与结构面呈较大倾角相交;

⑦立柱位于土层时宜在立柱底部附近设置锚杆。

(2)锚杆挡墙支护结构立柱的间距宜采用2.0~6.0 m。

(3)立柱、挡板和格构梁的混凝土强度等级不应小于C25。

(4)立柱的截面尺寸除应满足强度、刚度和抗裂要求外,还应满足挡板的支座宽度、锚杆钻孔和锚固等要求。

(5)肋柱截面宽度不宜小于300 mm,截面高度不宜小于400 mm。

(6)钻孔桩直径不宜小于500 mm,人工挖孔桩直径不宜小于800 mm。

(7)立柱基础应置于稳定的地层内,可采用独立基础、条形基础或桩基础等形式。

(8)对永久性边坡,现浇挡板和拱板厚度不宜小于200 mm;

(9)锚杆挡墙立柱宜对称配筋;当第一锚点以上悬臂部分内力较大或柱顶设单锚时,可根据立柱的内力包络图采用不对称配筋做法。

(10)格构梁截面尺寸应按强度、刚度和抗裂要求计算确定,且格构梁截面宽度和截面高度均不宜小于300 mm。

(11)锚杆挡墙现浇混凝土构件的伸缩缝间距不宜大于20~25 m。

(12)锚杆挡墙立柱的顶部宜设置钢筋混凝土构造连梁。

(13)当锚杆挡墙的锚固区内有建(构)筑物基础传递较大荷载时,除应验算挡墙的整体稳定性外,还应适当加长锚杆,并采用长短相间的设置方法。

(14)挡墙面板应设泄水孔。对岩质边坡,泄水孔优先设置于裂隙发育、渗水严重的部位;泄水孔边长或直径不小于100 mm,外倾坡度不小于5%,间距为2~3 m,成梅花形布置;最下一排泄水孔高于地面或排水沟底面200 mm以上。

(15)在泄水孔进水侧设置反滤层或反滤包;反滤层厚度不小于500 mm,反滤包尺寸不小于500 mm×500 mm×500 mm。反滤层顶部和底部设厚度不小于300 mm的黏土隔水层。

(16)坡脚设排水沟,坡顶潜在塌滑区后缘设置截水沟。

(17)坡顶应设护栏。

7.3 锚固工程试验

7.3.1 锚固工程试验的一般要求

锚固工程试验主要有基本试验、验收试验、蠕变试验等,且均应符合国家现行有关标准的规定,其目的是为了确定锚杆的极限承载力,验证锚杆设计参数、施工方法和工艺的合理性,检验锚固工程施工质量或者了解锚杆在软弱地层中工作的变形特性,同时亦为积累材料,以利于提高设计水平或开发更经济可靠的锚杆及施工工艺和方法。

对于各种类型的锚固工程试验,均应满足如下的一般规定:

（1）对于土层锚杆，锚固体及混凝土墩台的强度均应大于 15.0 MPa 时，方可进行锚杆试验；对于嵌入岩层中的黏结型水泥砂浆锚杆，其锚固体、相应的混凝土台座和外锚头的强度应大于 20.0 MPa 才能进行锚杆试验。

（2）锚杆试验用的加载装置（包括千斤顶、油泵及相应的输油管路）的额定压力必须大于试验压力。千斤顶和油泵以及测力计、应变计和位移计等计量仪表应在试验前进行计量检定合格，且精度应经过确认，并在试验期间应保持不变。

（3）锚杆试验用的反力装置在最大试验荷载作用下应保持足够的强度和刚度。

（4）锚杆锚固体强度达到设计强度 90% 后方可进行试验。

（5）锚杆试验记录表可按表 7.9 制定。

表 7.9　锚杆试验记录表

工程名称：
施工单位：

试验类别		试验日期			砂浆强度等级	设计	
试验编号		灌浆日期				实际	
岩土性状		灌浆压力				规格	
锚固段长度		自由段长度			杆体材料	数量	
钻孔直径		钻孔倾角				长度	
序号	荷载（kN）	百分表位移（mm）			本级位移量（mm）	增量累积（mm）	备注
		1	2	3			

校核：　　　　　试验记录：

7.3.2　基本试验

（1）试验目的

锚杆基本试验的目的是确定任何一种新型锚杆或已有锚杆用于未曾用过地层时的极限抗拔力，了解锚杆抵抗破坏时和承受荷载后的力学性状，为锚固工程设计或设计后锚杆结构参数调整和施工方案设计提供可靠的依据。

（2）试验数量

基本试验数量不应少于 3 根。用作基本试验的锚杆参数、材料及施工工艺必须和拟设计的或已设计的锚固工程锚杆相同，同时锚固体必须置于对应的地层中。为此，要求基本试验应于施工前在工地上地质条件相同的地层中进行。

（3）试验最大荷载

基本试验时最大的试验荷载不应超过杆体标准值的 85%，普通钢筋不应超过其屈服值的 90%。

（4）锚固长度

①当进行确定锚固体与岩土层间黏结强度极限标准值、验证杆体与砂浆间黏结强度极限标准值的试验时，为使锚固体与地层间首先破坏，当锚固段长度取设计锚固长度时应增加锚杆钢筋用量，或采用设计锚杆时应减短锚固长度，试验锚杆的锚固长度对硬质岩取设计锚固长度的40%，对软质岩取设计锚固长度的60%；

②当进行确定锚固段变形参数和应力分布的试验时，锚固段长度应取设计锚固长度；

（5）锚杆基本试验应采用循环加、卸荷法，并应符合下列规定：

①每级荷载施加或卸除完毕后，应立即测读变形量；

②在每级加荷等级观测时间内，测读位移不应少于3次，每级荷载稳定标准为3次，百分表读数的累计变位量不超过0.10 mm；稳定后即可加下一级荷载；

③在每级卸荷时间内，应测读锚头位移2次，荷载全部卸除后，再测读2~3次；

④加、卸荷等级、测读间隔时间宜按表7.10确定。

表7.10　锚杆基本试验循环加、卸荷等级与位移观测间隔时间

加荷标准循环数	预估破坏荷载的百分数（%）												
	每级加载量						累计加载量	每级卸载量					
第一循环	10	20	20				50				20	20	10
第二循环	10	20	20	20			70				20	20	10
第三循环	10	20	20	20	20		90		20		20	20	10
第四循环	10	20	20	20	20	10	100	10	20	20	20	20	10
观测时间（min）	5	5	5	5	5	5		5	5	5	5	5	5

（6）锚杆试验中出现下列情况之一时可视为破坏，应终止加载：

①锚头位移不收敛，锚固体从岩土层中拔出或锚杆从锚固体中拔出；

②锚头总位移量超过设计允许值；

③土层锚杆试验中后一级荷载产生的锚头位移增量，超过上一级荷载位移增量的2倍。

（7）试验完成后，应根据试验数据绘制：荷载－位移（$Q-s$）曲线、荷载－弹性位移（$Q-S_e$）曲线、荷载－塑性位移（$Q-S_p$）曲线。

（8）拉力型锚杆弹性变形在最大试验荷载作用下，所测得的弹性位移量应超过该荷载下杆体自由段理论弹性伸长值的80%且小于杆体自由段长度与1/2锚固段之和的理论弹性伸长值。

（9）锚杆极限承载力标准值取破坏荷载前一级的荷载值；在最大试验荷载作用下未达到7.3.2的第（6）条规定的破坏标准时，锚杆极限承载力取最大荷载值为标准值。

（10）当锚杆试验数量为3根，各根极限承载力值的最大差值小于30%时，取最小值作为锚杆的极限承载力标准值；若最大差值超过30%，应增加试验数量，按95%的保证概率计算锚杆极限承载力标准值。

（11）基本试验的钻孔，应钻取芯样进行岩石力学性能试验。

7.3.4　验收试验

（1）试验目的

验收试验，即在较短的时间内对工程锚杆施加较大的力，其目的是为了检验锚杆在超过设计拉力并接近极近拉力条件下的工作性能，及时发现锚杆设计施工中的缺陷，并鉴别工程锚杆是否符合设计要求。

（2）试验数量

验收试验锚杆的数量应取每种类型锚杆总数的 5%，且不得少一于最初施工作业的 3 根；自由段位于Ⅰ、Ⅱ、Ⅲ类岩石内时取总数的 1.5%，且均不得少于 5 根。

（3）最大试验荷载

验收试验最大试验荷载不应超过预应力筋 $A \cdot f_{ptk}$ 值的 80%，并应满足出厂规定：

①永久性锚杆的最大试验荷载为锚杆设计轴向抗力值的 1.5 倍；

②临时性锚扞的最大试验荷载为锚杆设计轴句拉力值的 1.2 倍。

（4）验收试验的锚杆应随机抽样。质监、监理、业主或设计单位对质量有疑问的锚杆也应抽样作验收试验。

（5）前三级荷载可按试验荷载值的 20% 施加，以后每级按 10% 施加；达到检验荷载后观测 10 min，在 10 min 持荷时间内锚杆的位移量应小于 1.00 mm。当不能满足时持荷至 60 min 时，锚杆位移量应小于 2.00 mm。卸荷到试验荷载的 10% 并测出锚头位移。加载时的测读时间可按表 14.4 确定。

（6）锚杆试验完成后应绘制锚杆荷载 – 位移（$Q-s$）曲线图。

（7）符合下列条件时，试验的锚杆应评定为合格：

①加载到试验荷载计划最大值后变形稳定；

②符合 14.4.2 的第（9）条规定。

（8）当验收锚杆不合格时，应按锚杆总数的 30% 重新抽检；重新抽检有锚杆不合格时应全数进行检验。

（9）锚杆总变形量应满足设计允许值，且应与地区经验基本一致。

7.3.5　蠕变试验

在软弱地层中设置锚杆，尤其是预应力锚杆，由于通过锚杆对锚固段地层有一较大的长期荷载，该地段会产生较大的蠕变。为了了解锚杆在可能发生蠕变地层的工作特性，对于塑性指数大于 17 的淤泥及淤泥质土层中的锚杆应进行蠕变试验，并要求试验的锚杆数不应小于 3 根。

7.3.6　锚杆预应力的长期监测

锚杆设置后，如果对锚杆连续监测超过 24 h 就可称为锚杆的长期观测。这种监测的目的是记录锚杆的预应力或位移产生的任何变化，这类变化是由温度波动、各种冲击作用、锚固结构的荷载变化以及岩层应力状态的变化等引起的。

对预应力锚杆进行的长期观测能够为短期锚杆试验提供重要的补充资料，同时也能提供有关锚固结构和地层的有价值的资料。但至今有关这方面的资料仍然较少。

（1）影响锚杆预应力变化的因素

随着时间的推移。锚杆的初始预应力总是会有所降低，而其影响因素极其复杂，这里有锚杆结构内部材质的原因，也有地层力学性质及外部影响因素的原因。但预应力损失最直接最主要的原因是由锚杆钢材的松弛和受荷地层的蠕变共同作用造成的。

①钢材的松弛

长期受荷的钢材预应力松弛损失量通常为 5% ~ 10%。根据对各类钢材进行的试验发现：受荷 100 h 后的松弛损失约为受荷 1 h 所发生损失的 2 倍，约为受荷 1000 h 后应力损失量的 80%，约为受荷 30a 之后损失量的 40%。

这种松弛损失量随着钢材的受荷状况而变化。当对钢材施加的应力等于其强度的 50% 时，这种松弛损失量可以忽略不计；但是，随着荷载的增大，这种松弛损失量会迅速加大，而且在 20℃ 以上的温度条件下，这种损失量更会明显地增大。

②地层的蠕变

地层在受荷条件下的蠕变，是由于岩体或土体在受荷影响区域内的应力作用下产生的塑性变形或破坏造成的。对于预应力锚杆，蠕变主要发生在应力集中区，即靠近锚根和锚固结构表面以下的锚固头等部位。蠕变量的大小取决于岩土层的强度和弹塑性性质。所以，对塑性指数大于 17 的土层必须做蠕变试验，以检核锚杆的可靠性。

图 7.20 给出了固定在亚黄土中、深达 11 m、爆扩成球形底座并灌有混凝土的钢索锚杆（永久荷载力为 345 kN）的长期观测结果。由图可见，地层蠕变在锚杆张拉锁定后初期（40 ~ 50d 以前）变化较快，越往后其变化趋于平缓。

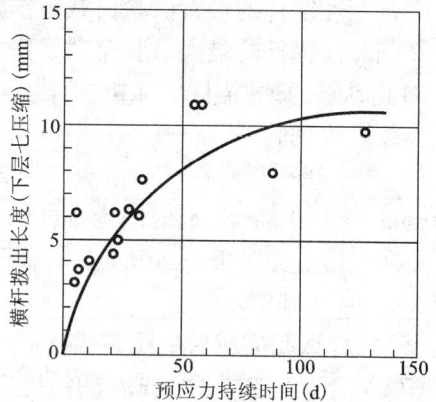

图 7.20　锚杆拔出长度与时间的关系

影响锚杆预应力损失除上述 2 个主要因素外，还有外界冲击震动、结构荷载变化或波动、温度变化、地层平衡力系变化等。

（2）锚杆预应力长期监测仪器

对预应力锚杆荷载变化进行长期或短期观测，可采用按机械、液压、振动、电气和光弹原理制作的各种不同类型的测力计。这些测力计通常都布置在传力板与锚具之间，必须始终保证测力计中心受荷，并定期检查测力计的完好程度。

①机械测力计

该类测力计是根据各种不同钢材垫或钢弹簧的弹性变形进行工作的。尽管这类测力计的量测范围较小，但它们坚固耐用。将标定的弹簧垫圈置于紧固螺母之下，就能对短锚杆的应力进行简单的监测、测得的这些垫圈的压力变化可以表示锚杆的应力变化。

②液压测力计

这类测力计主要由有压力表的充油密闭压力容器组成，其主要优点是：可直接由压力表读出压力值、体积小、重量轻，除压力表外，不容易损坏。这种测力计制作也较容易，只需要制作一个小型压力容器，并在该容器上备有能安装压力表的出口。

③弦式测力计

弦式测力计是最可靠和最精确的荷载传感器。我国辽宁省丹东市三达测试仪器厂生产的 GMS 测力计就是一种弦式测力计。该测力计选用钢弦作传感元件，采用双圈连续激振的工作原理。它由中孔的承载环和钢弦式压力传感器组成，能测定 250 ~ 300 kN 的锚杆应力变化。长期稳定性(年) ≤ ±0.5%，分辨率为 0.15%，可在 40 ~ 60℃ 温度下工作。该测力计采用液体传递压力的方法，一套传感器，可一次完成数据测读。

④引伸式测力计

采用应变计或应变片对预应力锚杆的荷载进行测试能获得满意的结果，这些应变计或应变片固定在受荷的钢制圆筒壁上，然后记录下这些片的变形。

⑤光弹测力计

这类测力计装有一种会发生变形的光敏材料。在荷载作用下把光敏材料图形与压力线的标准图形加以对比，即可获得锚杆的拉力值。这类测力计的精度可达 ±1%，测试范围是 20 ~ 6000 kN，价格较低，应用方便，而且不受外界干扰。

(3)锚杆预应力长期监测要求

对锚杆预应力的长期监测和控制应遵守以下规定：

①永久性锚杆及用于重要工程的临时性锚杆，应对锚杆预应力变化进行长期监测；

②对长期监测预应力值的永久性锚杆的数量不应少于锚杆总数的 5% ~ 10%，监测时间不宜少于 12 个月；

③锚杆预应力监测宜采用钢弦式压力盒、应变式压力盒、液压式压力盒进行测量；

④预应力变化值，在最初 10 d 每天记录一次，第 10 天至第 30 天每 10 d 记录一次，第 31 天至第 12 个月每 30 d 记录一次；

⑤预应力变化值不宜大于锚杆设计轴向拉力值的 10%，必要时可采取重复张拉或适当放松以控制预应力变化。

【例题 7 - 1】　某岩石边坡安全等级为二级，采用永久性锚杆挡墙支护，单根锚杆受到的水平拉力标准值为 300 kN，锚固体直径为 150 mm，锚杆杆体直径 ϕ16 mm，锚杆倾角 15°，钢筋与砂浆间黏结强度设计值为 2.7 MPa，锚固体与岩层间黏结强度标准值为 360 kPa，根据《建筑边坡工程技术规范》，计算锚杆锚固长度。

【解】

$$N_{ak} = \frac{H_{tk}}{\cos\alpha} = \frac{300}{\cos 15°} = 310.6 (\text{kN})$$

安全等级为二级，永久性锚杆边坡，查表取 $K = 2.4$，

$$l_a \geq \frac{K N_{ak}}{\pi D f_{rbk}} = \frac{2.4 \times 310.6}{3.14 \times 0.15 \times 360} = 4.40 (\text{m})$$

(2)按钢筋与砂浆间黏结强度计算：

安全等级为二级，永久性锚杆边坡，查表取 $K = 2.4$，

$$l_a \geq \frac{K N_{ak}}{n \pi d f_b} = \frac{2.4 \times 310.6}{1 \times 3.14 \times 16 \times 10^{-3} \times 2.7 \times 10^3} = 5.50 (\text{m})$$

取最大值，$l_a = 5.5$ m。

岩层锚杆锚固段长度不小于 3 m，且不宜大于 45D 和 6.5 m，满足要求。

第 8 章

加筋土挡土墙

加筋土技术是法国(由法国工程师 Henri Vidal 发明)在 20 世纪 60 年代发展起来的新技术,由于加筋土工程具有造价低,外形美观,施工简便、速度快,对地基承载力要求较低,可以做得很高等优点,在土木工程中得到广泛的应用。我国从 20 世纪 70 年代开始了对加筋土挡土墙这种新型支挡结构的试验研究和应用,并有很多成功的实例。迄今,全国已建成数千座加筋工程,据统计,其中公路占 85%,林区、矿区占 3%,铁路占 6%,其他行业占 6%。例如,三峡库区建成了高度为 55 m 的加筋土挡土墙;重庆长江滨江路工程长约 6 km,护岸挡墙和公路挡墙均采用加筋土结构,墙最高达 33 m,加筋土挡土墙墙面面积约为 110000 m^2,是目前世界上规模最大的加筋土工程。目前,我国在高速公路及一般公路支挡建筑方面,特别是高速公路的软基处理方面越来越倚重于加筋土结构。

有实例证明,加筋土挡土墙减少垆工量 90% 以上,节省投资 20% ~65%。加筋土挡土墙一般应用于支挡填土工程,在公路、铁路、煤矿工程中应用较多。对于地震烈度为 8 度以上地区和具有强烈腐蚀环境不宜使用,对于浸水条件应慎重使用。

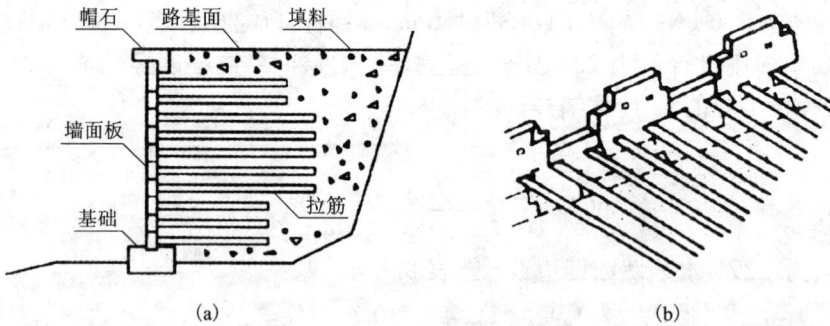

图 8.1 加筋土挡土墙结构图

加筋土挡土墙由墙面板、基础、拉筋(筋带)和填料等部分组成。其工作原理是依靠填料与拉筋之间的摩擦力来平衡墙面所承受的水平土压力(即加筋土挡土墙的内部稳定),并以拉筋、填料的复合结构抵抗拉筋尾部填料所产生的土压力(即加筋土挡土墙的外部稳定),从而保证了挡土墙的稳定。

8.1　加筋土挡土墙构造

8.1.1　面板

面板的主要作用是防止拉筋间填土从侧向挤出，并保证拉筋、填料、墙面板构成一个具有一定形状的整体。面板应具有足够的强度，保证拉筋端部土体的稳定。目前采用的面板有金属面板、混凝土面板和钢筋混凝土面板。

金属面板可用钢板、镀锌钢板、不锈钢板，通常外形多做成半圆形、半椭圆形，用钢板制作的拉筋焊接在其翼缘上。国内因缺少钢材，很少应用金属面板，一般都采用混凝土或钢筋混凝土面板，其形状可用十字形、六角形、矩形、槽形、L 形等，具体尺寸参见表 8.1。为了防止面板后细粒土从面板缝隙之间流失，同时也为了有利于墙面板的整体稳定，板边一般应有楔口和小孔，安装时使楔口相互衔接，并用短钢筋插入小孔，将每块墙面板从上下左右串成整体墙面。

表 8.1　面板尺寸表（cm）

形状	简图	高度	宽度	厚度
十字形		50~150	50~150	8~25
槽形		30~75	100~200	14~20
六角形		80~120	70~180	8~25
L 形		30~50	100~200	8~12
矩形		50~100	100~200	8~25

8.1.2　拉筋

拉筋对于加筋土挡土墙至关重要，应具备较高抗拉强度，延伸率小，蠕变变形小，有较好的柔性，与填土间有较大摩擦阻力，抗腐蚀，便于制作，价格低廉的特性。

国内目前采用扁钢、钢筋混凝土、聚丙烯土工带等。采用扁钢宜用 Q235 钢轧制，宽度不小于 30 mm，厚度不小于 3 mm，表面应采用镀锌或其他措施防锈，镀锌量不小于 0.05 g/cm^3，应留有足够的锈蚀厚度，如表 8.2 所示。

表 8.2　扁钢锈蚀厚度(mm)

工程分类	无水工程	浸淡水工程	浸咸水工程
非镀锌	1.5	2.0	2.5
镀锌	0.3	0.75	

钢筋混凝土拉筋板的混凝土强度等级不低于 C20，钢筋直径不宜小于 8 mm。断面采用矩形，宽 10 ~ 25 cm，厚 6 ~ 10 cm。可在拉筋纵向配置一定构造筋(保证起吊搬移的安全)和箍筋。我国目前主要采用 2 种形式：整板式拉筋和串联式拉筋。它表面粗糙，与填料间有较大的摩擦阻力，加之板带较宽，故拉筋长度可以缩短，而且造价也低。10 m 以下挡土墙，每平方米墙内拉筋使用混凝土 0.15 ~ 0.2 m^3。一般水平间距为 0.5 ~ 1.0 m，竖向间距为 0.3 ~ 0.75 m。

串联式钢筋混凝土拉筋可将拉筋的平面形状设计为楔形，即等腰梯形，顶短边在前，底长边在后。楔形拉筋在填土中，当面板将土侧拉力传给拉筋后，使两侧土体受到楔形拉筋侧壁的挤压，产生被动抗力，从而加强筋土间的相互作用，增加筋土间的摩擦效应，提高拉筋的抗拔能力。经室内和现场试验分析，通常可以提高 10% ~ 40% 的抗拔力。钢筋混凝土楔形体拉筋如图 8.2 所示，一般楔形拉筋参考尺寸详见表 8.3。

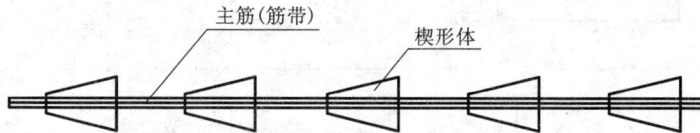

图 8.2　钢筋混凝土楔形体拉筋

表 8.3　楔形拉筋平面尺寸参考表(m)

单根拉筋长	单根主筋		双根主筋	
	端部	尾部	端部	尾部
2.0	0.1	0.22 ~ 0.25	0.16	0.20
2.5	0.1	0.23 ~ 0.25	0.16	0.21
3.0	0.1	0.25	0.16	0.22

我国公路修建加筋土工程，多用聚丙烯土工带为拉筋，由于其施工简便常用。但此种材料是一种低模量、高蠕变的材料。由于各地产品性质不同，为工程界所应做抗断裂试验。一

般可按容许应力计算，其值可取断裂强度的 1/5 ~ 1/7，延伸率应控制在 0.4% ~ 0.5%。断裂强度不宜小于 220 kPa，断裂伸长率不应大于 10%，聚丙烯土工带厚度不宜小于 0.8 mm，表面应有粗糙花纹。

8.1.3　拉筋与面板的连接

面板与拉筋之间除了有必需的坚固可靠连接，还应有与拉筋相同的耐腐蚀性能。钢筋混凝土拉筋与墙面板之间，串联式钢筋混凝土拉筋节与节之间连接，一般应采用焊接。金属薄板拉筋与墙面板之间的连接一般采用在圆孔插入螺栓连接。对于聚丙烯拉筋与面板的连接，可用拉环，也可以直接穿在面板的预留孔中（如槽形板）。对于埋于土中的接头拉环都应用浸透沥青的玻璃丝布绕裹 2 层防护。

8.1.4　填料

填料为加筋土挡土墙的主体材料，必须易于填注和压实，与拉筋之间有可靠的摩擦阻力，不应对拉筋有腐蚀性。通常，填料应选择有一定级配渗水的砂类土、砾石类土（卵石土、碎石土、砾石土），随铺设拉筋，逐层压实。条件困难时，也可采用黏性土或其他土作填料，但必须有相应的工程措施（如防水、压实等），保证结构的安全。

泥炭、淤泥、冻结土、盐渍土、垃圾白奎土及硅藻土禁止作为填料使用。填料中不应含有大量的有机物。对于采用聚丙烯土工带为拉筋时，填料中不宜含有两价以上铜、镁、铁离子及氧化钙、碳酸钠、硫化物等化学物质。

采用钢带作拉筋，填料应满足表 8.4 中化学和电化学标准。

表 8.4　填料的化学和电化学标准

项目	电阻率（Ω·cm）	氯离子（m·e/100 g）	硫酸根离子（m·e/100 g）	pH
无水工程	>1000	≤5.6	≤21.0	5 ~ 10
淡水工程	>1000	≤2.8	≤10.5	5 ~ 10

注：每毫克当量（m·e）氯离子为 0.0355 g、硫酸根离子为 0.048 g。

填料的设计参数应由试验和当地经验确定，当无上述条件时，可参照表 8.5 确定。

表 8.5　填土的设计参数

填土类型	重度（kN/m³）	计算内摩擦角（°）	似摩擦因数
中低液限黏性土	17 ~ 20	25 ~ 40	0.25 ~ 0.4
砂性土	18 ~ 20	25	0.35 ~ 0.45
砂砾	18 ~ 21	35 ~ 40	0.4 ~ 0.5

注：①黏性土计算内摩擦角为换算内摩擦角；②似摩擦因素为土与拉筋的摩擦因数；③有肋钢带的似摩擦因数可提高 0.1；④高挡土墙的计算内摩擦角和似摩擦因数取低值。

8.1.5 墙面板下基础

基础采用混凝土灌注或浆砌片石砌筑。一般为矩形,高为 0.25~0.4 m,宽为 0.3~0.5 m。顶面可做一凹槽,以利于安装底层面板。对于土质地基基础埋深不小于还应考虑冻结深度、冲刷深度等。对于软弱地基需做必要处理外,尚应考虑加大基础尺寸。土质斜坡地区,基础不能外露,其趾部到倾斜地面的水平距离应大于或等于 1 m。

8.1.6 沉降缝与伸缩缝

由加筋土挡土墙地基的沉陷和面板的收缩膨胀引起的结构变形,如地基下沉、面板开裂,不但破坏其外观,同时也影响.工程使用年限。通常每隔 10~20 m 设置沉降缝,在地基情况变化处及墙高变化处也应设沉降缝。伸缩缝和沉降缝一般设置在一起。面板在设缝处应设通缝,缝宽 20~30 mm,缝内宜填沥青麻布或沥青木板,缝的两端常设置对称的半块墙面板。

8.1.7 帽石与栏杆

加筋土挡土墙顶面,一般设置混凝土或钢筋混凝土帽石。帽石应突出墙面 3~5 cm。作用是约束墙面板,同时为了保证人身安全应设置栏杆,栏杆高为 1.0~1.5 m,栏杆柱埋于帽石中,以保证栏杆的坚固稳定。

8.1.8 排水设计

在加筋土挡土墙设计中,必须做好挡土墙及其附近的排水设计。因为加筋体内部的填料被水饱和时,将在水压力作用下使拉筋所受拉力增加,而且当填料中含有细粒土时还会降低土与拉筋之间的摩擦力。此外,如水中含有对拉筋产生腐蚀性的盐类等物质,将影响拉筋使用寿命。因此,对流向加筋体的水,应根据当地实际情况设置必要的排水或防水工程;墙面板应预留泄水孔;当墙面板后填筑细粒土时,应设置反滤层。

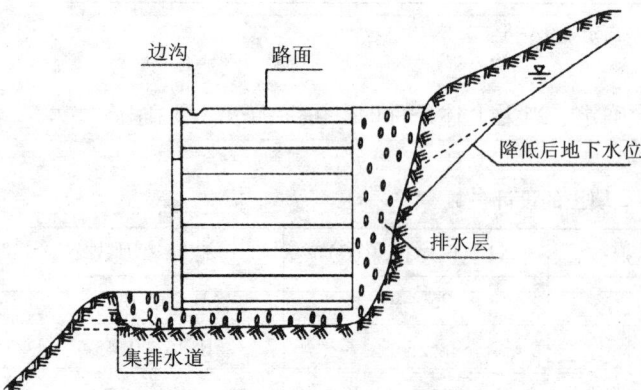

图 8.3 有地下水渗入时的排水层布设

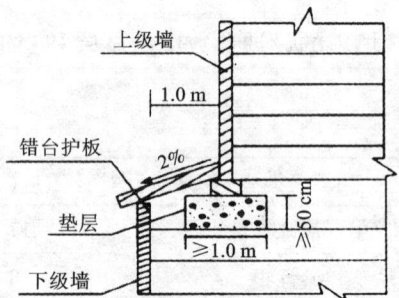

图 8.4 设错台的加筋土挡土墙

若加筋体的背面有地下水渗入时,还宜在加筋体后部和底部增设排水层(如图 8.3 所示）。但当加筋体建在渗透性很强的地基上时，则底部排水层可不设。排水层一般采用砂砾，厚度不小于0.5 m，必要时在进水面上铺设土工织物，以防淤塞。

对流向加筋体的山坡径流，应视具体情况设计相应的排水或防水设施。

8.1.9 断面布置

加筋土挡土墙较高时，将挡土墙分级，两级之间设置宽度不小1.0 m的错台。台面用混凝土板防护并设外倾2% ~5%的排水坡。应保证上级墙的基础承载力要求，必要时在基础板下设石灰土人工地基。

8.1.10 加筋土加固机理

砂性土在自重或外力作用下易产生严重的变形或倒塌，若在土中沿应变方向埋置具有挠性的筋带材料形成加筋土，则土与筋带材料产生摩擦，使加筋土犹如具有某种程度的粘着性，从而改良了土的力学特性。当前解释和分析加筋土的强度主要有两种观点：

①把加筋土视为组合材料，即认为加筋土是复合体结构（亦称锚定式结构），用摩擦原理来解释与分析；

②把加筋土视为均质的各向异性材料，即认为加筋土是复合材料结构，用莫尔－库仑理论来解释与分析，称为准黏聚力原理。

下面介绍加筋土的加固机理。

摩擦原理解释。在加筋土结构中，填土自重和荷载等其他外力产生的侧压力作用于面板，通过面板上的筋带连结件将此侧压力传递给筋带，企图将筋带从土中拉出。而筋带材料又被土压住，于是填土与筋带之间的摩擦力阻止筋带被拔出。因此，只要筋带材料具有足够的强度并与土产生足够的摩擦阻力，则加筋的土体就可保持稳定。

莫尔－库仑理论解释。视加筋体为均质的各向异性的复合材料时，可用莫尔－库仑理论解释加筋的强度。由三轴试验可知，在外力和自重作用下的加筋土试件，由于土中埋置了水平方向的筋带，在沿筋带方向发生膨胀变形时，筋带犹如是一个约束应力σ_3，阻止了土体的伸延变形。σ_3相当于土体与筋带之间的静摩擦阻力，其最大值决定于筋带材料的抗拉强度。按照三轴试验条件，加筋土试件达到新的极限平衡时应满足的条件为

$$\sigma_1 = (\sigma_3 + \Delta\sigma_3)\tan^2\left(45° + \frac{\varphi}{2}\right) \tag{8.1}$$

若筋带所增加的强度以"内聚力"c_r加到土体内来表示，如上图所示，则极限平衡状态时，σ_1和σ_3保持如下基本关系：

$$\sigma_1 = \sigma_3\tan^2\left(45° + \frac{\varphi}{2}\right) + 2c_r\tan\left(45° + \frac{\varphi}{2}\right) \tag{8.2}$$

由以上两式可得

$$\Delta\sigma_3\tan^2\left(45° + \frac{\varphi}{2}\right) = 2c_r\tan\left(45° + \frac{\varphi}{2}\right) \tag{8.3}$$

这样，由于筋带作用产生的"内聚力"

$$c_r = \frac{1}{2}\Delta\sigma_3\tan\left(45° + \frac{\varphi}{2}\right) \tag{8.4}$$

对于线性膨胀及其横截面积为A_s、强度为σ_s的筋带，在其水平间距为S_x和垂直间距为

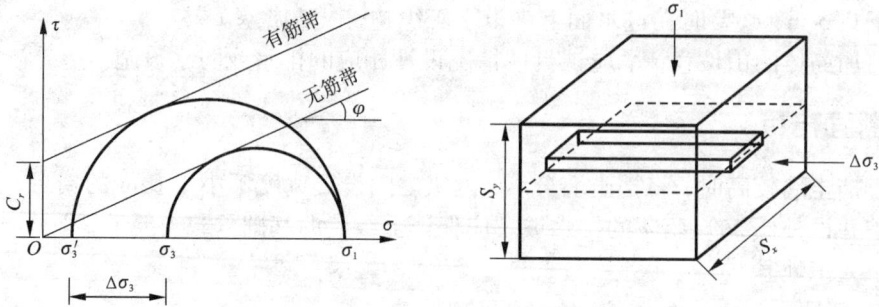

图 8.5 莫尔 – 库仑理论解释

S_y 时，"约束应力"$\Delta\sigma_3$ 的表达式为

$$\Delta\sigma_3 = \frac{\sigma_s A_s}{S_x S_y} \Rightarrow c_r = \frac{\sigma_s A_s}{2S_x S_y}\tan\left(45° + \frac{\varphi}{2}\right) \quad (8.5)$$

8.2 加筋土挡土墙设计

8.2.1 基本理论

对应于前节叙述的摩擦原理和莫尔 – 库仑理论 2 种加固机理的解释，加筋土的计算也对应有 2 种方法：一种是基于摩擦原理，把加筋土看成由土与筋材 2 种不同性质的材料组成，两者通过界面相互影响、相互作用，设计时把筋、土分开计算；另一种则基于莫尔 – 库仑理论，把加筋土看成复合材料(这种复合材料一般为各向异性的)，土与筋材的相互作用表现为内力，只对复合材料的性质产生影响，而不直接出现在应力应变的计算中。

(1)破裂面的确定

基于摩擦原理的把筋、土分开考虑的设计计算方法相对简捷，在实际工程中得到广泛应用，因此本节主要介绍筋、土分开考虑的设计计算方法。这种计算方法中，加筋土挡土墙面板后填料中的破裂面(以下简称破裂面或滑面)的形状和位置是确定筋条截面和长度的重要依据。现行设计理论对滑面的类型和位置的假定主要有以下 4 种，即直线型、对数螺旋线型、折线型和复合型。

通常设计计算中破裂面都选用折线型的 0.3H 法。现行加筋土相关设计规范的 0.3H 折线法确定破裂面有 2 种：

①《铁路路基支挡结构设计规范》(TB 10025—2006)所推荐的确定方法如图 8.7(a)所示，破裂面在上部 H/2，取墙后 0.3H 处的竖直面，下部的 H/2，取墙脚与 0.3H 的连线。

②《公路路基设计规范》(JTG D30—2004)的 0.3H 折线法竖直面部分取在墙后 0.3H 处，破裂面下部的斜面为和水平面成 $45° + \dfrac{\varphi}{2}$ 的斜面，如图 8.7(b)所示。

破裂面将墙后土体分为滑动区(非锚固区)和稳定区(锚固区)2 部分。

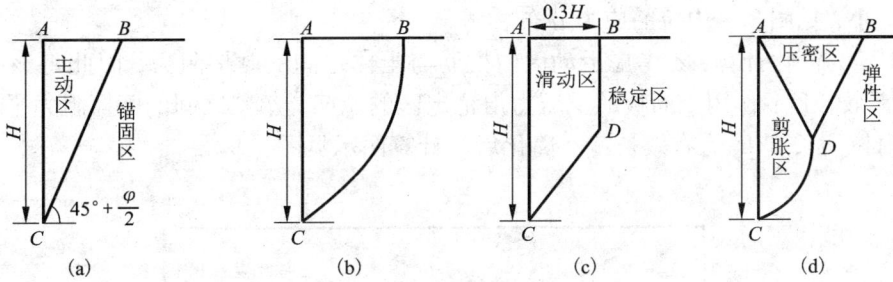

图 8.6　破裂面型式

（a）直线型；（b）对数螺旋线型；（c）折线型；（d）对数螺旋线、直线复合型

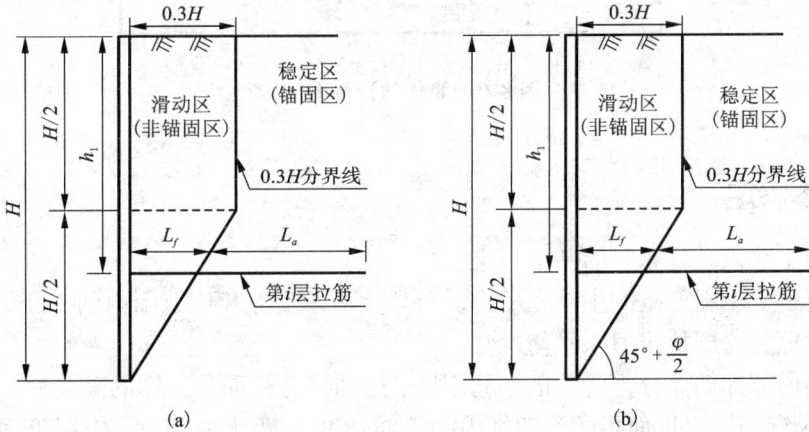

图 8.7　0.3H 折线法确定破裂面

（a）《铁路路基支挡结构设计规范》推荐方法；（b）《公路路基设计规范》推荐方法

（2）拉筋的受力

拉筋中的应力分布如图 8.8 所示，作用在拉筋上的力主要有端部作用的墙面板传来的拉力 T、坡体内部滑动区内土体对拉筋的摩擦阻力 τ_1（方向向左）、坡体内部稳定区内土体对拉筋摩擦阻力 τ_2（方向向右）。

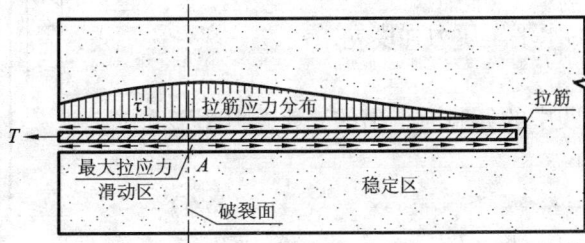

图 8.8　拉筋的应力分布

在端部，拉筋的拉力为 T；从端部到破裂面处，由于 τ_1 的作用，拉筋中的拉应力越来越

大，在破裂面附近的 A 点达到最大值；从破裂一面处到拉筋尾部，在 τ_2 的作用下，拉筋拉应力又逐渐减小，见图 8.8 中拉筋应力分布。

设计时，为简化计算，不考虑滑动区内拉筋与土体之间的摩擦阻力，因此将该段拉筋长度 L_f 称为无效长度；作用于面板的土压力由稳定区的拉筋与填料之间的摩擦阻力平衡，所以在稳定区内拉筋长度 L_a 为有效长度。简化后的计算图示见图 8.9。

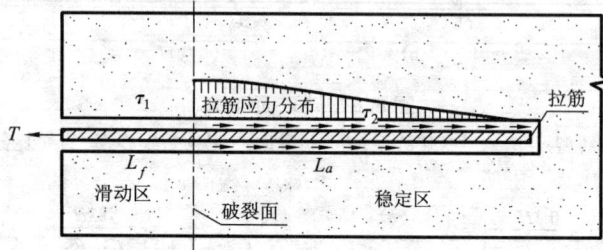

图 8.9　简化的计算图示

8.2.2　基本假定

加筋土挡土墙设计计算时的基本假定：

①墙面板承受填料产生的主动土压力。每块面板承受其相应范围内的土压力，将由墙面板拉筋有效摩擦阻力即抗拔力来平衡；

②挡土墙内部加筋体分为滑动区和稳定区，这两区分界面为土体的破裂面。破裂面可按 $0.3H$ 折线法来确定。靠近面板的滑动区内的拉筋长度 L_f 为无效长度；作用于面板的土压力由稳定区的拉筋与填料之间的摩擦阻力平衡，在稳定区内拉筋长度 L_a 为有效长度；

③拉筋与填料之间摩擦因素在拉筋全长范围内相同；

④压在拉筋有效长度上的填料自重及荷载对拉筋均产生有效的摩擦阻力。

8.2.3　土压力计算

作用在加筋土挡土墙墙面板上的水平土压应力 p_i 为墙后填料和墙顶面荷载产生的水平土压应力 p_{1i} 与 p_{2i} 之和，即 $p_i = p_{1i} + p_{2i}$。

（1）墙后填料产生的水平土压力强度 p_{1i}

①经验方法

该法为总结生产实践中的经验而得出的，其应力图形成折线型分布（图 8.10）

当 $h_i \leqslant H/2$ 时，$p_{1i} = K_0 \gamma h_i$ 　　　　(8.6)

当 $h_i > H/2$ 时，$p_{1i} = 0.5 K_0 \gamma H$ 　　　(8.7)

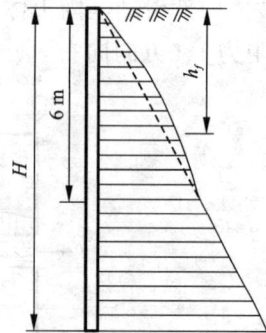

图 8.10　墙后填料土压力图示

式中：p_{1i}——距墙顶 h_i 处土压力(kN)；

　　　γ——填料的重度(kN/m)；

　　　h_i——第 i 层面板重心到墙顶的距离(m)；

H——全墙高(m);

K_0——静止土压力系数, $K_0 = 1 - \sin\varphi$, φ 为填料有效内摩擦角。

②规范推荐方法

《铁路路基支挡结构设计规范》(TB 10025—2006)推荐的加筋土挡土墙设计时的土压力计算方法如下:

由墙后填料产生的水平土压力按下式计算:

$$p_{1i} = K_i\gamma h_i$$

当 $h_i \leqslant 6$ m, $K_i = K_0\left(1 - \dfrac{h_i}{6}\right) + K_a \cdot \dfrac{h_i}{6}$; 　　　　　　　　(8.8)

当 $h_i > 6$ m, $K_i = K_a$。 　　　　　　　　　　　　　　　(8.9)

$$K_0 = 1 - \sin\varphi_0, \quad K_a = \tan^2\left(45° - \frac{\varphi_0}{2}\right)$$

式中: P_1——填料产生的水平土压力(kPa);

H_i——第 i 层面板重心到墙顶的距离(m);

K_i——至墙顶深度为 h_i 处的土压力系数;

K_0——静止土压力系数;

K_a——主动土压力系数。

按照该公式计算,土压力分布图如图 8.11 所示。图 8.12 所示为规范推荐土压力分布。

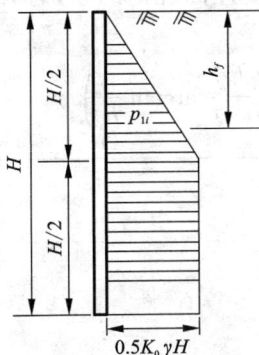

图 8.11　经验土压力分布　　　　　　图 8.12　规范推荐土压力系数

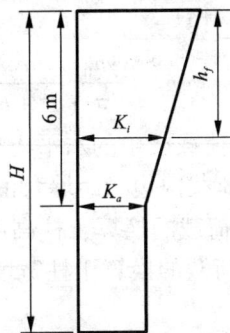

(2)墙顶面上荷载产生的水平土压力强度 p_{2i}

①应力扩散角法

墙顶荷载在土体中产生的竖向压应力 p_{v2i} 随着深度 h_i 的增加逐渐变小, p_{v2i} 计算可按简化的 30°扩散角向下扩散的方法, h_i 越大,竖向压应力 p_{v2i} 的扩散宽度 L_i 越大,而 p_{v2i} 的值越小(图 8.13)。按下式计算

$$p_{v2i} = \frac{\gamma h_0 l_0}{L'_i}$$ 　　　　　　　　　(8.10)

当 $h_i < \alpha \cdot \tan 60°$时, $L'_i = l_0 + 2h_i \cdot \tan 30°$;

当 $h_i > \alpha \cdot \tan 60°$时, $L'_i = l_0 + a + h_i \cdot \tan 30°$。

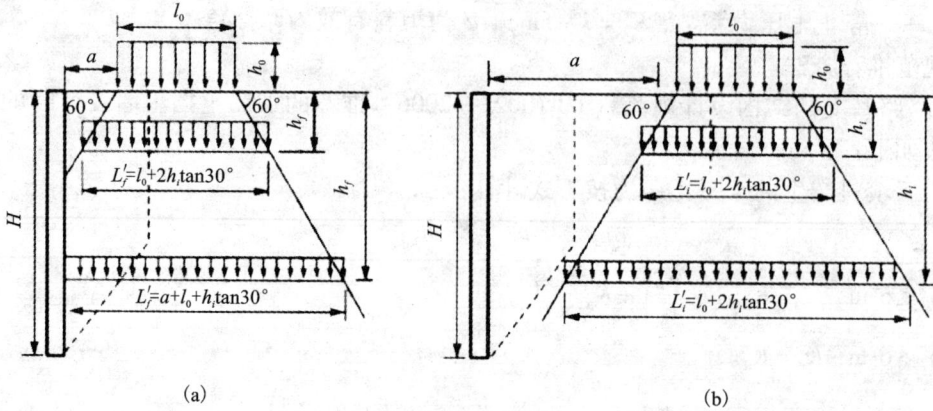

图 8.13　应力扩散角法

求得 p_{v2i} 后，就可计算深度 h_i 处由墙顶面活荷载产生的水平土压应力 p_{2i}

$$p_{2i} = K_i \times p_{v2i} = \frac{K_i \gamma h_0 l_0}{L'_i} \tag{8.11}$$

式中：K_i——至墙顶深度为 h_i 处的土压力系数。

②规范推荐方法

《铁路路基支挡结构设计规范》（TB 10025—2006）建议按弹性理论的条形荷载作用下土中压力的公式计算

$$p_{2i} = \frac{\gamma h_0}{\pi} \left(\frac{ah_i}{a^2 + h^2} - \frac{h_i(a+l_0)}{h^2 + (a+l_0)^2} + \arctan\frac{a+l_0}{h_i} - \arctan\frac{a}{h_i} \right) \tag{8.12}$$

式中：p_{2i}——荷载产生的水平土压应力（kPa）；

α——荷载内边缘距墙背的距离（m）；

h_0——荷载的换算土柱高度（m）；

l_0——荷载的换算土柱宽度（m）。

8.2.4　作用在拉筋上的竖向压应力

计算填料与拉筋之间的摩擦阻力时，需确定该处的竖向压应力强度 P_{vi}，则填料和拉筋之间单位面积上的摩擦阻力为 $P_{vi}f$。P_{vi} 等于填料自重竖向应力 P_{v1i} 与荷载引起的竖向压应力 P_{v2i} 之和，即

$$P_{vi} = P_{v1i} + P_{v2i} \tag{8.13}$$

式中：$P_{v1i} = \gamma h$。而 P_{v2i} 的计算有 2 种方法，一是公式的应力扩散角方法，二是《铁路路基支挡结构设计规范》（TB 10025—2006）建议的条形荷载作用下土中压应力的弹性理论解：

$$P_{v2i} = \frac{\gamma h_0}{\pi} \left[\arctan X_1 - \arctan X_2 + \frac{X_1}{X_1^2 + 1} - \frac{X_2}{X_2^2 + 1} \right] \tag{8.14}$$

系数 $X_1 = \dfrac{2x + l_0}{2h_i}$，$X_2 = \dfrac{2x - l_0}{2h_i}$。

由上式计算出的竖向土压力 P_{v2i}、沿拉筋长度的分布是不同的，在实际计算时可取线路中心线下、拉筋末端和墙背 3 点应力的平均值作为计算值。

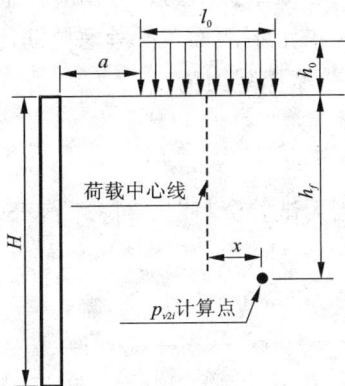

图 8.14　荷载引起的竖向压应力

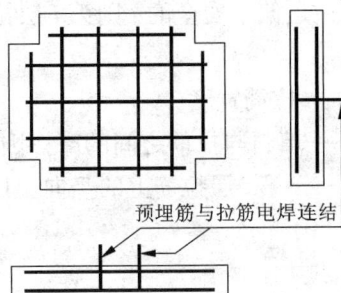

预埋筋与拉筋电焊连结

图 8.15　面板配筋大样图

8.2.5　墙面板设计

墙面板设计应满足坚固、美观、方便运输和易于安装等要求。墙面板的形状、大小，通常根据施工条件和其他要求来确定。在我国实际工程中，加筋土挡墙面板一般采用混凝土预制件，混凝土强度等级不低于 C20，面板厚度不小于 8 cm。

设计时可按均布荷载作用下的两端悬臂的简支梁进行检算，按双向配筋，墙面板与拉筋连接部分的配筋应加强。如果根据作用于面板内侧土的侧压力来计算，只需要素混凝土的强度就足够了，没有必要按钢筋混凝土设计。为了防止面板发生裂缝，可按最小配筋率 0.2% 配筋。

当墙高小于 8 m 时，墙面可设计为一种形式；如墙高大于 8 m 时，可设计成 2 种厚度或同一厚度而配筋不同的面板。

8.2.6　拉筋设计

（1）拉筋的设计拉力

拉筋的水平间距和垂直间距分别为 s_x、s_y，与拉筋对应的面板受到的土压力为 $E_{xi} = P_i s_x s_y$，则拉筋的设计拉力为

$$T_i = KE_{xi} = KP_i s_x s_y \tag{8.15}$$

式中：P_i——第 i 层拉筋对应的墙面板重心处水平土压力强度（kPa）；

　　　K——拉筋拉力峰值附加系数，可采用 1.5～2.0。

（2）拉筋长度计算

拉筋的长度应保证在拉筋的设计拉力下不被拔出。拉筋的总长度由有效段 L_a 和无效段 L_f 组成。

拉筋无效段长度为拉筋在滑动区长度，按 0.3H 折线法确定其值。

$$当\ h_i \leqslant H/2\ 时,\ L_{fi} = 0.3H$$
$$当\ h_i > H/2\ 时,\ L_{fi} = 0.6(H - h_i) \tag{8.16}$$

拉筋有效长度应根据填料及荷载在该层拉筋上产生的有效摩擦阻力,与相应拉筋设计拉力平衡而求得。计算拉筋与填料之间的摩擦阻力时,仅考虑上下两面,不考虑拉筋侧面的摩擦阻力,这是偏于安全的,则第 i 层拉筋和填料产生的有效摩擦阻力为

$$S_{fi} = 2afp_{vi}L_{ai} \tag{8.17}$$

式中: a——拉筋宽度;

f——填料与拉筋之间的摩擦因素。由试验确定,当无试验资料时,可参阅表8.5;

p_{vi}——第 i 层拉筋上的竖向土压力。

$$T_i = S_{fi} \Rightarrow L_{ai} = \frac{T_i}{2fap_{vi}} \tag{8.18}$$

拉筋长度 $L_i = L_{ai} + L_{fi}$ $\tag{8.19}$。

拉筋长度的实际采用值,除按上式计算外,尚应考虑以下原则:

①墙高大于 3 m 时,拉筋最小长度应大于80%墙高,且不小于 5 m。当采用不等长拉筋时,每段同等长度拉筋的长度不小于 3 m,一座挡土墙拉筋不宜多于 3 种长度。相邻不等长的拉筋的长度差不宜小于 1.0 m;

②墙高低于 3 m,拉筋最小长度不应小于 4 m,且应采用等长拉筋;

③采用钢筋混凝土板做拉筋时,每节长不宜大于 3.0 m。

(3)拉筋截面设计

拉筋截面设计,由于拉筋的设计拉力已知,根据拉筋材料及其抗拉强度设计值,就不难确定拉筋面积的大小。

①钢板拉筋

钢板作拉筋时,可由下式计算:

$$A \geqslant \frac{T_i}{[\sigma]} \tag{8.20}$$

式中: $[\sigma]$——钢板抗拉强度设计值。

除按以上公式计算外,还应考虑有足够的腐蚀厚度。拉筋如用螺栓连接,其剪切、挤压强度及焊接时强度,均应按有关规定计算确定。

②钢筋混凝土拉筋

钢筋混凝土拉筋,应按中心受拉构件计算

$$A_s \geqslant \frac{T_i}{f_y} \tag{8.21}$$

式中: A_s——主筋的截面积;

f_y——普通钢筋抗拉强度设计值。

计算求得钢筋直径应增加 2 mm,作为预留腐蚀量。为防止钢筋混凝土拉筋被压裂,拉筋内应布置 $\Phi 4$ 的防裂铁丝,如图 8.16 所示。

③聚丙烯土工带拉筋聚丙烯土工带按中心受拉构件计算。通常根据试验,测得每根拉筋极限断裂拉力,取其 1/5 ~ 1/7 为每根拉筋的设计拉力。最后,根据设计拉力而求出每米拉筋

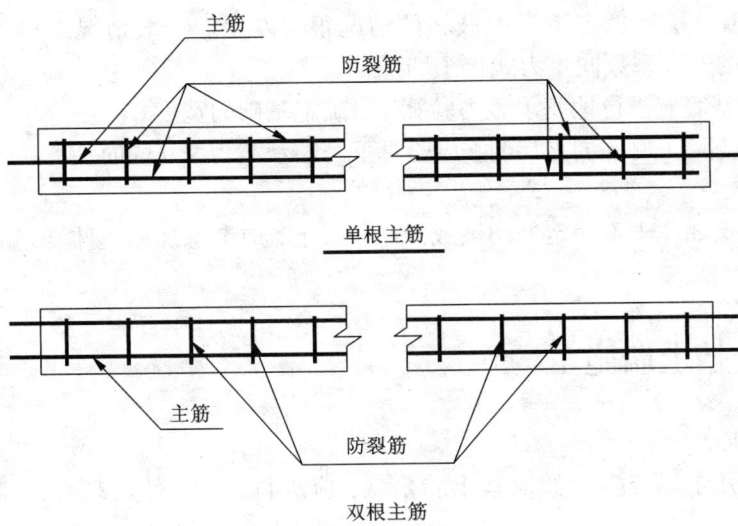

图 8.16　防裂铁丝布置大样图

的实际根数。

（4）土工格栅

如果土工格栅拉筋是沿墙长连续铺设，则应满足每延米抗拉断强度大于拉筋设计强度的要求。

8.2.7　拉筋抗拔稳定性验算

①全墙抗拔稳定系数，按下式计算

$$K_s = \frac{\sum S_{fi}}{\sum E_{xi}} \geqslant 2 \tag{8.22}$$

式中：$\sum S_{fi}$——各层拉筋所产生的摩擦力总和（N）；

$\sum E_{xi}$——各层拉筋承受水平土压力的总和（N）。

②单块钢筋混凝土拉筋板条稳定验算：

对于单块拉筋板条稳定验算，其稳定安全系数

$$K_{si} = \frac{S_{fi}}{E_{xi}} \tag{8.23}$$

式中：S_{fi}——单根拉筋所产生的摩擦力（单板抗拔力）（N）；

E_{xi}——单根拉筋承受水平土压力（N）。

一般工程稳定安全系数不小于 1.5，对于重要工程不小于 2.0；公路、铁路应当满足相应设计规范要求。

8.2.8　全墙整体稳定验算

把拉筋的末端连线与墙面板之间的填料视为一整体墙，按一般重力式挡土墙的设计方

法,验算全墙的抗滑稳定、抗倾覆稳定和地基承载力的验算。由于加筋土挡土墙的特性、体积庞大,因抗倾覆、抗滑稳定不足而破坏的情况很少发生。一般情况下可不验算。抗滑稳定、抗倾覆稳定的安全系数同重力式挡土墙。

墙面板下的基底应进行地基承载力验算,以确定基础的宽度。

当加筋土挡土墙下有软弱夹层时,应验算下卧层承载力,并同时按圆弧滑动面进行地基稳定性验算。

加筋土挡土墙如位于不稳定的山坡或河岸斜坡上,应考虑加筋土体与地基土壤一起滑动的稳定性。

8.3 加筋土挡土墙施工

(1)基坑施工

开挖基础,并予以夯实。如地基土质松软,应进行处理,然后现浇或铺设预制的混土基础。

(2)面板制作及安装

混凝土及钢筋混凝土面板,可在工厂或工地预制,运至现场安装。面板安装必须挂线施工,保证墙面板竖直,水平安放,最下一层面板与基础连接处宜用座浆。安装面板可向内倾斜 $1/100 \sim 1/200$,作为填料压实时面板外倾的预留度。

(3)填土工程

加筋土填料,应分层摊铺及压实,每层厚度应视拉筋的竖向间距而定。摊铺要均匀,表面要平。所有摊铺,卸料与面板距离不小于 1.5 m。机械运行方向与拉筋方向垂直,所有机械均不得在未覆盖填料的拉筋 J 行驶与停车,不得撞动下层的拉筋。钢筋混凝土拉筋顶面填料一次厚度不小于 20 cm,填料必须保证质量。

①碾压前应作碾压试验,根据施工机械及方法,填料性质及规定的压实度,确定填料厚度,碾压数遍;

②不透水材料,应随时控制含水量;

③每层填料摊铺后,及时碾压,分层压实;

④填料压实应有利于锚固拉筋稳定面板,应注意压实的顺序;

⑤压实机械距面板不得小于 1 m,该范围应用轻型设备夯实,以防面板错位。

加筋土填料的压实达到最佳压实度的 90% ~95% 以上。为保证压实,应使填料的含水量为最佳含水量。

(4)拉筋铺设

当填土已至拉筋位置,首先平整已夯实的填土表面。如为钢板拉筋,应使其保持平直。铺设时应使拉筋与填料表面密贴,如不密贴,可摊以砂子。如为钢筋混凝土拉筋,要求拉筋与填料表面密贴,连接件用点焊或螺栓连接,应采取相应的防腐措施。聚丙烯上工带为拉筋时,当填料表面到达拉筋位置时,平整填料表面,便可铺设。应将拉筋穿入面板预留孔或预留铁环中,紧拉筋尾,向上摊铺填料,保证拉筋平直。

【例题 8 - 1】　如图 8.17 所示,某场地的填筑体的支挡结构采用加筋土挡墙,复合土工带拉筋间的水平间距与垂直间距分别为 0.8 m 和 0.4 m,土工带宽 10 cm,填料重度 18 kN/m³,综合内摩擦角 32°。拉筋和填料间的摩擦角系数为 0.26,拉筋拉力峰值附加系数为 2.0。根据《铁路路基支挡结构设计规范》,按照内部稳定性验算,则深度为 6 m 处的最短拉筋长度是多少?

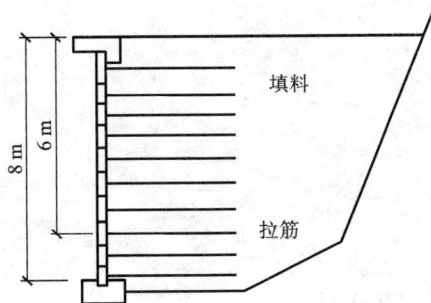

图 8.17

解:

(1)非锚固段长:$L_a = \dfrac{2}{4} \times 0.3H = 1.2(\text{m})$

(2)$\lambda_1 = \lambda_a = \tan^2(45° - \varphi/2) = \tan^2(45° - 32°/2) = 0.31$

6 m 处:$\sigma_{hi} = \lambda_i \gamma h_i = 0.31 \times 18 \times 6 = 33.48(\text{kN/m}^3)$

拉筋拉力:$T_i = K\sigma_{hi}S_x S_y = 2 \times 33.48 \times 0.8 \times 0.4 = 21.4(\text{kN})$

锚固段长:$L_b = \dfrac{T_i}{2\sigma_{vif}} = \dfrac{21.4}{2 \times 108 \times 0.1 \times 0.26} = 3.81(\text{m})$

(3)拉筋总长度:$L = L_a + L_b = 1.2 + 3.81 = 5.01(\text{m})$

第9章

工程滑坡防治

9.1 概述

9.1.1 工程滑坡的概念及特征

滑坡是指斜坡上的土体或者岩体,受河流冲刷、地下水活动、雨水浸泡、地震及人工切坡等因素影响,在重力作用下,沿着一定的软弱面或者软弱带,整体地或者分散地顺坡向下滑动的自然现象。《建筑边坡工程技术规范》根据滑坡的诱发因素、滑体及滑动特征将滑坡分为工程滑坡和自然滑坡(含工程古滑坡)2 大类,以此作为滑坡设计及计算的分类依据。《规范》指出,对工程滑坡,推荐采用与边坡工程类同的设计计算方法及有关参数和安全度;对自然滑坡,则采用规范相关章节规定的与传统方法基本一致的方法。

自然滑坡是指由暴雨、洪水、地震等自然因素引发的滑坡;工程古滑坡指因工程活动使老滑坡复活而产生的坡体滑动现象;而由开挖坡脚、坡顶加载、施工用水等因素诱发的滑坡则称为工程滑坡。工程滑坡与自然滑坡特征比较参见表 9.1。

表 9.1 工程滑坡与自然滑坡特征

滑坡类型		诱发因素	滑体特征	滑动特征
工程滑坡	人工弃土滑坡 切坡顺层滑坡 切坡岩层滑坡 切坡土层滑坡	开挖坡脚、坡顶加载、施工用水等因素	由外倾且软弱的岩土坡面上填土构成; 由层面外倾且较软弱的岩土体构成; 由外倾软弱结构面控制稳定的岩体构成	弃土沿下卧层岩土层面或弃土体内滑动; 沿外倾的下卧潜在滑面或土体内滑动; 沿岩体外倾、临空软弱结构面滑动
自然滑坡或工程古滑坡	堆积体滑坡 岩体顺层滑坡 土体顺层滑坡	暴雨、洪水或地震等自然因素,或人为因素	由滑坡和崩塌碎块石堆积体构成,已有老滑面; 由顺层岩体构成,已有老滑面; 由顺层土体构成,已有老滑面	沿外倾下卧岩土层老滑面或体内滑动; 沿外倾软弱岩层、老滑面或体内滑动; 沿外倾土层滑面或体内滑动

滑坡从发生到消亡可分成 5 个阶段,各阶段滑带土的剪应力逐渐变化,抗剪强度从峰值

逐渐变化到残余值，滑坡变形特征逐渐加剧，其稳定系数发生变化。通过现场调查，分析滑坡变形特征，可以明确滑坡所处阶段，对于滑带土抗剪强度的取值、滑坡治理安全系数的取值、滑坡治理措施的选取，都有重要的意义。对于无主滑段、牵引段和抗滑段之分的滑坡，比如滑面为直线型的滑坡，一般发育迅速，其各阶段转化快，难以划分发育阶段，应根据各类滑坡的特性和变形状况区别对待。滑坡各阶段特征参见表 9.2。

表 9.2　滑坡发育阶段

演变阶段	弱变形阶段	强变形阶段	滑动阶段	停滑阶段
滑动带及滑动面	主滑段滑动带在蠕动变形，但滑体尚未沿滑动带位移	主滑段滑动带已大部分形成，部分探井及钻孔可发现滑动带有镜面、擦痕及搓揉现象。滑体局部沿滑动带位移	整个滑坡已全面形成，滑带土特征明显且新鲜，绝大多数探井及钻孔发现滑动带有镜面、擦痕及搓揉现象，滑带土含水量常较高	滑体不再沿滑动带位移，滑带土含水 t 降低，进入固结阶段
滑坡前缘	前缘无明显变化，未发现新泉点	前缘有隆起，有放射状裂隙或大体垂直等高线的压致张拉裂缝，有时有局部坍塌现象或出现湿地或有泉水溢出	前缘出现明显的剪出口并经常剪出，剪出口附近湿地明显，有一个或多个泉点，有时形成了滑坡舌，滑坡舌常明显伸出，鼓胀及放射状裂隙加剧并常伴有坍塌	前缘滑坡舌伸出，覆盖于原地表上或到达前方，阻挡体塞高，前缘湿地明显，鼓丘不再发展
滑坡后缘	后缘地表或建构筑物出现一条或数条与地形等高线大体平行的拉张裂缝，裂缝断续分布	后缘地表或建（构）筑物拉张裂缝多而宽且贯通，外侧下错	后缘张裂缝常出现多个阶坎或地堑式沉陷带，滑坡壁常较明显	后缘裂缝不再增多，不再扩大，滑坡壁明显
滑坡两侧	两侧无明显裂缝，边界不明显	两侧出现雁行羽状剪切裂缝	羽状裂缝与滑坡后缘张裂缝，滑坡周界明显	羽状裂缝不再扩大，不再增多甚至闭合
滑坡体	无明显异常，偶见滑坡体上树木倾斜	有裂缝及少量沉陷等异常现象，可见滑坡体上树木倾斜	有差异运动形成的纵向裂缝，中、后部水塘、水沟或水田渗漏，滑坡体上不少树木倾斜，滑坡整体位移	滑体变形不再发展，原始地形总体坡度变小，裂缝不再增多甚至闭合
稳定状态	基本稳定	欠稳定	不稳定	欠稳定～稳定
稳定系数	$1.05 < F_S < F_{s1}$	$1.00 < F_S < 1.05$	$F_S < 1.0$	$1.00 < F_S \sim F_S > F_{s1}$

注：F_{s1} 为滑坡稳定性安全系数。

9.1.2　滑坡防治原则

经过多年的实践，成功地治理了数以千计的滑坡，人们积累了大量成功的经验，也总结了不少失败的教训，总结出了滑坡治理过程中应该遵守的一些原则：

（1）正确认识滑坡的原则

滑坡的性质、类型、范围、规模、机理、动态、稳定性的正确认识和发展趋势的预测是防治滑坡的基础。过去对滑坡的治理不彻底主要是由于对滑坡的勘察认识不足造成的。因此正确认识滑坡是防治滑坡的首要原则。

（2）预防为主的原则

滑坡造成的危害很严重，因此要做到早预防，例如在铁路和公路选线、厂矿和城镇选址时应充分重视地质勘查，地质配合选线，尽量避开大型滑坡和多个滑坡连续分布的地段，以及开挖后可能发生滑坡的地段。

当然，一条线路要想避开所有的滑坡是不可能的，有时在技术和经济上也是不合理的。对于避不开的滑坡，应经过详细的勘察，查明性质、规模、目前的稳定程度及人为工程活动作用后其稳定状态的变化和发展趋势，尽量少破坏其稳定性，如局部调整线路平面位置和纵坡，少填少挖，特别是不在占滑坡抗滑地段作挖方，不在其主滑和牵引地段作填方，必要时采取一定的预防加固措施，如地表的地下排水、减重、压脚与支挡等，提高其稳定程度。

（3）治早治小的原则

滑坡失稳致灾是一个能量缓慢积聚突然释放的动力学过程，通过监测及早预测滑坡所处阶段，防患于未然，可以在滑坡发育初期（滑动面尚未完全贯通）施以相对经济可行的方法实现滑坡的有效治理。

例如：牵引式滑坡前一级滑动后，后级会失去前部滑坡体的支撑而随之滑动，滑坡范围不断扩大，及时稳定前一级滑坡，治理工程量相对较小。

（4）综合防治原则

滑坡是一个多因子耦合异变的灾害地质过程，是在多种因素作用下发生的，而具体到每个滑坡有其不同的主要作用和诱发因素。因此滑坡的治理总是针对主要因素采取工程措施消除它或控制其影响，同时辅以其他措施进行综合整治，以限制其他因素的作用。其治理工程应根据保护对象及滑坡体特征，从排水、削方卸载、抗滑支挡等方面综合考虑，提出优化治理方案，实现滑坡综合治理。

（5）根治与分期治理相结合的原则

根据保护对象的重要性及保护时限，区别对待滑坡治理工程使用寿命，设计使用年限应为 $50a$，属于根治范畴。实践经验告诉我们，对工程设施和人身安全危害较大的滑坡，必须查清性质，一次根治，不留后患。

滑坡体规模巨大（超过 1000 万 m^3）、目前稳定性较好、治理经费有限、滑坡变形缓慢、短期内不会造成大的灾害的，可作出规划，进行分期治理；稳定性差、危险性大的滑坡区域予以优先治理，尚不能实施有效治理的滑坡区域必须进行地表位移。深部位移及应力监测，分期治理的滑坡应根据监测结果时刻掌握滑坡的稳定性态，据此调整滑坡后期治理思路及方案。

（6）技术可行经济合理原则

在保证预防和治住滑坡的前提下尽量节约投资。所谓技术上可行，即结合滑坡的具体地形地质条件和保护对象的重要性，提出多个预防和治理方案进行比选，其措施应是技术先进、耐久可靠、方便施工、就地取材和经济面有效的。一般来说，有条件在滑坡上部减重、下部压脚时，是比较经济有效的，应优先采用。

（7）科学施工的原则

只有科学地施工才能有效地预防和治理滑坡。

首先做好地表排水工程和夯填地表亦有裂缝，防止地表水渗入滑坡影响其稳定性。同时应加强滑坡动态监测，保证施工安全。

（8）动态设计，动态信息化施工的原则

滑坡是较复杂的地质现象，尤其是大型复杂的滑坡，由于多种条件和因素的限制，仅通过勘查还很难摸清和掌握滑坡各部位的真实情况。因此利用施工开挖进一步查清滑坡的地质情况和特征，从而据实调整或变更设计，这就是动态设计，另外施工也应作相应的变化。

除了依据地质条件的变化调整设计，相应的调整施工内容和方法外，动态施工的另一层意思是根据滑坡的动态调整施工顺序和方法。

（9）加强防滑工程维修保养的原则

防滑工程设施施工完后应注意维修和保养，使其处于良好的工作状态，发挥应有的作用，防止其失效。如地表和地下排水沟的清理、疏通、裂缝的修补和夯填，滑坡动态和地下排水效果及支挡建筑物变形监测等。

（10）治理工程与土地资源开发利用相结合

我国国土资源十分匮乏，尤其在交通干线部位、江河港口码头及水库岸坡城镇集中区域，滑坡治理应充分考虑土地资源的有效保护和合理开发利用。

（11）工程治理与景观相结合

公路、城市边坡及风景名胜区内的滑坡治理，防治工程方案拟定及结构工程设计应充分考虑景观效应，治理工程在色彩、饰面、外露部分的结构造型等方面与环境相协调。

9.1.3　滑坡防治设计计算要求

工程滑坡治理的主要目的在于通过治理使滑坡体处于稳定状态，消除滑坡灾害事故，保证相关建（构）筑物的安全、正常使用及人类生命财产安全。滑坡治理既必须保证滑体的承载能力极限状态功能，又避免因支护结构的变形或滑坡体的再压缩变形等造成危及重要建（构）筑物正常使用功能状况发生。因此，滑坡治理设计及计算应符合下列规定：

（1）滑坡计算应考虑滑坡自重、滑坡体上建（构）筑物等的附加荷载、地下水及洪水的静水压力和动水压力以及地震作用等的影响，取荷载效应的最不利组合值作为滑坡的设计控制值；

（2）滑坡稳定系数应与滑坡所处的滑动特征、发育阶段相适应；

（3）滑坡稳定性分析计算剖面不宜少于 3 条，其中应有 1 条是主轴（主滑方向）剖面，剖面间距不宜大于 30 m；

（4）当滑体具有多层滑面时，应分别计算各滑动面的滑坡推力，取滑坡推力作用效应（对支护结构产生的弯矩或剪力）最大值作为设计值；

（5）滑坡滑面（带）的强度指标应考虑岩土性质、滑坡的变形特征及含水条件等因素，根据试验值、反算值和地区经验值等综合分析确定；

（6）作用在抗滑支挡结构上的滑坡推力分布，可根据滑体性质和高度等因素确定为三角形、矩形或梯形；

（7）滑坡支挡设置应保证滑体不从支挡结构顶部越过、桩间挤出和产生新的深层滑动。

9.1.4　滑坡治理基本工程措施

工程滑坡治理是一项复杂的系统工程。滑坡治理时应考虑滑坡类型成因、滑坡形态、工程地质和水文地质条件、滑坡稳定性、工程重要性、坡上建(构)筑物和施工影响等因素,分析滑坡的有利和不利因素、发展趋势及危害性,并应采取下列工程措施进行综合治理:

(1)排水:水是滑坡发生和发展的重要影响因素。因此,治滑先治水。滑坡治理时,应根据工程地质、水文地质、暴雨、洪水和防治方案等条件,采取有效的地表排水和地下排水措施;可采用在滑坡后缘外设置环形截水沟、滑坡体上设分级排水沟、裂隙封填以及坡面封闭等措施,排放地表水,防止暴雨和洪水对滑体和滑面的浸蚀软化;需要时可采用设置地下横、纵向排水盲沟、廊道和仰斜式孔等措施,疏排滑体及滑带水。

(2)支挡:常见的支挡结构主要有抗滑挡墙、抗滑桩、锚索抗滑桩、锚索框架(地梁)、微型桩群、反压土石堤等,其稳定滑坡见效快,是大多数滑坡治理采用的措施,也是造价最昂贵的工程。滑坡整治时应根据滑坡稳定性、滑坡推力和岩土性状等因素合理选用支挡结构类型。

(3)刷方减载及堆载反压:刷方减载与堆载反压是滑坡防治的基本措施,通常与支挡结构措施联合使用。刷方减载应在滑坡的主滑段实施;反压填方应设置在滑坡前缘抗滑段区域,可采用土石回填或加筋土反压以提高滑坡的稳定性;同时应加强反压区地下水引排。

(4)改良滑带:对滑带注浆条件和注浆效果较好的滑坡,可采用注浆法改善滑坡带的力学特性;注浆法宜与其他抗滑措施联合使用;严禁因注浆堵塞地下水排泄通道。

(5)植被绿化:边坡绿化既可美化环境、涵养水源、防止水土流失和坡面滑动、净化空气,也可以对坡面起到防护作用。对于石质挖方边坡而言,边坡绿化的环保意义和对山地城市景观的改善尤其突出。

9.2　抗滑桩设计与计算

9.2.1　概述

抗滑桩是将桩插入滑动面(带)以下的稳定地层中、利用稳定地层岩石的锚固作用以平衡滑坡推力、使坡体稳定的一种结构物。抗滑桩除用于稳定滑坡外,还可用于路基、建筑等边坡加固,阻止填方沿基底滑动,加固已有建筑物等。

抗滑桩一般应设置在滑坡前缘抗滑段滑体较薄处,以便充分利用抗滑段的抗滑力,减小作用在桩上的滑坡推力。减小桩的界面和埋深,降低工程造价,并应垂直滑坡的主滑方向成排布设。对大型滑坡,当1排桩的抗滑力不足以平衡滑坡推力时,可布设2排或3排。只在少数情况下因治理滑坡的特殊需要才把桩布设在主滑段或牵引段。

(1)抗滑桩优点

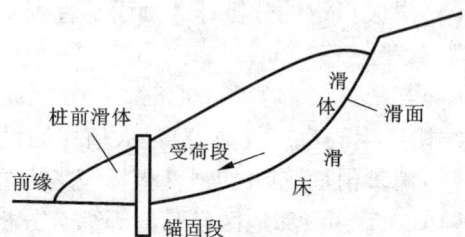

图9.1　抗滑桩示意图

①抗滑能力强，圬工数量小，在滑坡推力大、滑动带深的情况下，能够克服抗滑挡土墙难以克服的困难（当单排桩所承受的滑坡推力超过 200 t，桩长超过 35 m 时需作可行性论证）；

②桩位灵活，可以设在滑坡体中最有利于抗滑的部位，可以单独使用，也可与其他构筑物配合使用；可集中布置支撑整个滑体，亦可分开布置支撑分级分块的滑坡体；

③配筋合理，可以沿桩长根据弯矩大小合理地布置钢筋（优于管形状、打入桩）；

④施工方便，设备简单，采用混凝土或少筋混凝土护壁，安全、可靠；

⑤间隔开挖桩孔，不易恶化滑坡状态，有利于抢修工程；用于整治运营线路上的滑坡，一般不影响线路的正常运营；

⑥通过开挖桩孔，每根桩孔都是一个探井，可直接校核地质情况，从而检验和修改设计，使之符合实际，发现问题易于补救；

⑦施工影响范围小，对外界干扰小。

（2）抗滑桩的类型

抗滑桩按材质分类有木桩、钢桩、钢筋混凝土桩和组合桩。

抗滑桩按成桩方法分类，有打入桩、静压桩、就地灌注桩，就地灌注桩又分为沉管灌注桩、钻孔灌注桩 2 大类。在常用的钻孔灌注桩中，又分机械钻孔和人工挖孔桩。

抗滑桩按结构型式分类，有单桩、排桩、群桩和有锚桩。排桩型式常见的有椅式桩墙、门式刚架桩墙、排架抗滑桩墙（图 9.2）；有锚桩常见的有锚杆和锚索，锚杆有单锚和多锚，锚索抗滑桩多用单锚，见图 9.3。

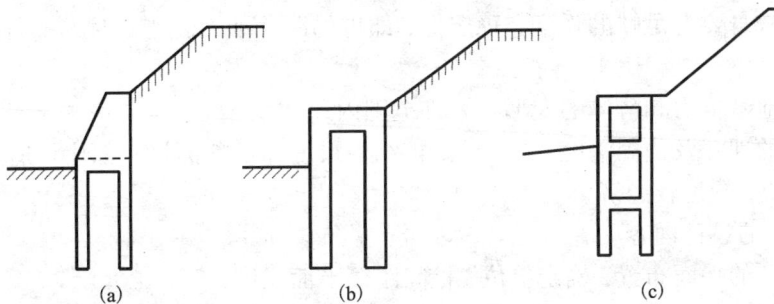

图 9.2　抗滑排桩型式
（a）椅式；（b）门式；（c）排架式

抗滑桩按桩身断面形式分类，有圆形桩、方形桩和矩形桩、"工"字形桩等。

（3）各类桩型的特点及适用条件

木桩是最早采用的桩，其特点是就地取材、方便、易于施工，但桩长有限，桩身强度不高，一般用于浅层滑坡的治理、临时工程或抢险工程。钢桩的强度高，施打容易、快速，接长方便，但受桩身断面尺寸限制，横向刚度较小，造价偏高。钢筋混凝土桩是边坡处治工程广泛采用的桩材，桩断面刚度大，抗弯能力高，施工方式多样，可打入、静压、机械钻孔就地灌注和人工成孔就地灌注，其缺点是混凝土抗拉能力有限。

抗滑桩的施工采用打入时，应充分考虑施工振动对边坡稳定的影响，一般是全埋式抗滑桩或填方边坡可采用，同时下卧地层应有可打性。抗滑桩施工常用的是就地灌注桩，机械钻孔速度快，桩径可大可小，适用于各种地质条件，但对地形较陡的边坡工程，机械进入和架设难度较大，另外，钻孔时的水对边坡的稳定也有影响。人工成孔的特点是方便、简单、经济，但速度较慢，劳动强度高，遇不良地层（如流砂）时处理相当困难，另外，桩径较小时人工作业困难，桩径一般应在 1000 mm 以上才适宜人工成孔。

单桩是抗滑桩的基本型式，也是常用的结构型式，其特点是简单，受力和作

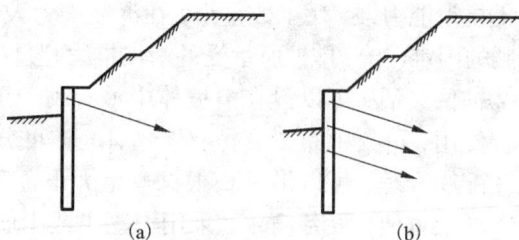

图 9.3　有锚抗滑桩

用明确。当边坡的推力较大，用单桩不足以承担其推力或使用单桩不经济时，可采用排架桩。排架桩的特点是转动惯量大，抗弯能力强，桩壁阻力较小，桩身应力较小，在软弱地层有较明显的优越性。有锚桩的锚可用钢筋锚杆或预应力锚索，锚杆（索）和桩共同工作，改变桩的悬臂受力状况和桩完全靠侧向地基反力抵抗滑坡推力的机理，使桩身的应力状态和桩顶变位大大改善，是一种较为合理、经济的抗滑结构。但锚杆或锚索的锚固端需要有较好的地层或岩层，对锚索而言，更需要有较好的岩层以提供可靠的锚固力。

抗滑桩群一般指在横向 2 排以上，在纵向 2 列以上的组合抗滑结构，类似于墩台或承台结构，它能承担更大的滑坡推力，可用于特殊的滑坡治理工程或特殊用途的边坡工程。

（4）抗滑桩设计一般要求

①抗滑桩提供的阻滑力要使整个滑坡体具有足够的稳定性，即滑坡体的稳定安全系数满足相应规范规定的安全系数或可靠指标，同时保证坡体不从桩顶滑出，不从桩间挤出；

②抗滑桩桩身要有足够的强度和稳定性，即桩的断面要有足够的刚度，桩的应力和变形满足规定要求；

③桩周的地基抗力和滑体的变形在容许范围内；

④抗滑桩的埋深及锚固深度、桩间距、桩结构尺度和桩断面尺寸都比较适当，安全可靠，施工可行、方便，造价较经济。

（5）抗滑桩的设计内容

①进行桩群的平面布置，确定桩位、桩间距等平面尺度；

②拟定桩型、桩埋深、桩长、桩断面尺寸；

③根据拟定的结构确定作用于抗滑桩上的力系；

④确定桩的计算宽度，选定地基反力系数，进行桩的受力和变形计算；

⑤进行桩截面的配筋计算和一般的构造设计；

⑥提出施工技术要求，拟定施工方案，计算工程量，编制概（预）算等。

（6）抗滑桩的设计计算步骤

①确定滑坡原因、性质、范围、厚度以及稳定状态、发展趋势；

②根据地形、地质及施工条件等确定设桩的位置及范围；

③根据滑坡推力、地基土层性质、桩用材料等资料拟定桩的间距、截面形状与尺寸和埋置深度；

④计算作用在抗滑桩上的各力，确定桩后的滑坡推力及其分布形式。当桩前滑体可能滑走时，不计桩前抗力；当桩前滑体不会滑走时，内力计算时还应计入桩前滑体抗力；

⑤确定桩的计算宽度，并根据滑体的地质性质，选择地基反力计算方法（K 法、m 法或 C

法），确定地基系数；

⑥计算桩的变形系数 α 或 β 及计算深度 αh 或 βh，据以判断是按刚性桩还是按弹性桩来设计；

⑦计算受荷段的内力（按力的平衡条件和力矩平衡条件计算），确定滑面处的弯矩（M_0），剪力（Q_0）；

⑧根据桩底的边界条件计算锚固段的内力与变形，计算桩身各截面（刚性桩一般每深1 m取一点，弹性桩一般换算深度每深0.2 m取一点）的变位、内力及侧壁应力等，并计算确定最大剪力、最大弯矩及其产生的部位；

⑨校核地基强度。若桩身作用于地基地层的弹性应力超过其容许值或小于其容许值过多时，则需调整桩的埋深，或桩的截面尺寸，或桩的间距后重新计算，直至合理地满足要求为止；

⑩绘制桩身的剪力图和弯矩图。对于钢筋混凝土桩，据以进行桩的结构设计。

9.2.2　作用在抗滑桩上的力

作用在抗滑桩上的力主要有：桩后的滑坡推力、桩前岩土抗力、锚固段岩土体的抗力等，对有锚桩，则还有锚杆或锚索系统对桩上部的横向拉力和压力。而桩侧摩擦阻力、黏聚力以及桩身重力和桩底反力一般可忽略不计。

（1）滑坡推力

滑坡推力即剩余下滑力，也即滑坡的下滑力减去抗滑力的值。设计抗滑结构时须有一定的安全贮备，一般采用加大自重下滑力的方法，即设计时采用的剩余下滑力是重力产生的下滑力乘以安全系数 K 后再与抗滑力相减而得到的差值。

在现有抗滑支挡结构工程的设计中，均将滑坡推力作为抗滑结构上的外荷载，只要确定了此荷载，结构设计是很容易的。因此，滑坡推力计算是支挡结构工程设计的重要内容之一。

对滑坡推力的计算，当前国内外普遍采用的做法是利用极限平衡理论计算每米宽滑动断面的推力，同时假设断面两侧为内力而不计算侧向摩阻力。滑坡推力计算时应与其稳定性分析方法保持一致，这样计算的滑坡推力和相应的稳定系数才能对应（具体计算方法详见第4章）。

滑坡推力的分布图形应根据滑体的性质和厚度等因素确定。对于液性指数小，刚度较大和较密实的滑坡体，从顶层至底层的滑动速度常大体一致，假定推力呈矩形；对于液性指数较大、刚度较小和密实度不均匀的塑性滑体，其靠近滑面的滑动速度较大，而滑体表层的速度则较小，假定滑坡推力图形呈三角形分布；介于上述两者之间的情况可假定推力分布呈梯形，如图9.4所示。

作用于桩上的滑坡推力，可由设计抗滑桩处的滑坡推力曲线确定，如图9.5所示。若抗滑桩设在图中滑坡的第五分块末端，该处设计滑坡推力曲线的竖直高度 T 为设计时的滑坡推力值；极限平衡时滑坡推力曲线的竖直高度 P 即为作桩前滑体抗力。如桩前滑体稳定可靠，则设计时的单位宽度滑坡推力值为 $T-P$；但如果桩前滑体可能滑走或可能被挖掉，则设计时的单位宽度滑坡推力值应为 T；作用于每根桩上的滑坡推力应按设计的桩间距计算。

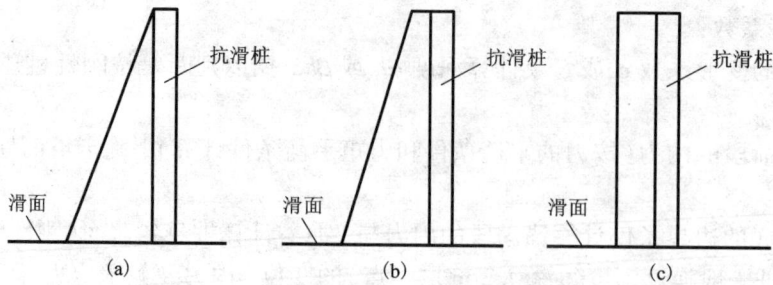

图9.4　滑坡推力分布形式示意图

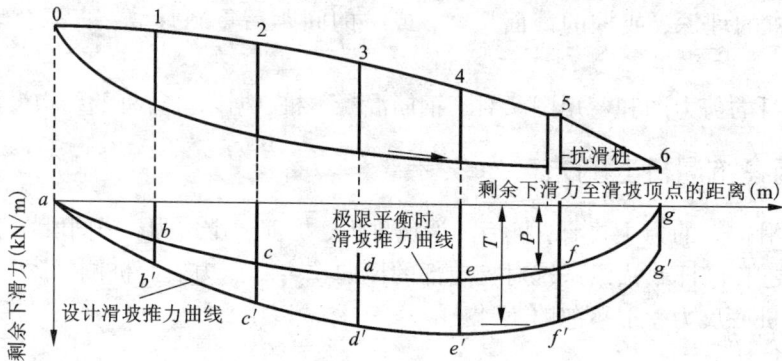

图9.5　滑坡推力曲线图

T—桩上滑坡推力；p—桩前滑体抗力

（2）桩前滑动面以上的滑体抗力

设置抗滑桩后，当抗滑桩受到滑坡推力的作用而产生变形时，桩前的岩土体必然会受到桩身的挤压而对桩的变形产生一个反力作用。桩前滑体的抗力与滑坡的性质和桩前滑体的稳定程度等因素有关。试验表明，桩前滑体的体积越大，抗剪强度越高，滑动面越平缓、粗糙，桩前滑体抗力越大；反之，越小。

滑动面以上桩前的滑体抗力，可通过极限平衡时滑坡推力曲线或桩前被动土压力确定，设计时选用其中小值。但如果桩前土体将被挖掉或者会滑走，则不应计及该抗力。

（3）锚固段岩土体的抗力

滑动面以下的稳定岩土体是抗滑桩的锚地层。抗滑桩主要是通过锚固段岩土体提供的抗力来平衡滑坡推力，保持稳定。根据受力的增加，锚固段地层将出现由弹性变形阶段到塑性变形阶段直至破坏阶段的变化。锚固地层所处变形破坏阶段不同，其所能提供的抗力也不相同，计算理论也不相同。弹性阶段可按弹性抗力计算，即视地层为弹性介质、具有随地层性质不同的地基系数、受荷地层的岩土的弹性抗力等于该地层的地基系数乘以相应的与变形方向一致的岩土的压缩变形值；塑性阶段则视抗力等于该地层的地基系数乘以相应的与变形方向一致的岩土在弹性极限时的压缩变形值，或用该地层的侧向容许承载力值代替之。抗滑桩在设计时，锚固段地层通常视为弹性地基，抗力按弹性抗力计算。

（6）地基反力系数

地基抗力即地基反力，是一个分布力。当桩周地基的变形处于弹性阶段时，其抗力按弹

性抗力计算桩的位移成正比。此时,假定地层为弹性介质,地基抗力与桩在相应位置的侧向位移量成正比,即:

$$\sigma_x = K \cdot B_p \cdot y_x \tag{9.1}$$

式中:σ_x——x 深度处的地基反力(kN/m^2);

　　K——地基反力系数(kPa/m);

　　B_p——桩的计算宽度(m);

　　y_x——地层 x 深度处桩的位移量(m)。

桩侧岩土体的弹性抗力系数简称为地基反力系数,是地基承受的侧压力与桩在该位置处产生的侧向位移的比值,即单位土体或岩体在弹性限度内产生单位压缩变形时所需施加于其单位面积上的力。根据地基反力系数与深度的关系,目前通常采用如下 3 种假设:

①法

假设地基系数不随深度而变化,即地基系数为常数;

$$地基反力系数 \ K = k(常数) \tag{9.2}$$

②m 法

假定地基系数随深度而呈直线变化;

$$地基反力系数 \ K = m \cdot x \tag{9.3}$$

式中:m 为 m 法地基系数的比例系数。

③C 法

假定地基反力系数沿深度按凸抛物线增大。

$$K = c \cdot x^{1/2} \tag{9.4}$$

式中:c 为 c 法地基系数的比例系数。

地基反力系数 K、m 应通过试验确定。一般情况下,试验资料不易获得,表 9.3 列出了较完整岩层的地基系数 K 值,表 9.4 列出了非岩石地基的 m 值,可供设计时参考。

表 9.3　较完整岩层的地基系数

序号	岩体单轴极限抗压强度(kPa)	地基系数(kN/m^2)	
		水平方向 k	竖直方向 k_0
1	10000	60000 ~ 160000	100000 ~ 200000
2	15000	150000 ~ 200000	250000
3	20000	180000 ~ 240000	300000
4	30000	240000 ~ 320000	400000
5	40000	360000 ~ 480000	600000
6	50000	480000 ~ 640000	800000
7	60000	720000 ~ 960000	1200000
8	80000	900000 ~ 2000000	1500000 ~ 2500000

注:一般情况,$K_H = (0.6 \sim 0.8)K_v$;当岩层为厚层或块状整体时,$K_H = K_v$。

表 9.4　土质地基系数

序号	土的名称	水平方向 $m(kN/m^4)$	竖直方向 $m_0(kN/m^4)$
1	$0.75 < I_L < 1.0$ 的软塑黏土及粉黏土，淤泥	500 ~ 1400	1000 ~ 2000
2	$0.5 < I_L < 0.75$ 的软塑黏土及黏土	1000 ~ 2800	2000 ~ 4000
3	硬塑粉质黏土及黏土，细砂和中砂	2000 ~ 4200	4000 ~ 6000
4	坚硬的粉质黏土及黏土，粗砂	3000 ~ 7000	6000 ~ 10000
5	砾砂；碎石土、卵石土	5000 ~ 14000	10000 ~ 20000
6	密实的大漂石	40000 ~ 84000	80000 ~ 120000

注：①I_L—土的液性指数，对于土质地基系数 m 和 m_0，相应于桩顶位移 6 ~ 10 mm；②有可靠资料和经验时，可不受本表的限制。

当地基土为多层土时，m 采用按层厚以等面积加权求平均的方法进行计算。当地基土为 2 层时，有

$$m = \frac{m_1 l_1^2 + m_2(2l_1 + l_2)l_2}{(l_1 + l_2)^2} \tag{9.5}$$

当地基土为 3 层时，有

$$m = \frac{m_1 l_1^2 + m_2(2l_1 + l_2)l_2 + m_3(2l_1 + 2l_2 + l_3)l_3}{(l_1 + l_2 + l_3)^2} \tag{9.6}$$

式中：m_1、m_2、m_3——分别为第 1 层、第 2 层、第 3 层地基土的 m 值；

l_1、l_2、l_3——分别为第 1 层、第 2 层、第 3 层地基土的厚度。

其他多层土可仿此进行计算。

当采用 C 法时，地基反力系数表达式为 $K = c \cdot x^{1/2}$，c 为地基反力系数的比例系数，x 为深度。研究表明，当 x 达到一定深度时，地基反力系数渐趋于常数。比例系数 c 值参见表 9.5。

表 9.5　C 法的比例系数 c 值

序号	土类	c 值($MN/m^{3.5}$)	$[y_0]$(mm)
1	$I_L > 1$ 的流塑性黏土，淤泥	3.7 ~ 7.9	≤6
2	$0.5 \leq I_L \leq 1.0$ 的软塑性黏土，粉砂	7.9 ~ 14.7	≤5 ~ 6
3	$0 < I_L < 0.5$ 的硬塑性黏土，细砂，中砂	14.7 ~ 29.4	≤4 ~ 5
4	半干硬性黏土，粗砂	29.4 ~ 49.0	≤4 ~ 5
5	砾砂、角砾砂、砾石土、碎石土、卵石土	49.0 ~ 78.5	≤3
6	块石、漂石夹砂土	78.5 ~ 117.7	≤3

注：$[y_0]$ 为桩在地面处的水平位移允许值。

（7）$P-Y$ 曲线法

上述的 K 法、m 法和 C 法能根据弹性地基上梁的挠曲线微分方程用无量纲系数求解抗滑桩的承载力、内力和变位。但当桩发展到较大的位移时，土的非线性特性将变得非常突出。$P-Y$ 曲线法则考虑了土的非线性特点，它既可用于小位移，也可用于较大位移的求解。$P-Y$ 曲线法是根据地基土的实验数据来绘制，目前一般采用 Matlock 建议的软黏土 $P-Y$ 曲线绘制方法和 Resse 建议的硬黏土和砂性土的 $P-Y$ 曲线绘制方法。在滨河、滨海的软土地基中，$P-Y$ 曲线已得到较多的应用。

9.2.3　抗滑桩桩身内力及变形计算

（1）桩的计算宽度确定

试验研究表明，桩在水平荷载作用下，不仅桩身宽度内的桩侧岩（土）体受挤压，而且桩身宽度以外一定范围内的土体也受到影响，呈现出空间受力状态；岩（土）体的影响范围随不同截面形状的桩而有所不同。但是，为了简化计算，常将空间受力问题简化为平面问题。

考虑到桩截面形式的影响，将桩宽（或桩径）换算成相当于实际工作条件下的矩形桩宽度称为桩的计算宽度（B_p）。根据试验资料，对于正面边长 b 大于或等于 1 m 的矩形桩和桩径 d 大于或等于 1 m 的圆形桩，其计算宽度 B_p 为：

矩形桩：
$$B_p = b + 1 \tag{9.7}$$

圆形桩：
$$B_p = 0.9(d + 1) \tag{9.8}$$

（2）刚性桩与弹性桩

桩受力后总要产生一定的位移和变形。位移指桩发生了平移与转动，变形指桩的挠曲、桩轴线型改变。桩和桩周土的性质不同，桩的变形也将呈现出 2 种不同的情况（图 9.6）：一是桩的位置发生了偏离，但桩身轴线仍保持原有线型；另一种是桩的位置和桩轴线同时发生改变。前一种情况桩体尤如刚体一样，仅发生了转动，故称其为刚性桩；后者则不仅发生了位置的变化还发生了挠曲变形，故称为弹性桩。

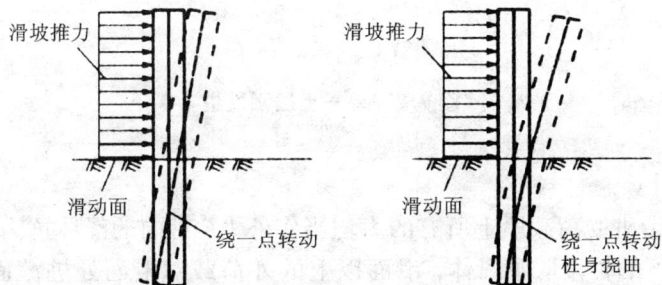

图 9.6　弹性桩与刚性桩

试验研究表明，当抗滑桩埋入稳定地层内的计算深度为某一临界值时，可视桩的刚度为无穷大，桩的侧向极限承载力仅取决于桩周土的弹性抗力大小。工程中就把这个临界值作为判断是刚性桩或弹性桩的标准。临界值规定如下：

按 K 法计算，$Bl_2 \leq 1.0$ 时，抗滑桩属刚性桩；

$Bl_2 > 1.0$ 时，抗滑桩属弹性桩。

　　按 m 法计算，$\alpha l_2 \leqslant 2.5$ 时，抗滑桩属刚性桩；

　　$\alpha l_2 > 2.5$ 时，抗滑桩属弹性桩。

式中：β、α 均定义为桩的变形系数，单位为 m^{-1}，分别按下式计算：

$$\beta = \left(\frac{K_H B_P}{4EI}\right)^{\frac{1}{4}} \tag{9.9}$$

$$\alpha = \left(\frac{m_H B_P}{EI}\right)^{1/5} \tag{9.10}$$

式中：K_H——K 法的侧向地基系数(kN/m^3)；

　　　B_p——桩的计算宽度(m)；

　　　m_H——m 法的地基系数的比例系数(kN/m^4)；

　　　E、I——桩的弹性模量(kPa)，桩的截面惯性矩(m^4)。

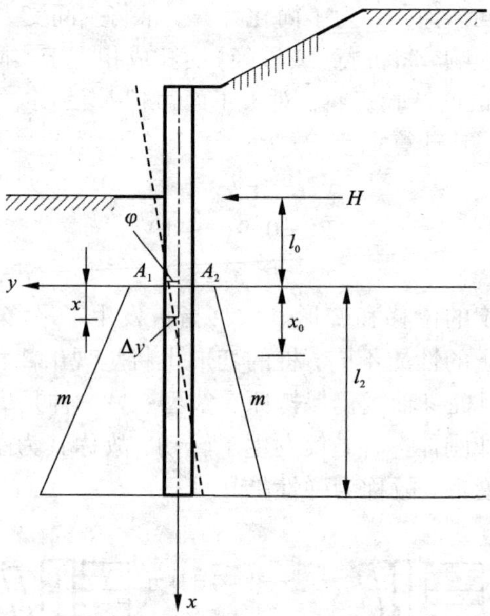

图 9.7　单一土层刚性桩

（3）刚性桩的计算

　　把滑面以上抗滑桩受荷载段上所有的力均当作外力，桩前的滑体抗力按其大小从外荷载中减去，对滑面以下的桩段取脱离体，滑面以上的外荷载对滑面处桩截面产生弯矩和剪力。滑面下桩周土的侧向应力和土的抗力可由脱离体的平衡而求得，并进而计算桩的内力。

　　①地基土为单一土层时(图 8.6)，滑面以下为同一 m 值，桩底自由，滑面处的弹性抗力系数分别为 A_1、A_2，H 为滑坡推力与剩余抗滑力之差，x_0 为下部桩段转动轴心距滑面的距离，φ 为旋转角，z_0 为滑坡推力至滑面的距离。

　　当 $0 \leqslant x \leqslant x_0$ 时，

　　桩身变位：

$$y = (x_0 - x)\varphi \tag{9.11}$$

桩侧应力：

$$\sigma_x = (A_1 + m_x)(x_0 - x)\varphi \tag{9.12}$$

桩身剪力：

$$Q_x = H - \frac{1}{2}B_P A_1 \varphi x (2x_0 - x) - \frac{1}{6}B_P m\varphi x^2(3x_0 - 2x) \tag{9.13}$$

桩身弯矩：

$$M_x = H(h_0 + x) - \frac{1}{6}B_P m\varphi X^2(3x_V - x_V) - \frac{1}{12}B_P m\varphi x^3(2x_0 - x) \tag{9.14}$$

当 $x_0 \leqslant x \leqslant l_2$ 时，

桩身变位：

$$y = (x_0 - x)\varphi \tag{9.15}$$

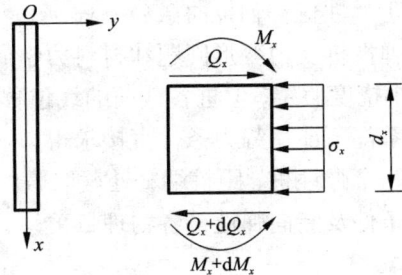

图 9.8　弹性桩计算图式

桩侧应力：

$$\sigma_X = (A_2 + m_X)(x_0 - x)\varphi \tag{9.16}$$

桩身剪力：

$$Q_X = H - \frac{1}{6}B_P m\varphi x^2(3x_0 - 2x) - \frac{1}{2}B_P A_1 \varphi x_0^2 + \frac{1}{2}B_P A_2 \varphi (x - x_0)^2 \tag{9.17}$$

桩身弯矩：

$$M_X = H(h_0 + x) - \frac{1}{6}B_P A_1 \varphi x_0^2(3x - x_0) + \frac{1}{6}B_P A_2 \varphi (x - x_0)^3 + \frac{1}{12}B_P m\varphi x^3(x - 2x_0) \tag{9.18}$$

根据静力平衡条件 $\sum H = 0$ 和 $\sum M = 0$ 可解得：

$$(A_1 - A_2)x_0^3 + 3l_0(A_1 - A_2)x_0^2 + [l_2^2 m(3l_0 + 2l_2) + 3l_2 A_2(2l_0 + l_2)] - 0.5l_2^3 m(4l_0 + 3l_2) - l_2^2 A_2(3l_0 + 2l_2) = 0 \tag{9.19}$$

令：

$$A = (A_1 - A_2)$$
$$B = 3l_0(A_1 - A_2)$$
$$C = l_2^2 m(3l_0 + 2l_2) + 3l_2 A_2(2l_0 + l_2)$$
$$D = l_2^3 m(2l_0 + 1.5l_2) + l_2^2 A_2(3l_0 + 2l_2)$$

则有：

$$Ax_0^3 + Bx_0^2 + Cx_0 - D = 0 \tag{9.20}$$

$$\varphi = \frac{6H}{B_P[3x_0^2(A_1 - A_2) + 3l_2 x_0(ml_2 + 2A_2) - l_2^2(2ml_2 + 3A_2)]} \tag{9.21}$$

解方程式(9.20)，可找出 x_0，将其代入式(9.21)，则可算出 φ。

②地基土为 2 种地层时

桩身置于 2 种不同的地层，桩底按自由端考虑，桩变位时，旋转中心将随地质情况变化而变化。仍采用单一土层时求静力平衡方程 $\sum H = 0$ 和 $\sum M = 0$ 的条件求解。先求解出 x_0，再计算 φ(具体请参考相关文献)。

（4）弹性桩的计算

抗滑桩滑面以上部分所受荷载对滑面以下桩段进行简化，简化后桩的计算图式如图9.9所示。此时，可根据桩周土体的性质确定弹性抗力系数，建立挠曲微分方程式，通过数学求解可得滑面以下桩段任一截面的变位和内力计算的一般表达式。最后根据桩底边界条件计算出滑面处的位移和转角，再计算出桩身任一深度处的变位和内力。

①弹性桩桩轴挠曲微分方程

弹性桩受力变形问题和材料力学研究梁的受力变形问题一样，采用了弹性假定、平面假定、小挠度假定，但桩各截面的线位移 y_x、角位移 φ_x、剪力 Q_x、弯矩 M_x 与桩轴各点坐标的函数关系都不能用静力条件直接求得，只能根据导数关系列出微分方程。图9.9所示为埋于土中的一个弹性桩，距桩端 x 处截取微段 dx，其上作用有弯矩、剪力和抗力。根据微段的静力平衡条件及竖向弹性桩各物理量关系，可导出弹性桩的挠度微分方程。

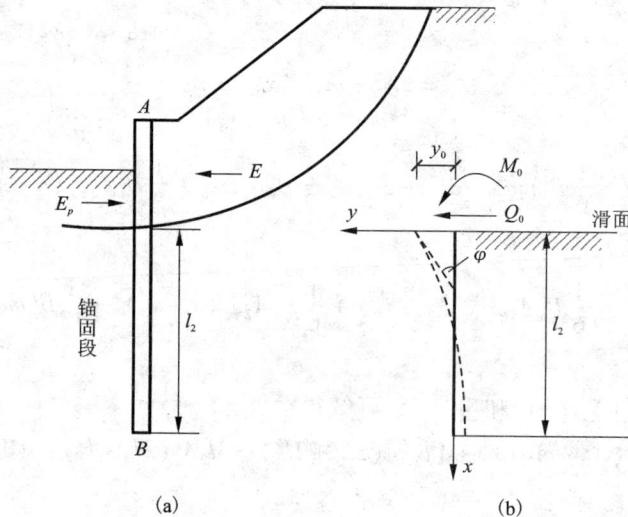

图 9.9

由微段的静力平衡条件得：

$$Q_x - (Q_x + dQ_x) - \sigma_x d_x = 0 \tag{9.22}$$

$$M_x + Q_x d_x - \sigma_x \cdot \frac{1}{2}(d_x)^2 - (M_x + dM_x) = 0 \tag{9.23}$$

略去二阶微量，得：

$$\frac{dQ_x}{d_x} = -\sigma_x, \quad \frac{dM_x}{d_x} = Q_x \tag{9.24}$$

因此，竖向弹性桩各物理量有如下关系式：

$$y_x = f(x) \tag{9.25}$$

$$\varphi_x = \frac{dy_x}{dx} \tag{9.26}$$

$$\frac{M_x}{EI} = \frac{d^2 y_x}{dx^2} \tag{9.27}$$

$$\frac{Q_x}{EI} = \frac{\mathrm{d}^3 y_x}{\mathrm{d}x^3} \tag{9.28}$$

$$\sigma_x + EI \frac{\mathrm{d}^4 y_x}{\mathrm{d}x^4} = 0 \tag{9.29}$$

由前述假定，地基反力 $\sigma_x = K \cdot B_\mathrm{p} \cdot y_x$，有

$$EI \frac{\mathrm{d}^4 y_x}{\mathrm{d}x^4} + K \cdot B_\mathrm{p} \cdot y_x = 0 \tag{9.30}$$

式(9.30)称为弹性桩的挠度微分方程。

求解抗滑桩桩身内力及变位，从数学角度讲就是解上式四阶微分方程式。一般根据桩受力的不同情况及对地基系数的不同假定分别求解。

②m 法

m 法的地基系数 $K = m \cdot x$，故桩顶受水平荷载的挠曲微分方程为：

$$EI \frac{\mathrm{d}^4 y}{\mathrm{d}x^4} + m_\mathrm{h} \cdot x \cdot B_\mathrm{p} \cdot y = 0 \tag{9.31}$$

式中：EI——桩的抗弯刚度；

　　　B_p——桩的计算宽度；

　　　m_h——m 法水平向地基系数；

　　　其余符号意义同前。

式(9.31)为四阶线性变系数齐次微分方程，采用幂级数的解法，整理后有：

$$\left. \begin{aligned} y_x &= y_0 A_1 + \frac{\varphi_0}{a} B_1 + \frac{M_0}{a^2 EI} C_1 + \frac{Q_0}{a^3 EI} D_1 \\ \varphi_x &= a \left[y_0 A_2 + \frac{\varphi_0}{a} B_2 + \frac{M_0}{a^2 EI} C_2 + \frac{Q_0}{a^3 EI} D_2 \right] \\ M_x &= a^2 EI \left[y_0 A_3 + \frac{\varphi_0}{a} B_3 + \frac{M_0}{a^2 EI} C_3 + \frac{Q_0}{a^3 EI} D_3 \right] \\ Q_x &= a^3 EI \left[y_0 A_4 + \frac{\varphi_0}{a} B_4 + \frac{M_0}{a^2 EI} C_4 + \frac{Q_0}{a^3 EI} D_4 \right] \end{aligned} \right\} \tag{9.32}$$

式中：y_x、φ_x、M_x、Q_x——分别为锚固段桩身任意截面的位移(m)、转角(rad)、弯矩(kN·m)和剪力(kN)；

　　　y_0、φ_0、M_0、Q_0——分别为滑面处桩的位移(m)、转角(rad)、弯矩(kN·m)和剪力(kN)；

　　　A_i、B_i、C_i、D_i——随桩的换算深度 $l = \alpha x$ 而变化的 m 法的影响函数值，见表9.6；

　　　x——滑面以下锚固段计算断面的深度(m)。

　　　其余符号意义同前。

式(9.32)为 m 法计算桩的一般表达式。计算时必须先求得滑动面处的 y_0 和 φ_0，才能求出桩身任一截面处的位移、转角、弯矩和剪力，地基土对该截面的侧向应力。一般应根据桩底的边界条件来确定。

a. 当桩底为固定端时，有 $y_B = 0$、$\varphi_B = 0$、$M_B \neq 0$、$Q_B \neq 0$。将边界条件代入式(9.32)中的第 1 式和第 2 式，联立求解得：

$$y_0 = \frac{M_0}{a^2 EI} \frac{B_1 C_2 - C_1 B_2}{A_1 B_2 - B_1 A_2} + \frac{Q_0}{a^3 EI} \frac{B_1 D_2 - D_1 B_2}{A_1 B_2 - B_1 A_2} \left.\right\}$$
$$\varphi_0 = \frac{M_0}{aEI} \frac{C_1 A_2 - A_1 C_2}{A_1 B_2 - B_1 A_2} + \frac{Q_0}{a^2 EI} \frac{D_1 A_2 - A_1 D_2}{A_1 B_2 - B_1 A_2} \tag{9.33}$$

b. 当桩底为铰接端时，$y_B = 0$、$M_B = 0$、$\varphi_B \neq 0$、$Q_B \neq 0$。将边界条件代入式(9.32)中第 1 式和第 3 式，联立求解得：

$$y_0 = \frac{M_0}{a^2 EI} \frac{B_1 C_2 - C_1 B_2}{A_1 B_2 - B_1 A_2} + \frac{Q_0}{a^3 EI} \frac{B_1 D_2 - D_1 B_2}{A_1 B_2 - B_1 A_2} \left.\right\}$$
$$\varphi_0 = \frac{M_0}{aEI} \frac{C_1 A_2 - A_1 C_2}{A_1 B_2 - B_1 A_2} + \frac{Q_0}{a^2 EI} \frac{D_1 A_2 - A_1 D_2}{A_1 B_2 - B_1 A_2} \tag{9.34}$$

c. 当桩底为自由端时，$M_B = 0$、$Q_B = 0$、$y_B \neq 0$、$\varphi_B \neq 0$。将边界条件代入式(9.32)中第 3、第 4 式，联立求解得：

$$y_0 = \frac{M_0}{a^2 EI} \frac{B_3 C_4 - C_3 B_4}{A_3 B_4 - B_3 A_4} + \frac{Q_0}{a^3 EI} \frac{B_3 D_4 - B_4 D_3}{A_3 B_4 - B_3 A_4} \left.\right\}$$
$$\varphi_0 = \frac{M_0}{aEI} \frac{C_3 A_4 - A_3 C_4}{A_3 B_4 - B_3 A_4} + \frac{Q_0}{a^2 EI} \frac{D_3 A_4 - A_3 D_4}{A_3 B_4 - B_3 A_4} \tag{9.35}$$

将上述各种边界条件下相应的 y_0、φ_0 代入式(9.32)，即可求得滑动面以下桩身任一截面的位移、转角、弯矩和剪力。

表 9.6　弹性桩 m 法初参数解的计算系数

换算深度 $l = ax$	A_1	B_1	C_1	D_1	A_2	B_2	C_2	D_2
0.0	1.00000	0.00000	0.00000	0.00000	0.00000	0.00000	0.00000	0.00000
0.1	1.00000	0.10000	0.00500	0.00017	-0.00000	1.00000	0.10000	0.00500
0.2	1.00000	0.20000	0.20200	0.00133	-0.00007	1.00000	0.20000	0.02000
0.3	0.99998	0.30000	0.04500	0.00450	-0.00034	0.99996	0.30000	0.04500
0.4	0.99991	0.39999	0.08000	0.01067	-0.00107	0.99983	0.39998	0.08000
0.5	0.99974	0.49996	0.12500	0.12500	-0.00260	0.99948	0.49994	0.12499
0.6	0.99935	0.59987	0.17998	0.03600	-0.00540	0.99870	0.59981	0.17998
0.7	0.99860	0.79967	0.24495	0.05716	-0.01000	0.99720	0.69951	0.24494
0.8	0.99727	0.79927	0.31988	0.08532	-0.01707	0.99545	0.79891	0.31983
0.9	0.99508	0.89852	0.40472	0.12146	-0.02733	0.99106	0.89779	0.40462
1.0	0.99167	0.99722	0.49941	0.16657	-0.04167	0.98333	0.99583	0.49921
1.1	0.98658	1.09508	0.60384	0.22163	-0.06096	0.97317	1.09262	0.60346
1.2	0.97927	1.19171	0.71787	0.28758	-0.08632	0.95855	1.18756	0.71716
1.3	0.96908	1.28660	0.84127	0.36536	-0.11883	0.93817	1.27990	0.84002

续表 9.6

换算深度 $l = ax$	A_1	B_1	C_1	D_1	A_2	B_2	C_2	D_2
1.4	0.95523	1.37910	0.97373	0.45588	− 0.15973	0.91047	1.36865	0.97163
1.5	0.93681	1.46839	1.11484	0.55997	− 0.21030	0.87365	1.45259	1.11145
1.6	0.91280	1.55346	1.26403	0.67842	− 0.27194	0.82565	1.53202	1.25872
1.7	0.88201	1.63307	1.42061	0.81193	− 0.34604	0.76413	1.59963	1.41247
1.8	0.84313	1.70575	1.58362	0.96109	− 0.43412	0.68645	1.65867	1.57150
1.9	0.79467	1076972	1.75190	1.12637	− 0.53768	0.58967	1.70468	1.73422
2.0	0.73502	1.82294	1.92402	1.30801	− 0.65882	0.47106	1.73457	1.89872
2.2	0.57491	1.88709	2.27217	1.72042	− 0.95616	0.15127	1.73110	2.22299
2.4	0.34691	1.87450	2.60882	2.19535	− 1.33889	− 0.30273	1.62286	2.51874
2.6	0.03315	1.75473	2.90670	2.72365	− 1.81479	− 0.92502	1.33485	2.74972
2.8	− 0.38548	1.49037	3.12843	3.28769	− 2.38765	− 1.75482	0.84177	2.86653
3.0	− 0.92809	1.03679	3.22471	3.85838	− 3.05319	− 2.82410	0.06837	2.80406
3.5	− 2.92799	− 1.27172	2.46304	4.97982	− 4.98062	− 6.70806	− 3.58647	1.27018
4.0	− 5.85333	− 5.94097	− 0.92677	4.54780	− 6.53316	− 12.1581	− 10.60840	− 3.76647

换算深度 $l = ax$	A_3	B_3	C_3	D_3	A_4	B_4	C_4	D_4
0.0	0.00000	0.00000	1.00000	0.00000	0.00000	0.00000	0.00000	1.00000
0.1	− 0.00017	− 0.00001	1.00000	0.10000	− 0.00500	− 0.00033	− 0.00001	1.00000
0.2	− 0.00133	− 0.00013	0.99999	0.20000	− 0.02000	− 0.00267	− 0.00020	0.99999
0.3	− 0.00450	− 0.00067	0.99994	0.30000	− 0.04500	− 0.00900	− 0.00101	0.99992
0.4	− 0.01067	− 0.00213	0.99974	0.39998	− 0.08000	− 0.00320	− 0.00320	0.99966
0.5	− 0.02083	− 0.00521	0.99922	0.49991	− 0.12499	− 0.00781	− 0.00781	0.99896
0.6	− 0.03600	− 0.01080	0.99806	0.59974	− 0.17997	− 0.01620	− 0.01620	0.99741
0.7	− 0.05716	− 0.02001	0.99580	0.69935	− 0.24490	− 0.03001	− 0.03001	0.99440
0.8	− 0.08532	− 0.03412	0.99181	0.79854	− 0.31975	− 0.05120	− 0.05120	0.98908
0.9	− 0.12144	− 0.05466	0.98524	0.89705	− 0.40443	− 0.08198	− 0.08198	0.98032
1.0	− 0.16652	− 0.08329	0.97201	0.99445	− 0.49881	− 0.12493	− 0.12493	0.96667
1.1	− 0.22152	− 0.12192	0.95975	1.09016	− 0.60268	− 0.18285	− 0.18285	0.94634
1.2	− 0.28727	− 0.17260	0.93783	1.18342	− 0.71573	− 0.25886	− 0.25886	0.91712
1.3	− 0.36496	− 0.23760	0.90727	1.27320	− 0.83753	− 0.35631	− 0.36361	0.87638
1.4	− 0.45515	− 0.31933	0.86573	1.35821	− 0.96746	− 0.47883	− 0.47883	0.82102
1.5	− 0.55870	− 0.42039	0.81054	1.43680	− 1.10468	− 0.63027	− 0.63027	0.74745
1.6	− 0.67629	− 0.54348	0.73859	1.50695	− 1.24808	− 1.35042	− 0.81466	0.65156
1.7	− 0.80848	− 0.69144	0.64637	1.56621	− 1.39623	− 1.61346	− 1.03616	0.52871
1.8	− 0.95564	− 0.86715	0.52997	1.61162	− 1.54726	− 1.90577	− 1.29909	0.37368
1.9	− 1.11796	− 1.07357	0.38503	1.63969	− 1.69889	− 2.22745	− 1.60770	0.17071

续表 9. 6

换算深度 $l = ax$	A_3	B_3	C_3	D_3	A_4	B_4	C_4	D_4
2.0	−1.29535	−1.31361	0.20676	1.64628	−1.84818	−2.57798	−1.96620	−0.05652
2.2	−1.69334	−1.90567	−0.27087	1.57538	−2.12481	−3.35952	−2.84858	−0.69158
2.4	−2.14117	−2.66329	−0.94885	1.35201	−2.33901	−4.22811	−3.97323	−1.59151
2.6	−2.62126	−3.59987	−1.87734	0.91679	−2.43695	−5.14023	−5.35541	−2.82106
2.8	−3.10341	−4.71748	−3.10791	0.19729	−2.34558	−6.02299	−6.99007	−4.44491
3.0	−3.54058	−5.99979	−4.68788	−0.89126	−1.96928	−6.76460	−8.84029	−6.51972
3.5	−3.91921	−9.54367	−10.3404	−5.85402	−1.07408	−6.78895	−13.69240	−13.8261
4.0	−1.61428	−11.7307	−17.9186	−15.07550	−9.24368	−0.35762	−15.61050	−23.14040

③K 法

K 法地基系数 $K = K_h$，桩锚固段的挠曲微分方程为：

$$EI \frac{d^4 y}{dx^4} + K_h B_p y = 0 \tag{9.36}$$

由式(9.9)定义，有 $K_h B_p = 4EI\beta^4$，式(9.36)可写为

$$\frac{d^4 y}{dx^4} + 4\beta^4 y = 0 \tag{9.37}$$

求解上述常系数齐次微分方程，整理代换后有：

$$y_x = y_0 \eta_1 + \frac{\varphi_0}{\beta} \eta_2 + \frac{M_0}{\beta^2 EI} \eta_3 + \frac{Q_0}{\beta^3 EI} \eta_4$$

$$\varphi_x = \beta \left[-4 y_0 \eta_4 + \frac{\varphi_0}{\beta} \eta_1 + \frac{M_0}{\beta^2 EI} \eta_2 + \frac{Q_0}{\beta^3 EI} \eta_3 \right]$$

$$M_x = \beta^2 EI \left[-4 y_0 \eta_3 - \frac{4\varphi_0}{\beta} \eta_4 + \frac{M_0}{\beta^2 EI} \eta + \frac{Q_0}{\beta^3 EI} \eta_3 \right] \tag{9.38}$$

$$Q_x = \beta^3 EI \left[-4 y_0 \eta_2 - \frac{4\varphi_0}{\beta} \eta_3 - \frac{M_0}{\beta^2 EI} \eta_4 + \frac{Q_0}{\beta^3 EI} \eta_1 \right]$$

$$\sigma_x = K_H y_x$$

式中：η_1、η_2、η_3、η_4——K 法的影响函数，表达式如下：

$$\left. \begin{aligned} \eta_1 &= \cos\beta x \, \mathrm{ch}\beta x \\ \eta_2 &= \frac{1}{2}(\sin\beta x \, \mathrm{ch}\beta x + \cos\beta x \, \mathrm{sh}\beta x) \\ \eta_3 &= \frac{1}{2}\sin\beta x \, \mathrm{sh}\beta x \\ \eta_4 &= \frac{1}{4}(\sin\beta x \, \mathrm{ch}\beta x - \cos\beta x \, \mathrm{sh}\beta x) \end{aligned} \right\} \tag{9.39}$$

式(9.38)为 K 法的一般表达式。同样，计算时要先求滑面处的 y_0 和 φ_0，才能求桩身任一截面处的变位和内力以及地基土在该截面处的侧向应力。一般根据桩底边界条件确定。

a. 当桩底为固定端时，将 $y_B = 0$、$\varphi_B = 0$ 代入式(9.38)中第 1 式和第 2 式，联立求解得：

$$y_0 = \frac{M_0}{\beta^2 EI} \frac{\eta_2^2 - \eta_1\eta_3}{4\eta_2\eta_4 + \eta_1^2} + \frac{Q_0}{\beta^3 EI} \frac{\eta_2\eta_3 - \eta_1\eta_4}{4\eta_2\eta_4 + \eta_1^2} \left.\right\}$$
$$\varphi_0 = \frac{-M_0\eta_1\eta_2 + 4\eta_3\eta_4}{\beta EI\ 4\eta_2\eta_4 + \eta_1^2} - \frac{Q_0}{\beta^2 EI} \frac{\eta_1\eta_3 + 4\eta_4^2}{4\eta_2\eta_4 + \eta_1^2} \quad (9.40)$$

b. 当桩底为铰接端时，$y_B = 0$、$M_B = 0$，代入式（9.38）中第 1 式和第 3 式，联立解得：

$$y_0 = \frac{M_0}{\beta^2 EI} \frac{4\eta_3\eta_4 + \eta_1\eta_2}{4\eta_2\eta_3 - \eta_1\eta_4} + \frac{Q_0}{\beta^3 EI} \frac{4\eta_4^2 + \eta_2^2}{4\eta_2\eta_3 - \eta_1\eta_4} \left.\right\}$$
$$\varphi_0 = \frac{-M_0}{\beta EI} \frac{\eta_1^2 + 4\eta_3^2}{4\eta_2\eta_3 - \eta_1\eta_4} - \frac{Q_0}{\beta^2 EI} \frac{4\eta_3\eta_4 + \eta_1\eta_2}{4\eta_2\eta_3 - \eta_1\eta_4} \quad (9.41)$$

c. 当桩底为自由端时，将 $M_B = 0$，$Q_B = 0$ 代入式（9.38）中第 3 式和第 4 式，联立解得：

$$y_0 = \frac{M_0}{\beta^2 EI} \frac{4\eta_4 + \eta_1\eta_3}{4\eta_3^2 - 4\eta_2\eta_4} + \frac{Q_0}{\beta^3 EI} \frac{\eta_2\eta_3 - \eta_1\eta_4}{4\eta_3^2 - 4\eta_2\eta_4} \left.\right\}$$
$$\varphi_0 = \frac{-M_0 4\eta_3\eta_4 + \eta_1\eta_3}{\beta EI\ 4\eta_3^2 - 4\eta_2\eta_4} - \frac{Q_0}{\beta^2 EI} \frac{4\eta_2^2 - \eta_1\eta_3}{4\eta_3^2 - 4\eta_2\eta_4} \quad (9.42)$$

将上述各种边界条件下相应的 y_0、φ_0 代入式（9.38）即可求得滑面下锚固段桩身任一截面的变位和内力。

④滑动面处地基反力不为零时的处理方法

对于滑坡工程而言，由于滑面以上有滑体存在，抗滑桩桩前土体和桩后土体的高度是不一致的，对于滑面来说，相当于在桩后土体（弹性体）的表面有附加荷载的作用。若用 K 法，这一附加荷载不影响地基土的弹性性质。若采用 m 法，即地基系数随深度而呈直线增加，在滑面处的地基系数不为零，而是某一数值 A，则滑面以下某一深度 x 处岩土抗力的表达式为 $\sigma_x = (A + m)x$，即滑面以下的地基系数分布呈梯形变化。为了利用 m 法推出的公式和影响系数计算此类问题，可进行如下处理：

a. 将地基系数的变化图形向上延伸至虚点 A，延伸的高度 $l_1 = A/m$，见图 9.10；

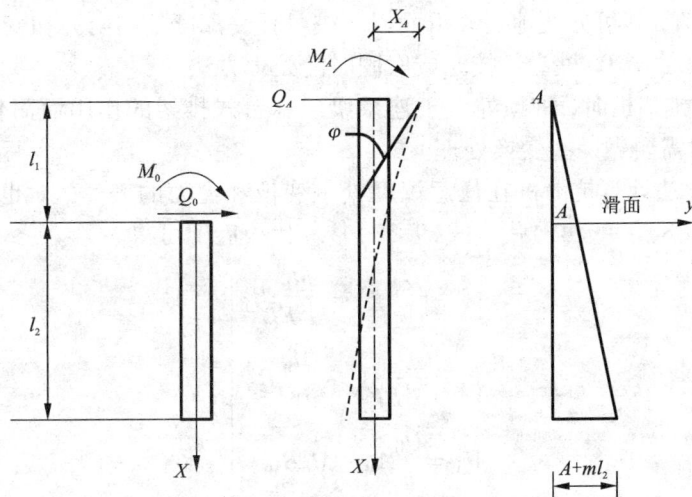

图 9.10　滑面处桩力不为零时的处理方法

　　b. 自虚点 A 向下计算桩的内力和变位，仍可使用表 9.6，但此时应重新确定 A 的初参数 M_A、Q_A、y_A、φ_A；

　　c. A 点处的初参数可由滑面处条件和桩底处的边界条件确定，即在 M_A 和 Q_A 作用下，必须满足下列条件：

　　当 $x = 0 = 0$ 时（在滑面处），

$$M = M_0, \quad Q = Q_0 \tag{9.43}$$

　　当 $x = l_2$ 时（桩底处），$M_B = 0$、$Q_B = 0$（桩底为自由端）或 $y_B = 0$、$\varphi_B = 0$（桩底为固定端）

　　桩底为自由端时可建立下列方程：

$$\left.\begin{array}{l}
a^2 EI\left(y_A A_3^0 + \dfrac{\varphi_A}{a}B_4^0 + \dfrac{M_A}{a^2 EI}C_3^0 + \dfrac{Q_A}{a^3 EI}D_3^0\right) = M_0 \\[3mm]
a^3 EI\left(y_A A_4^0 + \dfrac{\varphi_A}{a}B_3^0 + \dfrac{M_A}{a^2 EI}C_4^0 + \dfrac{Q_A}{a^3 EI}D_4^0\right) = Q_0 \\[3mm]
y_A A_3^B + \dfrac{\varphi_A}{a}B_3^B + \dfrac{M_A}{a^2 EI}B_3^B + \dfrac{Q_A}{a^3 EI}D_3^B = 0 \\[3mm]
y_A A_4^B + \dfrac{\varphi_A}{a}B_4^B + \dfrac{M_A}{a^2 EI}C_4^B + \dfrac{Q_A}{a^3 EI}D_4^B = 0
\end{array}\right\} \tag{9.44}$$

　　桩底为固定端时可将式（9.44）中第 3 式、第 4 式改为下列方程即可：

$$\left.\begin{array}{l}
y_A A_1^B + \dfrac{\varphi_A}{a}B_1^B + \dfrac{M_A}{a^2 EI}C_1^B + \dfrac{Q_A}{a^3 EI}D_1^B = 0 \\[3mm]
y_A A_2^B + \dfrac{\varphi_A}{a}B_2^B + \dfrac{M_A}{a^2 EI}C_2^B + \dfrac{Q_A}{a^3 EI}D_2^B = 0
\end{array}\right\} \tag{9.45}$$

式中：A_i^0、B_i^0、C_i^0、D_i^0（$i = 3, 4$）——在滑面处的影响系数值；

　　　　A_i^B、B_i^B、C_i^B、D_i^B（$i = 1, 2, 3, 4$）——在桩底处的影响系数值。

　　桩底为自由端时，联立求解方程组（9.44）；桩底为固定端时，联立求解式（9.44）中第 1 式、第 2 式和式（9.45）组成的方程组，求得 M_A、Q_Q、y_A、φ_A 值，代入式（9.38）中直接使用表 9.6 中的影响系数值，就可方便地计算滑面以下桩身任一深度处的内力和变位。

　　⑤滑面处（桩顶，$x = 0$）桩为铰接时或嵌固时的处理方法

　　当抗滑桩采用排架桩时，桩顶处由于连系梁或承台式排架的作用而简化为铰接或固接，此时用 m 法计算时需要做一些变换处理。

　　式（9.38）为 m 法计算抗滑桩在任意深度处桩变位和内力的表达式，也可写成如下形式的表达式[将式（9.38）~（9.41）代入式（9.38）整理代换后即可得]：

$$\left.\begin{array}{l}
y_X = \dfrac{Q_0}{a^3 EI}A_Y + \dfrac{M_0}{a^2 EI}B_Y \\[3mm]
\varphi_X = \dfrac{Q_0}{a^2 EI}A_\varphi + \dfrac{M_0}{aEI}B_\varphi \\[3mm]
M_X = \dfrac{Q_0}{a}A_M + M_0 B_M \\[3mm]
Q_X = Q_0 A_Q + aM_0 B_Q
\end{array}\right\} \tag{9.46}$$

式中：A_y、B_y、A_φ、B_φ、A_M、B_M、A_Q、B_Q——分别为计算位移、转角、弯矩和剪力的无量纲

系数。

桩顶铰接时的 A 值见表 9.7~9.10，B 值见表 9.11~9.14。

表 9.7　桩顶铰接时无量纲系数 A_y 值

$l=ax$ ＼ $l=al_2$	4.0	3.5	3.0	2.8	2.6	2.4
0	2.44066	2.50174	2.72658	2.90524	3.1626	3.52562
0.1	2.27873	2.33783	2.551	2.71847	2.95795	3.29311
0.2	2.11779	2.17492	2.3764	2.53289	2.75429	3.06159
0.3	1.95881	2.01396	2.20376	2.34866	2.55258	2.83201
0.4	1.80273	1.8559	2.034	2.16791	2.35373	2.60528
0.5	1.65042	1.70161	1.868	1.99069	2.1585	2.38223
0.6	1.50269	1.55187	1.70651	1.71796	1.9679	2.16355
0.7	1.36024	1.40741	1.55022	1.65037	1.78228	1.94985
0.8	1.2237	1.26882	1.3997	1.48847	1.60223	1.74157
0.9	1.09361	1.13664	1.25543	1.33271	1.42816	1.53906
1.0	0.97041	1.01127	1.11777	1.18841	1.26053	1.34249
1.1	0.85441	0.89303	0.98696	1.04974	1.09336	1.151
1.2	0.74588	0.78215	0.86315	0.90481	0.94377	0.95724
1.3	0.64498	0.67875	0.74637	0.7756	0.79947	0.78831
1.4	0.55175	0.58285	0.63655	0.65296	0.65223	0.61477
1.5	0.46614	0.49435	0.53349	0.53662	0.51518	0.44616
1.6	0.3881	0.41315	0.43696	0.42629	0.38346	0.28202
1.7	0.31741	0.33901	0.3466	0.31152	0.25654	0.12174
1.8	0.25386	0.27166	0.26201	0.22186	0.13387	−0.03529
1.9	0.19717	0.21074	0.18273	0.12676	0.01487	−0.18971
2.0	0.14696	0.15583	0.10819	0.03362	−0.10114	−0.34221
2.2	0.06461	0.06243	−0.0287	−0.13706	−0.32649	−0.64355
2.4	0.00348	−0.01233	−0.1533	−0.30093	−0.54685	−0.94316
2.6	−0.03985	−0.07251	−0.26399	−0.46038	−0.76553	
2.8	−0.06902	−0.12202	−0.38275	−0.61832		
3.0	−0.08741	−0.16453	−0.493434			
3.5	−0.10495	−0.25866				
4.0	−0.10788					

表9.8 桩顶铰接时无量纲系数 A_φ 值

$l=ax$ ＼ $l=al_2$	4.0	3.5	3.0	2.8	2.6	2.4
0.0	− 1.62100	− 1.64076	− 1.75755	− 1.86940	− 2.08419	− 2.32680
0.1	− 1.61600	− 1.63576	− 1.75255	− 1.86440	− 2.04313	− 2.32180
0.2	− 1.60117	− 1.62034	− 1.73774	− 1.84000	− 2.02841	− 2.90705
0.3	− 1.57676	− 1.59654	− 1.71341	− 1.82531	− 2.00418	− 2.28290
0.4	− 1.54334	− 1.56616	− 1.68017	− 1.79219	− 1.97122	− 2.25013
0.5	− 1.50161	− 1.52142	− 1.63874	− 1.75099	− 1.93036	− 2.20977
0.6	− 1.45206	− 1.47216	− 1.59991	− 1.70288	− 1.88263	− 2.16283
0.7	− 1.39593	− 1.41624	− 1.53435	− 1.64828	− 1.82914	− 2.11060
0.8	− 1.33398	− 1.35468	− 1.47467	− 1.58896	− 1.77116	− 2.05445
0.9	− 1.23713	− 1.28637	− 1.41015	− 1.52579	− 1.70935	− 1.93594
1.0	− 1.18647	− 1.21845	− 1.34266	− 1.46009	− 1.64662	− 1.93571
1.1	− 1.12283	− 1.14578	− 1.27315	− 1.39289	− 1.58257	− 1.87583
1.2	− 1.04733	− 1.071548	− 1.20290	− 1.32533	− 1.51913	− 1.81753
1.3	− 0.97078	− 0.99657	− 1.13286	− 1.25902	− 1.45734	− 1.76186
1.4	− 0.89409	− 0.92183	− 1.06408	− 1.19446	− 1.39835	− 1.71000
1.5	− 0.81108	− 0.84811	− 1.99743	− 1.13272	− 1.34305	− 1.66280
1.6	− 0.74337	− 0.77630	− 0.93887	− 1.07480	− 1.29241	− 1.62116
1.7	− 0.67075	− 0.70699	− 0.87403	− 1.02132	− 1.24700	− 1.58551
1.8	− 0.60077	− 0.64805	− 0.81863	− 0.97297	− 1.20743	− 1.55627
1.9	− 0.53393	− 0.57842	− 0.76818	− 0.93020	− 1.17400	− 1.53348
2.0	− 0.47063	− 0.52013	− 0.72309	− 0.89333	− 1.14686	− 1.51693
2.2	− 0.35588	− 0.41727	− 0.64992	− 0.33767	− 1.11079	− 1.50004
2.4	− 0.25831	− 0.33411	− 0.59979	− 0.80513	− 1.09559	− 1.49729
2.6	− 0.17849	− 0.27104	− 0.57092	− 0.79158	− 1.09307	
2.8	− 0.11611	− 0.22727	− 0.55914	− 0.78943		
3.0	− 0.06987	− 0.20056	− 0.55721			
3.5	− 0.01206	− 0.18372				
4.0	− 0.00341					

表 9.9 桩顶铰接时无量纲系数 A_M 值

$l=al_2$ $l=ax$	4.0	3.5	3.0	2.8	2.6	2.4
0.0	0	0	0	0	0	0
0.1	0.0996	0.09959	0.09955	0.09953	0.09948	0.09942
0.2	0.19696	0.19689	0.1966	0.19638	0.1906	0.19561
0.3	0.29101	0.28984	0.28891	0.28818	0.28714	0.28569
0.4	0.37739	0.37678	0.37463	0.37296	0.3706	0.36732
0.5	0.45752	0.45635	0.45227	0.44913	0.44471	0.43859
0.6	0.52938	0.5274	0.52057	0.51534	0.50801	0.49795
0.7	0.59228	0.58918	0.57868	0.57069	0.55956	0.54439
0.8	0.64561	0.64107	0.62588	0.61445	0.59859	0.57716
0.9	0.68926	0.68292	0.662	0.64642	0.62494	0.59608
1.0	0.72305	0.71452	0.68681	0.66637	0.63841	0.60116
1.1	0.74714	0.73602	0.70045	0.67451	0.6393	0.59285
1.2	0.76183	0.74769	0.70324	0.6712	0.6281	0.57187
1.3	0.76761	0.75001	0.6957	0.65707	0.60653	0.53934
1.4	0.76498	0.74349	0.67854	0.63285	0.56852	0.49654
1.5	0.75466	0.72884	0.65323	0.59952	0.53089	0.4452
1.6	0.73734	0.70677	0.61819	0.55814	0.48127	0.38718
1.7	0.71381	0.67809	0.57707	0.50996	0.42551	0.32466
1.8	0.68488	0.64364	0.53005	0.45631	0.3654	0.26008
1.9	0.65139	0.60342	0.47834	0.39686	0.30291	0.19617
2.0	0.61413	0.56097	0.42314	0.33864	0.24013	0.13588
2.2	0.5316	0.46583	0.30766	0.21828	0.1232	0.03492
2.4	0.44334	0.36518	0.1948	0.11015	0.03527	0
2.6	0.35458	0.2656	0.09667	0.031	0.00001	
2.8	0.26996	0.17362	0.0268	0		
3.0	0.19305	0.09535	0			
3.5	0.05081	0.00001				
4.0	0.00005					

表 9.10　桩顶铰接时无量纲系数 A_Q 值

$l = \alpha x$ ＼ $l = \alpha l_2$	4.0	3.5	3.0	2.8	2.6	2.4
0.0	1.00000	1.00000	1.00000	1.00000	1.00000	1.00000
0.1	0.98833	0.98803	0.98695	0.98609	0.98487	0.98314
0.2	0.95551	0.65434	0.95033	0.94688	0.94221	0.93569
0.3	0.90468	0.90211	0.89304	0.88601	0.87604	0.86221
0.4	0.83898	0.83452	0.81902	0.80712	0.79034	0.76724
0.5	0.76145	0.75464	0.73140	0.71373	0.68902	0.65525
0.6	0.67486	0.66529	0.63323	0.60913	0.57569	0.53041
0.7	0.58201	0.56931	0.52760	0.49664	0.43405	0.39700
0.8	0.48522	0.46906	0.41710	0.37905	0.32726	0.25872
0.9	0.38689	0.36698	0.30441	0.25932	0.19865	0.11949
1.0	0.28901	0.26512	0.19185	0.13998	0.07114	− 0.01717
1.1	0.19388	0.16532	0.08154	0.02340	− 0.05251	− 0.14789
1.2	0.10153	0.06971	− 0.02466	− 0.08828	− 0.16976	− 0.26953
1.3	0.01477	− 0.02197	− 0.12508	− 0.19312	− 0.27824	− 0.37903
1.4	− 0.06586	− 0.10689	− 0.21828	− 0.28939	− 0.37576	− 0.47356
1.5	− 0.13952	− 0.18494	− 0.37549	− 0.37549	− 0.46305	− 0.55031
1.6	− 0.20555	− 0.25510	− 0.37800	− 0.44994	− 0.52970	− 0.60654
1.7	− 0.26359	− 0.31699	− 0.44249	− 0.51147	− 0.58233	− 0.63967
1.8	− 0.31345	− 0.37030	− 0.49562	− 0.55889	− 0.61637	− 0.64710
1.9	− 0.35501	− 0.41476	− 0.53660	− 0.59098	− 0.62996	− 0.62610
2.0	− 0.38839	− 0.45034	− 0.56480	− 0.60665	− 0.62138	− 0.57406
2.2	− 0.43174	− 0.49514	− 0.58052	− 0.58438	− 0.53057	− 0.36592
2.4	− 0.44647	− 0.50579	− 0.53789	− 0.48287	− 0.32889	0.00000
2.6	− 0.43651	− 0.48379	− 0.43139	− 0.29184	0.00001	
2.8	− 0.40641	− 0.43066	− 0.25462	0.00001		
3.0	− 0.36065	− 0.34726	0.00000			
3.5	− 0.19975	0.00001				
4.0	− 0.00002					

表 9.11 桩顶铰接时无量纲系数 B_y 值

$l = \alpha l_2$ $l = \alpha x$	4.0	3.5	3.0	2.8	2.6	2.4
0.0	1.62100	1.64076	1.75755	1.86940	2.04849	2.32680
0.1	1.45094	1.47003	1.58070	1.68555	1.85190	2.10911
0.2	1.29088	1.30930	1.41385	1.51169	1.66561	1.90142
0.3	1.14079	1.15854	1.25697	1.34780	1.48928	1.73068
0.4	1.00064	1.01772	1.11001	1.19383	1.32287	1.51585
0.5	0.87036	0.88676	0.97292	1.04791	1.16629	1.33783
0.6	0.74981	0.76553	0.84553	0.91528	1.01937	1.16941
0.7	0.63882	0.65390	0.72770	0.78903	0.99191	1.01039
0.8	0.53727	0.55162	0.61917	0.67472	0.75364	0.86043
0.9	0.44981	0.45846	0.61967	0.56802	0.63421	0.71915
1.0	0.36119	0.37411	0.42889	0.46994	0.52324	0.58611
1.1	0.28606	0.29822	0.34641	0.38004	0.42027	0.46077
1.2	0.21908	0.23045	0.27187	0.29791	0.32465	0.34261
1.3	0.15985	0.17038	0.20483	0.22306	0.23635	0.23098
1.4	0.10793	0.11575	0.14472	0.15494	0.15425	0.12523
1.5	0.06288	0.07155	0.09108	0.09299	0.07790	0.02464
1.6	0.02422	0.03185	0.04337	0.03665	0.00667	− 0.01748
1.7	− 0.00847	− 0.00199	0.00107	− 0.01470	− 0.06006	− 0.16383
1.8	− 0.03572	− 0.03049	− 0.03643	− 0.06163	− 0.12298	− 0.25314
1.9	− 0.05798	− 0.05413	− 0.06965	− 0.10475	− 0.18272	− 0.34007
2.0	− 0.07572	− 0.07341	− 0.09914	− 0.14465	− 0.23990	− 0.42526
2.2	− 0.09940	− 0.10069	− 0.14905	− 0.21696	− 0.34811	− 0.59253
2.4	− 0.11030	− 0.11601	− 0.19023	− 0.28275	− 0.45381	− 0.75833
2.6	− 0.11136	− 0.12246	− 0.22600	− 0.34523	− 0.55748	
2.8	− 0.10544	− 0.12305	− 0.25929	− 0.40682		
3.0	− 0.09471	− 0.11999	− 0.29185			
3.5	− 0.05698	− 0.10632				
4.0	− 0.01487					

表 9.12　桩顶铰接时无量纲系数 B_φ 值

$l=\alpha l_2$ $l=\alpha x$	4.0	3.5	3.0	2.8	2.6	2.4
0.0	-1.75058	-1.75728	-1.81849	-1.88855	-2.01289	-2.22691
0.1	-1.65058	-1.66728	-1.71849	-1.78855	-1.91289	-2.12691
0.2	-1.55069	-1.55739	-1.61861	-1.68868	-1.81303	-2.02707
0.3	-1.45106	-1.45777	-1.51901	-1.58911	-1.71351	-1.92761
0.4	-1.35204	-1.35789	-1.42008	-1.49025	-1.61456	-1.82904
0.5	-1.25394	-1.26069	-1.32217	-1.39249	-1.51723	-1.73186
0.6	-1.15725	-1.16405	-1.22581	-1.29638	-1.42523	-1.63677
0.7	-1.06238	-1.06629	-1.13146	-1.20245	-1.32822	-1.54443
0.8	-0.96978	-0.97678	-1.03965	-1.11124	-1.23795	-1.45556
0.9	-0.87987	-0.88704	-0.95084	-1.02327	-1.15127	-1.37080
1.0	-0.97311	-0.00054	-0.86558	-0.93913	-1.06885	-1.29091
1.1	-0.70981	-0.71753	-0.78442	-0.85922	-0.99112	-1.21638
1.2	-0.63603	-0.63851	-0.70726	-0.78408	-0.91869	-1.14789
1.3	-0.55006	-0.56370	-0.63500	-0.71402	-0.85192	-1.05581
1.4	-0.48412	-0.49338	-0.56726	-0.65236	-0.79118	-1.03054
1.5	-0.41770	-0.42771	-0.50675	-0.52365	-0.73671	-0.98228
1.6	-0.35598	-0.36689	-0.44918	-0.53745	-0.68873	-0.94120
1.7	-0.29897	-0.31093	-0.39811	-0.49035	-0.64723	-0.90178
1.8	-0.24672	-0.25990	-0.35262	-0.44927	-0.61224	-0.88101
1.9	-0.19916	-0.21374	-0.31263	-0.41408	-0.58535	-0.85954
2.0	-0.15624	-0.17240	-0.27808	-0.38468	-0.56088	-0.84498
2.2	-0.08365	-0.10355	-0.22488	-0.34203	-0.53179	-0.83056
2.4	-0.02753	-0.05196	-0.18908	-0.31834	-0.52008	-0.82832
2.6	0.01415	-0.01551	-0.17078	-0.30888	-0.52821	
2.8	0.04351	0.00809	-0.16335	-0.30745		
3.0	0.06269	0.02155	-0.16217			
3.5	0.08294	0.02947				
4.0	0.08507					

表 9.13　桩顶铰接时无量纲系数 B_M 值

$l = \alpha x$ ＼ $l = \alpha l_2$	4.0	3.5	3.0	2.8	2.6	2.4
0.0	1.00000	1.00000	1.00000	1.00000	1.00000	1.00000
0.1	0.99974	0.99974	0.99972	0.99970	0.99967	0.99963
0.2	0.99806	0.99804	0.99789	0.99775	0.99753	0.99719
0.3	0.99382	0.99373	0.99325	0.99279	0.99207	0.99096
0.4	0.98617	0.98598	0.98486	0.98382	0.98217	0.97699
0.5	0.97458	0.97420	0.97209	0.97012	0.96704	0.96236
0.6	0.95861	0.95797	0.95443	0.95056	0.94607	0.93835
0.7	0.93817	0.93178	0.93173	0.92674	0.91900	0.90736
0.8	0.91324	0.91178	0.90390	0.89675	0.88574	0.86927
0.9	0.88407	0.88204	0.87120	0.86145	0.84653	0.82440
1.0	0.85089	0.84815	0.83381	0.82102	0.80101	0.77303
1.1	0.81410	0.81054	0.79213	0.77589	0.75145	0.71582
1.2	0.77415	0.76963	0.74663	0.72586	0.69667	0.65354
1.3	0.73161	0.72599	0.69791	0.67373	0.63803	0.58720
1.4	0.68694	0.68009	0.64648	0.61794	0.67627	0.51780
1.5	0.64081	0.63259	0.59307	0.56003	0.51242	0.51781
1.6	0.59373	0.58401	0.53826	0.50072	0.44739	0.37528
1.7	0.54625	0.53214	0.48280	0.44082	0.38224	0.30497
1.8	0.49889	0.48582	0.42729	0.38115	0.31812	0.23745
1.9	0.45129	0.43729	0.45244	0.32261	0.25621	0.17450
2.0	0.40658	0.38978	0.31890	0.26605	0.19779	0.11803
2.2	0.32025	0.29956	0.21844	0.16225	0.09675	0.03282
2.4	0.24246	0.21825	0.13110	0.07820	0.02654	−0.00002
2.6	0.17546	0.14778	0.06199	0.02101	−0.00004	
2.8	0.11979	0.09007	0.01638	−0.00023		
3.0	0.07595	0.04619	−0.00007			
3.5	0.01354	0.00004				
4.0	0.00009					

表 9.14 桩顶铰接时无量纲系数 B_Q 值

$l = \alpha x$ \ $l = \alpha l_2$	4.0	3.5	3.0	2.8	2.6	2.4
0.0	0.00000	0.00000	0.00000	0.00000	0.00000	0.00000
0.1	− 0.00753	− 0.00763	− 0.00819	0.00873	− 0.00958	− 0.01090
0.2	− 0.02795	− 0.02832	− 0.03050	0.03255	− 0.03579	− 0.04079
0.3	− 0.05820	− 0.05903	− 0.06373	− 0.06814	− 0.07506	− 0.08567
0.4	− 0.09554	− 0.09698	− 0.10502	− 0.11247	− 0.12412	− 0.14185
0.5	− 0.13747	− 0.13966	− 0.15171	− 0.16277	− 0.17994	− 0.20584
0.6	− 0.18191	− 0.18498	− 0.20159	− 0.21668	− 0.23991	− 0.27464
0.7	− 0.22685	− 0.23092	− 0.25253	− 0.27191	− 0.30148	− 0.34524
0.8	− 0.27087	− 0.27604	− 0.30294	− 0.32675	− 0.36127	− 0.41528
0.9	− 0.31245	− 0.31882	− 0.35118	− 0.37941	− 0.42152	− 0.48223
1.0	− 0.35059	− 0.35882	− 0.39609	− 0.42856	− 0.47634	− 0.54406
1.1	− 0.38443	− 0.39337	− 0.43665	− 0.47302	− 0.52570	− 0.59882
1.2	− 0.41335	− 0.42364	− 0.47207	− 0.51187	− 0.56841	− 0.64486
1.3	− 0.43690	− 0.44856	− 0.50172	− 0.54429	− 0.60333	− 0.68054
1.4	− 0.45486	− 0.46788	− 0.52520	− 0.56969	− 0.62957	− 0.70445
1.5	− 0.46715	− 0.48150	− 0.54220	− 0.58757	− 0.64630	− 0.71521
1.6	− 0.47378	− 0.48939	− 0.55250	− 0.59749	− 0.65272	− 0.71143
1.7	− 0.47496	− 0.49174	− 0.55604	− 0.59917	− 0.64819	− 0.69188
1.8	− 0.47103	− 0.48883	− 0.55289	− 0.59243	− 0.63211	− 0.65532
1.9	− 0.46227	− 0.48092	− 0.54299	− 0.57695	− 0.60374	− 0.60035
2.0	− 0.44914	− 0.46839	− 0.52644	− 0.55254	− 0.56243	− 0.52562
2.2	− 0.41179	− 0.43127	− 0.47379	− 0.57608	− 0.43825	− 0.31124
2.4	− 0.36312	− 0.38101	− 0.39538	− 0.36078	− 0.25325	− 0.00002
2.6	− 0.30732	− 0.32104	− 0.29102	− 0.20346	− 0.00003	
2.8	− 0.24853	− 0.25452	− 0.15980	− 0.00018		
3.0	− 0.19052	− 0.18411	− 0.00001			
3.5	− 0.06672	− 0.00001				
4.0	− 0.00045					

桩顶嵌固时，即边界条件为 $\varphi_{x(x=0)}=0$，代入式(9.46)中第 2 式，可得

$$M_0 = -\frac{Q_0}{\alpha^2 EI}A_\varphi \times \frac{\alpha EI}{B_\varphi} = -\frac{Q_0}{a} \times \frac{A_\varphi}{B_\varphi} \tag{9.47}$$

将式(9.47)代入式(9.46)中第 1 式，得

$$y_x = \frac{Q_0}{\alpha^3 EI}\left(A_Y - \frac{A_\varphi}{B_\varphi}B_Y\right) = \frac{Q_0}{\alpha^3 EI}A_{YF} \tag{9.48}$$

将式(9.47)代入式(9.46)中第 3 式，得

$$M_x = \frac{Q_0}{\alpha}\left(A_M - \frac{A_\varphi}{B_\varphi}B_M\right) = \frac{Q_0}{\alpha}A_{MF} \tag{9.49}$$

将式(9.47)代入式(9.46)中第 4 式，得

$$Q_x = Q_0\left(A_Q - \frac{A_\varphi}{B_\varphi}B_Q\right) = Q_0 A_{QF} \tag{9.50}$$

式中：A_{YF}、A_{MF}、A_{QF} 分别为桩顶嵌固时计算桩位移、弯矩、剪力的无量纲系数；Q_0 可根据排桩、排架桩或群桩的空间位置、刚度和连接情况将滑坡推力分配到各根桩上而求得。

⑤复合地基反力法(P – Y 曲线)简介

m 法、K 法都认为桩上的水平荷载与桩的横向变位呈线性关系，地基处于弹性变形。当桩的横向变位较大时，弹性假定就不再适用，而应采用弹塑性分析法，亦即复合地基法。在复合地基法中，目前应用较广的是 P – Y 曲线法。

P – Y 曲线法首先要解决 P – Y 曲线的绘制。下面简要介绍硬黏土和砂土的 P – Y 曲线绘制方法。

对硬黏土，每单位桩长的极限阻力 P_u、土阻力达到极限值一半时相应的位移及 P – Y 曲线按下式计算，

$$P_u = \min\left[\left(3 + \frac{\gamma}{C_n}x + \frac{Jx}{b}\right)C_u b,\ 9C_u b\right] \tag{9.51}$$

$$y_{50} = b\varepsilon_{50} \tag{9.52}$$

$$\frac{P}{P_u} = 0.5\left(\frac{y}{y_{50}}\right)^{\frac{1}{4}} \tag{9.53}$$

当 $y \geqslant 16y_{50}$ 时，$P = P_u$。

式中：γ——由地面到深度 x 处土的平均有效重度；

　　　C_u——土的不排水抗剪强度；

　　　x——计算截面的深度；

　　　J——实验系数，较硬的土取 $J = 0.25$；

　　　b——桩的宽度或直径；

　　　y_{50}——土阻力达到极限阻力一半时相应的位移；

　　　ε_{50}——三轴不排水压缩试验中最大主应力差一半时的应变值；可参考表 9.15 取用。

给定某一深度 x，可绘出该深度的 P – Y 曲线，从桩顶至桩底，取一组深度，相应可绘出一组 P – Y 曲线。

表 9.15　ε_{50} 参考值

C_u(kPa)	54 ~ 107	107 ~ 215	215 ~ 430
ε_{50}	0.007	0.005	0.004

对砂性土，先确定砂土中单位桩长上的有限土抗力

$$\left.\begin{array}{ll} P_u = (C_1 x + C_2 B)\gamma x & x < x_r \\ P_u = C_3 B \gamma x & x > x_r \end{array}\right\} \tag{9.54}$$

式中：C_1，C_2，C_3——与砂土内摩擦角有关的系数，查图 9.11；

　　　　x_r——临界深度，联解式（9.54）中两式可得；

　　　　其余符号意义同前。

砂性土的侧向土反力与桩的挠曲变形的相对关系也是非线性的。任一深度 x 的 $P-Y$ 曲线可近似按下式确定：

$$p = A p_u \text{th}\left(\frac{kx}{A p_u} y\right) \tag{9.55}$$

式中：A——计算系数，$A = \left(3.0 - 0.8 \dfrac{x}{B}\right) \geqslant 0.9$；

　　　　k——地基反力的初始模量，由土的内摩擦角查图 9.12 得出；

　　　　其余符号意义同前。

对于每一个要计算的深度 x_1，x_2，$\cdots$，x_n，可重复上述步骤去推求出相应的一条 $P-Y$ 曲线。

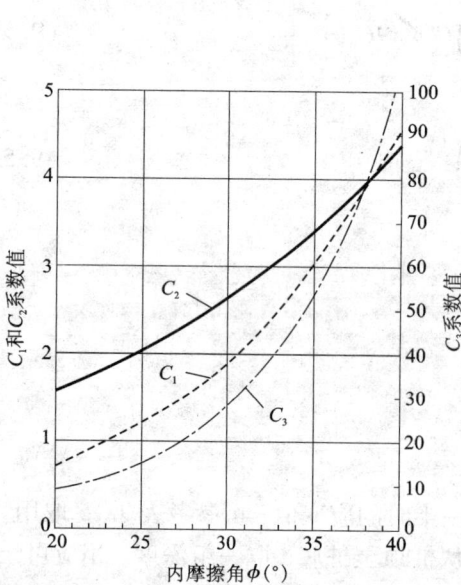

图 9.11　C_1、C_2、C_3 系数值

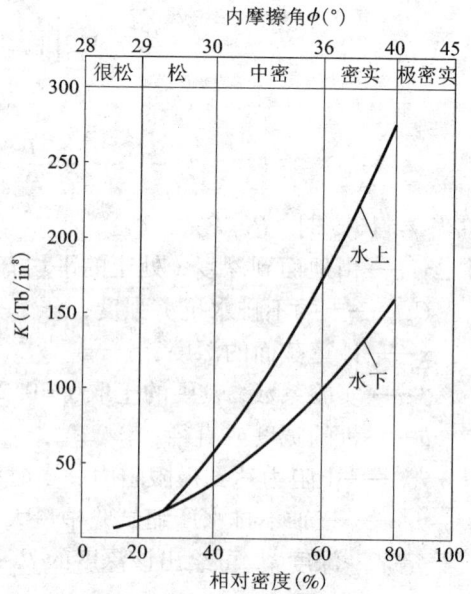

图 9.12　k 值曲线图

求得 P – Y 曲线后,一般用数值方法计算桩的内力和变位。数值方法中比较简单和实用的是有限差分法。

将桩身划分为若干个分段或单元,如图9.13所示,对各个单元的划分点以差分式近似代替桩身的弹性曲线微分方程中的导数式,将上列微分方程变成一组代数差分方程组。

桩身的微分方程为

$$EI\frac{\mathrm{d}^4 y}{\mathrm{d}x^4} + E_{si}y = 0 \qquad (9.56)$$

相应的差分方程为

$$y_{i-2} - 4y_{i-1} + \left(6 + \frac{E_{si}h^4}{EI}\right)y_i - 4y_{i-1} + y_{i+2} = 0 \qquad (9.57)$$

式中:E_{si}——i 点处土的反力模量;

h——桩分段长度(单元长度)。

将一根桩分成 n 段,每段长为 h,如图9.14所示,对每一分段点,类似于式(9.57)可写出 $n+1$ 个方程式,在桩顶和桩底各增加2个虚拟点,根据桩顶和桩底边界条件得出另外4个附加方程,共有 $n+5$ 个方程,可联立求解,解求各单元的 y 值。

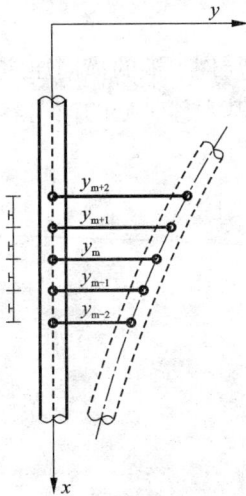

图9.13 桩的挠曲和分段　　　　　**图9.14 桩的分段及编号**

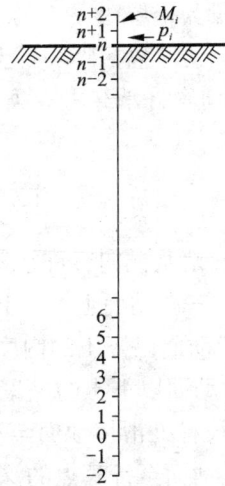

对常用的长桩,桩顶的剪力 Q_0 和弯矩 M_0 是已知的,桩底的剪力和弯矩很小,可略去不计,即假定桩底的剪力和弯矩为零,有

$$\left.\begin{aligned} y_{n-2} - 2y_{n-1} + 2y_{n+2} - y_{n+2} &= \frac{2Q_0 h^3}{EI} \quad (\text{剪力}) \\ y_{n-1} - 2y_n + y_{n+1} &= \frac{M_0 h^2}{EI} \quad (\text{弯矩}) \end{aligned}\right\} \qquad (9.58)$$

$$\left.\begin{aligned} y_{-2} - 2y_{-1} + 2y_1 - y_2 &= 0 \quad (\text{剪力}) \\ y_1 - 2y_0 + y_{-1} &= 0 \quad (\text{弯矩}) \end{aligned}\right\} \qquad (9.59)$$

联立求解 $n+5$ 个方程时,需先假定土反力模量 E_s 沿桩身的分布。每一个计算点 i 假定

一个 E_{si} 值，然后解方程，求出值 y_i，由 y_i 值查 $P - Y$ 曲线，得 P_i 值，从而得出一个新的 E_{si} 值。重复上述过程进行迭代计算，直到假定的 E_{si} 值与计算所得的 E_{si} 值接近或小于给定的允许值为止。

当桩身各点的挠度求出后，就可用以下差分的形式求出桩身各点的转角 φ_i、弯矩 M_i、剪力 Q_i 和土反力 P_i：

$$\left.\begin{aligned}
\varphi_i &= \frac{1}{2h}(y_{i-1} - y_{i+1}) \\
M_i &= \frac{EI}{h^2}(y_{i-1} - 2y_i + y_{i+1}) \\
Q_i &= \frac{EI}{2h^3}(y_{i-2} - 2y_{i-1} + 2y_{i+1} - y_{i+2}) \\
P_i &= -E_{si}y_i
\end{aligned}\right\} \tag{9.60}$$

9.2.4 地基强度校核

抗滑桩的锚固深度，应根据地质、水文地质及地形条件，结合锚固段地层的横向容许承载力计算确定，其计算方法如下：

（1）锚固段为土层

锚固段为土层（包括碎块石土和漂卵石土）或风化破碎岩层时，桩的横向压应力应小于或等于地基的横向容许承载力。当地面横坡 $i = 0$ 或较小时，地基埋深 x 处的横向容许承载力按下式计算：

$$[\sigma] = \frac{4}{\cos\varphi}[(\gamma_1 H_1 + \gamma_2 x)\tan\varphi + c] \tag{9.61}$$

式中：$[\sigma]$——地基横向容许承载力（kPa）；

γ_1、γ_2——滑动面上、下土体的重度（kN/m³）；

φ——滑动面以下土的内摩擦角（°）；

c——滑动面以下土的黏聚力（kPa）；

H_1——设桩处滑体地面至滑动面的距离（m）；

x——滑动面至计算点的深度（m）。

当地面横坡 i 较大且 $i \leqslant \varphi_0$ 时，地基 x 点的横向容许承载力按下式计算：

$$[\sigma] = 4\left(\gamma_1 H_1 + \gamma_2 x \frac{\cos^2 i \sqrt{\cos^2 i - \cos^2 \varphi_0}}{\cos^2 \varphi_0}\right) \tag{9.62}$$

式中：φ_0——滑动面以下土体的综合内摩擦角。

（2）锚固段为岩层

锚固段为比较完整的岩质、半岩质地层时，桩的横向压应力应满足：

矩形截面

$$\sigma_{max} \leqslant K_H \cdot \eta \cdot R \tag{9.63}$$

圆形截面

$$\sigma_{max} \leqslant \frac{1}{1.27}K_H \cdot R \tag{9.64}$$

式中：K_H——在水平方向的换算系数，根据岩层构造取 0.5 ~ 1.0；

　　　η——折减系数，根据岩石的裂隙、风化及软化程度取 0.3 ~ 0.45；

　　　R——岩石单轴抗压强度(kPa)。

　　桩周围岩的横向容许抗压强度，必要时可直接在现场试验取得，一般按岩石的完整程度、层理或片理产状、层间的胶结物与胶结程度、节理裂隙的密度和充填物、各种构造裂面的性质和产状及其贯通情况，分别采用垂直容许抗压强度的 50% ~ 100% 倍。当围岩为密实土或砂层时其值为 50%，较完整的半岩质岩层为 60% ~ 75%，块状或厚层少裂隙的岩层为 75% ~ 100%。

　　围岩在不同的部位的极限抗压强度，一般都尽可能取代表样品做试验，其垂直容许值常用极限值的 1/10 ~ 1/4，对软弱或破碎岩层一般采用较大的系数，对坚硬岩层则取较小值。

　　若桩身作用于地基地层的横向压应力大于围岩的容许强度，则需调整桩的埋深或截面尺寸和间距重新设计。但对围岩有随深度而逐渐增大强度的情况时，可容许在滑面以下 1.5 m 以内产生塑性变形的现象，而在塑性变形深度内围岩抗力采用其横(侧)向容许值。

9.2.5　抗滑桩的结构设计

　　抗滑桩一般采用钢筋混凝土结构，其受力后产生弯曲变形，桩身结构设计计算遵照现行《混凝土结构设计规范》(GB 50010)按受弯构件考虑。但抗滑桩一般允许有较大的变形，桩身裂缝超过允许值后，钢筋的局部锈蚀对桩的强度不会有很大的影响。因此，当无特殊要求时，可不进行"正常使用极限状态验算"(变形和抗裂验算)。

　　(1)桩身截面受弯承载力计算——配置纵向受力钢筋

　　根据前述抗滑桩内力计算结果，取控制截面所受弯矩进行计算。计算可采用以下 2 种方法：

　　①按混凝土结构正截面受弯承载力计算模式计算

　　受力钢筋计算可按单筋矩形截面考虑，经简化的计算图式如图 9.15 所示。

　　由力的平衡条件得

$$\alpha_1 f_c bx = f_y A_s \qquad (9.65)$$

　　由力矩平衡条件得

$$M = \alpha_1 f_c bx\left(h_0 - \frac{x}{2}\right) \qquad (9.66)$$

图 9.15　桩截面按极限状态法计算简图

　　联立上述两式求解，得

$$A_s = \frac{M}{f_y\left(h_0 - \dfrac{x}{2}\right)} \qquad (9.67)$$

式中：x——桩截面受压区高度，可按下式求得：

$$x = \frac{\alpha_1 f_c b h_0 \pm \sqrt{\alpha_1^2 f_c^2 b^2 h_0^2 - 2 f_c b M}}{f_c b} \qquad (9.68)$$

式中：M——设计弯矩；

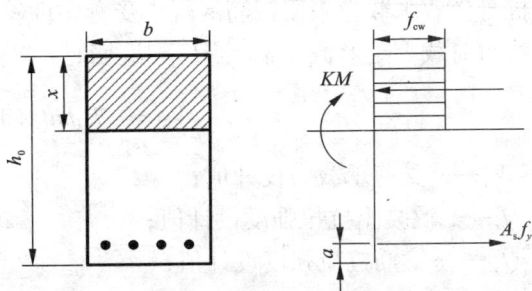

A_s——受拉钢筋截面积；

α_1——混凝土受压区等效矩形应力图系数，当混凝土强度等级$\leqslant C50$，α_1 取 1.0；

f_c——混凝土轴心抗压强度设计值；

f_y——钢筋的抗拉强度设计值；

b——截面宽度；

h_0——截面有效高度。

②按基础梁简化计算公式估算

相对于一般混凝土梁来讲，抗滑桩更像一竖向弹性地基梁，因此可以参照基础梁截面设计计算的相关规定，按下式计算纵向受力钢筋截面积：

$$A_s = \frac{M}{0.9 f_y h_0} \tag{9.69}$$

式(9.67)在受压区高度 $x = 0.2 h_0$ 时，与式(9.69)的计算结果相同。当桩身弯矩较大，相对受压区高度较大时，简化公式的计算结果偏小。而当桩身弯矩较小，相对受压区高度较小时，计算结果偏大。简化公式计算简单，可用在初步设计阶段对桩身用钢量进行估算。

从安全和经济方面考虑，控制截面位置一般取弯矩最大截面以及弯矩明尽降低截面。当桩身较长，或设计精度要求相对较高(比如施工图设计阶段)，考虑到经济方面要求，控制截面可选多个。但此时，钢筋截断位置应符合相关规定。当设计精度要求相对较低(比如方案设计、初步设计阶段)，或桩长不太长时，为了施工方便，可按最大弯矩截面通长配置受力钢筋。

(2)桩身截面受剪承载力计算——配置箍筋

抗滑桩桩身除承受弯矩以外，还承受着剪应力。因此在设计计算时，必须进行剪应力的检算。为了施工方便，桩身不宜设斜筋，斜截面上的剪应力由混凝土和箍筋承受。

桩身受剪承载力采用钢筋混凝土受弯构件斜截面受剪承载力相关计算公式。

均布荷载下矩形截面梁，当仅配箍筋时，斜截面承载力按下式计算：

$$V_u = 0.7 f_t b h_0 + 1.25 f_{yv} \frac{A_{sv}}{s} h_0 \tag{9.70}$$

式中：V_u——受剪承载力设计值；

f_t——混凝土抗拉强度设计值；

f_{yv}——箍筋抗拉强度设计值；

A_{sv}——配置在同一截面内箍筋各肢的全部截面积，$A_{sv} = n A_{sv1}$，其中 n 为在同一个截面内箍筋的肢数，A_{sv1} 为单肢箍筋的截面面积；

s——沿构件长度方向箍筋的间距。

截面设计时，将上式中的抗剪承载力 V，用设计剪力代替，即可求得箍筋数量。

若剪力设计值小于混凝土抗剪承载力，即

$$V \leqslant 0.7 f_t b h_0 \tag{9.71}$$

则按构造要求配箍筋。

(3)构造要求

桩身截面受拉钢筋和箍筋除由受弯、受剪承载力计算确定外，尚应符合下述规定：

①桩身混凝土的强度等级不低于 C20。混凝土用普通硅酸盐水泥拌制，当地下水有侵蚀

性时，应根据侵蚀介质的性质、浓度按规定选用。水泥按有关规定选用；

②桩身中的主筋宜采用 HRB400 钢，箍筋可采用 HRB335 钢或 HRB400 钢；

③纵向受拉钢筋直径不宜小于 16 mm，净距不宜小于 120 mm，困难情况下可适当减小，但不得小于 80 mm，可以单根也可成束，成束布置时，每束不宜多于 3 根。主筋可以采用单排布置，也可以 2 ~ 3 排布置。受力钢筋保护层厚度一般不应小于 70 mm，若有地下水侵蚀，还应适当加大；

④纵向受力筋接长时，应采用焊接，焊接质量和接头的位置均应符合有关"规范"要求。当纵向受力筋需截断时，其截断点应按现行国家标准《混凝土结构设计规范》(GB 50010)的规定计算；

⑤抗滑桩内不宜设置斜筋，可采用调整箍筋的直径、间距、桩身截面尺寸等措施，满足斜截面的抗剪强度；

⑥箍筋宜采用封闭式，肢数不宜多于 4 肢，其直径不宜小于 14 mm，间距不宜大于 400 mm；

⑦抗滑桩的两侧和受压边，应适当配置纵向构造钢筋，其间距不应大于 300 mm，直径不宜小于 12 mm。桩的受压边两侧，应配置架立钢筋，其直径不宜小于 16 mm。当桩身较长时，纵向构造钢筋和架立钢筋的直径应增大。

9.2.6　抗滑桩设置原则

(1)桩的剖面布置

抗滑桩的布置，应尽可能利用岩土体本身的潜在强度，以求经济合理。

抗滑桩一般设置在滑坡前缘抗滑地段，滑坡体较薄、锚固段地基强度较高。滑坡体的上部，一般滑动面陡，拉张裂缝多，不宜设桩；中部滑动面往往较深且下滑力大，亦不宜设桩；下部滑动面较缓，下滑力较小或系抗滑地段，经常是较好的设桩位置。实际布置时，还要考虑施工场地，施工荷载影响以及治理的目的等因素。

桩埋入滑面以下稳定地层内的锚固深度与该地层的强度、桩所承受的滑坡推力、桩的刚度以及如何考虑滑面以上桩前抗力等有关。按弹性地基梁设计的抗滑桩，原则上由桩的锚固段传递到滑面以下地层的侧向压应力不得大于该地层的侧向容许压应力、桩基底的最大压应力不得大于地基的容许承载力控制。桩的长度和锚固深度须经计(验)算确定。当桩的位置确定后，桩的全长等于桩在滑体内的长度加上桩的锚固深度。

桩的锚固深度不足时，桩就有被推倒的危险，锚固太深既增加施工困难又不经济。一般锚固深度为桩长的 1/2 ~ 1/4。

由于锚固段桩前岩土体不能有效提供抗力而导致抗滑桩破坏或失效的实例时有发生，故具体确定抗滑桩剖面位置时应注意锚固段地层在设置抗滑桩后的稳定性。

抗滑桩桩长宜小于 35 m。对于滑面埋深大于 25 m 的滑坡，采用抗滑桩阻滑时，应充分论证其可行性。

(2)抗滑桩的平面布置

抗滑桩的平面布置指的是桩的平面位置和桩间距。

一般根据边坡的地层性质、推力大小、滑动面坡度、滑动面以上的厚度、施工条件、桩型和桩截面大小以及可能的锚固深度以及锚固段的地质条件等因素综合考虑决定。

　　一般边坡工程根据主体工程的布置和使用要求而确定布桩位置。滑坡治理工程则一般将抗滑桩布置在滑体下部，即在滑动面平缓、滑体厚度较小、锚固段地质条件较好的地方，同时也要考虑到施工的方便。

　　对地质条件简单的中小型滑坡，一般在滑体前缘布设一排抗滑桩，桩排方向应与滑体垂直或近垂直；对于轴向很长的多级滑动或推力很大的滑坡，可考虑将抗滑桩布置成2排或多排，进行分级处治，分级承担滑坡推力；也可考虑在抗滑地带集中布置2~3排、平面上呈品字形或梅花形的抗滑桩或抗滑排架；对滑坡推力特别大的滑坡，可考虑采用抗滑排架或群桩承台；对于轴向很长的具有复合滑动面的滑体，应根据滑面情况和坡面情况分段设立抗滑桩，或采用抗滑桩与其他抗滑结构组合布置方案。

　　(3)抗滑桩的间距和排距

　　抗滑桩的间距受滑坡推力大小、桩型及断面尺寸、桩的长度和锚固深度、锚固段地层强度、滑坡体的密实度和强度、施工条件等诸多因素的影响，目前尚无较成熟的计算方法。

　　合适的桩间距应该使桩间滑体具有足够的稳定性，在下滑力作用下不致从桩间挤出。可按在能形成土拱的条件下，两桩间土体与两侧被桩所阻止滑动的土体的摩阻力不少于桩所承受的滑坡推力来估计。

　　一般采用的间距为6~10 m。若桩间采用了结构连接来阻止桩间楔形土体的挤出，则桩间距完全决定于抗滑桩的抗滑力和桩间滑体的下滑力。

　　当抗滑桩集中布置成2~3排排桩或排架时，排间距可采用桩截面宽度的2~3倍。

　　(4)桩型选择

　　适用于抗滑桩的桩型有钢筋混凝土桩和钢管桩、H型钢桩等，最常用的是钢筋混凝土桩。

　　抗滑桩桩型的选择应根据滑坡性质、滑坡处的地质条件、滑坡推力大小、工程造价、施工条件和工期要求等因素综合考虑，按安全、可靠、经济、方便的原则，结合设计人员的工程经验来选择。

　　①钢筋混凝土桩

　　钢筋混凝土桩是抗滑桩用得最多的桩型，其断面形式主要有圆形、矩形。挖孔桩多采用矩形截面，当滑坡推力方向难以确定时，应采用圆形桩。设计中一般采用矩形为主，受力面为短边，侧面为长边。桩的截面尺寸根据滑坡推力的大小、桩间距以及锚固段地基的横向容许抗压强度等因素确定。为了便于施工，挖孔桩最小边宽度不宜于小于1.25 m，长度一般为2~4 m。

　　圆形断面可机械钻孔成桩，也可人工挖孔成桩，桩径根据滑坡推力和桩间距而定，一般为$\phi600 \sim \phi2000$ mm，最大可达$\phi4500$ mm。矩形断面可充分发挥其抗弯刚度大的优点，适用于滑坡推力较大，需要较大刚度的地方。一般为人工成孔抗滑桩，断面尺寸$b \times h$一般为1000 mm×1500 mm、1200 mm×1800 mmm、1500 mm×2000 mm、2000 mm×3000 mm等。

　　②钢管桩

　　钢管桩一般为打入式桩，其特点是强度高、抗弯能力大、施工快、可快速形成桩排或桩群。钢管桩桩径一般为$D400 \sim D900$，常用的是$D600$。

　　钢管桩适合于有沉桩施工条件和有材料可资利用的地方，或工期短、需要快速处治的滑坡工程。

③H 型钢桩

H 型钢桩与钢管桩的特点和适用条件基本相同,其型号有 HP200、HP250、HP310、HP360 等。

(5)桩间挡土及桩间联系设置

为防止受荷段桩间土体下滑,在桩间增设钢筋混凝土挡土板,构成桩和板组成的桩板式抗滑桩;或者在桩间设置浆砌块、石拱形挡土板等。该类结构的荷载计算可按静力平衡方法求解。

在重要建筑区,抗滑桩之间应用钢筋砼联系梁联接,以增强整体稳定性。

9.2.7 抗滑桩施工注意事项

(1)抗滑桩要严格按设计图施工。应将开挖过程视为对滑坡进行再勘察过程对待,及时进行地质编录,以利于反馈设计。

(2)抗滑桩施工包含以下工序:施工准备、桩孔开挖、地下水处理、护壁、钢筋笼制作与安装、混凝土灌注、混凝土养护等。

(3)施工准备应按下列要求进行:

按工程要求进行备料,选用材料的型号、规格符合设计要求,有产品合格证和质检单;钢筋应专门建库堆放,避免污染和锈蚀;使用普通硅酸盐水泥;砂石料的杂质和有机质的含量应符合《混凝土结构工程施工及验收规范》(GB 50204—92)的有关规定。

(4)桩孔以人工开挖为主,并按下列原则进行:

开挖前应平整孔口,并做好施工区的地表截、排水及防渗工作。雨季施工时,孔口应加筑适当高度的围堰。采用间隔方式开挖,每次间隔 1~2 孔。按由浅至深、由两侧向中间的顺序施工。松散层段原则上以人工开挖为主,孔口做锁口处理,桩井位于土层和风化破碎的岩层时宜设置护壁,一般地区锁口和护壁混凝土强度等级宜为 C15,严寒和软弱地基地段宜为 C20。基岩或坚硬孤石段可采用少药量、多炮眼的松动爆破方式,但每次剥离厚度不宜大于 30 cm。开挖基本成型后再人工刻凿孔壁至设计尺寸。

根据岩土体的自稳性、可能日生产进度和模板高度,经过计算确定一次最大开挖深度。一般自稳性较好的可塑—硬塑状黏性土、稍密以上的碎块石土或基岩中为 1.0~1.2 m;软弱的黏性土或松散的、易垮塌的碎石层为 0.5~0.6 m;垮塌严重段宜先注浆后开挖。

每开挖一段应及时进行岩性编录,仔细核对滑面(带)情况,综合分析研究,如实际位置与设计有较大出入时,应将发现的异常及时向建设单位和设计人员报告,及时变更设计。实挖桩底高程应会同设计、勘察等单位现场确定。

弃渣可用卷扬机吊起,吊斗的活门应有双套防开保险装置,吊出后应立即运走,不得堆放在滑坡体上,防止诱发次生灾害。

(5)钢筋混凝土护壁

宜采用 C20 砼。护壁的单次高度根据一次最大开挖深度确定,一般每开挖 1.0~1.5 m,护壁一节。护壁厚度应满足设计要求,一般为 10~20 mm,应与围岩接触良好。护壁后的桩孔应保持垂直、光滑。

(6)钢筋笼的制作与安装

钢筋笼尽量在孔外预制成型,在孔内吊放竖筋并安装。孔内制作钢筋笼必须考虑焊接时的通风排烟。竖筋的接头采用双面搭接焊、对焊或冷挤压，接头点错开。竖筋的搭接处不得放在土石分界和滑动面(带)处。当井孔内渗水量过大时，应采取强行排水、降低地下水位措施。

(7)桩芯混凝土灌注应符合下列要求：

待灌注的桩孔应经检查合格。所准备的材料应满足单桩连续灌注。当孔底积水厚度小于100 mm时，可采用干法灌注；否则应采取措施处理。

当采用干法灌注时，混凝土应通过串筒或导管注入桩孔，串筒或导管的下口与混凝土面的距离为1~3 m。

桩身混凝土灌注应连续进行，一般不留施工缝。当必须留置施工缝时，应按《混凝土结构工程施工及验收规范》(GBJ 50204—92)的有关规定进行处理。

桩身混凝土，每连续灌注0.5~0.7 m时，应插入振动器振捣密实一次。对出露地表的抗滑桩应及时派专人用麻袋、草帘加以覆盖并浇清水进行养护，养护期应在7 d以上。

(8)桩身混凝土灌注过程中，应取样做混凝土试块。每班、每百 m^3 或每搅百盘取样应不少于一组。

(9)若孔底积水深度大于100 mm，但有条件排干时，应尽可能采取增大抽水能力或增加抽水设备等措施进行处理。

(10)若孔内积水难以排干，应采用水下灌注方法进行混凝土施工，保证桩身混凝土质量。

(11)水下混凝土必须具有良好的和易性，其配合比按计算和试验综合确定。水灰比宜为0.5~0.6，坍落度宜为160~200 mm，砂率宜为40%~50%，水泥用量不宜少于350 kg/m^3。

(12)水下混凝土灌注应按下列要求进行：

为使隔水栓能顺利排出，导管底部至孔底的距离宜为250~500 mm。为满足导管初次埋置深度在0.8 m以上，有足够的超压力能使管内混凝土顺利下落并将管外混凝土顶升。

灌注开始后，应连续地进行，每根桩的灌注时间不应有关规定：

灌注过程中，应经常探测井内混凝土面位置，力求导管下口埋深在2~3 m，不得小于1 m。

对灌注过程中从井内溢出物，应引流至适当地点处理，防止污染环境。

(13)若桩壁渗水并有可能影响桩身混凝土质量时，灌注前宜采取下列措施予以处理：

使用堵漏技术堵住渗水口；使用胶管、积水箱(桶)，并配以小流量水泵排水；若渗水面积大，应采取其他有效措施堵住渗水。

(14)抗滑桩的施工应符合下列安全规定：

监测应与施工同步进行。当滑坡出现险情并危及施工人员安全时，应及时通知人员撤离。孔口必须设置围栏，用以防止地表水、雨水流入。严格控制非施工人员进入现场。人员上、下可用卷扬机和吊斗等升降设施。同时应准备软梯和安全绳备用。孔内有重物起吊时，应有联系信号，统一指挥。升降设备应由专人操作。井下工作人员必须戴安全帽，不宜超过2人。

每日开工前必须检测井下的有害气体。孔深超过10 m后，或10 m内有CO、CO_2、NO、NO_2、甲烷及瓦斯等有害气体含量超标或氧气不足时，均应使用通风设施向作业面送风。井下爆破后，必须向井内通风，炮烟粉尘全部排除后，方能下井作业。

　　井下照明必须采用 36 V 安全电压。进入井内的电气设备必须接零接地,并装设漏电保护装置,防止漏电触电事故。

　　井内爆破前,必须经过设计计算,避免药量过多造成孔壁坍塌。须由已取得爆破操作证的专门技术工人负责。起爆装置宜用电雷管,若用导火索时,其长度应能保证点炮人员安全撤离。

　　(15)抗滑桩属于隐蔽工程,施工过程中,应做好各种施工和检验记录。对于发生的故障及其处理情况,应记录备案。

9.3　重力式抗滑挡土墙

9.3.1　重力式抗滑挡土墙类型、特点和适用条件

　　重力式抗滑挡土墙是目前整治中、小型滑坡中应用最为广泛而且较为有效的措施之一。由于滑坡型式多种多样,滑坡推力的大小也因滑坡的型式、规模和滑移面层的不同而不同。抗滑挡土墙结构的断面形式应因地适宜而采用和设计,而不能像一般挡土墙那样采用标准断面。工程中常用的抗滑挡土墙断面形式如图 9.16 所示。

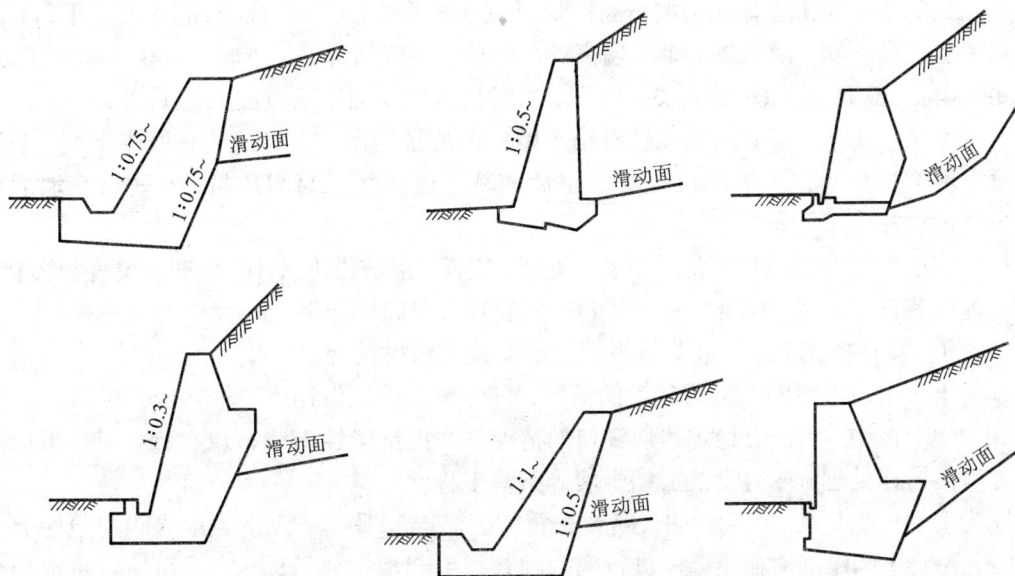

图 9.16　工程中常用的抗滑挡土墙断面形式

　　选取何种形式的抗滑挡土墙,应根据滑坡的性质、类型(渐断性的滑坡或连续性的滑坡、单一性的滑坡或复合式的滑坡、浅层式的滑坡还是深层式的滑坡等)、自然地质条件、当地的材料供应情况等条件,综合分析,合理确定,以期达到整治滑坡的同时,降低整治工程的建设费用。

　　采用抗滑挡土墙整治滑坡,对于小型滑坡,可直接在滑坡下部或前缘修建抗滑挡土墙,对于中、大型滑坡,抗滑挡土墙常与排水工程、刷土减重工程等整治措施联合使用。其优点

是山体破坏少，稳定滑坡收效快。尤其对于由于斜坡体因前缘崩塌而引起大规模滑坡，抗滑挡土墙会起到良好的整治效果。但在修建抗滑挡土墙时，应尽量避免或减少对滑坡体前缘的开挖，必要时，可设置补偿型抗滑挡土墙与滑坡体前缘土坡之间填土，如图9.17所示。

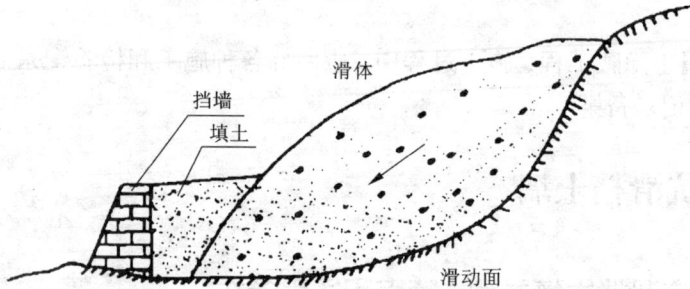

图9.17 补偿型抗滑挡土墙与滑坡体前缘土坡之间填土

重力式抗滑挡土墙与一般挡土墙类似，但它又不同于一般挡土墙，主要表现在抗滑挡土墙所承受的土压力的大小、方向、分布和作用点等方面。一般挡土墙主要抵抗主动土压力，而抗滑挡土墙所抵抗的是滑坡体的剩余下滑推力。一般情况下滑坡的剩余推力较大，对于滑体刚度较大的中厚层滑坡体压力的分布图形近似于矩形，推力的方向与滑移面层平行；合力作用点位置较高，位于滑面以上1/2墙高处。因此，一般情况下，滑坡推力较主动土压力大。为满足抗滑挡土墙自身稳定的需要，这要求通常抗滑挡土墙墙面坡度采用1:0.3~1:0.5，甚至缓至1:0.75~1:1。有时为增强抗滑挡土墙底部的抗滑阻力，将其基底做成倒坡，或锯齿形；而为了增加抗滑挡土墙的抗倾覆稳定性和减少墙体圬工材料用量，有时可在墙后设置1~2 m宽的衡重台或卸荷平台。

抗滑挡土墙的布置应根据滑坡位置、类型、规模、滑坡推力大小、滑动面位置和形状，以及基础地质条件等因素，综合分析来进行，一般其布置原则如下：

①对于中、小型滑坡，一般将抗滑挡土墙布设在滑坡前缘；

②对于多级滑坡或滑坡推力较大的情况，可分级布设抗滑挡土墙；

③对于滑坡中、小部有稳定岩层锁口的情况，可将抗滑挡土墙布设在锁口处，锁口处以下部分滑体另作处理，或另设抗滑挡土墙等整治工程；

④当滑动面出口在构筑物(如公路、桥梁、房屋建筑)附近，且滑坡前缘距建筑物有一定距离时，为防止修建抗滑挡土墙所进行的基础开挖引起滑坡体活动，应尽可能将抗滑挡土墙靠近建筑物布置，以便墙后留有余地填土加载，增加抗滑力，减少下滑力；

⑤对于道路工程，当滑面出口在路堑边坡上时，可按滑床地质情况决定布设抗滑挡土墙的位置。若滑床为完整岩层，可采用上挡下护的办法。若滑床为不宜设置基础的破碎岩层，则可将抗滑挡土墙设置于坡脚以下稳定的地层内；

⑥对于滑坡的前缘面向溪流或河岸或海岸时，抗滑挡土墙可设置于稳定的岸滩地，并在抗滑挡土墙与滑坡体前缘留有余地，填土压重，增加阻滑力，减少抗滑挡土墙的圬工数量，降低工程造价；或将抗滑挡土墙设置在坡脚，并在挡土墙外进行抛石加固，防止坡脚受水流或波浪的浸蚀和淘刷；

⑦对于地下水丰富的滑坡地段，在布设抗滑挡土墙前，应先进行辅助排水工程，并在抗滑挡土墙上设置好排水设施；

⑧对于水库沿岸，由于水库蓄水水位的上升和下降，使浸水斜坡发生崩塌，进而可能引起的大规模的滑坡，除在浸水斜坡可能崩塌处布设抗滑挡土墙外，在高水位附近还应设抗滑桩或二级抗滑挡土墙，以稳定高水位以上的滑坡体；或根据地形情况及水库蓄水水位的变化情况设置 2～3 级或更多级抗滑挡土墙。

9.3.2 重力式抗滑挡土墙的设计计算

重力式抗滑挡土墙设计计算内容与一般的重力式挡土墙内容基本一致，主要包括抗滑移稳定性、抗倾覆稳定性、墙身载面强度验算、地基强度验算等内容，具体计算方法参见重力式挡土墙设计，这里仅就作用于抗滑挡土墙的力系、抗滑挡土墙高度的拟定等内容作一简单介绍。

1. 抗滑挡土墙上力系分析与荷载确定

作用于抗滑挡土墙的力系，与一般挡土墙所受力系相似，只是在进行抗滑挡土墙设计时，侧压力一般不是采用主动土压力，而是滑坡推力，其大小、方向、分布和合力作用点位置与一般挡土墙上的土压力不同。在进行抗滑挡土墙设计时应充分分析作用于挡土墙上的各种力系，合理确定作用于抗滑挡土墙上的滑坡推力。通常将作用于抗滑挡土墙上的力系分为基本力系和附加力系。

基本力系是指由滑坡体和抗滑挡土墙本身产生的下滑力和阻滑力，它与滑体的大小、容重、滑动面形状和滑面（带）的抗剪强度指标 c、φ 值等因素有关。附加力系是作用于抗滑挡土墙上除基本力系外的其他力学，主要包括：

（1）作用于滑体上的外加荷载，如建筑物自重、汽车荷载等；

（2）对于水库岸坡，水库蓄水时滑体有水，且与滑带水连通时，应考虑动水压力和浮力；

（3）滑体两端有贯通主滑带的裂隙，在滑动时裂隙充分，则应考虑的裂隙水对滑体的静水压力；

（4）其他偶然荷载：如地震力和其他特殊力。

①滑坡推力的计算

滑坡推力的计算是在已知滑动面形状、位置和滑动面（带）上土的抗剪强度指标的基础上进行的，计算方法一般采用剩余下滑力法。在滑坡推力计算中，关于安全系数 K 的使用目前认识尚不一致，有的建议采用 $c'_i=\dfrac{c_i}{k}$、$\tan\varphi'_i=\dfrac{\tan\varphi_i}{K}$ 来计算推力；而有的则采用扩大自重下滑力，即采用 $KW_i\sin\alpha_i$ 来计算推力。具体计算方法详见第 4 章。

②附加力的计算

在计算滑坡推力的同时，还需考虑附加力的影响。应考虑的附加力有（图 9.18）：

a. 滑坡体上有外荷载 Q 时，如建筑物自重、汽车荷载等，应将 Q 加在相应的滑块自重之中。

b. 对于水库岸坡等地带的滑坡，滑体有水，且与滑带水连通时，应考虑动水压力和浮力。动水压力 D，其作用点位于饱水面积的形心处，方向与水力坡度平行，大小为：

$$D=\gamma_\text{w}\Omega I \tag{9.72}$$

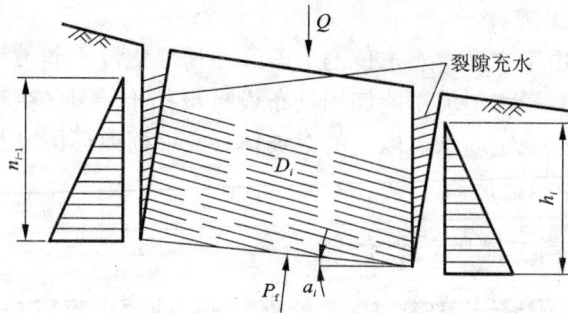

图 9.18 作用于滑体分块上和附加力系

式中：γ_w——水的容量（kN/m^3）；

  Ω——滑坡体条块饱水面积（m^2）；

  I——水力坡降。

浮力 P，其方向垂直于滑动面，大小为：

$$P = \eta\gamma_w\Omega \tag{9.73}$$

式中：η——滑坡体土的孔隙度。

c. 当滑动面水有承压水头 H_0 时，应考虑浮力 P_f，其方向垂直于滑动面，大小为：

$$P_f = \gamma_w H_0 \tag{9.74}$$

d. 滑坡体内有贯通至滑动面的裂隙，滑动时裂隙充水，则考虑裂隙水对滑坡体的静水压力 J，作用于裂隙底以上 $h_i/3$ 高度处，水平指向下滑方向，大小为：

$$J = \frac{1}{2}\gamma_w h_i^2 \tag{9.75}$$

式中：h_i——裂隙水深度，m。

e. 在地震烈度 ≥ 7 度的地区，应考虑地震力 P_h 的作用，P_h 作用于滑坡体条块重心处，水平指向下滑方向，其大小可按相关计算公式计算。

③设计推力的确定

当滑坡推力小于主动土压力时，应把主动土压力作为设计推力进行设计，但当滑坡推力的合力作用点位置较主动土压力的作用点高时，挡土墙的抗倾覆稳定性取其力矩较大者进行验算。因此，抗滑挡土墙设计既要满足抗滑挡土墙的要求，又要满足普通挡土墙的要求。

2. 抗滑挡土墙高度的拟定

抗滑挡土墙的高度如果不合理的话，尽管它使滑坡体原来的出口受阻，但滑坡体可能沿新的滑动面发生越过抗滑挡土墙的滑动。因此，抗滑挡土墙的合理墙高应保证滑坡体不发生越过墙顶的滑动。合理的墙高可采用试算的方法确定（图 9.19），先假定一适当的墙高，过墙顶 A 点作与水平线成（$45° -$

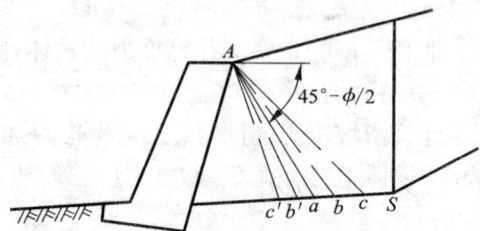

图 9.19 墙体合理高度的确定

$\phi/2$）夹角的直线，交滑动面于 a 点，以 Sa、Aa 为最后滑动面，计算滑坡体的剩余下滑力。然后，再自 a 点向两侧每隔5°作出 Ab、Ac 等和 Ab'、Ac' 等虚拟滑动面进行计算，直至出现剩余下滑力的负值低峰为止。若计算结果为剩余下滑力为正值，则说明墙高不足，应予增高；若剩余下滑力为过大的负值，则说明墙身过高，应予降低。

如此反复调整墙高，经几次试算直至剩余下滑力为不大的负值时，即可认为是安全、经济、合理的挡土墙高度。

3. 基础的埋深

基础的埋置深度应通过计算予以确定。一般情况下，无论何种型式的抗滑挡土墙，其基础必须埋入到滑动面以下的完整稳定的岩（土）层中，且应有足够的抗滑、抗剪和抗倾覆的能力；对于基岩不小于0.5 m，对于稳定坚实的土层不小于2 m，并置于可能向下发展的滑动面以下，即应考虑设置抗滑挡土墙后由于滑坡体受阻，滑动面可能向下伸延。当基础埋置深度较大，墙前有形成被动土压力条件时（埋入密实土层3 m、中密土层4 m以上），可酌情考虑被动土压力的作用。

9.3.3 抗滑挡土墙的施工

（1）填料选择

为保证抗滑挡土墙既能安全正常工作，又能尽可能地减少其断面尺度，降低工程造价，其墙后填料的选择也是一项重要的工作。

由土压力理论知道，填土容重越大，土压力也越大；填土的内摩擦角越大，土压力则越小。因此墙后应选择容重小，而内摩擦角又大的填料，一般以块石、砾石为好。这样的填料透水性也强，抗剪强度稳定，易排水。

因黏性土的压实性和透水性都较差，并且又常具有吸水膨胀性和冻胀性，产生侧向膨胀压力，影响挡土墙的稳定性。当不得不采用黏性土作填料时，应适当加以块石或碎石。任何时候不能采用淤泥、膨胀土作墙后填料。对季节性冻土地区，不能用冻胀性材料作为填料。填土必须分层夯实，达到要求强度，保证质量。

另外为降低工程造价，选择填料时，宜就近取材，充分利用刷方减载的弃土，必要时可对弃土进行改善处理，以满足墙后填料的需要。

（2）墙身材料选择

墙身材料的选择应与抗滑挡土墙的结构型式相适应。

对于重力式抗滑挡土墙，墙身材料一般采用条石、块石或块石混凝土或素混凝土。条石或块石应质地坚实，未风化，风化程度弱，强度较高，一般应选择 Mu30 号以上的条石或块石；采用混凝土时，混凝土强度等级一般不低于 C15。

对于锚杆式抗滑挡土墙、板桩式抗滑挡土墙、竖向预应力锚杆式抗滑挡土墙等型式，其墙身材料最好采用混凝土或钢筋混凝土，混凝土强度等级不宜低于 C20。对预应力锚杆的锚固区域，其混凝土等级不宜低于 C30，锚固区域的大小应通过计算合理确定，防止施加预应力时锚固区域被压坏。

对于加筋土抗滑挡土墙，其墙身材料一般采用级配良好的砂卵石或级配良好的碎石土作为加筋体部分的填料，筋带最好采用钢塑复合带，加筋挡土墙的面板宜采用钢筋混凝土面板。

（3）施工注意事项

①抗滑挡土墙应尽可能在滑坡变形前设置，或在坡脚土体尚未全面开挖前，以较陡的临时边坡分段开挖设置。根据施工过程中建筑物的受力情况，施工时采"步步为营"取分段、跳槽、马口开挖，并及时进行抗滑挡土墙的修建；

②在滑坡地段修建挡土墙前，应事先做好排水系统，合理编制施工组织设计，集中施工力量，作好施工准备，尽量缩短施工工期；

③注意掌握施工季节，尽可能避免雨季滑坡正在急剧发展时在滑坡脚开挖基坑和修建建筑物。由于开挖、填土而使地形有相当大的变化，因此要充分注意排除地表水，也应注意排除地下水，以防水的滞留。同时，对施工用水也应特别注意；

④施工时应先对滑坡体上(后)部进行刷方减载，以减小滑坡体产生的下滑力。刷方减载应按自上而下的原则进行。对刷方减载的弃土可作为抗滑挡土墙后的填料或抗滑挡土墙前的压载体。若滑坡体前缘极为松散，有时需将其清除，在这种情况下，也应采用自上而下的原则进行施工；

⑤当地下水丰富时，除按设计要求做好主体工程的施工外，对辅助工程，如墙后排水沟、墙身泄水孔等，也应切实注意其事故质量，防止墙后积水；

⑥对墙后的回填土必须分层夯实，达到设计要求；

⑦墙体施工时，必须保证施工质量，对浆砌条石挡土墙或浆砌块石挡土墙，砌筑时，砂浆必须饱满，砂浆强度应符合设计要求，保证墙体的整体性和刚度；

⑧施工时，应保证基础埋置到最深的可能滑动面以下的稳定岩(土)中，并满足设计深度。

第 10 章

崩塌及其防治

崩塌系指岩土体在重力和其他外力作用下脱离母体，突然从陡峻斜坡上向下倾倒、崩落和翻滚以及因此而引起的斜坡变形现象。崩塌通常都是在岩土体剪应力值超过岩体的软弱结构面(节理面、层理面、片理面以及岩浆岩侵入接触带等)的强度时产生，其特点是发生急剧、突然，运动快速、猛烈，脱离母体的岩土体的运动不沿固定的面或带，其垂直位移显著大于水平位移。规模巨大的山坡崩塌，称为山崩，规模小的称为坍塌；巨大的岩土体摇摇欲坠，尚未崩落时，称为危岩。如岩块尚未坍落，但已处于极限平衡状态时，称为危石。稳定斜坡上的个别岩块突然坠落称为落石。斜坡表层的岩土体，由于长期强烈风化剥蚀而发生的经常性岩屑碎块顺坡面的滚落现象，称为剥落。

10.1　崩塌形成条件及影响因素

崩塌、落石的形成条件和影响因素很多，主要有地形地貌条件、岩性条件、地质构造条件，以及降雨和地下水的影响；还有地震的影响、风化作用和人为因素的影响等，现说明如下：

(1)地形地貌条件

崩塌、落石多发生在海、湖、河、冲沟岸坡、高陡的山坡和人工斜坡上，地形坡度通常大于 55°、高度大于 30 m 以上，坡面多凹凸不平整，上陡下缓、峡谷陡坡、山区河谷凹岸、冲沟岸坡和山坡陡崖等地通常是崩塌、落石高发地区，而丘陵和分水岭地段由于地形相对平缓，高差较小，一般崩塌、落石较少。

(2)岩性条件

崩塌、落石绝大多数发生在岩性较坚硬的基岩区，因为只有较坚硬的岩石才可能形成高陡的边坡地形。

①由坚硬、性脆的岩石(厚层石灰岩、花岗岩、石英岩、玄武岩等)构成的较陡的斜坡，如其构造、卸荷节理发育，并存在深而陡的、平行于坡面的张裂隙时，有利于崩塌落石的发生，如图 10.1 所示。

②软硬岩互层(如砂岩与页岩互层、石灰岩与泥灰岩互层等)构成的陡峻斜坡，由于抗风化能力的差异，常形成软岩凹、硬岩凸的斜坡，也易形成崩塌落石，如图 10.2 所示。

③黄土垂直节理发育，形成的陡坡，极易产生崩塌。

④陡坡上部为坚硬岩石，下部为易溶岩或软岩(如煤系地层)时，或受河水冲蚀破坏，或受人为活动的变形影响，硬岩受张应力的作用，裂隙进一步向深部发展，当形成连续贯通的

分离面时，便易形成大崩塌。

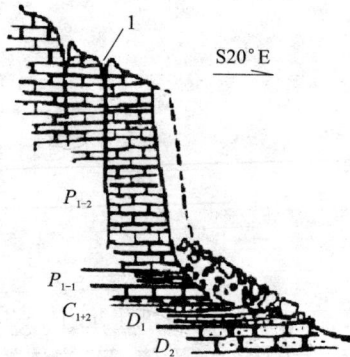

图 10.1 坚硬岩石崩塌
1—张裂缝

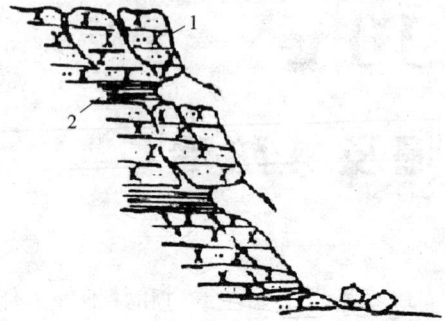

图 10.2 软硬岩互层崩塌与坠落
1—砂岩；2—页岩

（3）地质构造条件

①线路走向与区域性构造线平行贴近，且采用深挖方时，崩塌落石常十分严重。

②几组构造线的交会处，往往是崩塌的多发处。

③当岩体中各种软弱结构面的组合位置处于下列最不利的情况时易发生崩塌：

a. 当岩层倾向山坡、倾角大于45°而小于自然坡度时；

b. 当岩层发育有多组节理，且一组节理倾向山坡，倾角为25°~65°时；

c. 当2组与山坡走向斜交的节理（X形节理）组成倾向坡脚的楔形体时；

d. 当节理面呈弧形弯曲的光滑面或山坡上方不远处有断层破碎带存在时；

e. 当岩浆岩侵入接触带附近的破碎带或变质岩中片理片麻构造发育，风化后形成软弱结构面时。

（4）降雨和地下水

①降雨对崩塌落石的影响

崩塌、落石有80%发生在雨季，特别是雨中和雨后不久；连续降雨时间越长，暴雨强度越大，崩塌、落石次数越多；阴雨连绵天气较短促的暴雨天气崩塌、落石多；长期大雨比连绵细雨时崩塌落石多。

②地下水对崩塌、落石的影响

边坡和山坡中的地下水往往可以直接从大气降水中得到补给，使其流量大大增加，地下水和雨水联合作用，更进一步促进了崩塌、落石的发生。

（5）地震对崩塌、落石的影响

地震时由于地壳强烈震动，边坡岩体各种结构面的强度会降低；同时，因有水平地震力作用，边坡岩体的稳定性会大大降低，导致崩塌、落石的发生。山区的大地震都伴随有大量崩塌、落石的产生。

此外，岩体风化及人类工程活动对崩塌及落石也有一定影响。

10.2　崩塌的工程分类

(1)崩塌可根据其发生地层的物质成分分为黄土崩塌、黏性土崩塌、岩体崩塌;

(2)崩塌按形成机理分类,如表 10.1 所示;

表 10.1　崩塌的形成机理类型

类型	岩性	结构面	地貌	受力状态	起始运动形式
倾倒式崩塌	黄土、直立岩层	多为垂直节理、直立岩层	峡谷、直立岸坡、悬崖	主要受倾覆力矩作用	倾倒
滑移式崩塌	多为软硬相间的岩层	有倾向临空面的结构面	陡坡通常大于55°	滑移面主要受剪切力	滑移
鼓胀式崩塌	黄土、黏土、坚硬岩层下有较厚软岩层	上部垂直节理、下部为近水平的结构面	陡坡	下部软岩受垂直挤压	鼓胀伴有下沉、滑移、倾斜
拉裂式崩塌	多见于软硬相间的岩层	多为风化裂隙和重力张拉裂隙	上部突出的悬崖	拉张	拉裂
错断式崩塌	坚硬慢慢的岩层、黄土	垂直裂隙发育,通常无倾向临空面的结构面	大于45°的陡坡	自重引起的剪切力	错落

10.3　崩塌的形成机理

崩塌的规模大小、物质组成、结构构造、活动方式、运动途径、堆积情况、破坏能力等千差万别,但其形成机理是有规律的,常见的有五种。

(1)倾倒式崩塌

在河流的峡谷区、岩溶区、冲沟地段及其他陡坡上,常见巨大而直立的岩体,以垂直节理或裂缝与稳定岩体分开,其断面形式如图 10.3 所示。这类岩体的特点是高而窄,横向稳定性差,失稳时岩体以坡脚的某一点为转点,发生转动性倾倒,这种崩塌模式的产生有多种途径:

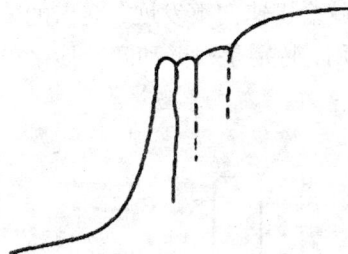

图 10.3　倾倒式崩塌

①长期冲刷淘蚀直立岩体的坡脚,由于偏压使直立岩体产生倾倒蠕变,最后导致倾倒式崩塌;

②当附加特殊水平力(地震力、静水压力、动水压力、冻胀力和根劈力等)时、岩体可能发生倾倒破坏;

③当坡脚由软岩组成时,雨水软化坡脚,产生的偏压可能引起这类崩塌;

④直立岩体在长期重力的作用下,产生弯折也能导致这种崩塌。

(2)滑移式崩塌

在某些陡坡上，在不稳定岩体下部有向坡下倾斜的光滑结构面或软弱面时，其形式有 3 种，如图 10.4 所示。

这种崩塌能否产生，关键在开始时的滑移，岩体重心一旦滑出陡坡，就会产生突然崩塌。这类崩塌产生的原因，除重力之外，连续大雨渗入岩体裂缝，产生静水压力和动水压力以及雨水软化软弱面，也是岩体滑移的重要原因。在某些条件下，地震也可能引起这类崩塌。

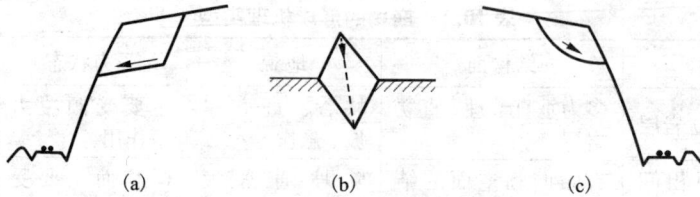

(a)　　　　　　　(b)　　　　　　　(c)

图 10.4　滑移式崩塌

（3）鼓胀式崩塌

当陡坡上不稳定的岩体之下有较厚的软弱岩层，或不稳定岩体本身就是松软岩层，而且有长大节理把不稳定岩体和稳定岩体分开时，在有连续大雨或有地下水补给的情况下，下部较厚的软弱层或松软岩层被软化。在上部岩体重力的作用下，当压应力超过软岩天然状态下的无侧限抗压强度时，软岩将被挤出，向外鼓胀。随着鼓胀的不断发展，不稳定岩体将不断地下沉和外移，同时，发生倾斜，一旦重心移出坡外，崩塌即会产生，如图 10.5 所示。因此，下部较厚的软弱岩层能否向外鼓胀，是这类崩塌能否产生的关键。

（4）拉裂式崩塌

当陡坡由软硬相同的岩层组成时，由于风化作用或河流的冲刷淘蚀作用，上部坚硬岩层在断面上常以悬臂梁的形式突出来，如图 10.6 所示。图中 AB 面上剪力弯矩最大，在 A 点附近承受拉应力最大。所以在长期重力的作用下，A 点附近的节理会逐渐扩大发展。因此拉应力更进一步集中在尚未产生节理裂隙的部位，一旦拉应力大于这部分岩石的抗拉强度时，拉裂缝就会迅速向下发展，突出的岩体就会突然向下崩落。除重力长期作用外，震动、各种风化作用，特别是根劈和寒冷地区的冰劈作用等，都会促使这类崩塌的发生。

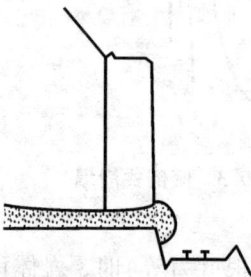

图 10.5　鼓胀式崩塌　　　　**图 10.6　拉裂式崩塌**　　　　**图 10.7　错断式崩塌**

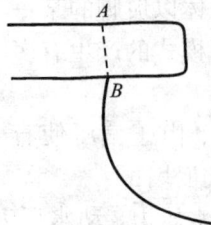

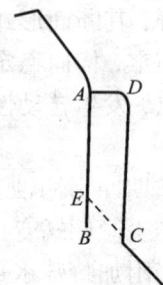

（5）错断式崩塌

陡坡上的长柱状和板状的不稳定岩体，在某些因素的作用下，或因不稳定岩体的重量增加，或因其下部断面减小，都可能使长柱状或板状不稳定岩体的下部被剪断，从而发生错断式崩塌，其破坏形式如图 10.7 所示。这种崩塌取决于岩体下部因自重所产生的剪应力是否超过岩石的抗剪强度，一旦超过，崩塌将迅速产生。通常有以下几种途径：

①由于地壳上升，河流下切作用加强，使垂直节理裂隙不断加深，因此，长柱状和板状岩体自重不断增加；

②在冲刷和其他风化剥蚀营力的作用下，岩体下部的断面不断减小，从而导致岩体被剪断；

③由于人工开挖边坡过高、过陡，使下面岩体被剪断，产生崩塌。

10.4　崩塌区的岩土工程评价

10.4.1　崩塌区岩土工程评价的原则

崩塌区岩土工程评价应根据山体地质构造格局、变形特征进行崩塌的工程分类，圈出可能崩塌的范围和危险区，对各类建筑物和线路工程的场地适宜性作出评价，并提出防治对策和方案。各类危岩和崩塌的岩土工程评价应符合下列规定：

（1）规模大，破坏后果很严重，难于治理的，不宜作为工程场地，线路工程应绕避。

（2）规模较大，破坏后果严重的，应对可能产生崩塌的危岩进行加固处理，线路工程应采取防护措施。

（3）规模小，破坏后果不严重的，可作为工程场地，但应对不稳定危岩采取治理措施。

10.4.2　崩塌区岩土工程评价方法

1. 工程地质类比法

对已有的崩塌或附近崩塌区以及稳定区的山体形态，斜坡坡度，岩体构造，结构面分布、产状、闭合及填充情况进行调查对比，分析山体的稳定性，危岩的分布，判断产生崩塌落石的可能性及其破坏力。

2. 力学分析法

在分析可能崩塌体及落石受力条件的基础上，用"块体平衡理论"计算其稳定性。计算时应考虑当地地震力、风力、爆破力、地面水和地下水冲刷力以及冰冻力等的影响。

（1）基本假定

①在崩塌发展过程中，特别是在发生突然崩塌运动以前，把崩塌体视为整体；

②把崩塌体复杂的空间运动问题，简化为平面问题，即取单位宽度的崩塌体进行检算；

③崩塌体两侧与稳定岩体之间，以及各部分崩塌体之间均无摩擦作用。

（2）各类崩塌体的稳定性验算

①倾倒式崩塌

倾倒式崩塌的基本图式如图 10.8 所示，从图 10.8（a）可以看出，不稳定岩体的上、下各部分和稳定岩体之间均有裂隙分开，一旦发生倾倒，将以 A 点为转点发生转动。验算时应考虑各种附加力的最不利组合。在雨季张开的裂隙可能被暴雨充满，应考虑静水压力；Ⅶ度以上的地震区，应考虑水平地震力作用，其受力图式见图 10.8（b）。如不考虑其他力，则崩塌

体的抗倾覆稳定性系数 K 可按下式计算:

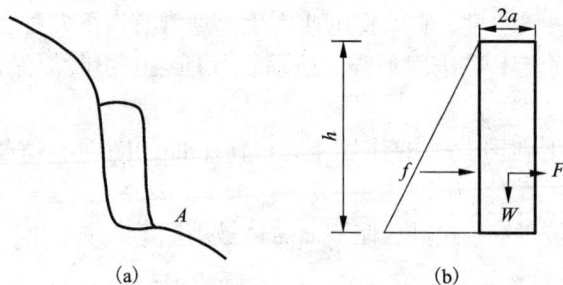

图 10.8　倾倒式崩塌

$$K = \frac{W \times a}{f \times \dfrac{h_0}{3} + F \times \dfrac{h}{2}} = \frac{W \times a}{\dfrac{\gamma_w \times h_0^2}{2} \times \dfrac{h_0}{3} + F \times \dfrac{h}{2}} = \frac{6aW}{10h_0^3 + 3Fh} \qquad (10.1)$$

式中: f——静水压力(kN);

　　　 h_0——水位高, 暴雨时等于岩体高(m);

　　　 h——岩体高(m);

　　　 γ_w——水的重度: 10(kN/m³);

　　　 W——崩塌体重力(kN);

　　　 F——水平地震力(kN);

　　　 a——转点 A 至重力延长线的垂直距离, 这里为崩塌体的宽的 $\dfrac{1}{2}$(m)。

②滑移式崩塌

滑移式崩塌的滑移面有平面、弧形面、楔形双滑面 3 种。这类崩塌关键在于起始的滑移是否形成。因此, 可按抗滑稳定性验算。

③鼓胀式崩塌

这类崩塌体下有较厚的软弱岩层, 常为断层破碎带、风化破碎岩体及黄土等。在水的作用下, 这些软弱岩层先行软化。当上部岩体传来的压应力大于软弱层的无侧限抗压强度时, 则软弱岩层被挤出, 即发生鼓胀。上部岩体可能产生下沉、滑移或倾倒, 直至发生突然崩塌, 如图 10.9 所示。

因此, 鼓胀是这类崩塌的关键。所以稳定系数可以用下部软弱岩层的无侧限抗压强度(雨季用饱水抗压强度)与上部岩体在软岩顶面产生的压应力的比值来计算:

$$K = \frac{R_{无}}{\dfrac{W}{A}} = \frac{A \times R_{无}}{W} \qquad (10.2)$$

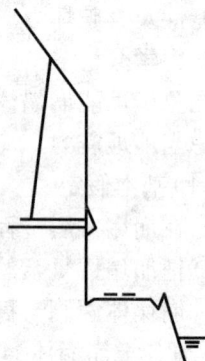

图 10.9　鼓胀式崩塌

式中: W——上部岩体质量;

　　　 A——上部岩体的断面积;

$R_无$——下部软岩在天然状态下的(雨季为饱水)无侧限抗压强度。

④拉裂式崩塌

拉裂式崩塌的典型情况如图 10.10 所示。以悬臂梁的形式突出的岩体,在 AC 面上承受最大的弯矩和剪力,岩层顶部受拉,底部受压,A 点附近裂隙逐渐扩大,并向深处发展。拉应力将越来越集中在尚未裂开的部位,一旦拉应力超过岩石的抗拉强度时,上部悬出的岩体就会发生崩塌。这类崩塌的关键是最大弯矩截面 AC 上的拉应力能否超过岩石的抗拉强度。故可以用拉应力与岩石的抗拉强度的比值进行稳定性检算。

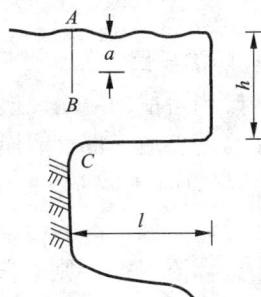

图 10.10　拉裂式崩塌

假如突出的岩体长度为 l,岩体等厚,厚度为 h,宽度为 1 m(取单位宽度),岩石重度为 γ。

当 AC 断面上尚未出现裂缝,则 A 点上的拉应力为:

$$\sigma_拉 = \frac{M \times y}{l} \tag{10.3}$$

式中:M——AC 面上的弯矩,$M = \dfrac{l^2}{2}\gamma h$;

y——$h/2$;

I——AC 截面的惯性矩,$I = y^3/12$;

稳定性系数 K 值可用岩石的允许抗拉强度与 A 点所受的拉应力比值求得:

$$K = \frac{[\sigma_拉]}{[\sigma_{A拉}]} = \frac{h[\sigma_拉]}{3l^3 \times \gamma} \tag{10.4}$$

如果 A 点处已有裂缝,裂缝深度为 a,裂缝最低点为 B,则 BC 截面上的惯性矩 $I = \dfrac{(h-a)^3}{12}$,$y = \dfrac{h-a}{2}$,弯矩 $M = \dfrac{l^2}{2}\gamma h$,则 B 点收的拉应力为:

$$\sigma_{B拉} = \frac{3l^3\gamma h}{(h-a)^2} \tag{10.5}$$

$$K = \frac{[\sigma_拉]}{[\sigma_{B拉}]} = \frac{(h-a)^2[\sigma_{B拉}]}{3l^2\gamma h} \tag{10.6}$$

⑤错断式崩塌

图 10.11 所示为错断式崩塌的一种情况,取可能崩塌的岩体 $ABCD$ 来分析。如不考虑水压力、地震力等附加力,在岩体自重 W 的作用下,与铅直方向成 45°角的 EC 方向上将产生最大剪应力。如 CD 高为 h,AD 宽为 a,岩体重度为 γ,所以,在 BC 面上的最大剪应力 $\dfrac{\gamma}{2}\left(h - \dfrac{\alpha}{2}\right)$ 为 $\tau_{最大}$。故岩体的稳定系数 K 值可用岩石的允许抗剪强度 $[\tau]$ 与 $\tau_{最大}$ 的比值计算:

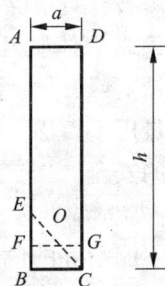

图 10.11　错断式崩塌

$$K = \frac{[\tau]}{\tau_{最大}} = \frac{4[\tau]}{\gamma(2h-a)} \tag{10.7}$$

10.5 崩塌的防治

1. 防治思路

(1)当可能的崩塌规模或危岩岩块大、数量较多时,建筑物宜尽量避开。

(2)若斜坡上部可能崩落物的体积数量不大,或危岩的数量不多,而且其母岩的破碎程度不甚严重时,则以全部清除为宜,并在清除后对母岩进行适当的防护加固。

(3)若斜坡上部的母岩风化破碎很严重,崩塌、落石的物质来源丰富,崩塌规模虽不大,但可能频繁发生者,则宜根据具体情况,采用钢绳网加固或拦截建筑物,如采用拦截建筑物有困难时,可考虑用遮挡建筑物。

(4)在建筑物上方有悬空的危岩或巨大块体的危石时加固措施,应采用支撑、锚固、捆扎等方法。

(5)对危岩与母岩间的裂隙,宜用灌浆或用压力不大的压浆镶补勾缝进行加固。

(6)在山坡不够稳定的地段,例如有危石、孤石突出的山咀以及岩层表面风化破碎等,可采用刷坡来放缓边坡。

2. 防治措施

(1)绕避

对可能发生大规模崩塌的地段,即使是采用坚固的建筑物,也经受不了这样大规模崩塌的巨大破坏力,建筑物或线路工程应尽量绕避。对河谷线来说,绕避有 2 种情况:

①绕到对岸,远离崩塌体;

②将线路向山侧移至稳定的山体内,以隧道通过。在采用隧道方案绕避崩塌时,要注意使隧道有足够的长度,使隧道进出口避免受崩塌的危害,以免隧道运营以后,由于长度不够,受崩塌的威胁,从而在洞口又接长明洞,造成浪费和增大投资。

(2)清除危岩

①人工削方清除

若危岩松动带为强风化岩层,岩体破碎,无大岩块,可采用人工削方清除。从上向下清除,清完后的斜坡面最好呈台阶状,以利稳定。

②爆破碎裂清除

若危岩岩体坚硬,块体大,可采用此法清除。从危岩带上缘开始,按设计打炮孔,用炸药逐层清除。尽量用小爆破,控制药量,尤其注意施工人员和环境的安全。

(3)加固危岩

对不能清除的危岩、悬空的危岩、孤石、危岩群(带),可采用支顶、支撑、嵌补、锚杆串联、托梁、捆扎、钢绳网措施进行防护。

①支顶:

对上部探头下部悬空的危岩,若有条件设基础时,可在其下设置浆砌片石或混凝土支顶

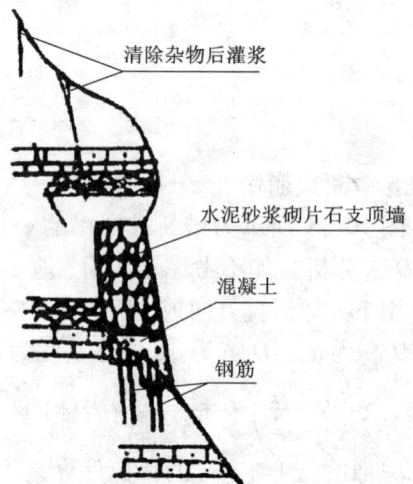

清除杂物后灌浆

水泥砂浆砌片石支顶墙

混凝土

钢筋

图 10.12　支顶墙加固

墙加固，如图 10.12 所示。

②支撑

若山坡陡峻，无法用浆砌片石支顶，又不宜采用刷方清除，且危岩较坚硬、完整、节理较少，可采用钢筋混凝土柱或钢轨支撑，如图 10.13 所示。

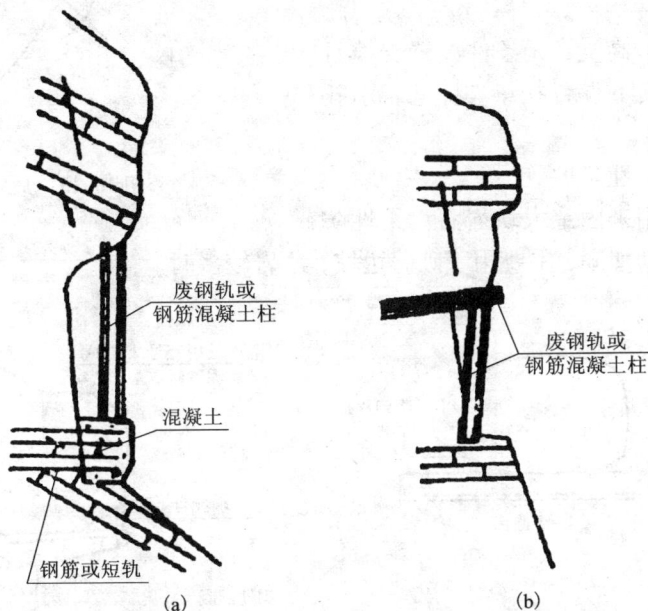

图 10.13　钢轨或钢筋混凝土柱支撑

③嵌补

斜坡岩层被节理切割时，易沿节理面（带）发生局部坍塌，从而在斜坡上形成深浅不一的凹陷，较深的凹陷上部突出的岩块日久可能变成危岩，或者因风化剥蚀形成凹陷可能导致上方岩体构成危岩。此时可采用浆砌片石或混凝土进行嵌补处理，如图 10.14 所示。

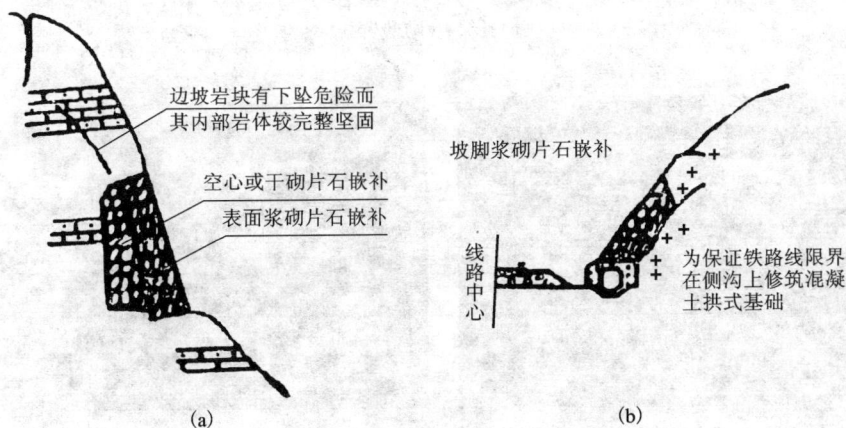

图 10.14　边坡坡面嵌补处理

④锚杆加固

如危岩体厚度不太厚、且深度岩体稳定、具备锚固条件时，可采用锚杆（索）进行加固，如图 10.15 所示。

⑤托梁加固

危岩下部的基岩高陡，无条件设置支撑且不宜清除时，可在其下设置托梁，将危岩承托住，如图 10.16 所示。

⑥钢绳捆扎及柔性防护

钢绳捆扎主要用来固定大块岩石。柔性防护为采用钢绳网主动加固，主要用于破碎边坡，危岩较多时。

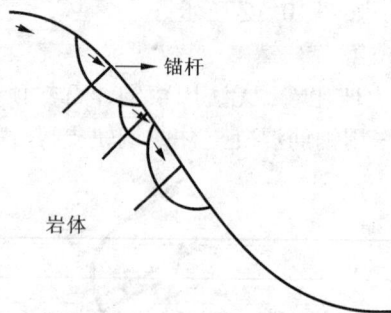

图 10.15 危岩锚固

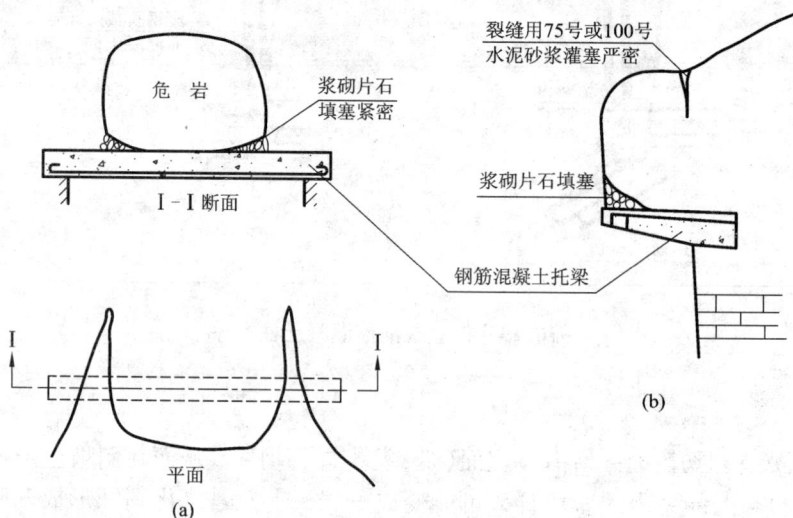

I-I 断面

平面

(a)

(b)

图 10.16 危岩托梁加固

（a）托梁；（b）悬臂托梁

图 10.17 钢绳绑扎与防护网

（4）拦载危岩

拦截是崩塌危岩的一种被动防治措施，具体又分落石平台、落石槽、拦石墙、拦石网、拦石堤等拦载措施。

①落石平台

一般在公路、铁路上用。当被防治的路基，距有崩落物的山坡坡脚有适当距离，且路基高程与坡脚下的平缓地带的高程相差不大（不超过 2～2.5 m）时，宜修筑落石平台。当落石平台与路面高程大致相同或略高时，宜在路基倒沟外侧加修拦石墙，如图 10.18 所示。当落石平台高程低于路面高程时，宜在路基边缘修筑挡土墙，以拦挡落石，保护路基。平台宽度 b 和拦石墙外露高度 h 应通过现场勘查、试验确定。

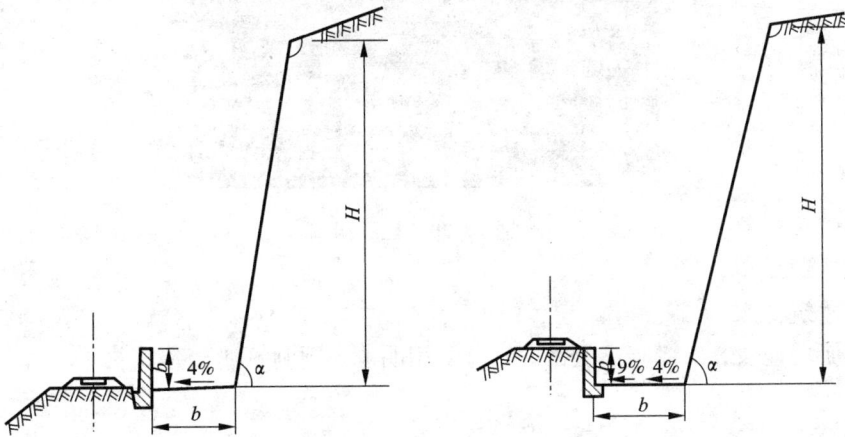

图 10.18　落石平台

②落石槽

若路基面距有崩落物的坡脚有适当的距离，且路面高程比坡脚平缓地带高出较多（大于2.5 m）时，则宜利用地形修筑落石槽，并在其迎石边坡采用单层砌石防护；若路基与崩落物的山坡之间有缓坡（坡角≤30°）带时，则宜在缓坡上高出路基高程不超过 20～30 m 处修筑落石槽，若崩落物冲击力较大时，则落石槽外侧应配合设置拦石墙，如图 10.19 所示。

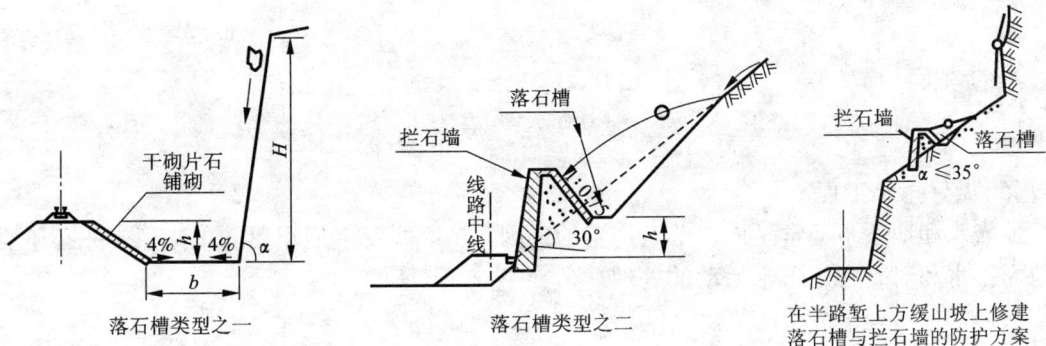

落石槽类型之一　　　　　落石槽类型之二　　　　在半路堑上方缓山坡上修建
　　　　　　　　　　　　　　　　　　　　　　落石槽与拦石墙的防护方案

图 10.19　落石槽

③拦石堤

通常用当地"土"作成梯形断面。

④拦石网

我国以往常用废钢轨作支柱、以铁丝网拦截,但往往被打烂。现在有一种称为 SNS 防护网,采用先进的柔软防护技术,设计、施工、使用、维修都很方便,如图 10.20 所示。

图 10.20 拦石网

⑤遮挡建筑物

对中型崩塌地段,如绕避不经济时,可采用明洞、棚洞等遮挡建筑物。

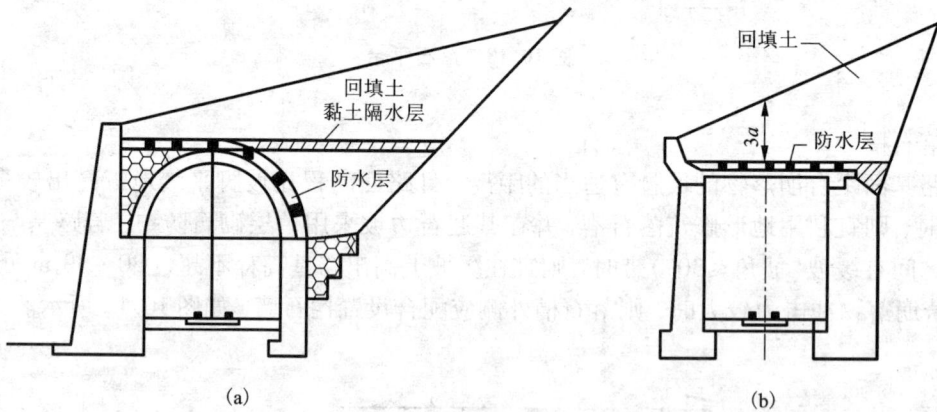

(a)

(b)

图 10.21 遮挡建筑物

(a)明洞;(b)棚洞

(5)做好排水工程

地表水和地下水通常是崩塌落石产生的诱因,在可能发生崩塌落石的地段,务必还要做好地面排水和对有害地下水活动的处理。

【例题 10 - 1】　如图 10.22 所示,有一倾倒式危岩体,高 6.5 m,宽 3.2 m(可视为均质刚性长方体)。危岩体的密度为 2.6 g/cm³,在考虑暴雨使后缘张裂隙充满水和水平地震加速度值为0.20g的条件下,计算危岩体的抗倾覆稳定系数(重力加速度取 10 m/s²)。

【解】

$$a = \frac{1}{2} \times 3.2 = 1.6(m)$$

$$W = 3.2 \times 6.5 \times 2.6 \times 0.20 \times 10 = 540.8(kN/m)$$

裂隙充满水:$h_0 = 6.5$ m

水平地震力:$F_h = ma = 3.2 \times 6.5 \times 2.6 \times 0.20 \times 10 = 108.16(kN/m)$

$$K = \frac{6Wa}{10h_0^3 + 3F_h h} = \frac{6 \times 540.8 \times 1.6}{10 \times 6.5^3 + 3 \times 108.16 \times 6.5} = 1.07$$

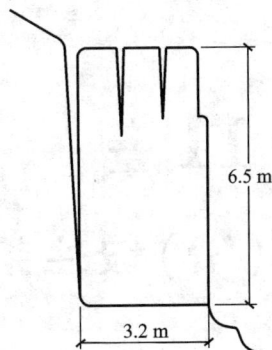

图 10.22

【例题 10 - 2】　陡崖上悬出截面为矩形的危岩体(图 10.23),长 $L = 7$ m,高 $h = 5$ m,重度 $\gamma = 7$ kN/m³,抗拉强度 $[\sigma_t] = 0.9$ MPa,A 点处有一竖向裂隙,当危岩处于 ABC 截面的拉裂式破坏极限状态时,A 点处的张拉裂隙深度 a 为多少?

【解】　$K = \dfrac{[\sigma_t]}{\sigma_t} = \dfrac{[\sigma_t]}{\dfrac{3\gamma h L^2}{(h-a)^2}} = \dfrac{0.9 \times 10^3}{\dfrac{3 \times 24 \times 5 \times 7^2}{(5-a)^2}} = 1$

解得 $a = 0.57$ m

【例题 10 - 3】　如图 10.24 所示,条状的砂岩岩体下为较厚的泥岩,泥岩的饱和无侧限抗压强度为 120 kPa,砂岩岩体平均高 6 m,上宽 2.3 m,下宽 3 m,重度为 23 kN/m³,当高强度降雨以后,该岩体崩塌的安全系数为多少?

【解】　$K = \dfrac{A \times R_无}{W} = \dfrac{3 \times 120}{(2.3 + 3) \times 6 \times 23/2} = 0.98$

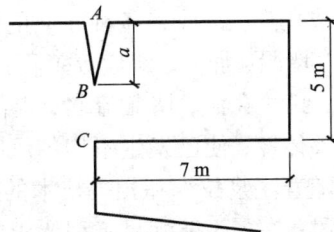

图 10.23

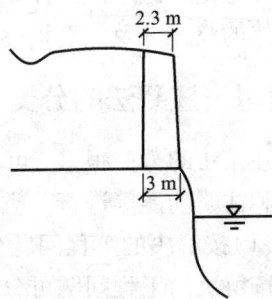

图 10.24

【例题 10 - 4】　在某裂隙岩体中,存在一直线滑动面,其倾斜角为30°,如图 10.25 所示,已知岩体重力为1500 kN/m,当后缘垂直裂隙充水高度为 8 m 时,试计算下滑力。

【解】　(1)裂隙静水压力:$v = \frac{1}{2}\gamma_w Z_w^2 = \frac{1}{2} \times 10 \times 8^2 = 320(kN/m)$

(2)下滑力

$T = W\sin\beta + v\cos\beta = 1500 \times \sin30° + 320 \times \cos30° = 10257(kN/m)$

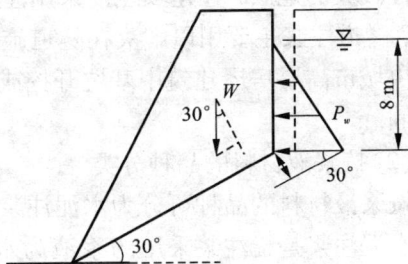

图 10.25

第 11 章

边（滑）坡注浆加固

11.1 概述

注浆加固技术利用气压、液压或电化学原理，把某些能固化的浆液注入天然的和人为的裂缝或孔隙，以改善各种介质的物理力学性质。注浆加固技术用于土木工程领域，可以实现防渗、堵漏、加固、纠偏等工程目标，即降低渗透性、减少渗流量、提高抗渗能力、降低孔隙压力；封填孔洞，堵截流水；提高岩土的力学强度和变形模量，恢复混凝土结构及圬工建筑物的整体性；使已发生不均匀沉降的建筑物恢复原位或减少其倾斜度。

随着注浆技术和相关技术的迅速发展，今天注浆法已成为解决各类工程问题的非常重要的手段，许多不能满足工程要求的物体，几乎都可借助注浆技术解决问题，例如某些化学浆液可以注入 0.01 mm 的小裂隙，某些浆液的结石强度可高达 60 MPa。

注浆的对象可以是岩石、土体、混凝土等多种材料。在边坡处理及滑坡防治工程中，注浆技术也到广泛应用。注浆通过把浆液注入岩石的裂隙或土体的孔隙中，随着浆液的凝固，岩土体的整体性及强度均逐渐得到大大改善，边坡的稳定性也将得到大幅提高。

11.1.1 注浆法的分类

注浆法的分类很多，可以按解决的工程问题、浆液材料的品种、注浆的对象、浆液分布状态和注浆功能等进行分类。

（1）按解决的工程问题分类

按解决的工程问题可分为坝基注浆、隧道注浆、基坑注浆、边坡加固注浆、混凝土结构物补强加固注浆等。其中，坝基注浆主要用于解决坝基的渗漏问题和强度问题，如果坝基是渗透性较大的地层，在建坝之前采用注浆在坝基中形成防渗帷幕，帷幕一般深入基岩中一定深度；隧道注浆主要用以解决在隧道施工过程中的塌方及围岩稳定性问题；基坑注浆主要用以解决城市高层房屋建筑中基坑开挖或基坑壁的稳定问题，通常可采用注浆加锚杆的做法进行加固。

（2）按浆液材料的品种分类

按浆液材料的品种可分为水泥注浆、化学注浆、混合注浆。

水泥注浆是指注浆采用的浆液为水泥浆，纯水泥浆是由水和水泥按一定比例混合而成的，常用的水灰比为 0.5:1～5:1；水泥浆具有结石强度高、造价低、无毒不污染环境，在岩土加固和防渗中普遍采用；由于普通水泥浆在细小裂隙和微空隙地层中的可灌性较差，一般

只能灌注大于 $0.2 \sim 0.3$ mm 的裂隙和空隙,因此研究出了超细水泥浆,超细水泥浆可以灌注更小的裂缝。

化学注浆是指注浆采用的浆液为化学浆材制成,化学注浆主要用于微裂缝的注浆,通常所用的化学浆液有硅酸盐浆(含水硅酸钠,又称水玻璃)、酸性水玻璃、丙烯酰胺类浆液、改性环氧树脂浆液以及聚氨酯浆液等。

混合注浆是指注浆采用的浆液为混合浆材制成,如在水泥浆中加入粉煤灰形成粉煤灰水泥浆,在水泥浆中加入硅粉形成硅粉水泥浆,而在水泥浆中加入水玻璃形成水泥水玻璃浆等。

(3)按注浆的对象分类

按注浆的对象可分为岩石注浆、砂砾注浆、黏土注浆。

岩石注浆是指注浆加固的地层是岩层。

砂砾注浆是指注浆加固的地层是砂砾层。

黏土注浆是指注浆加固的地层是黏土。

(4)按浆液的分布状态分类

按浆液的分布状态可分为充填注浆、渗透注浆、劈裂注浆、劈裂渗透注浆以及挤密注浆等。

充填注浆是指注入浆液充填地基土内的大孔隙、大空洞的注浆,如卵石层、碎石层、砂砾层等的注浆。

渗透注浆是浆液在压力作用下,渗入土的孔隙和岩石的裂隙中,将孔隙中的水和气体排挤出去,但不改变土体结构的原状和体积,浆液凝固后把土颗粒黏接在一起,土层的抗压强度和抗渗性能得以提高。

劈裂注浆,即浆液在较高(相对渗透、充填注浆)压力的作用下,似利斧劈入黏土层,浆液的劈裂路线呈纵横交叉的脉状网络,故此又称脉状注浆,固结形态多呈偏平球体或板状固结。

劈裂渗透注浆控制注入压力、速度使其先形成劈裂注入,但形成的劈裂面不大,此后浆液沿劈裂脉作渗透注入,固结形状为扁平球体。

挤密注浆是用一定的压力注入粘稠的不易流动的惰性浆液取代并挤压周围土体,凝固形状多为柱体或球体占据一定的空间,同时压密土体。

(5)按注浆功能分类

按注浆功能可分为防渗注浆、加固注浆、基础托换注浆。

防渗注浆是指主要用于防止渗漏的注浆,一般用于水库坝基。

加固注浆是指主要用于增强地层或结构的强度和稳定性的注浆。

基础托换注浆是指为了阻止各类建筑物基础因地基原因引起不均匀沉降导致上部结构或基础开裂、避免危及建筑物的安全,在基础下面的空隙或软土地基中进行的加固灌浆。这种灌浆不但可以阻止基础继续下沉,而且能使建筑物回升,使不均匀沉降减小。

对上述注浆的分类,不管哪一类注浆,其实质都是为了减小物体的渗透性以及提高物体的力学强度和抗变形能力。所以都可归属于防渗注浆和加固注浆的范畴。

11.1.2 注浆加固技术在边坡处治中的应用

边坡失稳的原因主要有 2 个方面，一是由于外界因素破坏了边坡原有的平衡状态使边坡产生滑动，如边坡上缘加荷、边坡下部开挖等；另一是由于外界因素影响降低边坡土体或滑面的抗剪强度参数使边坡失稳，如地表水渗入坡体中不但可以产生水压力而且降低边坡的 C、φ 值。但最终边坡失稳的实质是由于边坡的下滑力超过了边坡抗剪强度所提供的阻滑力。通过注浆加固边坡，一方面增强边坡坡体的抗剪强度、减小坡体的渗透性，从而提高其地基承载力、减小水压力或动水力；另一方面提高潜在滑面的抗剪强度，从而增强坡体的稳定性。

注浆加固技术在边坡处理中的应用一般有 2 个方面，一种是对于由崩滑堆积体、岩溶角砾岩堆积体以及松动岩体构成的极易滑动的边坡或由于开挖形成的多卸荷裂隙边坡。对坡体注入水泥砂浆，以固结坡体并提高坡体强度，避免不均匀沉降，防止出现滑裂面。另一种是对于正处于滑动的边坡、存在潜在滑面的边坡或者处于不稳定的滑坡，运用注浆技术对滑带实行压力注浆，从而提高滑面抗剪强度，提高滑体稳定性。这种情况实际上是把注浆加固作为边坡滑带改良的一种技术。滑带改良后，边坡的安全系数评价一般采用抗剪断标准。

由上述可知，边坡注浆加固一般适用于以岩石为主的滑坡、崩塌堆积体、岩溶角砾岩堆积体以及松动岩体边坡（图 11.1）。同时采用注浆加固边坡前必须进行注浆试验和效果评价，注浆后必须进行开挖或钻孔取样检验。

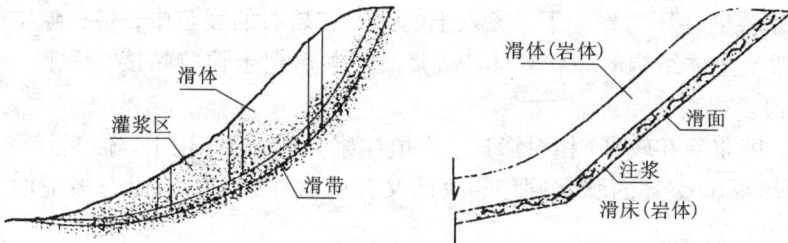

图 11.1 边坡注浆

11.2 注浆材料及浆液的性质

在注浆工程中，使用的浆液都是由主剂（主要的原材料，如水泥、砂、黏土、粉煤灰、水玻璃等）、溶剂（水或其他溶剂）以及各种外加剂（如催化剂、固化剂、凝胶剂、缓凝剂等）按照一定的比例混合而成的。注浆材料是指构成注浆浆液的材料，简称浆材。通常所说的浆材多数系指主剂，即主要原材料。由于浆材品种和性能的好坏将直接影响到注浆工程的成败、质量和造价，因而注浆工程界长期以来对注浆材料的研究和发展都极为重视。目前，浆材品种越来越多，浆材性能和应用问题的研究更加系统和深入，各具特色的浆材已能充分满足各类建筑工程和不同地基条件的需要。

11.2.1　注浆材料及其性能

灌浆材料按其形态可分为颗粒型浆材、溶液型浆材和混合型浆材 3 个系统。颗粒型浆材是以水泥为主剂,故多称其为水泥系浆材;溶液型浆材是由 2 种或多种化学材料配制,故通称其为化学浆材;混合型浆材则由上述两类浆材按不同比例混合而成。

在国内外灌浆工程中,水泥一直是用途最广和用量最大的浆材,其主要特点为结石力学强度高、耐久性较好且无毒、料源广且价格较低。但普通水泥浆因容易沉淀析水而稳定性较差,硬化时伴有体积收缩,对细裂隙而言颗粒较粗,在大规模灌浆工程中水泥耗量过大。在水泥浆中掺入黏土、砂和粉煤灰等廉价材料、提高水泥颗粒细度、掺入各种附加剂以改善水泥浆液性质等措施有助于克服上述不足。

化学浆材的品种很多,包括环氧树脂类、甲基丙烯酸酯类、丙烯酰胺类、木质素类和硅酸盐类等。化学浆材的最大特点为浆液属于真溶液,初始黏度大多数较小,故可用来灌注细小的裂缝或孔隙,解决水泥系浆材难于解决的复杂地质问题。化学浆材的主要缺点是造价较高和存在污染环境问题,这使这类浆材的推广应用受到较大的局限,尤其是日本,在 1974 年发生污染环境的福冈事件之后,建设省下令在化灌方面只允许使用水玻璃系浆材。在我国,随着现代大工业的迅猛发展,化学灌浆包括新化灌浆材的开发应用、降低浆材毒性和环境的污染以及降低浆材成本等方面,也得到迅速的发展,例如酸性水玻璃、无毒丙凝、改性环氧树脂和单宁浆材等,都达到了相当高的水平。

混合型浆材包括聚合物水玻璃浆材、聚合物水泥浆材和水泥水玻璃浆材等几类。此类浆材包含了上述各类浆材的性质,或者用来降低浆材成本,或用来满足单一材料不能实现的性能。尤其是水玻璃水泥浆材,由于成本较低和具有速凝的特点,现已被广泛地用来加固软弱土层和解决地基中的特殊工程问题。

(1)粒状浆材

粒状浆材是构成悬浊型浆液的主剂,目前工程中主要使用的粒状浆材有水泥、黏土、砂、黏土、粉煤灰、硅粉等。

一般性水泥:一般性水泥有普通硅酸盐水泥、矿渣水泥、高铝水泥和耐酸水泥。其中普通硅酸盐水泥是注浆工程最常用的水泥;矿渣水泥与普通硅酸盐水泥的主要差别是矿渣水泥中氧化钙的含量较低;高铝水泥是由磨细的矾土和石灰石的混合物熔融而成,它的水凝速度快,是一种早强的水硬性胶凝材料;耐酸水泥是磨细的石英砂与具有高度分散表面的活性硅土物质的混合物,具有抗酸腐蚀作用。

黏土:其化学成分是含水的铝硅酸盐及一些金属氧化物,细粒成分多,亲水性好。在水泥浆中添加黏土,可大大提高浆液的稳定性。

膨润土:以蒙脱石为主要成分的黏土矿物,吸水性好,吸水后膨胀形成不透水的可塑胶体,是较好的防水材料。

粉煤灰:在潮湿的条件下固结体具有自硬性,单轴强度随龄期的增大而增大。掺入水泥中作为注浆材料使用的主要作用是节约水泥、降低成本,同时可以提高浆液结石的抗溶蚀能力和防渗帷幕的耐久性。

超细水泥:与一般水泥相比,具有渗透能力强、化学活性好、固化速度快、强度高(可达62 MPa)、抗离析能力强(分散性大、沉淀少)等优点。

硅粉：是冶金厂生产硅铁和工业硅过程中的副产品，主要成分是 SiO_2，平均粒径为 0.6 μm，比表面积 $15 \times 10^4 \sim 2 \times 10^8 \ cm^2/g$。在浆液中掺入硅粉，可以改善浆液的可灌性和稳定性，同时由于硅粉中的 SiO_2 能与水泥水化放出来的 $Ca(OH)_2$ 反应生成 Ca/Si 的 CSH 凝胶，这种凝胶的强度高于 $Ca(OH)_2$ 晶体，从而使得浆液结石的强度大大提高。

砂：是砂浆、水泥砂浆的主要材料。在浆液中掺砂可以降低成本、防止浆液扩散过远、提高浆液的固结强度。通常要求砂粒径小于 2 mm，且级配均匀。

由粒状浆材为主剂配置的浆液，称为悬浊型浆液，它是指一种或几种上述浆材悬浮在水中形成的浆液，又称为非化学类浆液。目前边坡工程中采用的主要是水泥基浆液，即在水泥浆中加入其他的粒状浆材形成的悬浊型浆液，其分类如图 11.2 所示。

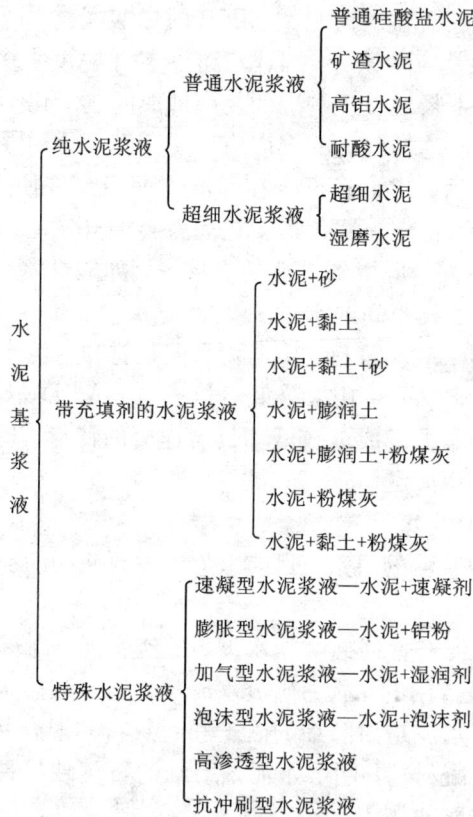

图 11.2 水泥基浆液的分类

（2）水玻璃类浆材

水玻璃又称硅酸钠，是常见的可溶性硅酸盐。因呈玻璃状，所以溶于水后所得到的黏稠溶液叫做水玻璃。表达水玻璃的化学和物理性质的参数有 2 个：

①模数：是指水玻璃含二氧化硅 SiO_2 的物质的量与氧化钠 Na_2O 的物质的量的比值，用 m 表示。

$$m = \frac{SiO_2\ 的物质的量}{Na_2O\ 的物质的量} \tag{11.1}$$

硅酸钠可以表示为 $Na_2O \cdot mSiO_2$。模数的高低对浆液的凝结时间和结石强度都有一定的影响，注浆用水玻璃的模数一般为 $2.4 \sim 3$。

②波美度：在化学工业中用于表示水玻璃密度的一种指标($^\circ be'$)。但在注浆领域中一般采用密度(d)来表示，他们之间存在如下关系：

$$d = \frac{114.15}{144.3 - ^\circ be'} \qquad (11.2)$$

水玻璃溶于水时发生水解反应，致使水玻璃溶液呈碱性；通常碱(Na_2O)的量用质量分数表示。实践表明水玻璃是无毒物质，不会污染地下水。

由水玻璃作为主剂配置的浆液，称为水玻璃类浆液。根据水玻璃类浆材组分、液态类型、酸碱性和加入不同的反应剂，可将水玻璃类浆液分成多种类型(图 11.3)。

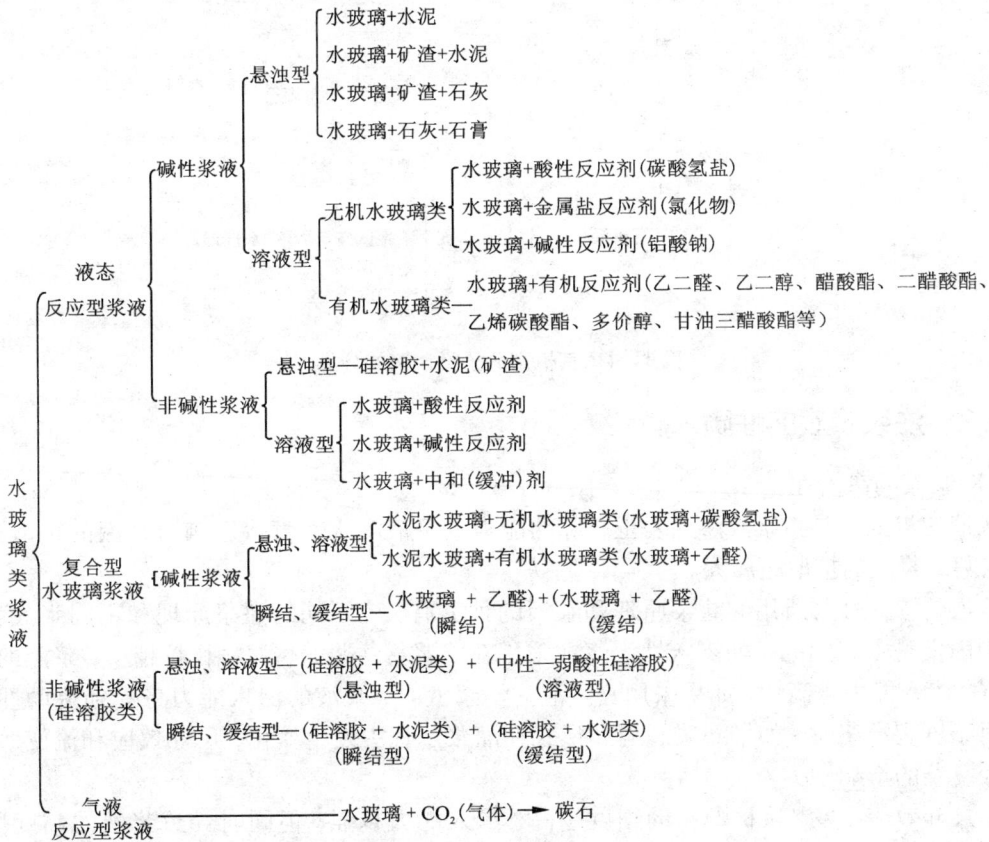

图 11.3　水玻璃类浆液的类型

(3)有机高分子类浆材

由于大多数高分子溶液含有剧毒物质，目前被一些国家列为禁用浆液。但由于这类浆材具有渗透性好，凝胶时间易于控制，注入后的土层抗压强度、抗渗性均较理想等优点，故这类浆液是注入水泥浆液、水玻璃浆液无法解决工程疑难问题时的必不可少的主要材料，所以一些国家仍在继续使用，如丙烯酰胺类、无毒丙凝、改良的环氧树脂、聚氨酯等浆材。高分子类浆液的种类繁多，其分类概况如图 11.4 所示。

有机高分子类浆液
├─ 单纯高分子浆液
│　　├─ 木素类
│　　├─ 脲醛树酯类
│　　├─ 聚氨酯类
│　　├─ 环氧树酯类
│　　├─ 丙烯酰胺类
│　　├─ 丙烯酸盐类
│　　├─ 甲凝类
│　　├─ 酚醛树酯类
│　　├─ 非饱和树酯类
│　　├─ 呋喃树酯类
│　　├─ 康酮树酯类
│　　├─ 丙强类
│　　├─ 沥青类
│　　└─ 硅酮类
└─ 有机高分子复合浆液
　　├─ 有机高分子材料 + 水泥
　　│　　├─ 水泥 + 少量聚合物
　　│　　└─ 水泥 + 聚合物
　　└─ 有机高分子材料 + 水泥
　　　　├─ 聚丙烯酰胺 + 水玻璃
　　　　├─ 酚醛树酯 + 水玻璃
　　　　├─ 三聚氰胺树脂 + 水玻璃
　　　　├─ 聚丙烯酸 + 水玻璃
　　　　└─ 氨基甲酸预聚体 + 水玻璃

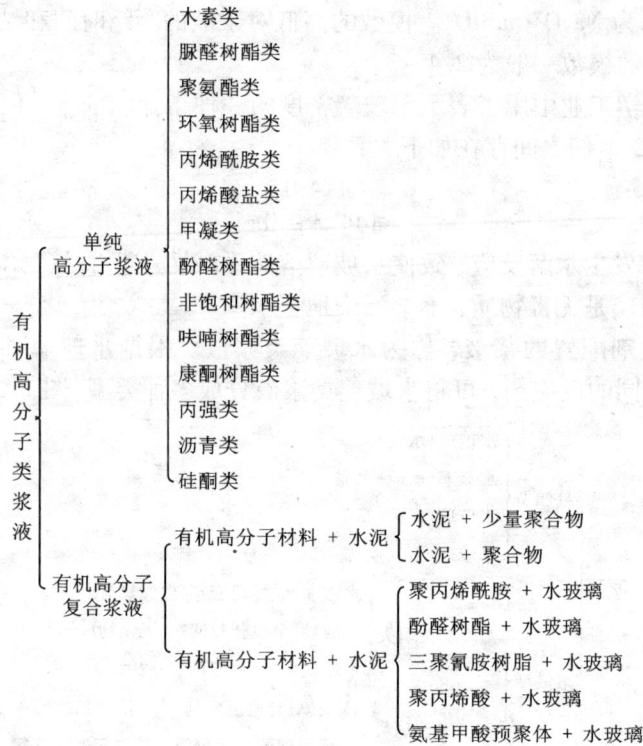

图 11.4　有机高分子类浆液的分类

11.2.2　注浆浆液的性质

（1）浆液的渗入性

浆液的渗入性是指浆液渗入岩土孔隙的能力。浆液渗入性直接影响引浆液的扩散距离，渗入性好，浆液的扩散距离大。

浆液的渗入性与所用的灌浆原理和浆液的种类有关，不同的灌浆原理和不同浆液品种，其控制因素是不相同的。如渗入性灌浆在采用粒状浆材注浆时，材料颗粒越小，浆液的流动性越好，渗入能力越高；但如果采用真溶液化学浆液时，浆液的渗入能力将受到流动性的影响。对于劈裂灌浆时，如果灌浆裂缝和形式在灌浆过程中发生变化，尺寸效应和流变效应将产生较复杂的影响。

从尺寸效应出发，浆材颗粒的细度越高，渗入能力越强；但同时导致浆液的黏度增加，浆液变稠，影响渗入能力。因此在实际浆液的配制时应正确处理浆液的细度。表 11.1 所示为不同水灰比对浆液黏度的影响。

表 11.1　颗粒细度和浆液浓度对浆液黏度的影响

编号	1	2	3	4	5	6
水泥比标面积(cm^2/g)	3850	3850	5550	5550	7100	7100
浆液水灰比	0.6:1	1:1	0.6:1	1:1	0.6:1	1:1
浆液黏度(s)	28.3	18.8	42.8	19.4	51.8	26.2

对于浆液的渗入性，一般情况下，渗入能力越高越有利于注浆，但如果边坡岩土层孔隙较大，或有地下水流时，流动性好、渗入能力强往往不利于注浆；此时为了实现预期的注浆目的，通常需要在浆液中加入早凝剂或级配砂石料。

（2）浆液的稳定性

浆液的稳定性主要是指浆液的化学稳定性，即浆液是否会发生强烈的化学反应，以致影响浆液的基本力学性质。在边坡注浆加固中采用的粒状浆材的稳定性主要是指水泥浆和水泥砂浆的分层性和析水性。

众所周知，水泥浆和水泥砂浆是一种不稳定的悬浮体系，其颗粒容易在水溶液中沉淀分层。在灌浆过程中，如果浆液在裂缝中的流动速度缓慢或完全终止流动，粒状浆材的颗粒将发生沉淀分层，使浆液的均匀性降低，从而丧失流动性。对于稳定性较差的浆液会导致浆液分层后的上、下强度不均、灌浆通道堵塞，从而影响灌浆效果。

浆液的析水性是指随着固体颗粒的下沉，浆液中的水被析出并向浆液顶端上升，表达这种析水机理的是司笃克定律：

$$q = \frac{9}{32} \frac{d_m}{\eta} \frac{\rho_c - \rho_w}{\rho_w} \frac{W^2}{(1 + 3W)} \tag{11.3}$$

式中：q——起始析水速率；

　　　d_m——悬液中水泥颗粒圆球的当量直径；

　　　η——水的运动粘滞系数；

　　　ρ_c——水泥的密度；

　　　ρ_w——水的密度；

　　　W——浆液的水灰比。

浆液的析水可能会造成浆液的流动性变坏、结石强度均匀性降低、灌浆体顶部出现空隙等影响灌浆效果的不良现象。

（3）浆液的结石率

结石率是指浆液的最初体积与凝固后结石体积之比，一般以百分数表示。在强度指标得到满足的条件下，结石率越高加固效果越好，然而由于种种原因，不少浆材都难以达到理想的结石率。使结石率降低的因素主要有析水沉淀和浆液自身的体积收缩。通常在浆液中掺入高塑性黏土和降低浆液的含水量可以有效地阻止浆液的结石率的降低。图 11.5 所示为黏土和水量对结实率的影响。

（4）浆液的强度特性

边坡注浆加固的目的主要是改善边坡岩土体的力学特性，增强滑带岩土的力学强度。因此浆材的强度越高，加固效果就越好。实际工程经验表明，要提高灌浆后的结石强度，除了增强浆材的强度外，还须考虑其他影响因素，如在灌浆后的结石网格结构、浆液的含水量、浆液的掺合料、水泥浆的搅拌时间、注浆压力等。

（5）浆液的耐久性

在灌浆加固的岩土体中，由于某些特殊的环境，如养护条件差、水压力长期作用、化学侵蚀等，可能使浆液灌注后力学强度降低、灌浆效果降低甚至无效。因此浆液的耐久性便成为灌浆工程的一个重要课题。

处于潮湿环境或无水压的条件下，多数灌浆体的结构和强度都比较稳定或有所提高。但

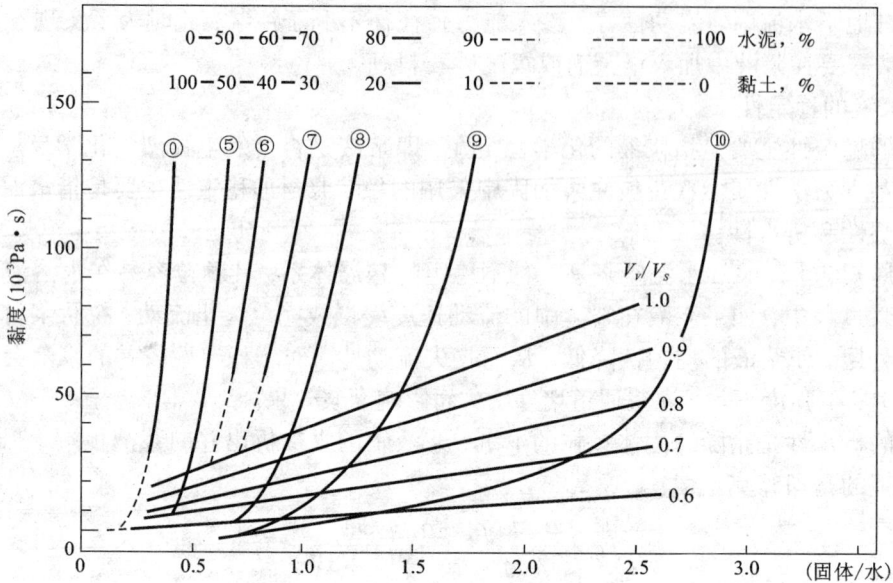

图 11.5 黏土和水量对结实率的影响

在反复干、湿变化的条件下,灌浆体的结构将遭到破坏,其强度将呈现连续下降趋势。对于长期承受水压力的灌浆体,由于结石中的氧化钙被溶解或带走,结石的强度也将降低。已有研究表明,当水泥中的氧化钙被溶解 25% 时,其强度降低 50%,于是由此可以推导出灌浆体的寿命:

$$T = \frac{0.081Wb}{KJ}\left(\frac{1}{C_1} + \frac{1}{C_2}\right) \tag{11.4}$$

式中:T——灌浆体中的氧化钙被溶解 25% 的时间(年);

$\quad\quad W$——每立方米灌浆体中的水泥量(kg/m^3);

$\quad\quad b$——灌浆体承受水压力的厚度;

$\quad\quad K$——灌浆体的渗透系数;

$\quad\quad J$——水力比降;

$\quad\quad C_1$——水泥中水化铝酸四钙的极限氧化钙浓度;

$\quad\quad C_2$——水泥中水化铝酸三钙的极限氧化钙浓度。

对于化学侵蚀主要表现在 2 个方面,一是有害化学离子分解水泥石中的水化硅酸钙,导致结石强度的降低;二是含硫酸盐的矿化水与水泥结石中的石灰作用,生成石膏,石膏膨胀,导致水泥结石被破坏。

11.3 注浆理论

任何一种注浆工艺都必定依据一定的注浆理论,注浆理论研究浆液在岩土裂缝中的流动规律,揭示地质条件、浆液性质和注浆工艺之间的相互关系,为注浆设计和现场施工提供科学的依据。传统的注浆工艺是以渗入性理论为基础,注浆时采用的注浆压力相对较低,可以不破坏岩土的原有结构,但对于渗透性较小的岩土介质可灌性较差。近年来广泛采用的水力劈裂注浆是基于水力劈裂理论而形成的,这种注浆可以人为地扩大岩土中的裂缝,提高岩土的可灌性,已解决了不少特殊工程问题。下面分别介绍渗入性注浆理论和水力劈裂注浆理论。

11.3.1 渗入性注浆理论

1. 渗入性灌浆理论公式

1938 年马格(Maag)首次发表牛顿型浆液球形扩散公式,随后各国学者又导出了一些理论公式,运用这些公式可以计算有关注浆参数的大致范围,了解影响注浆效果的各种因素,对注浆设计、施工都具有一定意义。

(1)砂土注浆球形扩散公式

Maag 假定被灌砂土为均质各向同性体,浆液为牛顿流体,浆液从灌浆管底部进入地层后呈球形状扩散,推导出浆液的渗透公式为

$$t = \frac{r_1^3 \beta n}{3kh_1 r_0} \tag{11.5}$$

$$r_1 = \sqrt[3]{\frac{3kh_1 r_0 t}{\beta n}} \tag{11.6}$$

式中: k ——砂土的渗透系数(cm/s);

β ——浆液黏度对水的黏度比;

r_1 ——浆液的扩散半径(cm);

h_1 ——灌浆压力水头高度(cm);

r_0 ——灌浆管半径(cm);

t ——灌浆时间(s);

n ——砂土的孔隙率。

式(11.5)或(11.6)表明对于均质砂性土,浆液在注浆管底部的扩散可近似看作球形扩散,在不同灌浆时间的扩散半径可由公式计算出。除了上述球形扩散公式外,常见的还有 Karol 和 Raffle 公式:

Karol 公式:

$$t = \frac{r_1^2 \beta n}{3kh_1} \tag{11.7}$$

Raffle 公式:

$$t = \frac{r_0^2 n}{3kh_1} \left[\frac{\beta}{3} \left(\frac{r_1^3}{r_0^3} - 1 \right) - \frac{\beta - 1}{2} \left(\frac{r_1^2}{r_0^2} - 1 \right) \right] \tag{11.8}$$

(2)砂土注浆的柱形扩散公式

$$t = \frac{r_1^2 \beta n \ln(r_1/r_0)}{2kh_1} \tag{11.9}$$

$$r_1 = \sqrt{\frac{2kh_1 t}{\beta n \ln(r_1/r_0)}} \tag{11.10}$$

(3)砂砾石层的注浆扩散公式

假定浆液在砂砾石层中作紊流运动，则扩散公式为：

$$t = \frac{1}{4} r_1^2 n \sqrt{\frac{d_0}{kvh_1 r_0}} \qquad (11.11)$$

$$r_1 = 2 \times \sqrt{\frac{t}{n} \sqrt{\frac{kvh_1 r_0}{d_0}}} \qquad (11.12)$$

（4）裂隙岩石的注浆扩散公式

假定浆液为牛顿型流体，浆液在岩石裂隙中作层流运动，则有扩散公式：

刘嘉村公式：

$$r_1 = 9005^{2.21} \sqrt{\frac{(p_c - p_0) t b^2 r_0^{0.21}}{\eta}} + r_0 \qquad (11.13)$$

贝克（Baekr）公式：

$$p_c - p_0 = \frac{6nQ}{\pi b^3} \ln\left(\frac{r_1}{r_0}\right) + \frac{3\Delta Q^2 \left(\frac{1}{r_0^2} - \frac{1}{r_1^2}\right)}{20g\pi^2 e^2} \qquad (11.14)$$

式中：P_c——注浆压力；

　　　P_0——裂隙内地下水压力；

　　　b——裂隙宽度（cm）；

　　　η——浆液的黏度；

　　　Q——注浆量；

　　　Δ——浆液密度；

　　　g——重力加速度；

　　　其余符号同前。

2. 渗入性注浆的尺寸效应

渗入性注浆的尺寸效应是指由于渗入性注浆是在注浆压力较小、地层结构不受破坏的条件下使浆液渗入裂缝，因而要完全实现渗入性注浆，就必须使浆材的颗粒尺寸小于裂缝的尺寸。显然满足这个尺寸效应是渗入性注浆的前提条件。假设浆材的颗粒尺寸为 d，地层裂缝的尺寸为 D_p，尺寸效应可表示为：

$$R = D_p / d > 1 \qquad (11.15)$$

R 通常称为净空比。从理论上讲只要 $R > 1$，就可实现渗入性注浆，但在实际注浆过程中，当注浆浓度较大时，浆材颗粒会群集进入裂缝，从而使裂缝堵塞。为了避免这种现象发生，必须使净空比增大，一般认为当净空比大于或等于 3 时，浆材颗粒的群集容易被注浆压力击散。因此实际尺寸效应应为：

$$R = D_p / d \geqslant 3 \qquad (11.16)$$

式（11.15）与（11.16）中浆材的颗粒尺寸 d 容易确定，下面讨论地层裂缝的尺寸 D_p 的确定方法。

（1）砂砾石的空隙尺寸

砂砾石的空隙尺寸目前尚无有效的方法，一般采用数学方法估算。设 D 为砂砾石的颗粒直径，可定义有效空隙比 $e_E = D_p / D$，根据试验表明，有效空隙比一般为 0.195 ~ 0.215，如果取平均值 $e_E = 0.2$，则砂砾石的空隙尺寸可近似表示为：

$$D_P = 0.2D \tag{11.17}$$

（2）岩石裂隙的尺寸

要准确测定岩石中的裂隙尺寸较为困难，这里介绍一种运用钻孔压水资料估算岩石裂隙尺寸的方法。假设有一宽度为 e 的平面裂隙被半径为 r_0 的钻孔垂直穿过，现用大小为 P 的压力进行压水实验，并测得裂隙的吸水量为 q，由下式可近似计算出裂隙的宽度：

$$e = \sqrt[3]{\frac{6q\eta\lg\left(\dfrac{R}{r_0}\right)}{\pi P}} \tag{11.18}$$

式中：η——水的黏度；

　　　R——水的扩散距离。

3）渗入性灌浆的流变效应

渗入性灌浆的流变效应是指浆液在裂缝中流动时，浆液内部、浆液与孔壁之间将产生摩擦阻力，从而影响渗入性灌浆的可灌性。这种影响可以从浆液在空隙中流动时单位时间的流量计算公式中看出。

对于牛顿流型浆液（在圆管中流动时，剪切率 $\mathrm{d}v/\mathrm{d}r$ 与剪应力 τ 成正比，$\tau = \eta\,\mathrm{d}v/\mathrm{d}r$）在毛细管中流动时单位时间内的流量 Q 计算公式为：

$$Q = \frac{\pi r^4}{8\eta} \cdot \frac{\Delta P}{L} \tag{11.19}$$

式中：r——毛细管的半径；

　　　ΔP——有效灌浆压力；

　　　η——浆液的黏度（牛顿型）；

　　　L——浆液在管中流动的距离。

对于非牛顿流型浆液（如宾汉体，当剪应力 τ 超过屈服应力 τ_0 后，流体才能流动，剪切率 $\mathrm{d}v/\mathrm{d}r$ 与剪应力 τ 的关系为 $\tau = \tau_0 + \eta_\mathrm{d}\,\mathrm{d}v/\mathrm{d}r$），在毛细管中流动时单位时间内的流量 Q 计算公式为：

$$Q = \frac{\pi r^4}{8\eta_\mathrm{p}} \cdot \left(\frac{\Delta P}{L} - \frac{2\tau_0}{r}\right) \tag{11.20}$$

式中：η_d——浆液的塑性黏度；

　　　τ_0——屈服应力；

　　　其余参数同前。

式（11.19）表明，牛顿型浆液的流速随浆液的黏度增大而减小。式（11.20）表明，非牛顿型浆液的流动性除与浆液的黏度有关外，还将受到屈服应力的影响，一部分灌浆压力必定消耗在由屈服应力产生的阻力上。

4）渗入性灌浆的局限性

由前述可知，渗入性灌浆由于存在尺度效应和流变效应的制约，一般在大空隙介质中容易实施。而在实际地层中的裂缝有大有小，要在小缝隙中提高浆液注满度，一方面缩小浆材的颗粒尺寸，另一方面要准确确定裂缝尺寸，但实际上裂缝尺寸都是采用近似方法确定的。

11.3.2　劈裂注浆理论

鉴于渗入性注浆的一些局限性，后来提出了劈裂注浆理论，该理论是通过增大注浆压力,使细小裂缝产生水力劈裂,以提高浆液的可注性。劈裂注浆的理论主要解决的问题就是产生水力劈裂的最小注浆压力。对于不同地层在注浆过程中要产生水利劈裂所需的最小注浆压力可通过劈裂注浆理论公式进行计算。

(1)岩层劈裂公式

假定地层为各向同性、均匀的线弹性体,钻孔壁开始发生水力劈裂的条件为:

垂直劈裂:

$$p_0 = \left(\frac{1-v}{1-Nv} \right) (2\gamma h K_0 + S_t) \tag{11.21}$$

水平劈裂:

$$p_0 = \left(\frac{1-v}{v(1-N)} \right) (\gamma h + S_t) \tag{11.22}$$

式中:p_0——注浆压力;

γh——岩石竖向自重应力;

v——岩石泊松比;

K_0——岩石侧压力系数;

S_t——岩石抗拉强度;

N——比例系数,与地层的渗透系数和浆液的黏度有关,在 $0 \sim 1$ 之间变化,对于不透水岩石取 1,透水性较大的岩石接近于 0。

(2)砂和砂砾石劈裂公式

在砂和砂砾石地层中注浆,当注浆压力达到下述公式的标准时,就会导致地层的破坏。

$$p_0 = \frac{(\gamma h - \gamma_w h_w)(1-K)}{2} - \frac{(\gamma h - \gamma_w h_w)(1-K)}{2\sin\varphi'} + c'\tan\varphi' \tag{11.23}$$

式中:p_0——注浆压力;

γ——砂砾石土的容重;

γ_w——水的容重;

h——注浆段的深度;

h_w——地下水位高度;

K——主应力比。

(3)黏性土劈裂公式

在黏性土中,水力劈裂将引起土体固结和挤出等现象,当仅有固结时,注浆量体积 V 及单位体积所需的浆液量 Q 可由下式计算:

$$V = \int_0^a (p_0 - u) m_v \cdot 4\pi r^2 \, dr \tag{11.24}$$

$$Q = pm_v \tag{11.25}$$

式中:P_0——注浆压力;

p——有效注浆压力;

a——浆液扩散半径;

u——孔隙水压力;

m_v——土的压缩系数。

土层注浆后的固结度的计算公式为:

$$U = \frac{(1-V)(n_0 - n_1)}{(1-n_0)} \times 100\% \qquad (11.26)$$

式中: V——注入土中的结石总体积;

　　　n_0——土体的天然孔隙比;

　　　n_1——土体注浆后的孔隙比;

　　　U——注浆后土体的固结度。

值得注意的是,在裂隙岩石中灌浆,控制水力劈裂发生和发展的主要因素是岩石中已存在的软弱结构面。含裂隙岩石是否发生了水力劈裂可以通过压水试验资料分析判断,通常采用的方法有数值法和 $Q-P$ 曲线法(流量-压力曲线法)。

11.4　注浆加固设计

11.4.1　设计内容与设计程序

对边坡进行注浆加固设计,主要内容包括边坡工程地质调查、注浆方案选择、注浆标准的确定、边坡注浆位置的确定、浆液的配方设计、钻孔的布置与注浆压力的确定以及注浆后边坡的稳定性验算等。设计流程如图 11.6 所示。

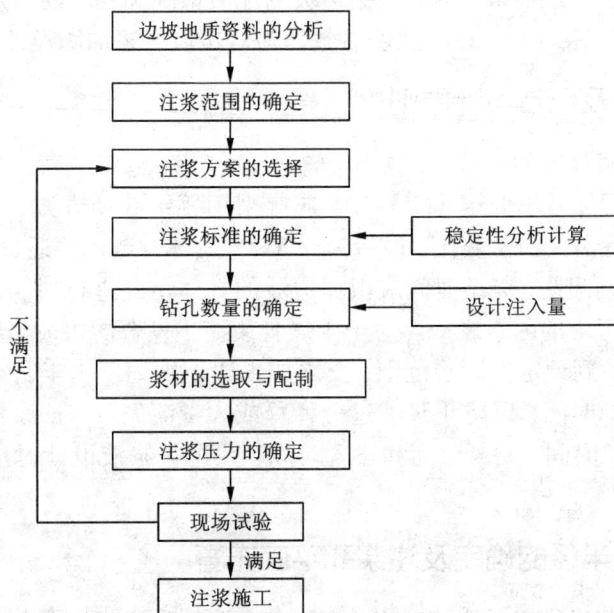

图 11.6　注浆加固设计流程图

11.4.2　注浆方案与注浆标准的确定

对于边坡工程一般都是永久性工程,注浆的目的主要是提高承载力和抗滑稳定性,根据不同的地层可按表 11.2 选择相应的注浆方法和常用浆材。

表 11.2　边坡注浆加固的方案选择

岩土类别	适用的注浆原理	注浆方法	常用浆材
岩层	渗入性注浆 劈裂注浆	自上而下 分段注浆法	水泥浆或 硅粉水泥浆
岩石堆积体、松散岩体	渗入性注浆	自上而下 分段注浆法	水泥浆或 水泥砂浆
断层带、滑带	渗入性注浆 劈裂注浆	自上而下 分段注浆法	水泥浆或先灌水泥浆 后灌改性环氧树脂
卵石、砾石	渗入性注浆	自上而下 分段注浆法	水泥浆或 硅粉水泥浆
砂土、粉细砂	渗入性注浆 劈裂注浆	自上而下 分段注浆法	硅粉水泥浆或 酸性水玻璃
黏性土	压密注浆 劈裂注浆	自上而下 分段注浆法	水泥浆或 硅粉水泥浆

注：在边坡注浆中采用自上而下分段注浆法，每段 4 m，孔口至地下 1~2 m 留空。

　　注浆标准是指注浆后应达到的质量标准，在边坡工程中，由于边坡的地质条件千差万别，稳定性差异较大，因而很难规定一个统一的标准，基本原则是要求边坡稳定性安全系数达到公路规范的规定。一般而言，可以根据边坡的地质情况和要求的稳定性安全系数反求边坡岩土体的强度参数(c，ϕ 值)，以该强度参数作为对边坡注浆加固设计的标准。

11.4.3　注浆材料及配方设计原则

　　用于公路边坡注浆加固的浆液一般要求具有流动性好、稳定性高、无毒、无污染等特点，一般采用水泥浆，水泥标号不低于 425 号，水灰比采用逐级变换方式，一般用 5∶1~2∶1 开灌，然后根据耗浆量逐渐变换水灰比，最后为 0.5∶1，具体参数还要通过现场灌浆试验确定。

　　浆液存在凝结时间问题，凝结时间应根据边坡的具体情况进行适当的调整，这是进行浆液配方设计时必须要考虑的因素之一。对于干燥且裂缝不发育的边坡，浆液应有足够长的凝结时间，以保证注浆达到预定的影响范围；反之如果边坡中地下水丰富或裂隙发育孔隙尺寸较大，应尽量缩短凝结时间，以防止浆液过分稀释或大量流失。一般浆液的凝结时间可分为极限注浆时间、零变位时间、初凝时间和终凝时间，在进行浆液设计时应视具体情况的需要分别予以考虑。

11.4.4　浆液扩散半径的确定及注浆孔平面布置

　　准确确定浆液扩散半径将对注浆工程的工程量、造价和注浆效果有着重要的意义。浆液扩散半径的确定有 2 种方法，一是运用第三节的理论公式进行计算，该计算值虽然是近似的，但对注浆设计仍然具有重要的参考价值；第二种方法是通过现场注浆试验来确定。现场注浆试验可采用三角形、矩形或圆形布孔方法(图 11.7)，通过对观测孔进行压水试验和冲浆观测确定出浆液的扩散半径。

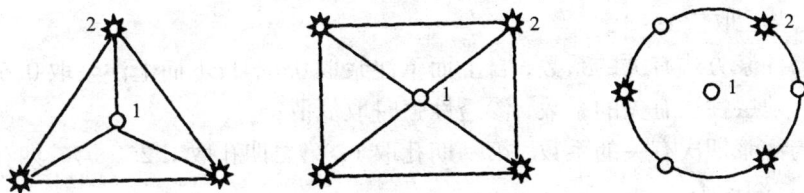

图 11.7　注浆试验孔布置

1—检查孔；2—注浆孔

在确定了浆液扩散半径后，在边坡上确定
的注浆范围内进行注浆孔的平面布置，钻孔布
置的原则如下：

(1)注浆钻孔深度取决于堆积体的厚度、以
及所要求的地基承载力。一般以提高地基承载
力为目的的灌浆深度可小于 15 m。提高滑带抗
剪强度为目的的灌浆应深达滑带下滑床 2 m。

(2)应呈梅花状分布，间距为注浆半径的
2/3，一般为 1.0~2.0 m(图 11.8)。

(3)钻孔设计孔径为 91~127 mm，一般用
127 mm 孔径开孔。

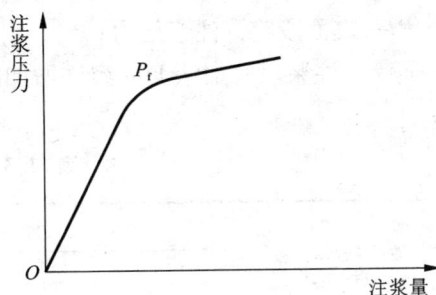

图 11.8　注浆试验曲线

(4)注浆孔的设计中应适当地布置用于注浆质量检查的测量孔。

11.4.5　灌浆压力确定

浆液的扩散能力与注浆压力密切相关，如果提高注浆压力将有助于使一些微裂缝张开提
高可灌性，同时由于浆液的扩散能力增强使得钻孔数减少。但是，当灌浆压力超过地层压重
和强度时，将有可能导致地层被破坏。因此一般以不使地层结构破坏或仅发生局部少量破坏
作为确定注浆压力的基本原则。

注浆压力的确定可以通过注浆试验确定，图 11.8 所示为注浆试验获得的注浆压力与注
浆量的关系曲线。从曲线上可以看出，当注浆压力达到某一值 P_f 时，注浆量突然增大，这表
明在注浆压力为 P_f 时，地层结构发生破坏且孔隙尺寸已被扩大，因而可以把 P_f 作为地层的
容许注浆压力值。当缺乏试验资料，或在进行现场灌浆试验前颁定一个试验压力时，可用理
论公式计算确定容许压力，然后在灌浆过程中根据具体情况再进行适当的调整。

砂砾地层和岩石的注浆压力计算公式：

(1)砂砾地基注浆压力：

$$P_B = C(0.75T + K\lambda h) \tag{11.27}$$

或

$$P_B = \beta\gamma T + CK\lambda h \tag{11.28}$$

式中：P_B——容许注浆压力(100 kPa)；

T——覆盖层厚度；

h——地面至注浆段的深度；

γ——覆盖层土体容重；

β——系数，取值 $1 \sim 3$；

K——与注浆方式有关的系数，自上而下注浆取 0.8，自下而上注浆取 0.6；

λ——与地层性质有关的系数，渗透性强时取低值；

C——与注浆期次有关的系数，第一期孔取 1，第二期孔取 1.25，第三期孔取 1.5。

（2）岩石注浆压力：

$$P_B = P_0 + mD \tag{11.29}$$

式中：P_B——容许注浆压力；

D——注浆段深度；

P_0—表面段容许注浆压力；

m——注浆段每加深 1 m 容许增加的应力；P_0 和 m 可查表 11.3。

表 11.3　P_0 和 m 值选用表

岩性	P_0 (100 kPa)	m(100 kPa)				
		注浆方法		注浆期次		
		自上而下	自下而上	1	2	3
裂隙少，结构密实	$1.5 \sim 3.0$	2.0	$1.0 \sim 1.2$	1.0	$1.0 \sim 1.25$	$1.0 \sim 1.5$
略受风化的岩石	$0.5 \sim 1.5$	0.1	$0.5 \sim 0.6$	1.0	$1.0 \sim 1.25$	$1.0 \sim 1.5$
严重风化的岩石	$0.25 \sim 0.5$	0.5	$0.25 \sim 0.30$	1.0	$1.0 \sim 1.25$	$1.0 \sim 1.5$

除了上述确定注浆压力的方法外，也可根据场地条件，采用 $1.0 \sim 8.0$ MPa。灌浆耗浆量采用不同级别注浆压力，一般可按 1.0、2.0、2.5、3.0、3.3、4.0、5.0、6.0、8.0 逐级增大。当注浆在规定压力下，注浆孔（段）注入率小于 0.4 L/min，并稳定 30 min 时即可结束。

11.5　边坡注浆加固施工

11.5.1　注浆施工前期工作

为了使注浆施工能顺利完成并达到合理、有效的加固目的，在进行注浆施工前必须进行如下准备工作：

（1）施工前的原位现场调查

调查的内容包括土质调查、地下水调查、环境调查、地下埋设物调查。土质调查主要调查土层构成、地层强度、颗粒成分、压缩特性、渗透特性等，这对于选择施工方法和注浆工艺是极其重要的；地下水调查系测定调查孔的自然水位和实施渗水试验的调查，求取地层的渗透系数，应特别注重地下水对注浆效果的影响，如水的流向和酸碱性对浆液的影响；地下埋设物一般是指地下管网或地下建筑物，对于非城市道路的公路边坡通常较少涉及该项内容；环境调查系指灌注区及其附近地区的地下水、井、动植物、公用水域、生活环境等的调查，防止施工废水、有毒化学浆液、施工噪声等对环境的影响。

(2)现场原位注入试验

注浆工程正式施工前,应在现场进行注入试验,并调查注浆是否达到预期的设计要求。通常情况下,原位现场调查和现场原位注入试验是进行注浆工程设计前需要进行的工作,作为施工阶段来讲,掌握这些资料对制定详细合理的施工计划也是极其有利的。

(3)制定施工计划

根据注浆设计、原位试验和现场调查资料,策划制定施工计划,注浆施工必须按照计划进行顺序施工。施工计划通常应当包括施工工艺(如注浆顺序、注浆速度、注浆压力、节长等)、施工材料及关系(如注入材料的配比和凝结时间等)、施工进度、施工组织管理等。

11.5.2　注浆施工管理

注浆工程中对浆液的要求是压入地层中的浆液确实能高效硬化,并在地层中形成加固效果的固结物。迄今为止,开发过多种主剂和硬化剂,而这些浆材中有些浆材是有毒的。特别是 1974 年日本发生注入有机高分子浆液污染地下水等严重问题,致使政府部门对安全性倍加重视,为此制定了"有关建设工程中的化学注浆工法的施工暂行准则"(以下简称"暂行准则")。建议浆液材料(从防止污染地下水观点考虑)只限于使用水玻璃类浆液,水玻璃类以外的浆液,几乎被禁用。随着新技术的开发,注浆施工法自身的安全性也在提高。为了在地层内确实生成固结物,必须对注入量、注入压力的状况和疑结时间等有关参数进行切实的施工管理。

在"暂行准则"中对工法的选择、设计、施工和水质监测等项目作了如下规定:

(1)注浆工法中使用的浆液,目前为水玻璃类浆液(主剂是硅酸钠的浆液),不允许使用有毒物或者氟化物。

(2)关于注浆工法的设计和施工,要求注浆地点周围的地下水和公共水域应维持在一定的水质标准,应切实地掌握该地区地层的性质、地下水和公共水域等状况。

(3)注入机器的清洗水、浆液注入地点的涌水等废水排向公共水域时,其水质必须达到相应的标准。

(4)为了防止注浆造成的地下水和公共水域的水质污染,施工单位必须监视注浆周围的地下水和公共水域的水质污染状况。

在制定注浆施工的管理具体办法时,通常应当包括现场质量及数量管理(浆液质量、数量的有关证明、运输、使用等)、注入量和材料使用量的确认(含相关报表)、合同与施工计划的相关事项及相应措施等。

在边坡注浆加固中如采用纯水泥浆液,则上述问题可以避免。

11.5.3　注浆施工的常用方法

注浆施工按照注入方式可以分为钻杆注浆法、花管法、双层管双栓塞注浆法、同步注浆法、压实注浆法、布袋注浆法、高压喷射搅拌注浆法等。

(1)钻杆注浆法

钻杆注浆法是把钻机钻杆的内管直接作为注浆管进行注浆的方法。这种方法的优点是操作简单、经济;缺点是浆液易从钻杆和孔壁间的空隙中串出,该法通常只能用来注入单一浆液,且在注浆时钻机不能离开,钻机的使用效率低,早期的注浆均是采用这种方法。近年来兴起的压实注浆原则上属于这类方法。

(2)花管注浆法

花管注浆是钻孔成形后,拔出钻杆,插入一端上面开有多个小孔的注浆管(俗称花管,也叫过滤管),然后进行注浆的方法。这种方法因浆液是通过许多小孔分散进入地层,所以浆液能够比较均匀地注入到地层中。但是在埋设花管时要防止堵塞花管上的小孔,更不能让土颗粒从小孔逆流进入注浆管造成管路堵塞,近年来这种方法的使用率也在下降。

(3)双层管双栓塞注浆法

该方法是在钻孔成形后,拔出钻杆撤走钻机,然后向钻孔中插入一根套管(也称外管)。该套管的节长为33~50 cm,其上开有小孔(即注浆孔),孔口外侧用胀圈(橡胶圈)包好,胀圈的作用是当孔内加压注浆液时,胀圈胀开浆液从小孔中喷出进入土层,不注浆时胀圈封闭喷射口,故土和地下水均被胀圈拒之喷射口之外,不会逆向进入注浆管内。注浆把两端都装有密封栓塞的注浆芯管插入上述外管内,由于注入压力的作用,浆液从2组栓塞的中间经喷射口胀开胀圈进入土层中,逐次提升(或下降)芯管,即可实现逐段分层注浆。施工顺序如图11.9所示。

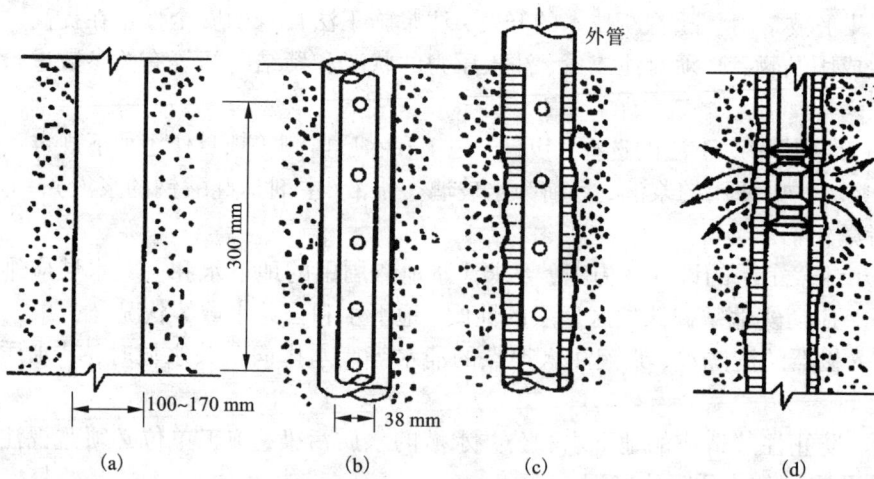

图11.9 层管双栓塞注浆法施工顺序

(a)钻孔插入上管;(b)插入外管;(c)注入封材引援外管(随后养护);(d)插入双栓塞注入开始

这种方法的特点是:①注入不受时间限制,故可进行多次注浆以提高注浆的加固效果;②注入不受深度限制,可深可浅;③可据不同地层,有选择地进行分层注浆;④钻孔和注浆两步工艺分开进行,故缩短了施工周期;⑤因注入的是长凝浆液,故注入效果理想。同时因注入压力小,故对周围环境的影响小。该方法的缺点是工序复杂,成本稍高一些。

(4)同步注浆法

在钻杆管上开设 n 个直径相同的小孔,用高压压送浆液,将2种浆液分别从上下喷射口的混合室按不同比例混合后,从上部喷口喷出瞬结浆液,同时从下部喷口喷出缓结浆液,从而实现同步注入。图11.10所示为同步注浆法的施工顺序。

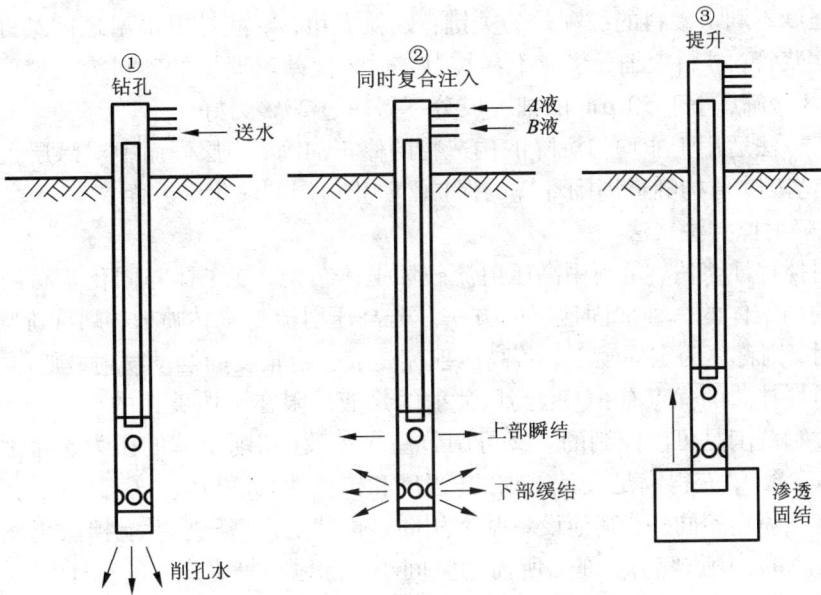

图 11.10　同步注浆法施工顺序

(5)压实注浆法

压实注浆法是一种把不易流动的惰性注入材料压入地层中,在形成匀凝固结体的同时,压密周围土体的方法,即 CPG 工法。图 11.11 所示为几种注入法的比较,除压实注浆法外,其他的方法均使用易于流动的材料。而这种方法使用塌落度近似为零的不流动的惰性水泥浆,这是这种施工法与其他施工法的根本差异。因为材料的流动,故不易向地层中流动,所以可以在预定的地点准确地形成固结体。这种施工法以前只停留在理论上,最近几年美国在硬件(泵、拌和器、机械设备等)方面的改进速度极快。

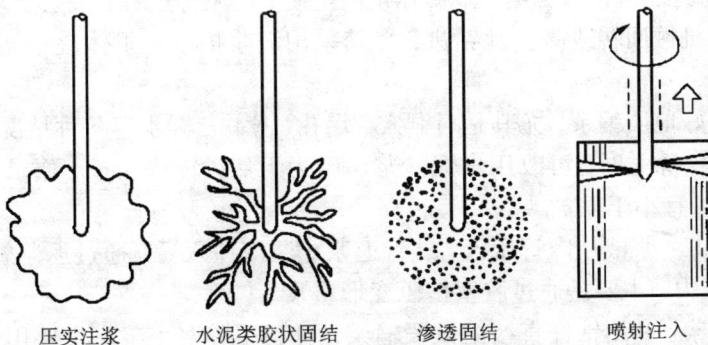

图 11.11　同步注浆法施工顺序

该方法由于注入浆液必须是不易流动的坍落度趋于零的惰性浆材,这是压实注浆工法成功的关键因素之一,因此一般浆材由水泥、粉煤灰、砂、石灰粉、掺入适量膨润土(占水泥投入量的 1% ~10%)，再添加少量的缓凝剂、膨胀剂及适量的水配置而成。水泥及砂的投放量太少对提高强度不利。砂料的级配较为关键：砂粒太粗，浆液易失水出现固结断裂、损伤注浆泵及堵塞注浆管；砂料太细，浆液不易控制，耐久性差。理想的砂料为天然圆粒砂，以能 100% 地通过 8 号筛，小于 50 μm 的细粒成分不得超过 20% 为好。

这种施工方法适用于非均匀沉降的构造物的修正加固、表层硬而中层深层土质松软的地层加固、托换基础、盾构隧道周围环境的保护、防止地层的液化等方面。

(6)高压喷射搅拌注浆法

高压喷射搅拌注浆法，是利用高压射流破坏土体结构，使土体与固化浆材液混合拌后凝结成高强度的固结体的一种加固地层的方法。若高压射流是旋转喷射，则称旋喷；若高压射流是定向喷射，则称之为定向喷射；若高压射流是成一定角度的摆动喷射，则称之为摆喷。

高压喷射搅拌法的优点有：①因高压喷射的浆液局限在土体破坏的范围内，也就是说浆液的注入部位和范围是可以控制的。②可调节注入参数(切削土体的压力、固化材的注入速度、注入量等参数)，获得满足设计需求的(强度和抗渗性)固结体。③与以往的注入法相比，除高压泵和特殊喷嘴不同外，其他设备基本相同。也就是说高压喷射搅拌法仍然具有设备轻便、施工方法简单、操作容易、施工所需的空间小、占地小等优点。④由于注入浆液多使用水泥和水玻璃类浆液，故成本低，且不污染环境。

高压喷射搅拌注浆法适用于砂土、黏土、人工回填土，而对含有大砾石(直径大)、纤维质的腐植土层及地下水流动过快的地层，高压喷射搅拌注浆法不适用。

高压喷射搅拌注浆法可以分为：CCP 工法(单重管或单介质施工法)、JSG 工法(双重管或双介质施工法)、RIP 工法(高压射水(气)旋喷浆液施工法)、SUPERJET 工法(大流量整流喷射法)、X—Jet 工法(交叉喷射法)、MJS 工法(全方位超高压喷射法)、JACSMAN 工法(机械搅拌交叉喷射法)、SMW 工法(土体搅拌混合成墙施工技术)。这些方法是软土地层加固的良好方法，具体施工工艺可参阅有关专著，在此不再赘述。

11.5.4 边坡注浆施工的一般要求

边坡注浆加固施工包括施工组织、钻孔浆液配制、注浆等过程，一般要求如下：

(1)造孔采用机械回转或潜孔锤钻进，严禁采用泥浆护壁。土体宜干钻，岩体可采用清水或空气钻进。

(2)随钻进作好地质编录，尤其是对洞穴、塌孔、掉块、漏水等各种情况进行详细编录。

(3)若岩土体空隙大时，可改用水泥砂浆。砂为天然砂或人工砂，要求有机物含量不宜大于 3% ，SO_3 含量宜小于 1% 。

(4)双管法灌浆：浆液从内管压入，外管返浆。浆液注入后，通过返浆管检查止浆效果、测压及控制注浆压力，主要是通过胶塞挤压变形止浆。

(5)单管法灌浆：利用钻杆直接向试段输浆，可利用胶塞止浆。主要用于止浆段孔壁不完整，利用胶塞止浆困难的试段。

(6)采用自上而下分段注浆法。每段 4 m，孔口至地面以下 1 ~2 m 留空。

11.6　注浆效果评价与边坡稳定性验算

为了检验注浆是否达到设计要求和预期效果,在注浆施工完毕后应对注浆区域岩土介质的物理力学性能进行评价,边坡加固要求对其注浆后稳定性进行验算。注浆效果的评价方法甚多,可以采用静态力学检验法、动力测试评价法、电探法以及化学分析法等进行确认,可以在边坡表面进行,也可以在钻孔中进行。

静态力学检验法主要通过对注浆后的岩土体作静力学试验(如旁压试验、载荷试验、静力触探、动力触探等),或通过注浆后钻探取样进行室内岩土体力学参数实验,来获取岩土体在注浆后的地基承载力以及强度指标,根据这些指标对注浆效果进行评价。这类方法是较为直观、可信的方法,但要大面积进行检查,费用较高。

动力测试评价法,利用动力学测试技术通过对边坡注浆前后测得的动力学参数的相互对比来评价注浆达到的效果。目前一般采用超声波测试法,即在边坡被注浆加固区域设置测试孔,用声波对注浆前、后的岩土体性状进行检测,求取注浆前、后的纵横波速、动弹性模量、动剪切模量、动泊松比等,由这些参数对注浆效果进行评价。超声波测试法可采用垂向单孔测试和水平跨孔检测,测试钻孔应均匀分布于注浆区,测试孔的深度应达到或超过设计注浆深度,如果采用水平跨孔,跨孔间距不能大于注浆孔间距的 1~2 倍;注浆后的测试必须待浆液凝结并达到设计强度时进行,一般为注浆后 28 d。

目前在边坡注浆工程中一般采用动力学测试方法并结合钻探取样对注浆效果进行评价。下面主要介绍工程中常用的声波测井和 CT 成像 2 种测试方法。

11.6.1　声波测井法

声波测井法是在灌浆区域布设一定密度的钻孔,在钻孔中采用一发双收的超声波换能器,测试沿深度的声波速度变化,通过声速的变化来反映灌浆的密实度。每个钻孔中的测点间距一般为 20~50 cm。目前使用的声波仪器有 RS – UT01 型、SYC – ⅡB 型等非金属超声波测试仪,其最小采样间隔为 0.1 μs,全自动化数据采集系统。采用的换能器的频率一般为 50 kHz。测试的技术要求可按《超声波检测混凝土缺陷技术规程》CECS21:90 进行。

各测点的声速值按下式计算:

$$v_i = l_i / t_{ci} \tag{11.30}$$

式中:v_i——第 i 点混凝土声速值(m/s);

　　l_i——第 i 点测距值(mm);

　　t_{ci}——第 i 点混凝土声速值(μs)。

各钻孔的声速平均值 m_v 和标准差 s_v 及离差系数 c_v 分别按下式计算:

$$m_v = \frac{1}{n} \sum_{i=1}^{n} v_i \tag{11.31}$$

$$s_v = \sqrt{ \left(\sum_{i=1}^{m} v_i^2 - n \cdot m_v^2 \right) / (n-1) } \tag{11.32}$$

$$c_v = s_v / m_v \tag{11.33}$$

式中：v_i——第 i 点混凝土声速值(m/s)；

　　　n——某测试断面的测点数。

将每个钻孔各测点的声速值由大到小按顺序排列，将排在后面明显小的数据视为可疑，再将这些可疑数据中的最大的一个(假定为 v_j)连同其前面的数据按式(11.31)和(11.32)计算出 $m_v^{(j)}$ 和 $s_v^{(j)}$ 值，并带入下式计算出异常情况的判断值 $v_0^{(j)}$：

$$v_0^{(j)} = m_v^{(j)} - \lambda_1 \cdot s_v^{(j)} \tag{11.34}$$

将判断值 $v_0^{(j)}$ 与可疑数据中的最大值 v_j 进行比较，如果 v_j 小于或等于 $v_0^{(j)}$，则 v_j 及排列于其后的各数据均为异常值；如果 v_j 大于 $v_0^{(j)}$，则表明 v_j 为非异常值，而排列于 v_j 后的各数据需重新进行统计计算和判断。对于各钻孔出现异常值的测点，结合异常测点的分布、实际地质情况以及灌浆深度对灌浆效果进行综合评价。

同时，对钻孔取芯进行声波测试，还可以获得灌浆后边坡岩体的完整性系数 $K_w = (V_{岩体}/V_{岩石})^2$；反映岩体的裂隙化程度的裂隙系数(又称岩体的龟裂系数) $L_m = (V_{岩石} - V_{岩体})/V_{岩石}$；反映岩石的风化程度的风化系数 $K_f = (V_{新鲜} - V_{风化})/V_{新鲜}$。这些参数对于边坡加固后的稳定性评价均具有重要的参考意义。

11.6.2　CT 评价方法

CT 层析成像技术是近年来被广泛用于灌浆效果评价的一种新技术，其基本原理就是利用钻孔间的声波透射，测试岩土介质的纵、横波速，来反映灌浆后的密实度，如图 11.12 所示，被研究的对象是钻孔 1 和钻孔 2 之间介质的结构。对于这样一个二维介质，使用一个适当的网格进行离散来模拟其不均匀性，最简单的离散方法就是使用矩形网格来离散二维介质，如图 11.13 所示。

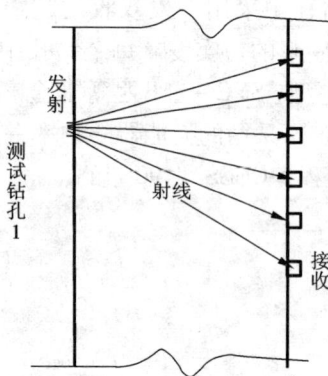

图 11.12　几何模型

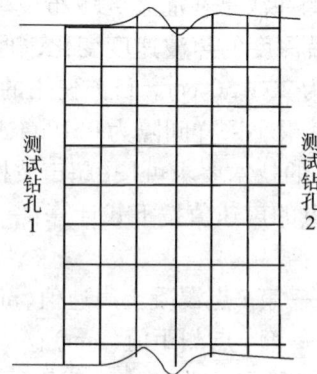

图 11.13　矩形网格离散

运用 CT 成像正反演理论，利用测试数据可以反演出整个剖面的纵、横波速分布，由此对灌浆区域的灌浆效果作出评价。图 11.14 所示为某边坡灌浆后的 CT 成像纵、横波速剖面。

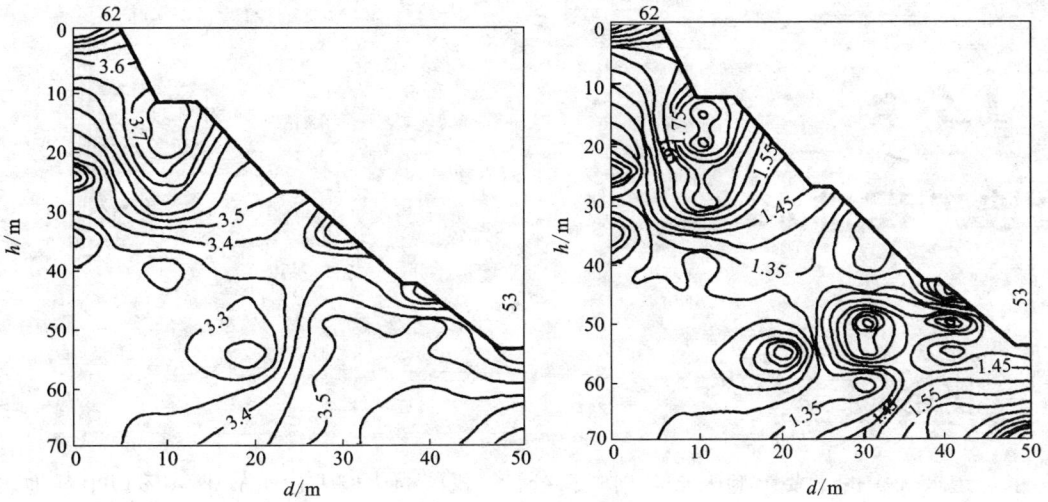

图 11.14 CT 成像纵、横波速剖面

11.6.3 注浆后的边坡稳定性验算

边坡注浆的最终目的是使边坡趋于稳定,因此检验注浆是否达到目的的最有效方法就是进行边坡的稳定性验算。验算仍然采用条分法,稳定性系数根据公路等级确定,所需的物理力学参数由注浆后的静力学试验确定。除了验算原滑动面的稳定性外,还要验算注浆后可能引起的新的滑动面或破裂面的稳定性。

第 **12** 章

边坡工程排水

12.1　概述

水是边坡失稳的重要影响因素。据资料统计，我国的边坡失稳事故中90%以上与地表水及地下水有关。水对边坡稳定性的影响是多方面的，包括物理作用与化学作用2个方面。

（1）水对边坡的物理作用

①润滑作用、软化和泥化作用：润滑作用是水在土体的不连续界面上产生润滑作用，使不连续界面上的净阻系数减小和作用在不连续界面上的剪应力增大，从而加大边坡沿不连续界面发生滑动的风险。反映在力学上，就是使不连续面上的岩土体内摩擦角减小。软化和泥化作用是水改变岩土体结构面中的充填物的物理性状，它使岩土体的力学性能降低，黏聚力和内摩擦角下降。

②水的冲刷和侵蚀作用

水的冲刷作用对岩石边坡影响较小，但对水坝边坡、库岸边坡等土质边坡来说，在水冲刷的作用下，坡体（坝体）经过一段时间会形成冲刷坑、出现临空面，边坡的受力状态将改变，造成边坡失稳。地表水对边坡侵蚀方式有面状侵蚀和沟状侵蚀。在降雨形成地表水汇集流动过程中，比较均匀地冲刷整个坡面的松散物质，使坡面降低，边坡后移，这样就形成了面状侵蚀。沟状侵蚀是水在不平整边坡表面的流动所形成的，存在一定的沟槽和低凹地，当水超过了低凹地或沟槽的蓄水能力后开始形成线状流，时分时合的线状流随着后续水量的汇集，逐渐形成股状水流，加大了侵蚀力，并产生沟状侵蚀，在坡面形成一些细沟。地表水的冲刷作用主要取决于水流的动能。

③静水压力

当边坡被水淹没，而边坡的表部相对不透水时，坡面上将受一定的静水压力。静水压力的方向与坡面正交。当边坡的滑动面（软弱结构面）的倾角大于坡角时，则坡面静水压力传到滑动面上的切向分量为下滑力，不利于边坡的稳定。

④动水压力

当地下水在土体或破碎岩体中运动时，受到土颗粒或岩石碎块的阻力，水要流动就得对土颗粒或岩石碎块施以作用力，这种力就叫做动水压力。动力压力作用于渗流部分的岩体上，其方向与通过该点的流线的切线方向相一致。在土质边坡中，动水力在一定条件下可诱发流沙和管涌。而在岩质边坡中，结构面的填充物在水的浮力作用下，重量减小，动水压力稍大时，就会带走结构面中的填充物颗粒，侵蚀掏空岩块之间的填充物。同时运动的水磨光粗糙的岩石面,减小了岩体的抗滑力,降低了边坡的稳定性。

⑤水的浮托力和冰裂

当透水边坡得到水补给时,将承受浮托力的作用。在岩土体总应力不变情况下孔隙水压力增大,对应岩土体的有效应力将会相应减少。对处于极限稳定状态、依靠坡脚岩体重量保持暂时稳定的边坡,坡脚被水淹没后,浮托力对边坡稳定的影响就更加显著。不少水库周围松散堆积层边坡,在水库蓄水时发生变形,浮托力的影响是原因之一。同时,气态水对滑坡也存在浮托力的影响。在滑坡滑动的过程中,由于强烈的摩擦和碰撞作用,产生巨大的热能,使液态的水汽化。气体对滑坡体产生浮托作用,从而降低了抗滑力,加剧了滑坡的危害性。另外,水在低温环境下凝结成冰,水凝结成冰产生的体积膨胀对岩石产生压力,加剧裂隙的发育,从而降低边坡的稳定性。

(2)水对边坡岩土体的化学作用

地下水与周围岩土产生长期水化学作用,不断地改变周围岩土的性质和强度。水对边坡岩土体产生的化学作用主要包括地下水与岩土体之间的溶解作用、溶蚀作用、离子交换作用、碳酸化作用、水化作用(膨胀土的膨胀)、水解作用、沉淀作用以及渗透作用等。

因此,边坡工程应采取排除坡面水、地下水和减少坡面水下渗等多种措施进行排水。边坡工程排水应以"截、排和引导"为原则,坡面排水、地下排水与减少坡面雨水下渗措施统一考虑,并形成相辅相成的排水、防渗体系。

边坡排水工程可分为地表排水和地下排水 2 大类型。地表排水包括滑坡体内的地表排水和滑坡体外的地表排水,主要形式有截水沟、排水沟、跌水与急流槽等。滑坡体内的地表排水的设置原则为防渗、汇集和尽快引出;滑坡体外的地表排水应使所有的水不流入滑坡区,故以拦截、引离为原则。

选择地表水排水工程,应根据滑坡地貌,地形条件,利用自然沟谷,在滑坡体内外修筑环形截水沟、排水沟和树叉状、网状排水系统,以迅速引走坡面雨水。在滑坡区范围内则设树枝状排水沟等。

对滑坡体表面的土层应进行整平夯实,并采用黏土等夯填裂缝,使地表水尽快归沟,防止或减少地表水下渗;对滑坡体范围内的泉水、封闭洼地积水,应引向排水沟予以排除或疏干;对浅层和渗水严重的黏土滑坡,可在滑坡体上植树、种草、造林等措施来稳定滑坡。

在透水性特强的地区,或在地表水特别丰富、渗透量也大的地区,则可做防渗工程。在地基上发生裂缝的地方,进行防渗,用黏土或水泥浆充填裂缝,在滑坡未采取工程措施稳固前,并用聚乙烯布等不透水材料将滑坡区域覆盖,以防止滑坡的发生。

滑动面(带)常常积聚了大部分地下水,因此,排除滑面(带)积水是滑坡地下排水的主要目的。地下排水形式主要有截水渗沟、盲沟、纵向或横向渗沟、支撑渗水沟、汇水隧洞、立井、渗井、砂井 - 平孔、平孔排水、垂直钻孔群等。

排除地下水是一项比较复杂、艰巨,而且投资较大的工程。设计中必须搜集足够的水文地质资料,注意施工质量,确保施工安全。

治理地下水的原则是"可疏而不可堵"。应该根据水文地质条件,特别是滑面(带)水分布类型,补给来源及方式,合理采用拦截、疏干、排引等排水措施,达到"追踪寻源,截断水流,降低水位,晾干土体,提高岩土抗剪强度,稳定滑坡"的目的。

12.2 地面防排水

12.2.1 地表水汇流量的确定

1. 地表水汇流量的计算公式

滑坡体外或滑坡体内的地表水设计汇流量可按下式计算确定：

$$Q = 16.67\psi qF \tag{12.1}$$

式中：Q——设计地表水汇流量（m^2/s）；

q——设计重现期和降雨历时内的平均降雨强度（mm/min）；

ψ——径流系数；

F——汇水面积（km^2）。

2. 地表水汇流量的计算公式中相关参数的确定

（1）设计降雨的重现期

设计降雨重现期的确定，一方面会影响到滑坡的稳定性措施，另一方面则会影响到排水设施的有效断面尺寸。因此设计降雨的重现期应根据滑坡类型及其受水影响的程度、滑坡区域处建筑等级和排水设施等因素综合分析确定。

参照我国《公路排水设计规范》（JYJ 018—2012），建议：对重要性建筑物处的滑坡，设计时降雨重现期可取 15 年，对一般性建筑物处的滑坡，设计时降雨重现期可取 10 年。但对多雨地区或特殊地区，可根据需要适当提高降雨重现期。

（2）降雨历时

降雨历时通常按汇流时间计，包括汇水区内的坡面汇流历时和截流排水沟内的汇流历时。

①坡面汇流历时的计算

坡面汇流历时的计算方法很多，此处介绍形式简单、计算方便的柯毕（Kerby）公式及其相应的地表粗度系数（m_1）。

坡面汇流历时可按下式计算确定：

$$t_1 = 1.445 \left[\frac{m_1 L_s}{\sqrt{i_s}} \right]^{0.467} \tag{12.2}$$

式中：t_1——坡面汇流历时（min）；

L_s——坡面流的长度（m）；

i_s——坡面流的坡降；

m_1——地面粗度系数，可按地表情况查表 12.1 确定。

表 12.1 地面粗度系数

地表状况	粗度系数 m_1	地表状况	粗度系数 m_1
光滑的不透水地面	0.02	牧草地、草地	0.40
光滑的压实地面	0.10	落叶树林	0.60
稀疏草地、耕地	0.20	针叶树林	0.80

②截流排水沟内汇流历时的计算

截流排水沟内汇流历时需在排水设施或构造物的过水断面和出水口确定后才能计算得到。

设计排水量尚未确定,过水断面和出水口又无法确定。因此,需采用试算法,先假定一个截流排水沟内的汇流历时,计算汇流历时和设计汇流量,确定截流排水沟的过水断面和出水口;然后按量宁公式计算设计排水沟内的平均流速,再计算汇流历时,并同假设的汇流历时进行比较。若相差较大时,则调整假设值,重新计算,直至满足设计精度要求为止。

具体计算如下:

先在断面尺寸、坡度变化点或有支沟汇入处分段,分别计算各段的汇流历时后再叠加而得,即:

$$t_2 = \sum_{i=1}^{n} \left(\frac{l_i}{60 v_i} \right) \tag{12.3}$$

式中:t_2——截流排水沟汇流历时(min);

n、i——分别为截流排水沟分段数和分段序号;

l_i——第 i 段的长度(m);

v_i——第 i 段的平均流速(m/s)。

排水沟内的平均流速可按下式计算确定:

$$v = \frac{1}{n} R^{\frac{2}{3}} l^{\frac{1}{2}} \tag{12.4}$$

式中:n——排水沟壁的粗糙系数,按表 12.2 选用;

R——水力半径(m),$R = A/\rho$,各种排水沟的水力半径计算式可按表 12.3 计算;

ρ——过水断面湿周,m;

l——水力坡度,可取用排水沟的底坡。

初步设计时,排水沟内的平均流速可按下式估算

$$v = 20 i_g^{0.6} \tag{12.5}$$

式中:i_g——该段排水沟内的平均坡度。

各种排水沟的水力半径和过水断面积计算见表 12.3。

表 12.2　排水沟壁的粗糙系数表

排水沟类型	粗糙系数 n	地表状况	粗糙系数 n
岩石质明沟	0.035	浆砌片石明沟	0.032
植草皮明沟(流速 0.6 m/s)	0.035~0.050	水泥混凝土明沟(慢抹面)	0.015
植草皮明沟(流速 1.8 m/s)	0.050~0.090	水泥混凝土明沟(预制)	0.012
浆砌片石明沟	0.025		

表 12.3 各种排水沟的水力半径和过水断面积

断面型式	断面图	断面面积 A	水力半径 R
矩形		$A = bh$	$R = \dfrac{bh}{b+2h}$
三角形		$A = 0.5bh$	$R = \dfrac{0.5b}{1+\sqrt{1+m^2}}$
三角形		$A = 0.5bh$	$R = \dfrac{0.5b}{\sqrt{1+m_1^2}+\sqrt{1+m_2^2}}$
梯形		$A = 0.5(b_1+b_2)h$	$R = \dfrac{0.5(b_1+b_2)h}{b_2+h(\sqrt{1+m_1^2}+\sqrt{1+m_2^2})}$
圆形	 充满度 $a = H/2d$ $\varphi = \arccos(1-2a)$ φ 为弧度	$A = d^2\left(\varphi - \dfrac{1}{2}\sin2\varphi\right)$	$R = \dfrac{d}{2}\left(1-\dfrac{\sin2\varphi}{2\varphi}\right)$

U 形过水断面水力半径与断面面积

形式	断面图	尺寸(m)			断面面积 A (m^2)	水力半径 R (m)
		b_1	b_2	h		
U 形排水沟		0.18	0.17	0.18	0.033	0.050
		0.24	0.22	0.24	0.055	0.079
		0.30	0.26	0.24	0.067	0.091
		0.30	0.26	0.30	0.084	0.098
		0.36	0.31	0.30	0.101	0.110
		0.36	0.31	0.36	0.121	0.117
		0.45	0.40	0.45	0.191	0.147
		0.60	0.54	0.60	0.342	0.196

③降雨强度的计算

当地气象部门有 10a 以上自记雨量记录资料时，可利用气象部门的观测资料按下式整理
分析得到设计重现期的降雨强度：

$$q = \frac{a}{t+b} \tag{12.6}$$

式中：t——降雨历时(min)；

　　　a 和 b——地区性参数。

若当地缺乏自记雨量记录资料时，可利用标准降雨强度等值线图和有关转换关系，按下
式计算降雨强度：

$$q = C_p C_t q_{5,10} \tag{12.7}$$

式中：$q_{5,10}$——表示 5a 重现期和 10 min 降雨历时的标准降雨强度(mm/min)，可按地区，根
　　　　　　据，我国 5a 一遇 10 min 降雨强度($q_{5,10}$)等值线图查取。

　　　C_p——重现期转换系数，为设计重现期降雨强度 q_t 同标准重现期降雨强度 q_5 的比值
　　　　　　(q_p/q_5)，可按地区，根据我国 5 年一遇 10 min 降雨强度($q_{5,10}$)等值线图查取。

　　　C_t——降雨历时转换系数，为降雨历时 t 的降雨强度 q_t 同 10 min 降雨历时的降雨强度
　　　　　　q_{10} 的比值(q_t/q_{10})，可按地区的 60 min 转换系数(C_{60})，根据我国 60 min 降雨强
　　　　　　度转换系数(C_{60})等值线图查取。

④径流系数的确定

径流系数按汇水区域内的地表种类由表 12.4 确定。当汇水区域内有多种地表时，应分
别为每种类型选取径流系数后，按相应的面积大小取加权平均值。

表 12.4　径流系数 ψ

地表种类	径流系数 ψ	地表种类	径流系数 ψ
粗粒土坡面	0.10 ~ 0.30	平坦的草地	0.40 ~ 0.65
细粒土坡面	0.40 ~ 0.65	平坦的耕地	0.45 ~ 0.60
硬质岩石坡面	0.70 ~ 0.85	落叶林地	0.35 ~ 0.60
软质岩石坡面	0.50 ~ 0.75	针叶林地	0.25 ~ 0.50
陡峻的山地	0.75 ~ 0.90	水田、水面	0.70 ~ 0.80
起伏的山地	0.60 ~ 0.80		

12.2.2　地表排水体系设计及结构形式

进行地表水排水体系设计，应根据滑坡区域地貌、地形特点，充分利用自然沟谷，在滑
坡体内外修筑截水沟、排水沟和树叉状、网状排水系统，以迅速引走坡面雨水。

(1)滑坡体外截水沟设置及其结构型式

为防止滑坡体外坡面汇水进入滑坡体，通常在滑坡体外修筑截水沟和排水沟。

滑坡体外截水沟：可以沿滑坡体周围，根据水流汇聚情况及滑坡在可以发展的边界以外
不小于 5 m 处，设置环形截水沟。

环形截水沟可以根据山坡汇水面积、降雨量(尤其是暴雨量)和流速等计算而得的汇水量

大小，设置一条或多条，以拦截引离地表径流，不使坡面雨水流入滑坡体范围之内。

环形截水设计数条截水沟时，其间距一般以50~60 m为宜，每条截水沟的断面尺寸，应按山坡沟间汇水面积和汇流量计算确定。其断面形式，应根据当地所引起的作用及土质等因素而定，多用倒梯形、矩形等形式。

截水沟铺砌时应先砌沟壁，后砌沟底，以增加其坚固性。迎水面沟壁应设泄水孔（10 cm×20 cm），以排泄土中渗水。沟壁应嵌入边坡内，如图12.1所示。

若滑坡附近的自然沟有水流补给滑坡体，则应铺砌其漏水地段。

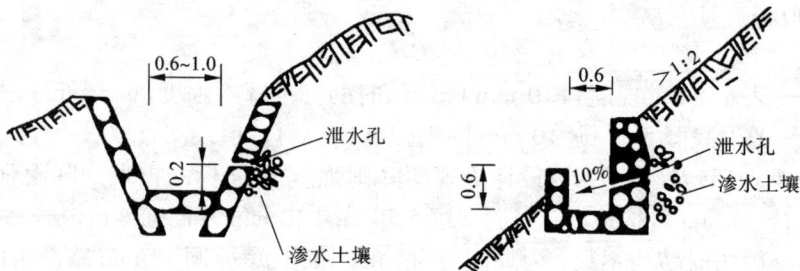

图 12.1　截水沟铺砌构造

（2）滑坡体地表排水沟设置及其结构型式

为把滑坡区域内的雨水迅速地汇集并排到滑坡区外，防止或减少坡面流水渗入滑坡体，增加滑坡体下滑力和降低岩土抗剪强度，应在滑坡体内修筑树枝状、网状排水系统，以迅速引走坡面流水。因此，要尽可能详细地测量滑坡区内的地形，并绘成地形图来设计排水沟网。

排水沟网分为集水沟和排水沟，两类沟网纵横交错形成良好的排水系统。

①集水沟

主要是横贯斜坡，以便尽可能地汇集雨水、地表水，并把横贯斜坡的范围较宽的浅的水沟与纵向的排水沟连结起来。

集水沟有沥青铺面的沟渠、半圆形钢筋混凝土槽和半圆形波纹槽等多种，用刚性材料时要缩短各槽的长度，并用桩支承在地基上。

②排水沟

排水沟是用来把汇集的水尽快排出滑坡区，因此应采用较陡的坡度，并通过流量计算来确定断面尺寸。

地表凹形部位的排水沟，每隔20~30 m设置一个连结箍，特别是在地基松软的情况下，有时还要用桩来固定排水管路。排水沟的末端应设置端墙，并将水排到河流等处。排水沟可用石砌水沟、混凝土水沟、U形槽、半圆形波纹槽等。

在滑坡范围内的排水系统，可充分利用地形和自然沟谷为排除地表水的渠道，因此必须对自然沟谷进行必要的整修、加固和铺砌，使水流畅通，不得渗漏。

在滑坡区范围内可设树枝状排水沟。其布置形式，排水沟的主沟应与滑坡的移动方向一致；支沟（集水沟）则应尽量避免横切滑坡体，支沟与滑坡移动方向成30°~45°角的斜交，不宜太大，以免滑坡体移动时沟身变形，支沟间距以20~30 m为宜。

在滑坡体内的水沟应有防止渗水的铺砌：如采用浆砌片石、混凝土板或沥青板铺砌，砂胶沥青堵塞砌缝，它既能防冲、防渗，而且经久耐用，亦便于施工和养护。通过滑坡裂缝处的沟身可用木质或塑料硬板水槽搭叠做成，以免沟身挤压时断裂渗水。

在滑坡地区的灌溉沟渠、蓄水池、有裂缝的道路侧沟等集水地，应对它们修建防漏工程。对于滑坡范围内的泉水、湿地也必须处理。一般设置渗沟与明沟等引水工程，排除山坡上层滞水和疏干边坡。这类工程包括集水和排水 2 部分，埋入地下的部分类似一个集水渗沟，须设反滤层，露出地面的部分是排水明沟，用浆砌片石或混凝土块砌筑。

12.2.3　地表排水沟过水流量的验算

地表排水沟排水的型式是多种多样的，各种型式的排水沟其过水流量的大小是不一样的。排水断面尺寸的大小可通过相应的水力计算来验算是否满足设计要求，并检查其流速是否在允许范围内。

对于一般沟或管的过水能力（过水流量）可按下式计算：

$$Q_c = vA \tag{12.8}$$

式中：Q_c——表示沟或管的泄水能力（m^3/s）；

　　　v——沟或管内的平均流速（m/s）；

　　　A——过水断面面积（m^2）。

沟或管内的平均流速可按式（9.4）进行计算。对于浅三角形沟过水断面的泄水能力按下述修正公式计算：

$$Q_c = 0.377 \frac{1}{i_h n} h^{\frac{8}{3}} I^{\frac{1}{2}} \tag{12.9}$$

式中：i_h——表示沟或过水断面的横向坡度；

　　　h——表示沟或过水断面的水深，m。

沟、管内水流速度过大或过小都会影响沟、管的使用，水流速度过大将引起沟、管的冲刷破坏，而流速过小又将引起泥沙的淤积。沟和管的允许流速应符合下列规定：

①明沟的最小允许流速为 0.4 m/s，暗沟和管的最小流速为 0.75 m/s；

②管的最大允许流速为：金属管 10 m/s；非金属管 5 m/s；

③明沟的最大允许流速，可根据沟壁材料和水深修正系数确定。不同沟壁材料在水深为 0.4～1.0 m 时的最大允许流速，可按表 12.5 取用，其他水深的最大允许流速应乘以表 12.6 中相应的水深修正系数。

表 12.5　明沟的最大允许流速（m/s）

明沟类型	砂壤土、粘砂土	粉质黏土	干砌片石	浆砌片石	黏土	草皮护面	水泥混凝土
允许最大流速（m/s）	0.8	1.0	2.0	3.0	1.2	1.6	4.0

表 12.6　最大允许流速的水深修正系数

水深 h（m）	≤0.4	0.4 < h ≤ 1.0	1.0 < h < 2.0	h ≥ 2.0
修正系数	0.85	1.00	1.25	1.4

12.2.4　地表排水工程设计原则和要求

边坡工程设计时，应高度重视水害的防治，随时加强对滑坡区域内水的监测、修筑排水工程，以消除水的危害。

排水工程应与其他工程相互配合使用，如"排"与"挡"，"减"与"挡"等经常相互配合使用。实践证明，相互配合使用是比较经济合理、安全可靠的整治滑坡的方法。特别是在处理大型滑坡时，往往需要运用这些方法综合整治，才能彻底解决问题。而且一切滑坡地区的防治措施，都必须首先消除水的危害。

进行地表排水工程设计的总原则：滑坡体外的地表水，应予以截流引离；滑坡体上的地表水要注意防渗，并尽快汇集引离。

在进行地表排水工程设计时，应详细进行现场踏勘，充分收集设计资料，因地制宜，合理布置排水工程，选择合适的断面及结构型式，达到既有效排除地表水，又降低工程造价。

（1）填平坑洼、夯实裂缝。

（2）合理确定截水沟的平面位置

截水沟主要是拦截滑坡体外的地表水。通常应设在滑坡体可能发展的边界 5 m 以外。根据需要截水沟可置数条，以分段拦截地表水。截水沟应与侧沟、排水沟、桥涵相通，达到沟涵相连，以便有效、全面地控制地表水，使之迅速引离滑坡体范围。

截水沟平面布置时，应尽量顺直，并垂直于径流方向。如遇到山坡有凹地或小沟时，应将凹地填平或于外侧作挡墙，内侧与水沟密贴联结，避免水沟内的水射流越出或渗入截水沟沟底流过，导致水沟被破坏。

（3）滑坡体内排水系统的布置

在滑坡体范围内，排水系统的布置以汇集和引离为原则。对滑坡体内的地表排水系统应结合地形条件，充分利用自然沟谷作为主沟，汇集并旁引坡面水流于滑坡体外排出。排水沟的布置与滑坡一致，以减少变形。支沟通常与滑动方向成 30°～45°斜交，按人字形或树枝形布置。排水沟布置应避免距滑坡裂缝太近而招致开裂破坏。

必须经过滑坡裂缝区时可用临时性的折叠式木槽沟或混凝土板和砂胶沥青柔性混凝土预制块板水沟，如图 12.2 所示。它容许有一定的伸缩，以防止山坡变形拉断排水沟，使坡面水集中下渗。它既能防冲、防渗，且较经久耐用，又便于施工和养护。

采用浆砌片石、混凝土修筑的排水沟，应每隔 4～6 m 设一沉降缝，用沥青麻筋仔细塞实，表面勾

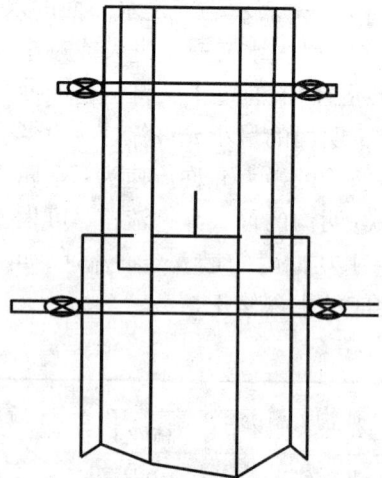

图 12.2　木质水槽平面布置示意图

缝，随时发现断裂，随即修补。当滑坡地段上土中水丰盈时，则浆砌的排水沟上侧应增设泄水孔，泄水孔背后设反滤层，必要时还应在水沟底设石碴或卵石垫层，如图 12.3 所示。

纵坡不能太陡，陡度下的平面转折处容易出"毛病"。在南方，暴雨时排水沟中的急流顺

陡坡而下，在转折处向沟处溢水，常常引起边坡滑坍。因此，平面转折处的曲线半径至少要有 5～10 m，外侧沟壁应加高，其加高的数值根据流速和曲线半径来计算。

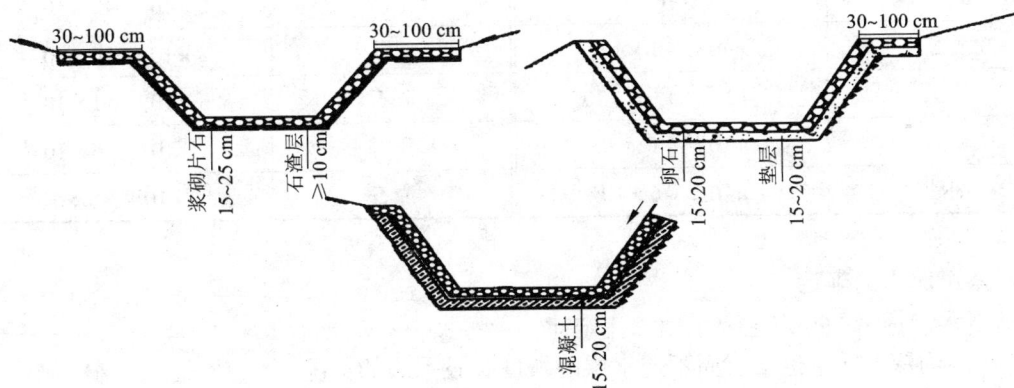

图 12.3　浆砌片石铺砌截水沟

在地表水流速大于 3 m/s，同时砖、石的供应比较方便的时候，可以采用砖砌排水沟或是浆砌片石截水沟。

排水沟的断面要根据汇水面积最大的降雨量来验算，沟底的宽度一般不应小于 0.40 m，深度不应小于 0.60 m，在干燥少雨地区，或岩石路堑中，深度可减至 0.40 m，多雨地区，汇水面积大，同时有集中水流进入该地段，其水沟断面应进行水力计算后确定，并应采取防冲或防渗的加固措施。

12.3　地下排水

12.3.1　地下水渗透流量的确定

1. 渗透系数的确定

求渗透系数的方法可采用室内试验或现场试验。但室内试验需要采取大量的原状岩土试样，这对滑坡土是很难做到的。采用室内试验时，可采用常水头或变水头渗透试验确定。常水头渗透试验适用于透水性高的粗粒岩土，而变水头渗透试验适用于透水性中等或低的细粒岩土。试验方法可参考《公路土工试验规程》(JTJ 051—2007)，但试件的直径应为岩土颗粒最大粒径的 8 倍或 12 倍。

现场试验又有抽水试验和注水试验。抽水试验适用于地下水位较高的含水层，注水试验则适用于地下水位较低的含水层。而在滑坡区一般采用抽水试验。抽水试验一般用垂直钻孔进行，抽水的深度应达到含水层下部的弱透水层。通常在抽水孔的周围，沿地下水流动的方向按 20～30 m 间距设置水位观测钻孔，这些观测孔也应深至所需要的含水层。通过对现场的抽水试验，测定抽水量和水位随时间的变化数据后，可通过计算确定渗透系数。具体的测定和计算方法可参考《工程地质手册》，各类岩土渗透系数参考值见表 12.7。

表 12.7 各类岩土渗透系数参考值

岩土名称	渗透系数（cm/s）	岩土名称	渗透系数（cm/s）
黏土	6×10^{-6}	中砂	$6 \times 10^{-3} \sim 2 \times 10^{-2}$
粉质黏土	$6 \times 10^{-6} \sim 1 \times 10^{-4}$	粗砂	$2 \times 10^{-2} \sim 6 \times 10^{-2}$
粉土	$1 \times 10^{-4} \sim 4 \sim 6 \times 10^{-4}$	砾石	$6 \times 10^{-2} \sim 1 \times 10^{-1}$
粉砂	$6 \times 10^{-4} \sim 1 \times 10^{-3}$	卵石	$1 \times 10^{-1} \sim 6 \times 10^{-1}$
细砂	$1 \times 10^{-3} \sim 6 \times 10^{-3}$	漂石	$6 \times 10^{-1} \sim 1 \times 10^{0}$

2. 渗透流量的确定

地下水渗透量的确定主要采用渗流定律。

（1）渗沟深度达不透水层而不透水层的坡度又较平缓的情况

渗沟底部挖至或挖入不透水层，而不透水层的横向坡度较平缓时，可采用地下水自然流动速度近于零的假设，按下列计算公式计算单位长度渗沟由沟壁一侧流入沟内的流量（如图 12.6 所示）：

$$Q_s = \frac{k(H_c^2 - h_g^2)}{2r_s} \tag{12.10}$$

$$h_g = \frac{I_0}{2 - I_0} H_c \tag{12.11}$$

$$r_s = \frac{H_c - h_g}{I_0} \tag{12.12}$$

$$I_0 = \frac{1}{3000\sqrt{k}} \tag{12.13}$$

式中：Q_s——表示每延米长渗沟由沟壁一侧流入沟内的流量 $[m^3/(s \cdot m)]$；

H_c——含水层地下水位的高度（m）；

h_g——渗沟内的水流深度（m），在渗沟底位于不透水层内，且渗沟内水面低于不透水层顶面时，按式（9.11）计算；

k——含水层岩土颗粒的渗透系数（m/s）；

r_s——地下水位手渗沟影响而降落的水平距离（m），可按式（9.12）确定；

I_0——地下水位降落曲线的平均坡度，可按含水层岩土颗粒的渗透系数由近似式（9.13）估算。

如地下水由两侧流入渗沟内，则上述渗沟内的流量应乘以 2 倍。

（2）渗沟深度远较不透水层浅的情况

渗沟深度浅而不透水层很深时，渗流量计算的主要参数是渗透系数和地下水位受渗沟影响而降落的水平距离或平均坡度。地下水位受渗沟影响而降落的水平距离或平均坡度与含水层岩土的透水性（即渗透系数）有关。在这种情况下，位于含水层内单位长度渗沟内的流量按下式计算确定（如图 12.4 所示）：

$$Q_s = \frac{\pi k H_g}{2\ln\left(\frac{2r_s}{r_g}\right)} \tag{12.14}$$

式中：r_s——相临渗沟间距之半(m)；

　　　k——含水层岩土颗粒的渗透系数(m/s)；

　　　H_g——渗沟位置处地下水位的下降幅度(m)。

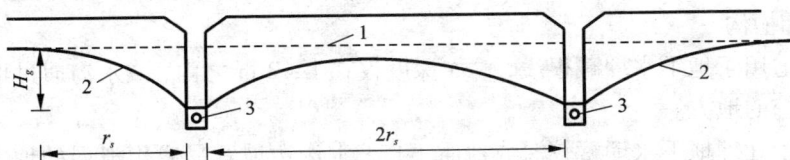

图 12.4　不透水层深是渗沟流量的计算

1—原地下水位；2—降落后地下水位；3—渗沟

（3）不透水层有较大横坡的情况

不透水层横向坡度较陡时，假设地下水位的平均坡降与不透水层的横向坡度相同，则单位长度渗沟由沟壁一侧流入沟内的渗流量可按下式计算（如图 12.5 所示）：

$$Q_s = ki_h H_g \tag{12.15}$$

式中：i_g——不透水层横向坡度。

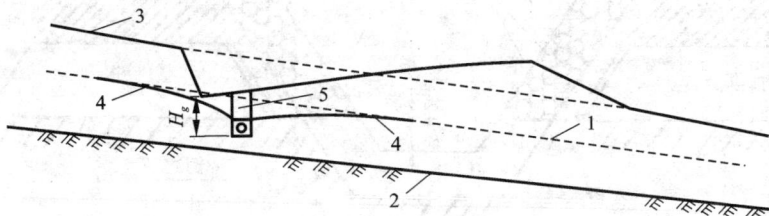

图 12.5　不透水层坡度较陡时渗沟流量的计算

1—原地下水位；2—不透水层；3—坡面；4—设渗沟后地下水位；5—渗沟

12.3.2　地下排水体系设计

排除地下水工程的目的在于把分布于滑坡体范围内的地下水，造成滑坡土体中渗透系数大的地层，再通过它诱导排出，以降低滑动面(带)的含水率或孔隙水压力，使滑坡土体趋于稳定。当地下水从滑坡体范围外流入滑坡体内的透水层时，应在地下水流入滑坡体范围之前，就将地下水截断，而把地下水流量的一部分作为地表水排除。

地下水从滑坡体范围外流入的情况，也包括排除来自滑动面下基岩石的地下水。

排除地下水工程分为排除浅层地下水和排除深层地下水 2 类。

1. 常用的排除地下水工程措施

（1）拦截地下水的建筑物：截水明沟、槽沟、排水隧洞以及截水渗沟等。

（2）疏干地下水设施：边坡渗沟、支撑渗沟、疏干排水隧洞、渗水暗沟、渗井、渗管、渗水支垛、垂直钻孔排水等。

（3）降低地下水的措施：多布置在路基两侧附近，其中常用的有槽沟、纵向渗沟、横向渗沟、排水隧洞、带渗井及渗管的隧洞等。

2. 地下水排水体系设计

一方面要合理进行各种地下水排水设施的布置，另一方面要根据各种地下水排水设施的特点进行构造设计，满足排水量的要求。目前常用的排除地下水建筑物设计如下。

（1）明沟和槽沟

明沟一般适用于地下水埋藏很浅，譬如深度仅在 $1 \sim 2$ m 之内，或水沟通过地层稳定能够进行较深的明挖的地方。

槽沟则用于处理地下水埋藏较深或地质不良，水沟边坡容易发生滑塌的地方，其深度可达到 3 m 左右。

明沟、槽沟用处很广，可以作拦截、排引、疏干、降低地下水之用。施工简便，养护容易，造价低廉。

明沟、槽沟的断面形式，常用的有梯形和矩形 2 种，分别如图 12.6 和图 12.7 所示。明沟常用浆砌片石或砖砌筑。槽沟则有用浆砌片石、木质结构及钢筋混凝土结构，并可根据其设置的位置和作用的不同分别做好过滤、隔水和防渗等设施。

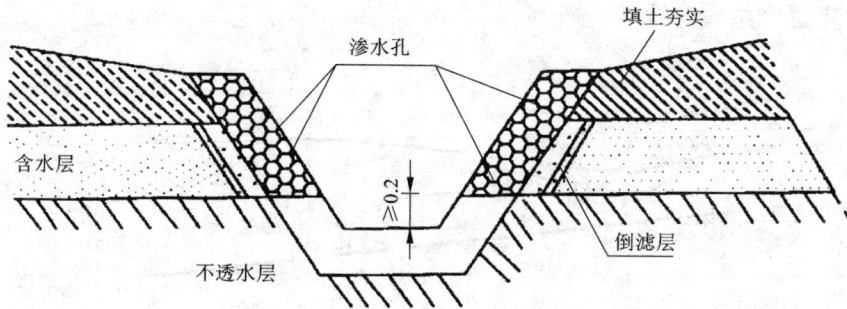

图 12.6 浆砌片石明沟断面

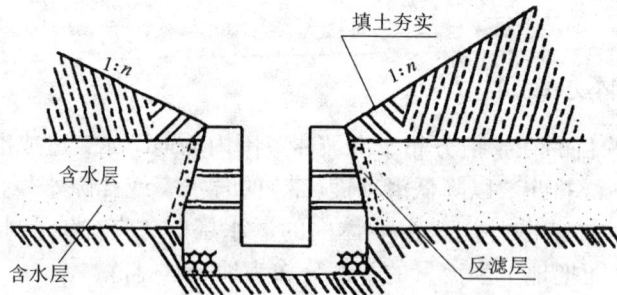

图 12.7 浆砌片石排水沟槽

（2）暗沟和明暗沟

这种设施最宜用来排除分布于自地表到地表下 3 m 左右这个范围的地下水。它能排除分布于渗透系数小的土层中土颗粒间孔隙内的地下水。

暗沟有集水暗沟和排水暗沟 2 种。集水暗沟用来汇集它附近的地下水，而排水暗沟的主要目的是与地表排水沟连接起来，把汇集的地下水作为地表水排除。

①集水暗沟

集水暗沟是在挖到预定深度的沟中砌成石笼，或是在沟中铺填碎石和安设透水混凝土管的盲暗沟，为了防止漏水，在底部铺设杉皮，聚乙烯布或沥青板，在暗沟的上面和侧面则设置树枝及砂砾组成的过滤层，以防淤塞。在集水量特多的情况下，也可用有孔的管道。集水暗沟过长时，会使已汇集的水再渗透，也会引起管道淤塞，所以一般每隔 20 ~ 30 m 设置一个集水池或检查井，其端头则与地表排水沟或排水暗沟连接起来。

②排水暗沟

排水暗沟用有孔的钢筋混凝土管、波纹管、透水混凝土管等制成，有时也有一定程度上起到集水暗沟的作用，在端墙及集水池等处，与地表排水沟相连接。

管式暗沟易受滑坡运动引起的地基变形的影响，而使其作用显著降低，同时由于检修困难，所以暗沟的长度应尽量短，坡度应大一些，最好使其尽快地与容易检修的地表排水沟连结起来。

③明暗沟

浅层地下水的分布，与地表水一样，受地表地形的支配，地表的凹部及谷部容易集水，所以暗沟网多同地表排水沟网一致。通常在滑坡地区，这种方法用得最多。

④大型暗沟

在地表以下 3 ~ 5 m 有含水层时，暗沟的规模就大，开挖的土方量也非常大。这样的暗沟可用来截断和汇集排除来自浅层流动状滑坡或滑坡区外的浅层地下水。在滑坡区内修建这种暗沟时，可设置在滑坡斜坡上部的边界附近。而在斜坡下部，则要注意由于设置这些暗沟的开挖，会使滑坡土体丧失稳定，可能促使滑坡活动更加激化，施工时应特别注意。

（3）渗沟

渗沟在整治中、小型的浅层滑坡中能起到良好作用，在滑坡处治应用中较多。它具有疏干表层土体，增加坡面稳定性；截断及引排地下水，降低地下水位，防止土壤细粒间的冲移和浸蚀作用。渗沟如作到浅层活动面以下，可以起到土体的支撑作用。所以，它是整治滑坡中常用的一种有效措施。

渗沟按其作用的不同可分为截水渗沟、边坡渗沟、支撑渗沟等几种型式。这些渗水设施只要在设计时资料搜集正确，布置得当，施工质量好，勤养细修，一般都能起到良好的排水效能。

①截水渗沟

当滑坡范围外有丰富的深层地下水进入滑坡体时，为了使地下水在流入滑坡体之前就被拦截引离，可在垂直于地下水流方向上设置截水渗沟。它适用于地下水位埋藏深度在 15 m 以内，水量较大，地下水为单向流动，含水层较明显的地区。

截水渗沟的作用比支撑渗沟更好，它能拦截水源，使滑坡体干燥稳定。截水渗沟的位置，一般设置在滑坡体的后缘及其周围，距滑坡可能发展的范围以外不少于 5 m 的稳定土体上，其平面位置呈折线形或环状，如图 12.8 所示。

截水渗沟的断面尺寸：沟底宽度不应

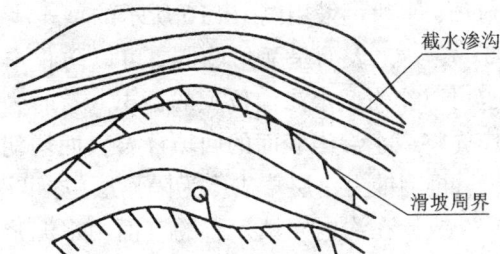

图 12.8　截水沟位置

少于 1.0 ~ 1.5 m，随着沟深的加大，沟底也要相应加宽，且渗沟愈深，施工愈困难，故做渗沟时，必须作技术经济比较决定。

截水渗沟的填料，采用碎石、卵石、粗砂或片石，以利排水。在正对地下水流向的截水渗沟背水面沟壁应设置隔渗层，以防止地下水透过截水渗沟后又渗入滑坡体。隔渗层可用黏土、黏土混合土或浆砌片石，其厚度一般为 0.3 ~ 0.5 m。截水渗沟的正面设反滤层，其厚度一般为 45 ~ 60 m。渗沟的基底应埋入一层含水层以下的不透水层或基岩内，以拦截流入滑坡体的地下水并排于滑坡体之外。当沟底并非埋入完整基岩时，为防止沟底冲刷或被水泡软，一般用浆砌片石砌筑沟槽，沟的流水应埋入稳定的不透水层内。流水沟常用的断面尺寸为 0.4 m×0.4 m ~ 0.7 m×0.7 m，如图 12.9 所示。

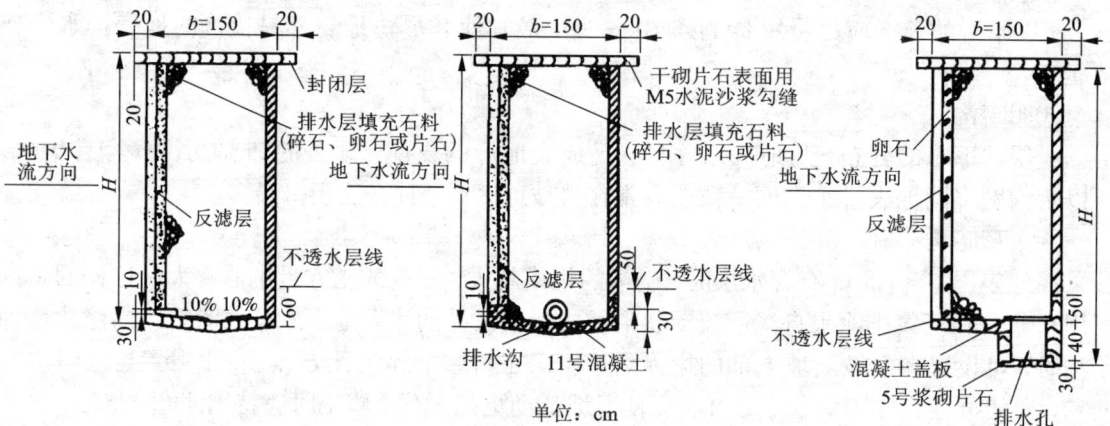

图 12.9 截水渗沟断面形式

这种截水渗沟沟底断面的缺点是：日常养护维修时工作人员不能入内检查清理，且安置在流水孔内的铁丝刷，日久生锈，加至沟内淤土沉积，平时铁丝不容易拉动，有些甚至卡在孔内，堵塞了流水孔。截水渗沟深度常达 10 m，翻修困难。建议今后修筑截水沟时，流水断面采用宽度 0.8 ~ 1.0 m，高度 1.5 ~ 1.6 m，使维修人员可以进去检查清理为宜。同时可以节省检查井的费用。

截水渗沟沟底纵坡要使水流夹带的泥砂，既不淤积，又不致于冲刷的流速，故此排水纵坡不得小于 4% ~ 5%。

为了防止地表及坡面流泥渗入沟内堵塞填料空隙，在其截水渗沟的表面应设置适当的隔水层封顶，一般可采用图 10.16 所示的型式。当地表坡度较陡时夯填黏土的最小厚度应不小于 0.5 m，黏土表面呈弧形凸起，可以防止当黏土或填料沉落时渗沟顶面形成积水的凹坑，同时也可以作为截水渗沟位置的标志。有时为了防止地表水沿缝隙渗入截水沟内，在夯填黏土前应先将截水渗沟表面的回填片石大面均朝上砌筑平整，并在其上面先均匀地铺一层小碎石，然后再倒铺上一层草皮作为隔离层（亦可用草垫代替）。同时，将沟缘挖成台阶，分层夯填紧密，或者在沟内回填片石的表面用水泥浆砌勾缝，防止地表水下渗。截水渗沟亦往往由于勘测资料不足，或设置不当，极易错断失败，远不如支撑渗沟群那样容易收效。

截水渗沟一般深而窄，为了维修和疏通的需要，在直线段每隔 30 ~ 50 m 和渗沟转折点、边坡处设置检查井。检查井井壁应设泄水孔，以排除附近的地下水。

②边坡渗沟

边坡渗沟的作用是用以引排边坡上局部出露的泉水或上层滞水，疏干潮湿的边坡，并支撑对坡，减轻坡面冲刷。

边坡渗沟深度视边坡潮湿土层的厚度决定，原则上应埋入潮湿带以下的较稳定的土层内或地下水位线以下，最好将沟底置于坚硬不透水层内，应当比滑动面低 0.5 m，且比湿润土层深，并比冻结深度低 0.4 m，一般深度不小于 1.5 ~ 2.0 m。

边坡渗沟断面一般采用矩形，宽度多用 1.2 ~ 1.5 m，一般不小于 0.8 m，其间距取决于地下水的分布、流量和边坡土质等因素，一般采用 6 ~ 15 m。由于引排的地下水流量较小，故沟底填以大粒径的石料作为排水通道，沟壁作反滤层。其余空间可利用当地卵石、砾石、碎石、粗砂以及过筛的炉渣等渗水好的材料填充。

边坡渗沟顶面在缓于 1:1.5 的边坡上多用黏土覆盖，当边坡陡于 1:1 时，一般则应用于砌片石砌筑，表面用水泥砂浆勾缝，以免受地表水冲刷而被破坏。为保持边坡渗沟本身的稳定，沟底大多挖成台阶式，台阶一般长 2 ~ 3 m，高 1 ~ 2 m，最下层的台阶长度大致应为其他台阶长的 2 倍，并用浆砌块石砌筑，以防水流冲刷和渗漏。当地下水有承压力时，沟底则应采用干砌片石码砌，并设置好倒滤层。其下部出水口，一般用干砌片石垛支挡渗沟内的填料和排出所汇集的地下水。

边坡渗沟的平面形式可分为垂直单个、分岔、拱形等几种，即 I 字形、Y 字形等，如图 12.10 所示。这种边坡渗沟适用在地下水分布比较均匀，或者只见边坡大片潮湿，而没有明显地下水露头的地段。边坡渗沟对整治浅层的小型滑坡，疏于边坡壤中水，效果更好。

③支撑渗沟

支撑渗沟适用于：较深层(2 ~ 10 m)滑动面的不稳定边坡；在路堑、路堤坡脚的下部；在自然沟沟壁或山坡湿地，有壤中水形成滑坍处；对堆积层或风化岩层边坡上有渗水处；滑坡堆积体的边坡上有壤中水露头处；在抗滑挡墙背后与挡墙配合使用。其主要起到支撑不稳定的土体兼引排土体中的地下水或上层滞水，疏干土体的作用。

支撑渗沟是滑坡整治中广泛使用的一种工程措施。它具有力的支挡与排水结合的措施，一般使用在滑坡体前部，尤其在整治牵引式土体滑坡时，成效显著。

支撑渗沟主要有主干和支干 2 种。主干一般顺滑坡移动方向平行修筑，布置在地下水露头处或由土中水形成坍塌的地方。支沟应根据坡面汇水情况合理布置，其方向一般可与滑坡移方向成 30° ~ 45°的交角，并可伸展到滑坡体以外，以起拦截地下水的作用。若滑坡推力大、范围广，可采用抗滑挡墙与支撑渗沟相配合使用的方法，以支撑滑坡体。

支撑渗沟的深度一般以不超过 10 m 为宜；断面采用矩形，宽度一般采用 2 ~ 4 m，视渗沟深度、抗滑需要及便于施工等因素而定。其基底应设在滑动面以下的稳定地层内 0.5 m，并设置 2% ~ 4%的排水纵坡。

在修建这种支撑渗沟时，当滑面较陡时，为了加强支撑渗沟的支撑作用以及渗沟本身的稳定，应将沟底基脚筑成台阶形，将沟底埋入稳定的干硬岩(土)层内。台阶宽应不小于 1 ~ 2 m，台阶的高度不应太高(高度与水平比为 1.5 ~ 1:2.0)，以免施工的台阶本身形成坍塌。在底部采用浆砌片石铺砌隔水层，其厚度一般为 0.2 ~ 0.3 m，如图 12.11 所示。为防止淤积，在支撑渗沟的进水侧壁及顶端应做各层 0.2 m 厚的砾砂及砂砾反滤层。在寒冷地区，渗沟出口应考虑采取防冻措施。

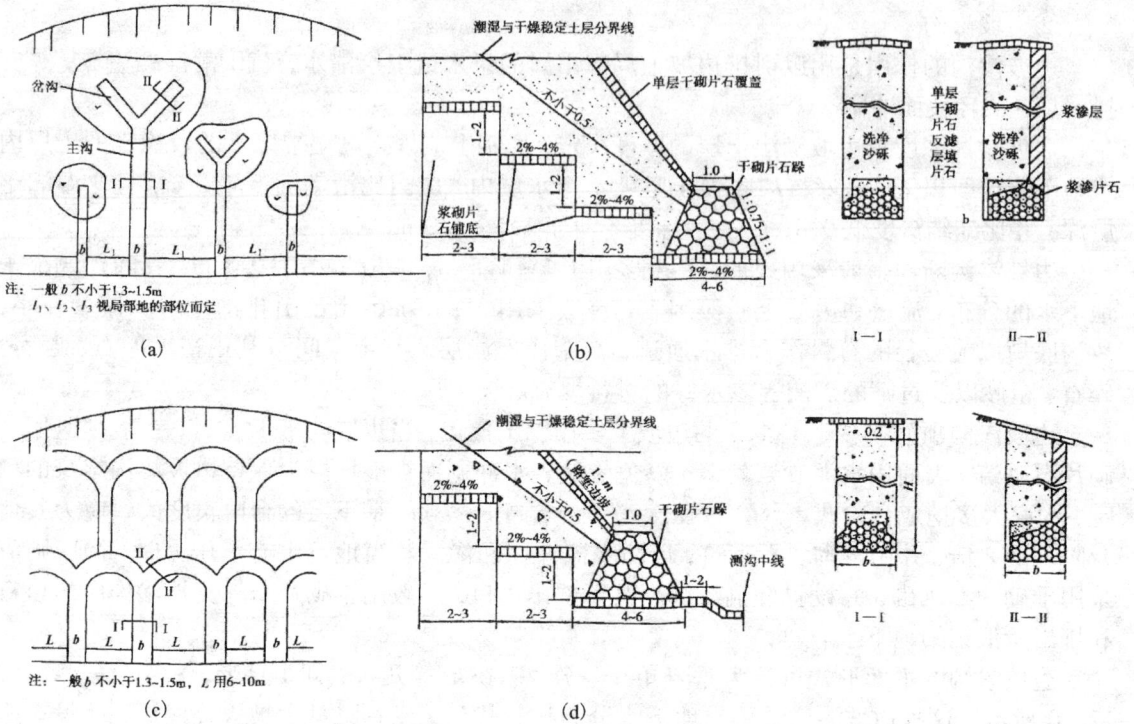

图 12.10 边坡渗沟设计参考图

（a）条形及分岔形；（c）拱形；（b）、（d）下部出口处干砌片石垛图

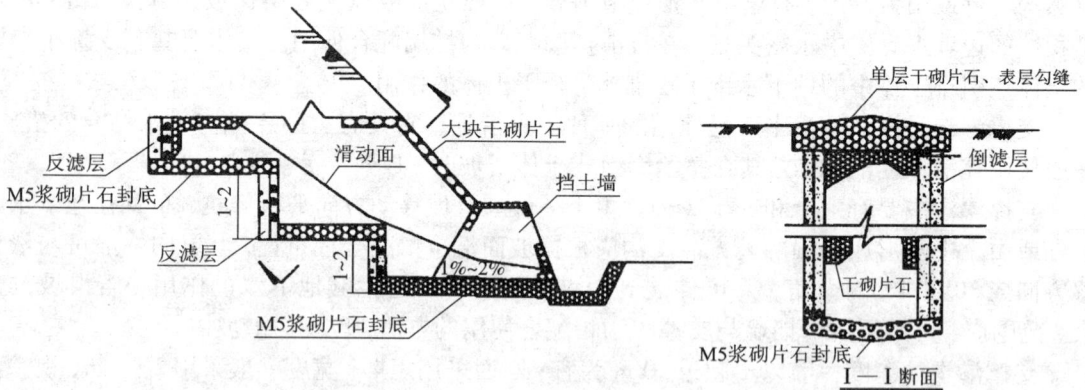

图 12.11 支撑渗沟结构示意图

支撑渗沟的填料：内部堆砌坚硬片石，使它具有良好的透水性和支撑作用。

支撑渗沟很少单个使用，常是成群分布，间距根据被疏干滑坡体的类型和地下水分布状况、流量大小及岩土密实程度和透水性而定，一般为 8 ~ 10 m，最小的可用 3 ~ 5 m，最大不超过 15 m。多雨地区，宜布置成短而密的形式，间夹 1 ~ 2 条长的渗沟，效果更好。但是对规模大、滑体厚、地下水丰富的滑坡，支撑渗沟做得浅、短了，则不起作用，而深、长了又会给施工造成很大困难,且不安全。

渗沟在干旱季节都可挖成直立坡,在雨季中必须支撑施工,这样挖方量少,堵塞密实,作用亦大。支撑渗沟出露部分用石块砌筑完整,在支撑渗沟顶部,一般不设置隔渗层,用大块片石铺砌表面即可,必要时为防止地表水及坡面流泥渗入沟内堵塞填料空隙,在沟上方修月牙形的挡水埝。如在沟顶采用夯填黏土(厚度至少 0.5 m),黏土表面夯成弧形凸起,在黏土与填料间应倒铺一层草皮或草垫,以防止黏土落入渗沟填料中,或者浆砌片石封顶,或者用于砌片石表面水泥砂浆勾缝均可。

支撑渗沟的结构形式有:直条形、枝叉形和拱形等。如做成 Y 形叉沟的应与边坡主沟成 30° ~ 45°角,这样遭受破坏的较少。

根据实践经验,不同土质地段支撑渗沟间距,如表 12.8 所示。

表 12.8　支撑渗沟横向间距参考表

土质	间距(m)	土质	间距(m)
黏土	6.0 ~ 10.0	亚黏质土	10.0 ~ 15.0
重亚黏土	8.0 ~ 12.0	破碎岩层	15.0

(4)排水隧洞

排水隧洞主要用于截排或引排滑面附近且埋藏较深的一层地下水。对于滑面以上的其他含水层,可在排水隧洞顶上设置若干渗井或渗管(如图 12.12 所示)将水引进。对于排水隧洞以下的承压含水层,可在排水隧洞底部设置渗水孔将水引进洞内予以排出。

在基岩内或基岩面附近,确实分布大量的地下水时,采用排水隧洞,是最可靠有效的排水工程,其维修也方便。

(5)检查井(竖井、立井)

检查井(竖井、立井)可供渗沟、暗沟、排水隧洞的检查、清理和通风之用。一般每隔 30 ~ 50 m 设计一处,在渗沟、暗沟、排水隧洞的中线转折处还需另行增设,如图 12.13 所示。

检查井的结构形式可分临时性与永久性 2 种断面。临时性的多用木质的框木支撑,成方形尺寸 1.0 m×1.0 m 或 2.0 m×2.0 m。而永久性的多采用圆形的混凝土、钢筋混凝土预制的井筒或砖砌的井壁,内径不少于 1.0 m。检查井深度在 30 m 以内时,可采用圆形混凝土衬砌,其井筒壁厚为 0.2 ~ 0.3 m;如深度不大时亦可用圆形钢筋混凝土衬砌,其井筒壁厚为 0.10 ~ 0.15 m。在地层复杂、稳定性差或地下水多的地带,为了保证井壁有足够的强度,在设计时应根据当地地层土壤坚实程度和井深,按侧压力计算来设计支撑和衬砌断面。一般井壁上部可薄一些,下部可厚些,并注意将井筒接头接牢。检查井井壁均应在上下左右每隔 2.0 m 设置一处泄水孔,孔径为 10 ~ 15 m,孔后填小卵石等反滤层便于集水,以减少土体对井壁的侧压力。井口一般高出地面约 0.5 m,并加设井盖。井盖在春秋季打开,疏通空气,冬季盖上可保暖,雨季盖上可防污秽物落入。此外所有井盖及上、下人的铁梯均应刷油漆,否则,铁梯受潮湿极易腐蚀生锈。

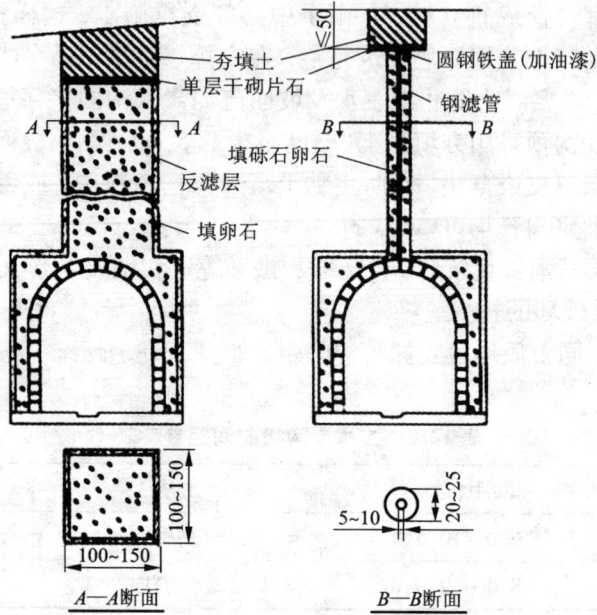

图 12.12　集水渗井及渗管参考图(单位：cm)

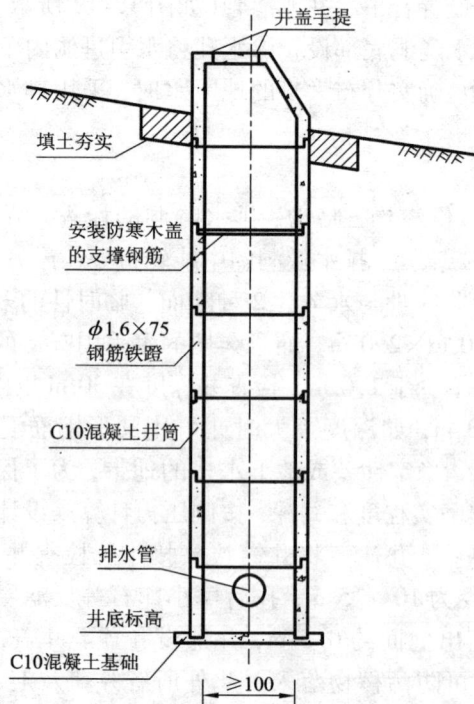

图 12.13　检查井结构断面图

（6）渗水石垛

渗水石垛亦称渗水支垛或抗滑支垛。它好像一种不相连续的低挡墙，通常是用干砌片石或块石砌筑。

适用于边坡地下水多，易产生表层滑坍、坍塌，并且坡脚有较坚硬基底的地方，如整治黏性土的塑性滑坡。

渗水石垛可以分段隔开砌筑在路基边坡中，有时常常成群地设置。一方面可以疏干路堤及路堑边坡的地下水，另一方面对边坡滑坍土体起一定的支撑作用。因此，渗水石垛又可以分为路堑支垛和路堤支垛。

渗水石垛的设计方法与支撑渗沟相同。支垛有一定的间距，施工方便，且可避免过于切割所引起的滑坡体变形。所以，渗水石垛的基础必须埋入滑坡以下坚硬地层上，并做好基底防渗工作，防止基础土壤软化而减少摩擦力。

（7）平孔排水

平孔排水具有施工简便、工期短、节约材料和劳动力的特点，是一种经济有效的排水措施。

平孔的设置位置和数量应视地下水分布的情况和地质条件而定（如图 12.14 所示）。钻孔一般上倾 10°～15°，所以平孔排水亦称仰斜孔排水。

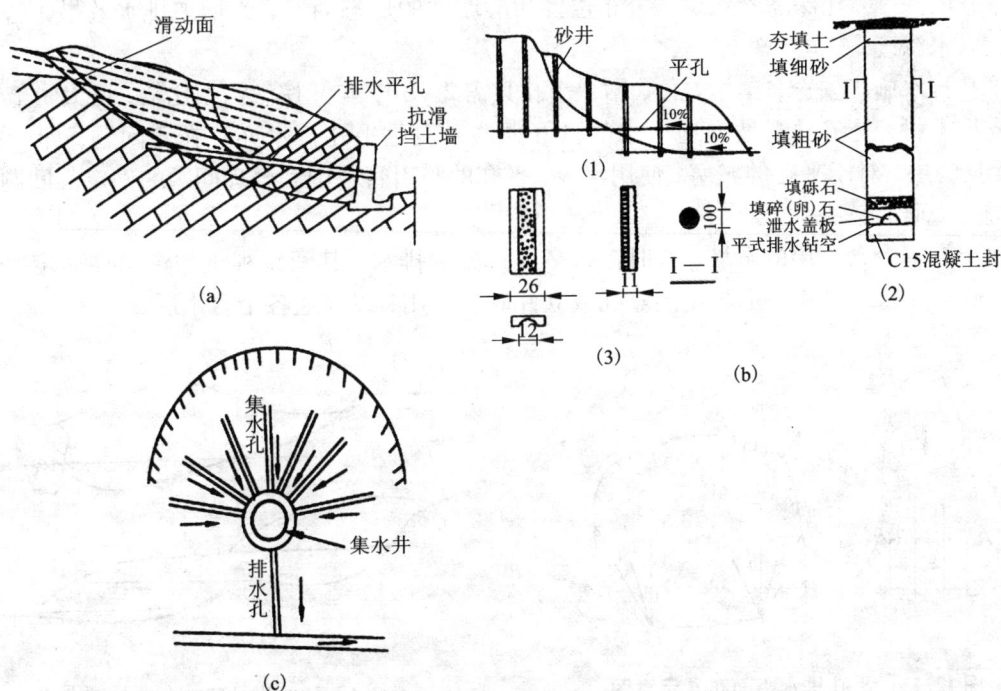

图 12.14　平孔的布置

(a)平孔排水；(b)平孔和砂井或竖孔排水；(1)平孔与砂井联合使用；(2)集水井剖面图；
(3)C15 混凝土泄水盖板大样；(c)平孔和集水井排水

孔径大小一般不受流量控制，主要决定于施工机具和孔壁加固材料，通常孔径由数10 mm 至 100 mm 以上。由于其孔径较小，集水能力较小，若不是汇集来自透水性很强的砾石层的地下水，则排水效果不好。因此，要排除来自透水性弱的地层中的地下水，就必须采用 100 mm 以上的大孔径钻孔，但是由于土质关系（例如遇到砾石或夹巨砾的砂土），有时也不能很好地钻进。平孔排水可单独使用，也可与砂井、竖孔、竖向集水井等联合使用。与砂井或竖孔联合使用时，用砂井或竖井汇集滑坡体内的地下水，用平孔连砂井或竖孔把水排出；与竖向集水井联合使用时，可在其井壁上打以短的水平钻孔，使附近的地下水汇集到集水井中，再在坡面上设置水平钻孔，使竖向集水井中的集水自然地流到滑坡体外，这样可以缩短水平钻孔的尺度，降低工程造价。

平孔的布置：在平面上，依滑坡体内水文地质条件的不同，平孔可布置为平行排列或扇形放射状排列，如图 12.15 所示。原则上其方向应与滑动方向相一致，以免因滑坡滑动而被破坏。

在立面上，依据地质纵断面确定，在汇水面积较大的滑面洼部，地下水集中分布处，钻孔一般穿过或伸入滑床。并可以根据要求排除的地下水层数、滑动面的陡缓和要求疏干的范围，布置单层或多层，如图 12.16 所示。平孔的位置必须埋于地下低水位以下，隔水层顶板之上，尽量扩大其渗水疏干面积。因此，设计时应该在充分研究分析水文地质的条件下，先用直孔或物探找到水的分布规律之后再设计水平钻孔，力求达到每孔均出水。

平孔的间距：视滑坡体含水层渗透系数和要求疏干的程度而定，一般采用 5~15 m 为宜。

平孔的深度：孔深随含水层的分布位置和滑坡体的形态而定，为增加排水效果，总是尽量加大入水深度。

平孔排水施工安全，操作方便，钻一个孔只需 2~3d，与开挖渗沟相比较，可大量节省挖方和支撑木材，是疏导滑坡内地下水的良好办法。但是平孔排水亦存在着问题，即管径太小，无反滤层，对于平孔的淤塞、使用年限、平孔的吸引管范围和合理间距的确定等问题，均有待进一步研究解决。

对于有多个含水层的滑坡，有时需打多层孔分别排水，其间距视土的渗透性而定，一般为 5~30 m 不等，并和一定数量的竖孔或立井联合使用，以穿通各个含水层。

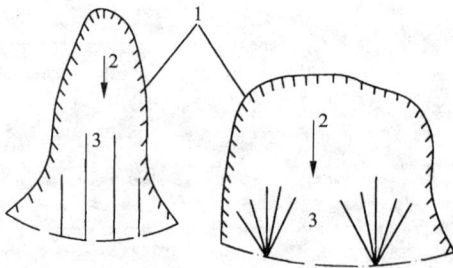

图 12.15 平孔排水平面布置示意图
1—滑坡周界；2—滑动方向；3—水平钻孔

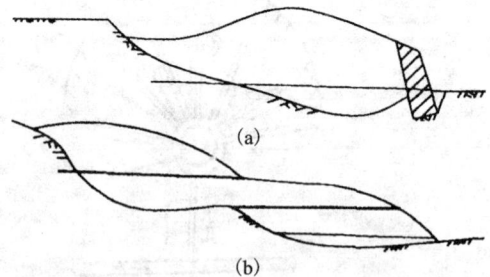

图 12.16 平孔立面布置示意图
(a) 单层；(b) 多层

（8）垂直钻孔群排水

当坡内含水层的渗透性较强，滑带以下有含水层时，还可采用垂直钻孔群排水。它是将滑坡体内的部分或全部水，借助一般勘探钻孔群穿透滑床-隔水层而转移到其下的另一较强透水层或含水层的一种工程措施，其目的在于提高滑坡的稳定性。它适用于排除处在相对稳定阶段的滑坡的地下水。它比排水隧洞排水,施工安全,工效高、造价低,排水钻孔结构如图 12.17 所示。

排水钻孔钻机一般用水文、工程地质勘探用的 100 型或 150 型,即可满足施工要求。孔群最好成排地平行地下水线等高线,即每排孔群方向是垂直于地下水流向。孔距要视含水层的渗透能力和要求下降预定水位的指定工期而定。

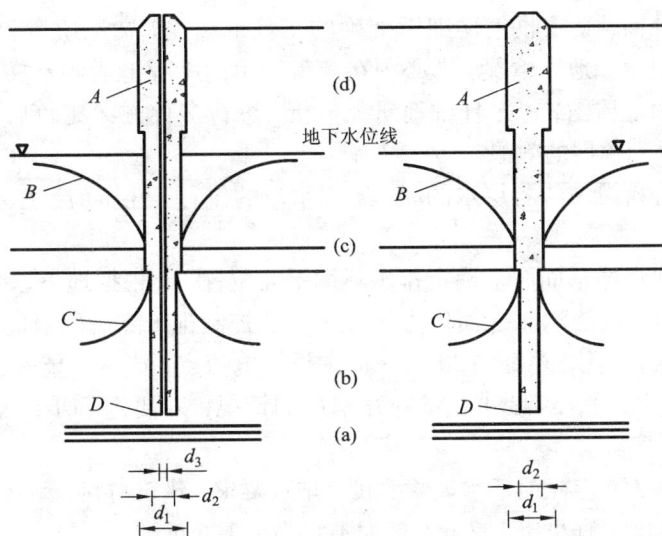

图 12.17　垂直钻孔排水示意图

(a)砂岩页岩泥浆;(b)砂砾卵石土;(c)滑动带;(d)滑体
A—塑料过滤管;B—地下水降落曲线;C—地下水吸收曲线;
D—砂砾过滤管;d_1—钻孔开孔直径;d_2—钻孔终孔直径;d_3—过滤管直径

12.3.3　排水隧洞的设计

1. 排水隧洞的布置

适用于地下水埋藏较深(大于 15~30 m),含水层有规律,水量较大,且多位于滑动面附近,为造成滑坡体滑动的主要因素的滑动区。

一方面可截断地下水流,疏干滑坡体,以增加其滑坡体稳定性,另一方面又可避免明开挖太深而引起的施工困难。

排水隧洞应尽可能避免在活动的土体中开挖。一般汇水隧洞洞身置于滑动面以下的稳定地层内,洞身设置方向最好垂直于地下水流向,出口应置于滑坡体以外的稳定区域。它可事先按衬砌断面分块预制,边掘进边装拼衬砌,这种施工既快捷、节省,又安全、可靠,是一种行之有效的措施。一般都根据地下水的水源、流向、含水层、水位等资料进行排水隧洞的设计。

把排水隧洞与集水井连接起来,可利用该集水井作除淤口,或用作集水井的排水孔。

当地下水沿着滑坡区外明显的流路流入滑坡区时,可在地下水流入滑坡区前,就用隧洞将其截断并加以排除,这种方法施工时的危险性也小。也有的在滑坡区背后的山地上设置洞口进行排水。

2. 排水隧洞的设计原则

排水隧洞造价较高,施工养护也较困难,位置不易布置准确,采用时需要特别慎重,不得轻率从事。一般必须在地表排水工程修筑后,仍不能制止滑坡体滑动时,且滑坡滑带附近地下水是流动的,和滑坡移动主要是因水量增大所造成等原因时,才有条件考虑修排水隧洞工程。

这类建筑物设计前,必须收集详细而准确的工程地质、水文地质资料。根据地质勘探,摸清地下水的活动规律和地质情况,即必须在获得详尽的工程地质和水文地质资料之后,作出综合剖面和横断面地质图,经过仔细地研究分析,进行多种方案比较后,才能进行设计和修建。否则,难以收到预期的效果。

设计时首先要分析滑坡体各层水的联系,如水流的位置、性质(流速、流向和流量)和相互补给关系。

设计时可以先在地质平面图上确定排水隧洞平面位置,并根据地下水埋藏情况和地质纵断面及横断面,定出排水隧洞纵断面位置。或者为了控制排水隧洞洞身的平面位置,在勘探时可每隔 40 ~ 60 m 打一孔,并每隔 20 ~ 30 m 加设一电探点,或尽可能在排水隧洞施工中可先开挖竖井(渗井或立井),随渗井及竖井开挖后的情况,以便进一步调整隧洞的纵断面位置,使设计更加切合实际。

排水隧洞的横断面,应视地下水埋藏深度、排水要求、建筑材料、结构型式、施工和检查维修方便而定,其宽度不宜小于 1.2 m,高度不宜小于 1.6 m。

在排水隧洞平面转折处,纵坡由陡变缓处及中间适当位置应设置检查井,其间距一般为 100 ~ 120 m。

3. 排水隧洞的类型

排水隧洞的类型按其作用可分为截水隧洞、排水隧洞、疏干隧洞 3 种。

(1)截水隧洞

当查明补给滑坡的地下水来源是在滑坡体以外的上方或一侧时,就应在地下水流入滑坡体内前设置截水隧洞截断。一般截水隧洞布置滑坡体以外,其轴线应大致与地下水流向垂直,其底部应低于隔水层顶面最少 0.5 m。若截水隧洞布置在滑坡后部滑动面之下,其开挖顶线必须切穿含水层不小于 0.5 m,即切穿隔水的滑动带,且衬砌顶拱必须低于滑动面 0.5 m。

(2)排水隧洞

当滑坡体内有封闭式积水时,可设排水隧洞将其积水排出。这种排水隧洞穿过正在活动的滑坡体时,应全部埋于滑动面或可以发展为滑动面的下部不小于 0.5 m。穿过滑坡稳定部分,排水隧洞应低于含水层底面不小于 0.5 m,直接排出积水。

(3)疏干隧洞

一般在老滑坡尚处于稳定状态,而滑坡头部常有土中水活动,湿润软化头部抗滑土体,削弱滑坡的抗滑能力,这时可于平行滑动方向设置疏干隧洞群,洞内回填片石,以疏干滑体。这种疏干隧洞底部应置干滑动面以下不小于 0.5 m。若潮湿土体厚度较大,可于洞顶设渗井、渗管等以增大疏干范围。

4. 排水隧洞的断面型式

排水隧洞断面的结构型式有拱型、鹅卵型及梯型 3 种。

一般采用砖、石及混凝土衬砌。

（1）拱型断面

拱圈多为圆弧形，边墙内、外直立或斜坡如图 12.18 所示。

当埋在较好的岩层中，如强度系数 $f=2\sim4$ 时，采用拱型断面，其边墙可用 C15 混凝土或 M10 浆砌片石筑成直墙式；顶部可以采用 C15 混凝土预制块拼装或整体灌注。

排水隧洞的横断面宽度一般为 1.0～1.5 m，高度为 1.6～1.8 m。

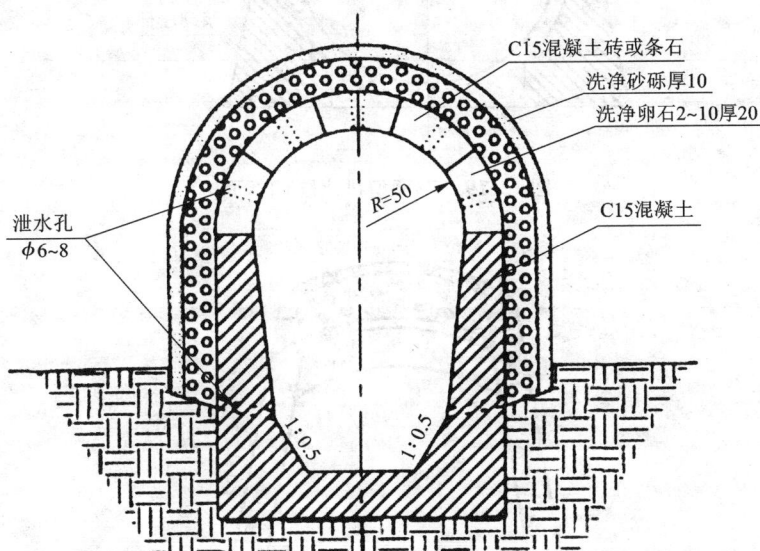

图 12.18　拱形排水隧道断面

（2）鹅卵型断面

鹅卵型排水隧洞的衬砌断面，受力条件好，衬砌厚度小，在风化破碎岩层及堆积层中，岩层强度系数 $f=1.5$ 时，均可使用。并采用带有泄水孔的 C15 混凝土块拼装砌筑，厚度为 20 cm，其横断面的宽度为 1.2～1.5 m，高度为 1.6～1.7 m，如图 12.19 所示。这种排水隧洞的特点是能承受较大的压力，但是施工比较复杂。

当岩层松散，强度系数 f 小于 1.5 时，衬砌断面应加厚，但一般不超过 0.4 m。

（3）梯型断面

拼装式钢筋混凝土结构，适用于松散地层，其最大优点是可以预制构件，随挖随撑，一次完成正式建筑物，既节约支撑工程，又保证安全。框架间留适当间距或拱圈及边墙各块作凹槽，以利泄水，如图 12.20 所示。

排水隧洞基底必须做在滑动面以下的基岩或稳定地层中。当含水层较多，被不透水层分隔时，应视当地地质及水文地质状况，可埋在最低一层，也可埋在水量最大的一层。当上层还有地下水为害时，为了加强排水隧洞疏干土体的作用，则可在排水隧洞顶采用钻孔、渗井或渗管收集上层的地下水经由隧洞排除。

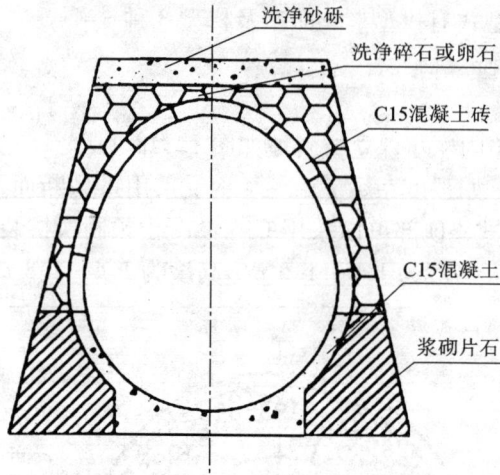

图 12.19 鹅卵型排水隧洞断面

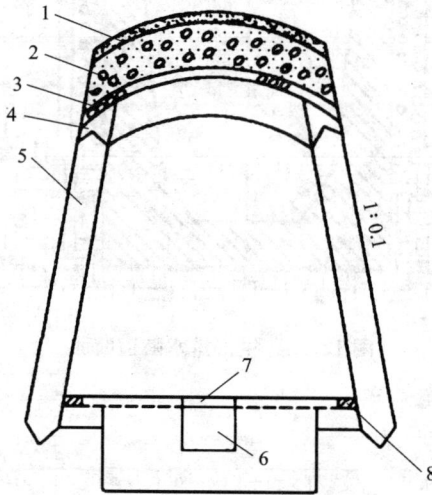

图 12.20 形断面

1—粗砂；2—砾石；3—$\varphi > 10$ cm 块石；4—C15 钢筋混凝土；5—凹槽；
6—M7.5 浆砌片石；7—C15 钢筋混凝土底撑；8—C15 钢筋混凝土纵梁

一般在隧洞顶部和两侧都是留有泄水孔的，可作为集水之用。孔的大小和孔外的集粒（反滤层），都是按地下水渗入的流量、流速分层设计的。保证四周细颗粒不被带入，反滤层在泄水孔外成自拱。底凹槽主要起排水作用，凹槽的深度，视当地的地下水流量而定，应保证可以流走最大的流量，一般为 0.4~0.5 m。

当滑坡床以下有承压水补给滑坡面时，可以在隧洞下加渗管，引水入隧洞内排走。

排水隧洞也可修建在坡体内，但整个隧洞需要在滑动面以下，其深度视滑坡堆积体的岩土状况而定。

当山坡地下水埋藏情况复杂，有时单靠修建一条排水隧洞不能把所有的地下水均集中流出，因此在地下水流多，含水量紊乱的地方，往往还要修建支洞。一般情况下，先修好主洞，经过观测，证明在主洞附近周围尚有较大的水流需要引入隧洞内排除时，即沿着这些支流由外向内开挖，修建支洞。支洞可修成 T、Y 或叉形。支洞的断面可采用与主洞一样的尺寸，亦可以用较小的尺寸。

5. 渗井、渗管

当排水隧洞顶上滑坡体内有一层或数层地下水时，可设渗水井或渗管汇集汇入隧洞中排出。

渗井、渗管的间距根据集水半径设计，一般 10～15 m 设置一处渗管，每隔 20～30 m 设置一处渗井。渗管利用带孔的铁管、钢管或塑料管放入钻孔中，四周回填粗砂、砾石等渗水填料而成。渗井、渗管连接于隧洞上侧或直接连于隧洞顶上。

渗管施工比较简便，但是由于管径小，集水效能不大，而且易被淤塞，故不常采用。

渗井采用支撑施工，从地面向下开挖，达到隧洞顶后再逐层填充，并随填随拆除支撑。在渗井与隧洞连接处应特别加固，以防隧洞承压过大遭致破坏。

渗井、渗管据现场调查，一般渗水不多，效果不佳，尚有待进一步调查研究和改建。

6. 排水隧洞的排水能力计算

排水隧洞的断面不受水流量的控制，主要决定于施工和养护的方便，并考虑节约投资。但一般排水隧洞的断面都较大，因此其排水能力可以不需计算即能满足滑坡体地下水排除量的要求。若需计算时，可参阅有关无压力式涵洞的计算方法确定。

7. 排水隧洞的结构计算

排水隧洞的结构计算与一般隧道相似，这里不作介绍，详细请参阅有关书籍。

12.4　排水工程施工

排水工程是一项综合性的工作，要消除各种水源对滑坡体稳定性的影响，提高滑坡稳定安全系数，保护滑坡区域建筑物免遭破坏，应做好以下几项工作：

（1）认真设计、精心施工、及时维护，三者密不可分。任何工程，设计是前提，施工是关键，维护是补充。只有做到认真设计、精心施工、及时维护，才能建立和保持完善的排水系统，保证滑坡体外的水流不会入滑坡体内，也才能保证滑坡体内的地表水和地下水随时排除，以提高滑坡体的稳定性。

（2）充分调查、合理布置、综合治理。设计时，进行地面排水设施和地下排水设施时，应进行全面、详细的调查研究，查明地表水和地下水的分布状况和大小，分析水对滑坡的影响程度，做到地面排水设施和地下排水设施相互配合，相互协调，同时做到排水工程与其他处治工程相互配合，以最大可能排除影响滑坡的各种水源。

（3）因地制宜、经济实用。设计时，应结合地形、地质情况和水文情况，因地制宜，合理设计，尽量选择有利的地形和地质的区域设置排水工程，既可起到排除、疏干滑坡堤范围的地下水和地表水的作用，又可对滑坡体起到加固和保护作用。同时，设计时，要注意就地取材，以降低工程造价。

12.4.1　地表排水体系施工

在滑坡体区域修筑的地表水排水措施主要有截水沟、排水沟和截水沟、排水沟组成的树叉状、网状排水系统等设施。这些设施的修筑基本上是在滑坡体坡面外或坡面内进行的。由于其尺度一般较小，且土石方开挖量较小，其施工较为简单。施工时关键要细致，各个施工程序应到位。

1. 截水沟的施工要求

截水沟常用的横断面型式有梯形、矩形和三角形等几种，用的最多还是梯形和矩形。它一般是设在滑坡体外适当的地方，用以拦截上方来水，防止滑坡体外的水流入滑坡体内。施工应注意：

（1）当山坡覆盖土层较薄，又不稳定时，截水沟的沟底应设置在基岩上，以拦截覆盖土层与基岩面间的地下水，同时保证截水沟的自身稳定和安全。

（2）在截水沟沟壁最低边缘开挖深度不能满足断面设计要求时，可在沟壁较低一侧培筑土埝。土埝顶宽 1~2 m，背水面坡坡采用 1:1~1:1.5，迎水面坡则按设计水流流速、漫水高度所确定类型加强。如土埝基底横向坡度陡于 1:5 时，应沿地面挖成台阶，台阶宽度应符合设计要求，一般不小于 1.0 m。

（3）截水沟的出口处应与其他排水设施平顺衔接，同时要注意防渗处理，必要时可设跌水或急流槽，避免排水在山坡上任意自流，造成滑坡脚稳定土体的冲刷，影响滑坡体的稳定性。

（4）截水沟应结合地形地质合理布置，要求线形顺直舒畅，在转弯处应以平滑曲线连接，尽量与大多数地面水流方向垂直，以提高截水效果和缩短截水沟长度。若因地形限制，截水沟须绕行，工程艰巨，附近又无出水口，可分段考虑，中部以急流槽衔接，如图12.21 所示。

（5）截水沟应与侧沟、排水沟、桥涵勾通，达到沟涵相连，以便有效地、全面地控制地表水，使之迅速流出滑坡范围之外。

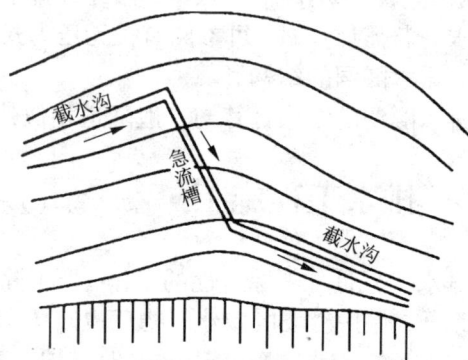

图 12.21　中部以急流槽衔接的截水沟

（6）截水沟布置应避免距滑坡裂缝太近，招致开裂破坏。必须经过坡裂缝区时可用临时性的折叠式木槽沟或混凝土板和砂胶沥青柔性混凝土预制块板水沟。它容许有一定的伸缩，以防止山坡变形拉断截水沟。它既能防冲、防渗，且较经久耐用，又便于施工和养护。

（7）采用浆砌片石、混凝土修筑的截水沟时，每隔 4~6 m 应设一沉降缝，缝内用沥青麻筋仔细塞实，表面勾缝，随时发现断裂，随即修补。当滑坡地段上中水丰盈时，则浆砌的截水沟上侧应增设泄水孔，泄水孔背后设反滤层，必要时还应在水沟底设石碴或卵石垫层。

（8）在砂黏土、粘砂土或黄土质砂黏土的路堑边坡上，当水流流速不大于 2.5 m/s 时，可采用 1:3 石灰砂浆抹面，厚度为 3~5 m，表层再用 1:3 水泥沙浆抹面，厚度为 3 m，或用 1:1:5（石灰:黏土:炉碴）三合土，或用 1:3:6:9（水泥:石灰:河砂:炉碴）四合上捶面做防渗层。在岩层破碎、节理发育的坡面上修建截水沟，为减少造价，可以在沟壁、沟底采用 1:3 水泥砂浆抹面或采用 1:3:6 和 1:3:6:9 配合比的三合土、四合土捶面、勾缝等方法处理，以减少雨水沿岩层裂隙渗透。

（9）施工工程中要注意施工质量，沟底、沟壁要求平整密实，不滞水、不渗水，必要时要予以加固，防止渗漏和冲刷。

2. 排水沟的施工要求

排水沟的作用主要在于引排截水沟的汇水和滑坡体附近及其滑坡体内低洼处积水或出露泉水等水流。

排水沟平面线形应力求简捷，尽量采用直线，必须转弯时，可做成圆弧形，其半径不宜小于 10 ~ 20 m。

在滑坡体内修筑排水沟时，应有防止渗水的措施，如采用浆砌片石、混凝土板或沥青板铺砌，砂胶沥青堵塞砌缝等，避免沟内排水渗入滑坡体内。

利用地表凹形部位设置排水沟时，每隔 20 ~ 30 m 应设置一个连结箍，特别是在地基松软的情况下，有时还要用桩来固定。对于土质松软的坡面，可就地夯成沟形，上铺黏性土或石灰三合土加固。通过裂缝处，可采用搭叠式木质水槽、混凝土槽或钢筋混凝土槽，以防山坡变形拉断水沟，使坡面水集中下渗。

排水沟的末端应设置端墙，并将水排到滑坡体以外的渠河或河道等处。

排水沟的施工要求与截水沟的施工要求相似，其施工质量应符合相关工程质量检验评定标准。

12.4.2　地下排水体系施工

地下排水体系主要是拦截、排引或排除地下含水层的水分，降低地下水位，疏干滑坡体内含水，提高滑坡的稳定性。

地下排水体系设施主要有截排渗沟、集排水暗沟与明沟、平孔排水和排水隧洞等设施。这些设施一般距地面较深，土石方开挖量较大，施工难度也较大，有的需要专门的施工技术队伍才能保证其施工质量。有时在进行这些设施的施工时，还对滑坡的稳定性产生一定的影响。因此，施工时一定要有周密详细的施工方案，正确合理的施工顺序，既保证施工质量，又不会降低滑坡的稳定性安全系数。

1. 明沟施工

明沟主要是对滑坡体上层滞水或埋藏很浅的潜水进行引排，并可兼作地面排水设施。其断面形式常用梯形和矩形。梯形断面一般适用于地下水埋藏很浅、深度仅 2 m 范围内，或水沟通过的地层稳定且能够进行较深的明挖的地方。矩形槽式断面则适用于引排地下水埋藏较深，或地质不良、水沟边坡容易发生滑塌的地方，其深度可达 3 m 左右。

明沟的开挖，一般采用人工或机械进行，施工时必须注意安全，防止塌方，尤其在边坡较高时。当土质均匀、地下水位低于沟底标高，且开挖深度符合表 12.9 要求时，其开挖边坡可不加设支撑。但当开挖深度较深，土质又较差时，则必须进行支撑。沟槽挖好后，应及时进行浆砌块石等结构的施工。

在迎水侧沟壁上设置集水的泄水孔处，其孔后应设滤水层，防止坡内岩土颗粒等流出，引起坡面坍塌。滤水层应符合设计要求，确保施工质量。

表 12.9　沟槽开挖要求

土质情况	可不支撑的允许深度(m)
密实、中密的砂土和碎石类土(充填物为砂土)	1.0
硬塑、可塑的轻亚黏土及亚黏土	1.25
硬塑、可塑的黏土及碎石类土(充填物为黏性土)	1.5
坚硬的黏土	2.0

2. 集排水暗沟施工

集水暗沟用来汇集它附近的地下水,而排水暗沟则是与地表排水沟连结起来,把汇集的地下水作为地表水排除。

集水暗沟是在挖到预定深度的沟中砌成石笼,或是在沟中铺填碎石和安设透水混凝土管的盲暗沟。为了防止漏水,在底部铺设杉皮、聚乙烯布或沥青板,在暗沟的上面和侧面则设置树枝及砂砾组成的滤水层,以防淤塞。在集水量特多的情况下,也可用有孔的管道。集水暗沟过长时,会使已汇集的水再渗透,也会引起管道淤塞,所以一般每隔 20～30 m 设置一个集水池或检查井,其端头则与地表排水沟或排水暗沟连接起来。

排水暗沟是用有孔的钢筋混凝土管、波纹管、透水混凝土管等制成,有时也在一定程度上有起集水暗沟的作用。排水暗沟在端墙及集水池等处,与地表排水沟相连结。

暗沟易受滑坡运动引起的地基变形的影响,而使其作用显著降低,同时由于检修困难,所以暗沟的长度应尽量短,坡度应大一些,最好使其尽快地与容易检修的地表排水沟连结起来。施工时要特别注意,当暗沟埋设较深时,则要注意由于设置这些暗沟的开挖,可能会加剧滑坡体的滑动,使滑坡土体丧失稳定。必要时可先在滑坡体滑动面出口设置阻止滑坡滑动的支挡建筑物后,再进行施工。

3. 渗沟的施工

渗沟属于隐蔽工程,埋置于地下,不易维护。因此施工时,必须确保施工质量,保证渗流畅通,引排有效。施工时要求:

(1)沟内用于集水和排水的填充料级配应满足设计要求,填料应经过筛选和清洗。

(2)渗沟的封闭层通常采用浆砌片石、干砌片石水泥砂浆勾缝和黏土夯实。黏土层下面应铺双层土工布或草皮。在冰冻地区应设保温层,保温层可采用炉渣、砂砾、碎石等铺筑。

(3)渗沟的出水口宜设置端墙,端墙下部留出与沟排水通道大小一致的排水沟,端墙排水孔底面距排水沟沟底的高度不宜小于 20 cm,在冰冻地区不小于 50 cm,端墙出口的排水沟应进行加固,防止冲刷。

(4)渗沟的排水沟与沟壁间应设反滤层和隔渗层。沟底置于不透水层上时,反滤层设在迎水侧,隔渗层设在背侧。若沟底设在含水层,两侧沟壁及沟底均应设置反滤层。反滤层的结构及材料级配应符合设计要求。

(5)隔渗层采用黏土夯实,砂浆片石或土工薄膜等防渗材料。土工薄膜的渗透系数要小于 $10～11$ cm/s,其横向强度要求大于 0.3 kN/m。

(6)渗沟的开挖宜自下游向上游进行,并随挖随填,即支撑后即迅速回填,不可暴露太久,以免造成坍塌。当渗沟开挖深度超过 6 m 时,须选用框架式支撑。在开挖时自上而下随挖随支撑，施工回填时自下而上逐步拆除支撑。

4. 平孔排水的施工

平孔排水的施工施工简便、工期短，节省材料和劳动力，且经济有效。

施工步骤：

①钻孔 75～150 mm、钻深可达 180 m 的钻机(具体可根据设计要求选用)，在挖方边坡平台上水平向钻入滑坡体含水层，钻空的仰斜坡度可为 10%～20%。然后在钻孔内推入直径 50 mm、带槽孔的塑料(PVC)排水管(有钻机也可将塑料排水管放在钻杆内一起钻入，然后抽回钻杆)；

②带孔的排水管的圆孔直径为 10 mm，纵向间距为 75 mm，沿管周分 3 排均布排列，一排在管顶，其他 2 排在管的两侧，顶排圆孔位置与侧排圆孔交错排列；

③靠近出水口 1～10 m 的长度范围内，应设置不带槽孔的塑料排水管，在靠近出水口至少 60 cm 长的范围内，应用黏土堵塞钻机与排水管之间的空隙，防止泉水外渗而影响滑坡的稳定；

④钻孔时应注意：一般在夹砾石的砂土层或不均质地层中，钻孔容易弯曲。因此，要正确地达到预定的地层，就必须仔细地和慎重地钻进；

⑤如果钻到了含水层，在含水层部分的钻孔上面的侧面要用带过滤器的保孔管保护钻孔，有时在钻孔前端也安装聚乙烯网状管。为了防止保孔管漏水造成的渗透水引起孔口崩塌，而在排水管的出口处，用石笼或混凝土墙加以保护。从透水性弱的地基中集水时，有时整个保孔管都要安装过滤器；

⑥此外尚需注意，当穿过滑动面时，由于滑坡运动，有可能塌孔。另外，有时在钻进过程中，碰到坚硬的孤石或软硬悬殊的岩石，容易引起钻杆弯曲，而不能钻到预定的位置，从而达不到排水的效果，就应采取其他工程措施来排除地下水，达到处治滑坡的目的。

第 13 章
坡面防护与生态护坡

13.1 概述

边坡的处治与加固、滑坡的治理往往需要进行大量的挖方、填方，从而形成了大量的裸露边坡。裸露边坡会带来一系列环境问题，如水土流失、滑坡、泥石流、局部小气候的恶化及生物链的破坏等。人民生活水平的进一步提高，要求边坡治理不能只停留在边坡加固而忽略环境保护的层面上，特别是城镇建设中的边坡工程，要求治理工程与生态环境结合的呼声越来越高。

《建筑边坡工程技术规范》指出，边坡整体稳定但其坡面岩土体易风化、剥落或有浅层崩塌、滑落及掉块等时，应进行坡面防护。对欠稳定的或存在不良地质因素的边坡，则应先进行边坡治理后再进行坡面防护与绿化。

边坡坡面防护应根据工程区域气候、水文、地形、地质条件、材料来源及使用条件采取工程防护和植物防护相结合的综合处理措施，并应考虑下列因素经技术经济比较确定：

①坡面风化作用；
②雨水冲刷；
③植物生长效果、环境效应；
④冻胀、干裂作用；
⑤坡面防渗、防淘刷等需要；
⑥其他需要考虑的因素。

坡面防护形式可分为 2 大主要类型，即工程防护与生态护坡。其中，传统的护坡多为工程防护，主要有砌体护坡、护面墙、喷射砂浆、喷射混凝土、格构梁等形式；生态护坡为植被护坡技术，以比较接近自然的方式去加固和稳定边坡坡面，所用材料也是以当地或天然石材、木材和植物为主，达到边坡原地原生态的保护、生长和可持续发展的目的，并保证了环境景观的美化舒适。生态护坡的形式主要有植草、铺草皮、植树、湿法喷播绿化、客土喷播与绿化、骨架植物防护、混凝土空心块植物防护、锚杆钢筋混凝土格构植物防护等。

13.2 坡面工程防护

坡面工程防护是指采用工程结构形式所进行的防护，适用于不宜于草木生长的陡坡面，常用的形式主要有抹面、捶面、勾缝、灌浆、砌体护坡、护面墙、喷射砂浆及喷射混凝土等。

（1）灌浆及勾缝

灌浆用于较坚硬、裂缝较大、较深的岩石边坡，用于预防边坡浅表坍塌、坠落，以及防止地表水渗入坡体内。一般采用 1∶4 或 1∶5 的水泥砂浆（体积比），但当裂缝很宽时，则可改用混凝土灌浆。灌浆前，应先用水冲洗工作面，并清洗裂缝内的泥土、杂草等。

勾缝主要用于较坚硬、不易风化、节理裂缝多而细的岩石边坡，一般采用 1∶2 或 1∶3 的水泥砂浆，也可采用 1∶0.5∶3 或 1∶2∶9 的水泥石灰砂浆（体积比）。施工前应冲洗工作面。

（2）抹面与捶面

易于风化的岩石，如页岩、泥岩、泥灰岩、千枚岩等软质岩层的路堑边坡防护，也可用混合材料抹面。对易受冲刷的土质边坡和易风化岩石边坡防护可用混合材料捶面。

抹面或捶面的边坡坡度不受限制，但不能担负荷载，亦不能承受土压力，故要求边坡必须是稳定的，坡面应该平整干燥。

常用的抹面混合料有石灰炉渣混合灰浆，石灰炉渣三合土、四合土及水泥石灰砂浆，其配合比见表 13.1。常用的捶面混合料有水泥炉渣混合土，石灰炉渣三合土、四合土，其配合比见表 13.2。

表 13.1　抹面混合材料配合比

材料名称	石灰炉渣混合灰浆（两层总厚为 3~4 cm）			石灰炉渣三合土（厚 6~7 cm）		四合土（厚 8~10 cm）		水泥石灰砂浆（厚 3 cm）	
	体积比		每平方米用料	质量比	每平方米用料	质量比	每平方米用料	体积比	每平方米用料
	表层（cm）（1.5~2）	底层（cm）（1.5~2.5）							
水泥								1	3.5 kg
石灰	1	1	7.5 kg	1	230 kg	1	12 kg	2	3.0 kg
炉渣	2~2.5	3~4	0.03 m³	5	1.1 m³	9	118 kg		
砂				1	0.3 m³	3	36 kg		
黏土						6	72 kg	9(7)	0.03 m³
纸（竹）筋			0.5 kg						
卤水			0.14 kg						

注：本表根据成都、广州、西安及兰州等铁路局的资料汇编。

表 13.2　捶面混合材料配合比

材料配合比	捶面厚度（cm）	材料用量				
		水泥（kg）	石灰（kg）	黏土（m³）	砂（m³）	炉渣（m³）
水泥∶石灰∶砂∶炉渣（质量比）=1∶3∶6∶9	10	8.5	28.1		0.039	0.11
	15	12.8	42		0.053	0.6

续表 13.2

材料配合比	捶面厚度 (cm)	材料用量				
		水泥(kg)	石灰(kg)	黏土(m³)	砂(m³)	炉渣(m³)
石灰：黏土，砂：炉渣(质量比)=1:2.55:9	10		15	0.02	0.05	0.14
	15		22.5	0.03	0.075	0.21
水泥：砂：炉渣(质量比)=1:3:7	10	9			0.016	0.08
	15	13.5			0.024	0.12
石灰：黏土：炉渣(体积比)=1:1:4	10		12	0.02		0.1
	15		18	0.03		0.15

注：本表根据西安、南昌及广州铁路局资料汇编。

注意：

①抹面或捶面工程的周边与未防护坡面衔接处，应严格封闭(如图 13 和 1. 图 13.2 所示)，如在其边坡顶部作截水沟，沟底及沟边也要用抹面或捶面防护；

②大面积抹面或捶面时，每隔 5~10 m 应设伸缩缝，伸缩缝宽 1~2 cm，缝内用沥青麻筋或油毛毡填塞紧密；

③为了防止抹面表面开裂，增强抗冲蚀能力，可在表面涂沥青保护层，要求沥青软化点稍高于当地气温，用量为 0.3 kg/m²；

④捶面厚度为 10~15 cm，一般采用等厚截面。当边坡较高时，采用上薄下厚的截面；

⑤抹面或捶面工程应经常检查维修，发现裂缝、开裂或脱落应及时灌浆修补。抹面使用年限为 6~8 年，捶面使用年限为 10~15 年。

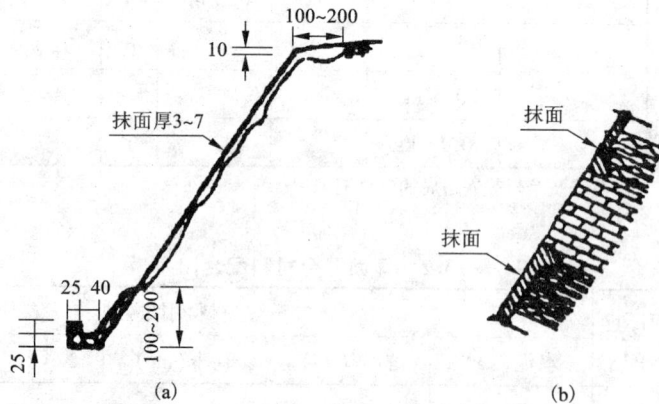

图 13.1　抹面护坡(单位：cm)

(a)顶部凿槽式嵌入；(b)软硬岩层衔接处抹面嵌入

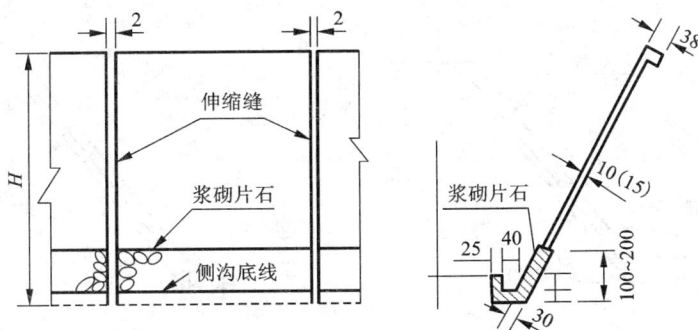

图 13.2　捶面护坡(单位：cm)

（3）砌体护坡

砌体护坡可采用浆砌条石、块石、片石、卵石或混凝土预制块等作为砌筑材料，适用于坡度缓于 1∶1 的易风化的岩石和土质挖方边坡。石料强度等级不应低于 MU30，浆砌块石、片石、卵石护坡的厚度不宜小于 250 mm；预制块的混凝土强度等级不应低于 C20，厚度不小于 150 mm。铺砌层下应设置碎石或砂砾垫层，厚度不宜小于 100 mm。

砌筑砂浆强度等级不应低于 M5.0，在严寒地区和地震地区或水下部分的砌筑砂浆强度等级不应低于 M7.5。

砌体护坡应设置伸缩缝和泄水孔，伸缩缝间距宜为 20～25 m、缝宽 20～30 mm。在地基性状和护坡高度变化处应设沉降缝，沉降缝与伸缩缝宜合并设置，缝中应填塞沥青麻筋或其他有弹性的防水材料，填塞深度不应小于 150 mm，在拐角处应采取适当的加强构造措施。

①干砌片石护坡

干砌片石护坡适用于边坡坡度不大于 1∶1.25 的易受地表水冲刷或常有地下水渗出而产生小型溜坍的土质边坡或土质边坡下部的局部嵌补。

干砌片石厚度一般为 0.3 m，其下设厚度不小于 0.1 m 的碎石或砂砾垫层。基础应选用较大石块砌筑，其埋深至侧沟底，基础与侧沟相联时，采用 50 号浆砌片石砌筑（如图 13.3 所示），自下而上砌筑石块，彼此镶紧，接缝要错开，缝隙间用小石块填满塞紧。

②浆砌片石护坡

浆砌片石是目前使用最普遍的坡面防护形式，适用于坡度不大于 1∶1 的各种易风化的岩石、土质边坡。

浆砌片石护坡一般采用等截面，其厚度视坡高和陡度而定，一般为 30～40 cm。边坡过高时应分级设平台，每级高度不宜超过 20 m，平台宽视上级护坡基础的稳固要求而定，一般不小于 1 m。

当护坡面积较大，且边坡较陡时，为增加护坡稳定性，可采用肋式护坡（图 13.4），其形式有外肋、内肋、柱肋 3 种。

外肋：用于岩层破碎，但不易挖槽的岩石边坡；

内肋：用于土质和软岩边坡；

柱肋：用于表层发生过溜坍，经刷方修整后的土坡。

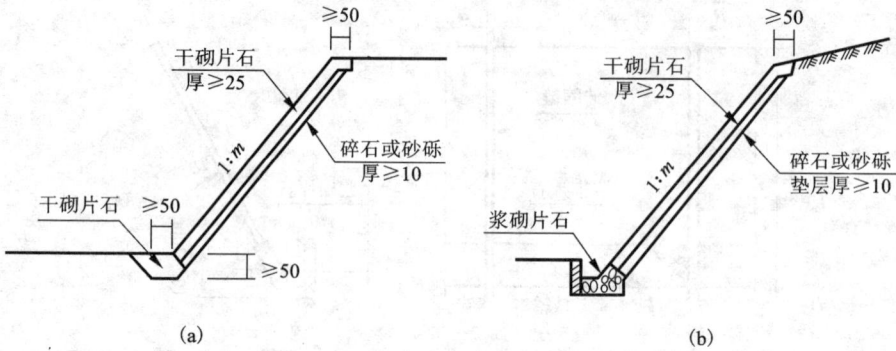

图 13.3　干砌片石护坡(单位：cm)

(a)干砌护坡干砌基础；(b)干砌护坡浆砌基础

大面积防护时，应在坡面适当位置设台阶形踏步，以利维修和养护。

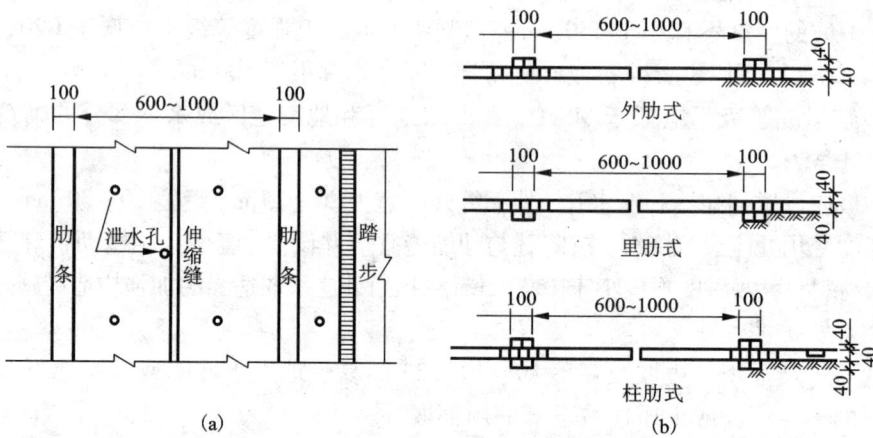

图 13.4　肋式浆砌片石护坡(单位：cm)

(a)护坡正面图；(b)肋条形式图

③浆砌片石骨架护坡

浆砌片石骨架护坡适用于坡面受冲刷严重或边坡潮湿的土质边坡和极严重风化的岩石边坡。其中，骨架起加强作用，骨架内可根据边坡土质，坡度及当地材料来源情况选用铺草皮、捶面或载砌卵石。

浆砌片石骨架一般采用方格型，间距 3～5 m，与边坡水平线成 45 度角，护坡的顶部 0.5 m 及坡脚 1 m，用 M5 浆砌片石镶边。骨架应嵌入坡面一定深度，其表面与草皮或捶面平顺，当降雨量大且集中的地区，骨架上可做成截水沟式，以分流排除地表水。

浆砌片石骨架也可采用拱型(图 13.5)，主骨架间距 4～6 m，拱高 4～6 m，视岩层的软硬程度和坡面变形等情况而定。

浆砌片石骨架还可用人字型。

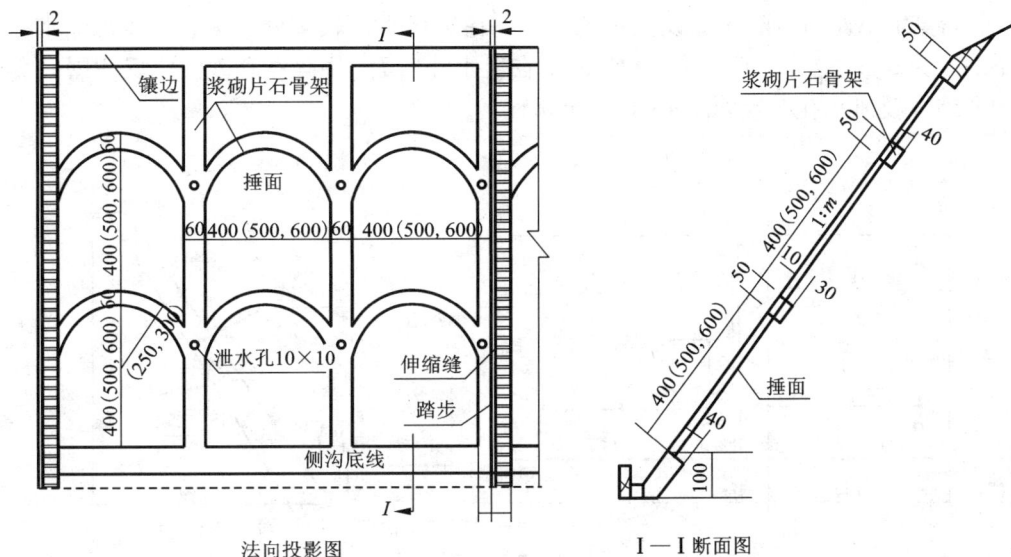

图 13.5　拱型浆砌片石骨架护坡（单位：cm）

（4）护面墙

为了覆盖各种软质岩层和较破碎岩石的挖方边坡、免受大气因素影响而修建的墙，称为护面墙。护面墙多用于易风化的云母片岩、绿泥片岩、泥质页岩、千枚岩及其他风化严重的软质岩层和较破碎的岩石地段，以防止继续风化。

护面墙有实体护面墙、孔窗式护面墙、拱式护面墙及肋式护面墙等。实体护面墙用于一般土质及破碎岩石边坡；孔窗式护面墙用于边坡缓于 1:0.75，孔窗内可采用捶面（坡面干燥时）或干砌片石；拱式护面墙用于边坡下部岩层较完整而需要防护上部边坡者或通过个别软弱地段时；边坡岩层较完整且坡度较陡时可采用肋式护面墙。

①实体护面墙

实体护面墙的厚度视墙高而定（表 13.3），一般采用 0.4 ~ 0.6 m；底宽可按边坡陡度、墙的高度、被防护山坡的潮湿情况和基础允许承载力大小等条件来确定，一般等于顶宽加 $H/10 \sim H/20$（H 为墙高）。等截面的护面墙墙背坡率 n 与墙面坡率 m 相同，变截面护面墙墙背坡率（n）为墙面坡率（m）减去（$1/20 \sim 1/10$）。

表 13.3　护面墙厚度参考表

护面墙高度 H（m）	路堑边坡	护面墙厚度（m）		护面墙高度 H（m）	路堑边坡	护面墙厚度（m）	
		顶高 b	底宽 d			顶高 b	底宽 d
≤2	1:0.5	0.4	0.4	$6 < H \leq 10$	$1:0.5 \sim 1:0.75$	0.4	$0.4 + H/20$
≤6	>1:0.5	0.4	$0.4 + H/10$	$10 < H \leq 16$	$1:0.75 \sim 1:1$	0.6	$0.6 + H/20$

沿墙身长度每隔 10 m 应设置一道 2 cm 宽的伸缩缝，用沥青麻（竹）筋填塞，深入 10 ~ 20

cm，心部可空着。护面墙基础修筑在不同岩层时，应在其相邻处设置一道沉降缝，其要求同伸缩缝，墙身上下左右每隔 3 m 设泄水孔一个，在边坡水流较多处，应适当加密泄水孔，孔口大小一般为 6 cm × 6 cm 或 10 cm × 10 cm，在泄水孔后面，用碎石和砂做成反滤层。实体护面墙的伸缩缝及泄水孔布置如图 13.6 所示。

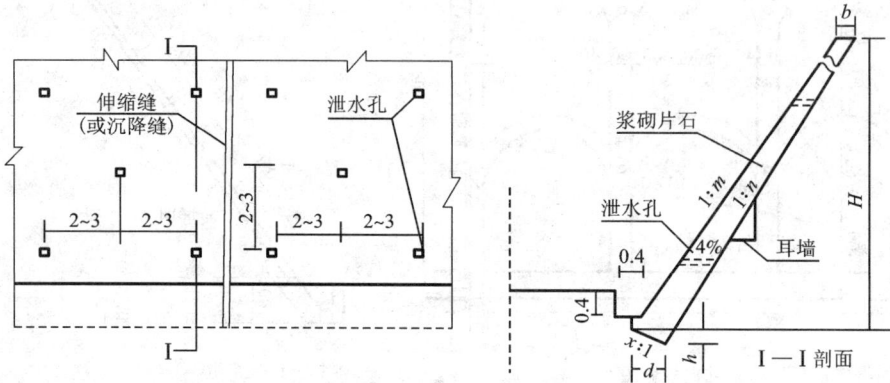

图 13.6　护面墙（单位：m）

护面墙基础应设在可靠的地基上，其埋置深度应在冰冻线以下 0.25 m，如基岩的承载力不够（小于 300 kPa），应采用适当的加固措施。护面墙墙底一般做成向内倾斜的反坡，其倾斜度 x 根据地基状况决定，土质地基 $x = 0.1 \sim 0.2$，岩石地基 $x = m - 0.2$。

为了增加护面墙的稳定性，在护面墙较高时应分级修筑，视断面上基岩的好坏，每 6 ~ 10 m 高为一级，并设 ≥1 m 宽的平台；墙背每 4 ~ 6 m 高设一耳墙（错台），耳墙宽 0.5 ~ 1.0 m，墙背坡陡于 1:0.5 时，耳墙宽 0.5 m，墙背坡缓于 1:0.5 时，耳墙宽 1.0 m，如图 13.7 所示。

对于防护松散夹层的护面墙，最好在夹层底部，留出宽度 ≥1 m 的平台，并进行加固，以增加护面墙的稳定性，如图 13.8 所示。

山岭地区挖方边坡及坡顶山坡上常有各种不良地质现象，而且多是几种现象同时出现，加固建筑物应该综合考虑。在岩石中的凹陷，应局部用石砌圬工填塞镶砌，并使圬工深入软弱岩层或局部凹陷处，支托突出的岩

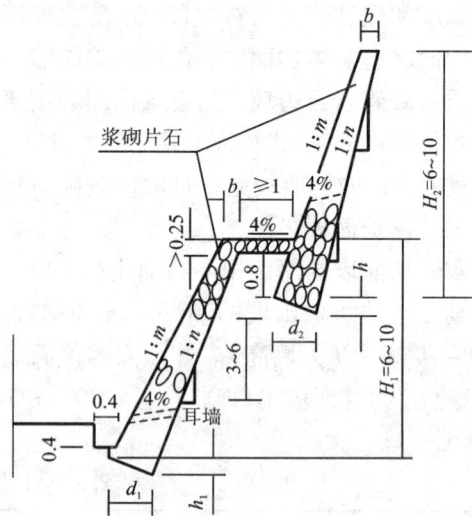

图 13.7　两级护面墙（单位：m）

层，注意表面上、下部分的平顺衔接，这种墙称为支补墙，如图 13.9 所示。

护面墙的顶部应用原土夯填，以免边坡受水流冲刷，渗入墙后引起破坏。

修筑护面墙前，对所防护的边坡，应清除风化层至新鲜岩面，凹陷处可挖成错台。对风化迅速的岩层如云母岩、绿泥片岩等边坡，挖出新鲜岩面后，应立即修筑护面墙。

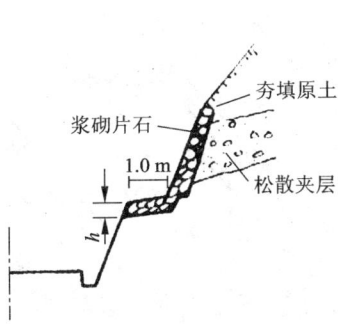

图 13.8　防护松散层的护面墙

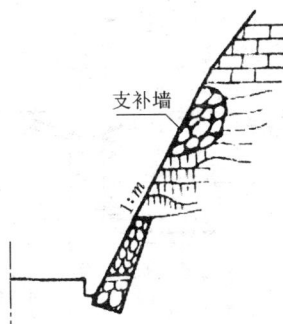

图 13.9　支补墙

②孔窗式护面墙

孔窗式护面墙的窗孔通常为半圆拱型,高 2.5 ~ 3.5 m,宽 2.0 ~ 3.0 m,圆拱半径为 1.0 ~ 1.5 m。其基础、厚度、伸缩缝、墙身坡率及耳墙等要求与实体护面墙相同。孔窗内视具体情况,采用干砌片石植草或捶面。孔窗式护面墙如图 13.10 所示。

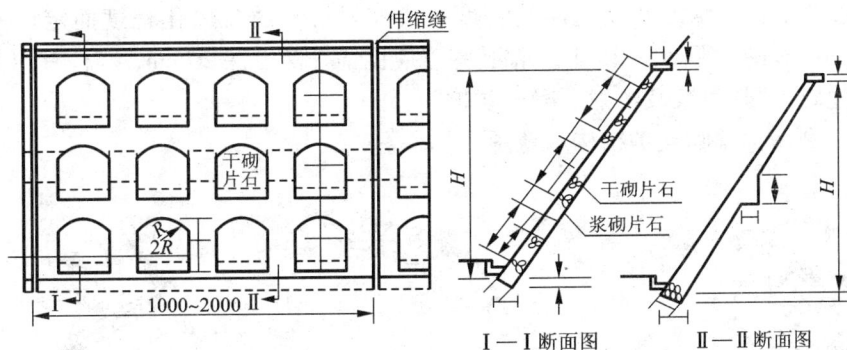

图 13.10　孔窗式护墙(单位:cm)

③拱式护面墙

拱跨较小时(2 ~ 3 m),拱圈可采用 M10 水泥砂浆砌块石,拱高视边坡下面完整岩层高度而定。拱跨较大时(5.0 m 以上),可采用混凝土拱圈,拱圈厚度根据拱上护面墙高度而定。拱式护面墙如图 13.11 所示。

(5)喷浆及喷射混凝土

适用于易风化但未遭受严重风化、坡面较为干燥的岩石边坡。对高而陡的边坡,上部岩层较破碎而下部岩层完整的边坡以及需大面积防护的边坡,采用此类型更为经济。但成岩作用差的黏土岩边坡不宜采用。

坡面喷浆厚度不大于 5 cm,喷混凝土以 8 cm 为宜(分 2 ~ 3 次喷射)。周边与未防护坡面的衔接与抹面相同,坡脚应做 1 ~ 2 m 高的浆砌片石护坡。

喷射材料中,水泥应采用 425 号以上的普通硅酸岩水泥,石灰应采用新出炉烧透之块灰。重力喷浆时应采用纯净的细砂,粒径为 0.1 ~ 0.25 mm;机械喷浆和喷射混凝土时应采用纯净的中粗砂(0.25 ~ 0.5 mm);砂中含土量不超过 5%,含水率以 4% ~ 6% 为宜。混凝土粗骨料

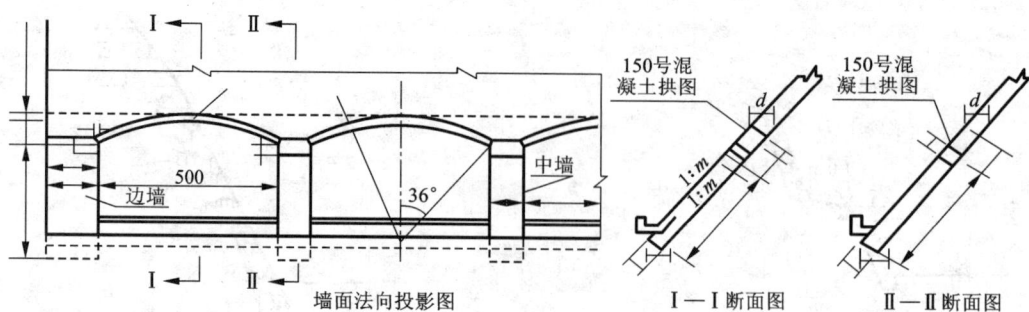

图 13.11 拱式护墙(单位：cm)

应采用纯净碎石或砾石，最大粒径为 25 mm，大于 15 mm 的颗粒控制在 20% 以下，片状及针状颗粒含量按质量计不超过 15%。

(6)喷锚支护

当边坡坡面岩体较破碎、但具喷浆和喷混凝土条件的岩石边坡时，为加强防护稳定性可采用喷锚支护。喷锚支护时，坡面应较为平整，起伏太大时，需加块石填平，但这样费用大。

锚喷支护时，锚杆深度及铁丝网孔密度视边坡岩石性质及风化程度而定。一般锚固深 0.5 ~ 1.0 m，铁丝网间距 20 ~ 25 cm，锚孔深度应比锚杆深度深 20 cm，锚杆宜用 1∶3 水泥砂浆固定，其他要求同"喷浆及喷射混凝土防护"。

图 13.12 所示为锚喷支护结构示意图。

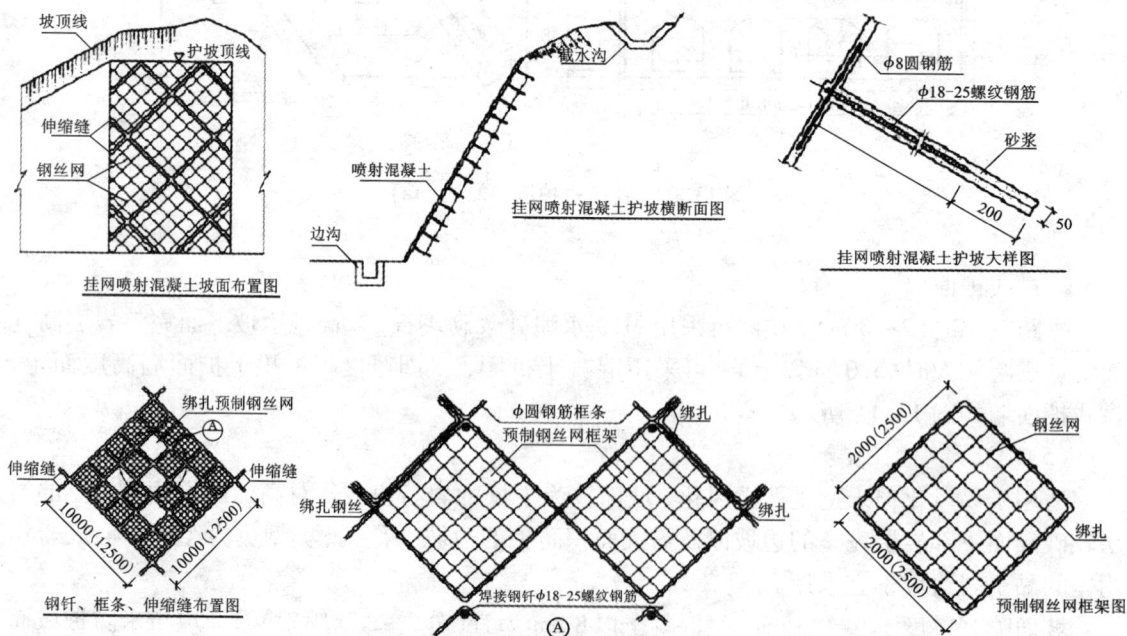

图 13.12 坡面喷锚支护结构示意图

13.3　生态护坡

13.3.1　生态护坡的的功能

生态边坡就是对环境、原生物等生态造成最低影响，并且适当还原、保护的边坡工程，是在保护边坡安全的基础上考虑生态保护、环境景观的边坡工程理念。生态边坡是以比较接近自然的方式去加固和稳定边坡一级坡面，所用材料也是以当地或天然石材、木材和植物为主，达到边坡原地原生态的保护、生长和可持续发展的目的，并保证了环境景观的美化舒适。生态边坡主要采用植被保护技术，本书也主要介绍以生态植被加固和保护边坡的做法，其他生态边坡方法和技术参见相关参考文献和专著。

植被护坡技术与传统的护坡方法相比具有明显的优势。在采用植被护坡技术的开始阶段，由于所种植的植物可能无法发挥足够的护坡作用，植被护坡的效果也许会较弱，但是随着植物的生长，其护坡功能会不断增强，在减轻坡面不稳定性和浸蚀危害上发挥的作用将越来越大。虽然植物在刚种植不久，不能立即达到预期的绿化效果，不能及时与周边环境充分协调。但是，在植被种植的任何阶段，植被护坡都会在一定程度上稳定边坡和美化环境。

植被护坡的主要功能表现在以下几个方面：

（1）浅根的加筋作用

由于变皮植物根系在土体中的分布交错复杂，可将边坡土体和植物根系看成是一种特殊的复合材料。其中，植物的浅根可视为具有预应力效应的三维加筋材料，能提高边坡土体强度。浅根对土体的加筋作用与草根密度、强度及土体性质有关。通过研究边坡上的植被发现，当边坡植物浅层根径为 $1 \sim 20$ mm 时，根系的这种加筋作用明显有利于加固边坡土体。

边坡坡面土层有一定倾斜度，在重力的影响下易受外界条件的作用而失稳、滑移和流失，如雨水冲刷的作用等。根据摩尔 - 库伦准则，根系的加筋作用增强了土体的黏聚力 c 值，能显著提高坡面土体的强度。

（2）深根的锚固作用

边坡植物根系与土体共同作用组成的复合结构，不仅浅根具有加筋作用，深根还具有锚固作用。在这种深根 - 土体复合结构中，根系具有较高的抗拉强度和锚固力，对土体具有很好的锚固作用。植被根系可以提高土体约束力，抵抗土体的滑移，从而提高土体强度。许多树木的垂直根系穿越边坡表层的松散土层，扎入较深处的稳定岩层或土层中，限制边坡土体向坡脚移动，从而以预应力的方式锚固边坡，有利于加固边坡。一般来讲，根的抗拉强度可高达 70 MPa 左右，大部分根的抗拉强度在 $10 \sim 40$ MPa 之间。但是，根的抗拉强度随着根径的增加而降低，直径越小根有越高的抗拉强度和越好的抗拔力。

边坡植被的深层根系还可以把表层较大荷载传递到边坡深层的岩土体中，还能将局部集中的土体应力分散，从而缓解集中应力过大可能造成的危害。因此，深根不仅能提高土的抗剪强度，而且可以起到预应力锚杆的作用，从深层土体上加固边坡。

（3）水文作用

生态边坡所种植的植被具有多种水文作用，如蒸发坡体内的水分、降雨截流、延缓坡面水流流速、过滤等作用，这些作用可以有效地控制雨水对边坡的侵蚀、控制边坡的水土流失、降雨截流、削弱溅蚀、降低坡体的孔隙水压力以及增加土体黏聚力等。如果将植物种植在河堤或库岸边坡，这些植被还能加强堤岸的稳定性。

就控制坡面侵蚀而言，草本植被比木本植被更有效，因为草本植被有一个密集、紧密的覆盖面。雨水冲刷是导致滑坡的因素之一，护坡植物通过吸收和蒸腾坡体内的水分，降低土体的孔隙水压力，增加土体的黏聚力，提高土体的抗剪强度，有利于边坡稳定。

此外，边坡植被还具有过滤作用，即植被充当过滤器，以阻碍土体颗粒或沉淀物随流水而流失。植被越密，过滤器的作用就越明显。影响过滤效率的主要原因有草茎的密度、性状和回弹力等。一般而言，贴近地面的植被越多，草茎密度就越大，过滤效果也越明显。

生态边坡技术和边坡景观方法的应用具有重要社会意义和工程价值。它可以最大程度地减少边坡工程建设对周围环境造成的负面影响，恢复被破坏的生态环境，改善边坡附近的环境和景观。

边坡开挖在一定程度上会破坏原坡体和周边地区的生态环境，以往边坡工程的处理往往单方面注重边坡的稳定功效，大多采用浆砌片石及喷射混凝土等灰色防护，破坏了自然生态的和谐。采用生态护坡技术可以较大程度地恢复被破坏的生态环境。生态边坡所种植的植被可以净化空气，降低噪声和光污染，调节局部小气候，促进有机污染物的降解，从而改善边坡周边环境。传统护坡方法所造成的灰白外观严重影响人们的视觉感受，人的眼睛能看到的光线波长是 380 ~ 760 nm，感觉最舒服的光色是波长 553 nm 的绿色，由绿色引起的紧张状态最低，有利于保证行车安全。边坡植被的存在可为一些小动物和微生物的生存与繁殖提供必需的环境，也能逐渐恢复因坡体开挖而遭到破坏的生物链，使边坡工程建设最小程度地影响自然环境。生态边坡植被不仅能美化环境，而且可以有效地加强边坡稳定、控制边坡冲蚀、减少雨水和风对边坡的危害，通过植被根系随半坡岩土体的保护和固定以提高强度，还能起到加固边坡的作用。

随着我国经济和社会文明的高速发展，国家正朝着生态、环保、节能的方向发展。生态边坡技术和边坡景观设计正符合国家发展方向和政策，满足可持续发展的要求。采用生态边坡植被护坡技术和边坡景观设计的方法，不仅能保护和加固板坯，而且能修复被破坏的原植被、美化环境、保持水土，有效地解决了边坡工程与周围环境和建筑协调统一，可以使生态边坡具有人文气氛，达到自然、生态、人和区域文脉的高度统一。当前我国的生态边坡和边坡景观设计技术还处于高速发展的初级阶段，我们必须重视人工边坡的生态护坡技术和景观设计方法的研究和开发，积极倡导和推广这些技术和方法的应用，促进我国生态边坡和边坡景观设计的发展和完善，保持与国际先进边坡技术的同步。

13.3.2　生态边坡工程技术要点

人工边坡类型各不相同，与之相应的植被护坡方法也各不相同。根据不同的边坡类型选择不同的植被护坡方法，才能达到预期的护坡作用和景观效果。目前国内外常用的植被护坡技术主要有：土工格栅（网）植草护坡技术、土工格室植草护坡技术、垂直护坡技术、挖沟植草技术、挂三维网喷播植草护坡技术、钢筋混凝土骨架内植草护坡技术、有机基材喷播植草护坡技术、植香根草护坡技术、浆砌片石形成框格的植被护坡技术、植草皮护坡、OH 液植草护坡技术、混凝土上长草技术、耐特龙网复合植被护坡技术和植草皮护坡技术等。这些护坡技术各有其特点，施工方法也各不相同，下面分别对这些植被护坡的工程技术要点作简要介绍。

（1）土工格栅（网）植草护坡技术

土工格栅（网）植草护坡技术是指在边坡坡面上挂单向土工格栅和土工网，然后采用液压喷射植草的方法进行边坡保护及绿化的技术。该技术适用于边坡自身深层稳定坡度缓于 1:0.75 的土质或易风化的泥岩或页岩边坡，尤其适用于第四系砾石土边坡当边坡。坡率陡于 1:0.75 时，若要采用此技术，应加密锚钉间距或改用锚杆固定，并选用高强度格栅。该技术的施工方法可概括为：

①平整坡面至设计要求；

②坡面上回填种植土并人工夯实，平整坡面；

③将土工格栅（网）沿坡面顺势铺下，铺设平顺后用接缝处固定，每幅土工网中央按 2 m 间距用 U 形钉固定；

④土工格栅（网）横向搭接 10 cm，纵向搭接 15 cm，搭接部分用土工绳连接、用 U 形锚钉固定，土工格栅也可用连接棒连接；

⑤土工格栅（网）全部铺通、固定后，采用液压喷射种植，将土壤改良剂、肥料和草籽的混合料均匀喷播在坡面上；

⑥喷播完后可视情况撒少许土壤；

⑦覆盖土工膜并晒水养护至植草成坪。

图 13.13 表示一个采用土工网种植护坡的边坡工程。土工网上覆盖有一层营养土，以保护土工网；灌木、藤木植物的种植间距在边坡表面为 2 m×1 m；U 形钉间距为 1 m×1 m；种植槽尺寸为 0.2 m×0.2 m×0.2 m。

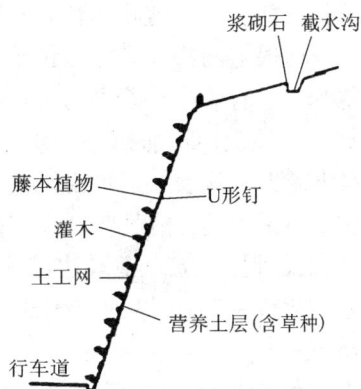

图 13.13　土工网种植护坡剖面示意图

（2）土工格室植草护坡技术

土工格室是一种特殊土工合成材料，主要由 PE、PP 材料经造粒工序而形成工程所需的片材，再经专用焊机焊接而成的立体格室。土工格室植草护坡技术是指在展开并固定在坡面上的土工格室内填充种植土，然后在其上挂三维植被网，均匀撒（喷）播草种进行护坡绿化。该项护坡技术能使不毛之地在岩质边坡充分绿化，带孔的格室还能增加坡面的排水性能。该护坡绿化方法施工方便，可调节性较好，适用于坡度缓于 1:0.3 的稳定路堑边坡或路堤边坡。该技术的施工方法可概括为：

①平整坡面至设计要求；

②采用插件式连接法连接土工格室单元，连接时根据不同坡度的边坡采用不同的单元组合形式；

③如果需要，在坡面上按设计要求施工锚杆；

④按设计要求，在坡顶先用固定钉或锚杆进行固定，再在坡脚用固定钉或锚杆固定；

⑤土工格室预系土工绳，以方便与三维网连接绑扎；

⑥未来固定土工格室于坡面上，先施工边坡平台及第一级平台填土；

⑦土工格室固定好后，向格室内填充种植土、土壤改良剂、肥料等填料，向土工格室填土要从最上层开始分段进行；

⑧自上而下铺挂三维植被网，并与土工格室上的土工绳绑扎牢固；

⑨采用液压喷播植草,覆盖土工膜并洒水养护至植草成坪。

(3)挂三维植被网喷播植草护坡技术

挂三维植被网喷播植草护坡技术是在坡面上铺设三维植被网,并用液压喷播法进行植被种植,是目前应用较多的护坡技术,如图 13.14 所示。三维植被网是由热塑性树脂为原料制成的三维结构,其底层为高模量的基础层,一般由 1~2 层平网组成,上覆气泡膨松网包,包内可填充种植土和草籽,膨松网包的作用是将喷播于坡面的肥料和种子与坡面固定,不仅可以防冲刷,并有利于植物生长。在草皮未长成之前,它可以保护坡面免受地表水侵蚀;草皮长成后,草根与网垫、泥土一起形成一个牢固的具有复合力学性能的嵌锁体系,起到坡面表层加筋作用,有效防止降雨对坡面的冲刷,达到加固边坡、美化环境的目的。

挂三维植被网喷播植草护坡技术可应用于边坡自身稳定,地表水较多,易造成坡面冲刷、水土流失和浅表层局部滑动的边坡,坡度缓于 1:1。选择草种时,要求草种生命力强、抗病性强、根系发达、枯黄期短。该技术的施工方法可概括为:

①按设计要求人工清理边坡并平整坡面;

②覆盖 5~7 cm 厚的土壤于坡面上,并用水浇湿;

③沿坡面顺势铺挂三维植被网垫,用 U 形钉和钢钉将网垫从上至下固定好;

④坡顶采用埋压沟,沟底加 U 形钉固定,沟内填土夯实,固定三维植被网、坡脚三维植被网埋于填土内,边坡平台处将三维植被网压于原设计浆砌平台下;

⑤铺设的第二幅三维植被网要与已铺好的第一幅三维植被网横向搭接 10 cm,搭接处

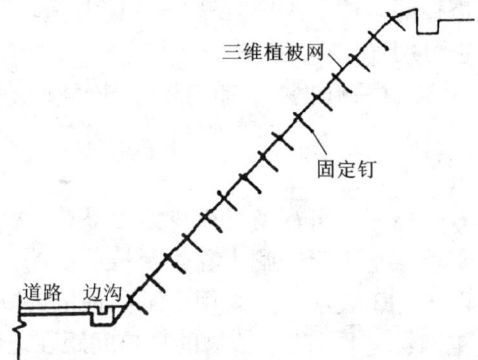

图 13.14 三维植被网护坡剖面示意图

用 U 形钉固定,坡面间距一般为 1~1.5 m,三维植被网纵向搭接长度 15 cm,并用土工绳串通连接牢固;

⑥未来保证三维植被网与周边构造物接触密合,应将三维植被网周边卷边 5~10 cm,并用 U 形钉压边;

⑦三维植被网全部铺挂固定后,将细粒土及肥料采用人工方式自坡顶向坡下撒铺,撒土厚度以将网包覆盖为宜;

⑧采用液压喷播机将混有种籽、肥料、土壤、改良剂、种子胶黏剂、保水剂和水的混合物均匀喷洒在坡面上;

⑨喷播完后可视情况撒少许土壤;

⑩覆盖土工膜并洒水养护至植草成坪。

(4)挖沟植草护坡技术

挖沟植草护坡技术是指在坡面上按一定的行距人工挖楔形沟,在沟内回填适宜于草籽生长的土壤养料、土壤改良剂等有机肥土,然后挂三维植被网,喷播植草绿化。

挖沟植草护坡技术适用于护边坡自身稳定,坡度缓于 1:0.75,基岩为泥、页岩或砂岩与泥岩互层的岩质边坡或土质边坡。每级边坡坡高一般低于 15 m。其施工方法可概括为:

①平整坡面至设计要求;

②在坡面人工开挖楔形沟，楔形沟不仅竖向要保持直立，为了保证填土稳定，横向还要设置 5% 的倒坡；

③将富含有机肥料的一定湿度土壤回填至沟内，并在潮湿坡面上覆盖 1 ~ 3 cm 厚的潮湿土；

④平整坡面后挂三维植被网，并用 U 形钉固定；

⑤网上撒细粒土，并覆盖三维网网包；

⑥采用液压喷播机将混有种籽、肥料、土壤、改良剂、种子胶黏剂、保水剂和水的混合物均匀喷洒在坡面上；

⑦喷播完后可视情况撒少许土壤；

⑧覆盖土工膜并洒水养护至植草成坪。

（5）钢筋混凝土骨架内植草护坡技术

钢筋混凝土骨架内植草护坡主要包括以下 3 种技术：钢筋混凝土骨架内填土反包植草护坡技术、钢筋混凝土骨架内加土工格室植草护坡技术和钢筋混凝土骨架内加筋填土植草护坡技术。此 3 项技术分别指在边坡上现浇钢筋混凝土骨架，在框架内填土、在骨架内设土工格室和在骨架内加筋填土后，挂三维植被网喷播植草或直接喷播植草的护坡绿化方法。

其中，钢筋混凝土骨架内填土反包植草护坡技术要在挂三维植被网喷播植草后，用土工格栅由坡底向坡顶反包抑制填土滑动，并用 U 形钉或钢钉固定格栅与草皮。其施工方法法与挂三维植被网喷播植草护坡技术相似，两者三维区别在于平整坡面后，该项技术要现浇框架锚梁，并需要预埋反包土工格栅。

钢筋混凝土骨架内加筋填土护坡为一体的组合护坡技术，该技术既能与锚杆结合加固边坡，又有固土植草达到护坡绿化的目的，适合于各类自身稳定、坡面平整、坡率为 1:0.3 ~ 1:1 的边坡，多用于坡度较陡、绿化困难的岩质边坡或需进行土质改良的边坡。施工方法类似于挂三维植被网喷播植草护坡技术和土工格室植草护坡技术，区别为该项技术需要在横向锚梁中预埋土工格室。

（6）有机基材喷播植草护坡技术

有机基材喷播植草护坡技术是指在坡面喷射一定厚度拌混有草种的人工配制的有机基材，采用挂网或其他工程措施固定基材，为草种生长提供优越环境的护坡种植技术。它是将由基质土、长效肥、速效肥、胶黏剂、保水剂及凝固剂和草籽等成分按一定比例搅拌均匀的有机基材，通过专门喷播机（空压机）喷射在挂有底网的坡面上，然后再在其表面喷播草种。该技术的施工方法可概括为：

①一般先采用水力冲洗法清除坡面浮石、浮土等，平整坡面；

②将底网沿坡面顺势铺下，铺没时应拉紧网，铺平整后用长锚杆及短锚杆将网从上至下定；

③坡顶处钢丝网应申出坡顶 20 cm，并固定牢固；在坡底，也应有 20 cm 的钢丝网埋置于平台之下；

④利用喷射机将混合均匀的有机基材喷于坡面，喷射应尽可能从正面进行，凹凸部分及死角部分要喷射充分，喷射的平均厚度要符合设计要求；

⑤有机基材喷射完成后，用喷播机将含有草种的营养泥均匀地喷播于有机基材上；

⑥覆盖土工膜，并定期养护边坡直至植草成坪。

（7）垂直护坡技术

该项技术是指栽植攀援性和垂吊性植物，用以遮蔽混凝上坡而或圬工砌体坡面、达到护坡绿化的目的。关键是选择适宜的攀援性、垂吊性植物。该技术一般应用范围：既有的圬工砌体等构造物，如挡土墙、抗滑桩挡土板、锚碇板及声屏障等；路堑边坡平台，特别是采用挂网喷浆、护面墙等防护处理的边坡；隧道洞口的仰坡。

施工方法是按原防护设计施土边坡，修筑坡顶截水沟、泄水孔、平台混凝土、石、花台及平台后，回填砂岩片石、碎石、回填土，夯实，然后植草，并养护成活。

（8）种植香根草、扶芳藤等植物护坡技术

香根草（Vetiveria Zizanioides）属禾本科岩蓝草，属多年生草本植物，是保持水土、恢复地力非常理想的植物。香根草的优势可归纳如下：抗逆性强、适应性广；速生快长、易成草篱；根系发达、固土力强；技术简单、经济合算。国际香根草协会主席 R. G. 格雷姆肖预言"香根草技术在水土保持、固土护坡方面将可能成为 21 世纪的领头生物技术"。

扶芳藤原产于山东淄博，属常绿阔叶半藤木植物，能适应各种不良环境。其特征如下：抗旱性、抗寒性、耐贫瘠、对土壤酸碱性等适应性强；匍匐地面生长，通身生根，形成致密的地被，固土力强；枝叶软弱茂密，一旦事故发生，对车辆有缓冲作用等有利于交通安全；三季长青，入冬叶片变红，有较强的观赏价值等。

香根草护坡技术利用香根草等生长旺盛、根系深扎的特点，在坡面挖阶梯状沟条，植入底肥和草种进行植被护坡。为确保香根草生物工程效果，香根草应绕坡按水平等高线种植。该技术适用于贫瘠土石混合边坡或养分易流失的边坡。

扶芳藤以须根为主，特别耐移植，除冬季外，三季均可施工。施工规范依边坡斜栽，使苗伏地，定植后，加强管理，保持湿度，合理施肥，可大大加快边坡植被覆盖速度，减少土壤裸露时间。

（9）浆砌片石形成框格的植被护坡技术

浆砌片石形成框格的植被护坡技术是用浆砌片石形成框架，在框架内采用有机基材或其他方法植草护坡，适用于土质边坡或严重风化的岩质边坡，且边坡坡度等于或缓于 1∶1 的情况。图 5 – 12 所示为采用浆砌片石网格植被护坡的示意图。

（10）移植草皮护坡技术

该技术是将其他地方生长良好的草皮移植到需要护坡的边坡坡面生长，以达到植被护坡的要求。一般可分为尖桩钉铺草皮护坡和浆砌片石框架内铺植草皮护坡 2 种方法。

（11）OH 液植草护坡技术

OH 液植草护坡技术是指先将新型化工产品 HYCEL – OH 液与水按一定比例稀释后，并与草籽混合后，再通过专用机械将混合物喷洒至坡面。喷洒后的混合物能在极短的时间内硬化，将边坡表层土固结成弹性固体薄膜，达到植草初期的边坡防护目的。3 ~ 6 个月后其弹性护体薄膜开始逐渐分解，此时的草种已发芽，并可生长成熟，能起到边坡防护、绿化的双重效果。

OH 液植草护坡技术具有施工简单、迅速，不需要后期养护，边坡绿化防护效果好等诸多优点。但由于该技术所用的 HYCEL – OH 液还需进口，其工程造价较高，故目前还无法大面积推广应用。

（12）植被混凝土技术

植被混凝土是采用特定的混凝土配方和种子配方组成的特效混凝土，即含有植物种子的特种混凝土。一般通过边坡地理位置、边坡倾角、岩石性质、绿化要求等来确定水泥、土、腐殖质、保水剂、混凝土绿化添加剂以及混合植绿种子的组成比例。混合植绿种子是根据植物生长特征，择优选择冷季型草种和暖季型草种混合而成。

植被混凝土边坡防护绿化技术的具体做法是先在岩体上铺挂钢丝或塑料网并用锚钉或锚杆固定，搅拌植被混凝土原料后，再由常规喷锚设备将其喷射到岩石坡面上，形成约 10 cm 厚的植被混凝土层，喷射完毕后覆盖一层无纺布防晒保湿，植被混凝土在水泥作用下会形成具有一定强度的防护层。经过一段时间的洒水养护，植物就会长出而覆盖坡面，揭去无纺布后，植物会自然生长。植被混凝土防护绿化技术可以用于解决岩石坡面防护与绿化问题。

（13）混凝土上长草技术

混凝土上长草技术由天津市水利可续研究所研制开发，在掌握植被生物特征、生长发育规律的基础上，利用无砂大孔混凝土的特点，在其中掺加部分酸性聚合物及聚丙烯纤维等高分子材料预制砌块，这些砌块不仅能有效提提结构的抗压强度，而且可在砌块孔隙中填充腐殖土、植物种子、缓释肥料、保水剂等混合材料，并在混凝土表层覆盖植物纤维，以创造适宜植物生长的环境，种子发芽生长后将慢慢形成护坡植被。

13.3.3　生态边坡的设计

生态边坡植被的设计主要是根据边坡特点，结合当地的气候条件，选择合适的植被种类，制定符合护坡要求的种植方案等方面。

（1）护坡植被的类型及其特点

用于护坡的植被类型比较多，一般可分为乔木、灌木、藤木、竹类、花卉、草坪植物和地被植物等，它们各自的特点、种类和适用范围如表 13.4 所示。

表 13.4　护坡植被的类型

植被类型	特点	种类	适用范围
乔木	树形高大、主干明显，寿命长，树冠多姿。若植于坡面，遭遇大风时会倒伏，使坡体失稳	以页片的更换方式可分为落叶乔木和常绿乔木，以叶片形态可分为有针叶树和阔叶树	可植于路边或低矮平台等稳定的地方，一般不用于坡面
灌木	无明显主干，分枝多且分枝点低，或自基部分枝，枝条多	可分为落叶灌木和常绿灌木，有紫穗槐、沙棘、荆条、小叶锦鸡儿，枸杞，胡枝子等	用于植被护坡时常与草本植物结合，可增强固土能力及立体观感
藤木	属于木本植物，其株体不能自立，依靠其特殊器官（吸盘或卷须）攀附于其他物体上	有紫藤、爬山虎、金银花、葛藤、山葡萄等	适用于各种垂直绿化用材
竹类	履于禾本科，常绿木本或灌木，观赏价值高	种类繁多	常与草本植物结合用于环境美化质量要求高的边坡工程中

续表 13.4

植被类型	特点	种类	适用范围
花卉	种类繁多,有一年生、多年生及水生,是植被护坡美化装饰的主要植物材料	种类繁多	常与草坪相结合形成多种景观效果,用于广场植被护坡、收费站植被护坡等工程中
草坪植物	多以禾本科和莎草科为主的多年生草本植物,是植被护坡的主要材料	按气候区划分为冷季型和暖季型 2 种	用于多种土质和岩质边坡
地被植物	除草坪草以外的低矮、匍匐、蔓生和附生植物,很好的植被护坡材料	如白三叶、吉祥草等	适应性强,用于各类边坡

(2)护坡植被的选择原则

护坡植被的选择对植被护坡效果有决定性作用。采用合适的植被才会取得预期的护坡和景观效果。护坡植被应以防止水土流失、防风及绿化美化环境为宗旨,并具有保护人身和车辆安全的作用、绿期长和观赏价值高等特点。因此,护坡植被的选择原则有以下几点:

①适应当地的土壤和气候

在选用护坡植被时,要以本地植物品种为主,外来引进优良品种为辅。2017 年来,我国在护坡植被的利用上,多选用国外引进的牧草或草坪型的禾本科或豆类植物,尽管使边坡得到一定的植被覆盖是破坏后的上台得到一定程度的恢复,增加了人工边坡的美感,但是由于进口品种对当地气候条件的适应存在一定限制,给外来品种种植带来一定的局限性。比如对栽培技术要求较高、容易在短时间内发生退化等问题,严重降低了植被护坡的水土保持效果。因此,应优先选用当地植被,选用持久性好、地养护、经济实惠的护坡植被,保证植被护坡技术得到广泛应用。在选用护坡植被前,一定要对当地的气候和土壤条件作详细的调研,然后选择合适的植被组合。

②抗逆性强,绿化见效快、养护简单

抗逆性包括抗干旱性、抗热性、抗寒性、抗贫瘠性、抗病虫害性等。公路边坡的蓄水效果一般较差,不利于植被生长。而且,边坡植被的人工养护条件也不好,同时还要求植被能快速成长,早日起到护坡和美化的效果。因此,要求所选用的植物种类应具有抗逆性强、绿化见效快、养护简单的特点。

(3)地上部分较矮,根系发达,生长迅速,能在规定时间内覆盖坡面

护坡植被必须能经受大风的吹刮,保证在设计使用期限内能实现其护坡和绿化功能。要保证植物不被大风吹倒,除了要求植物根系比较发达。能与坡体连接稳固外,还需要植物的地上部分不能过高,否则易造成植物在风力作用下的失稳倾覆。此外,如果边坡在设计时考虑了护坡植被根系加固边坡的作用,那么在某些情况下,如大雨冲刷等,可能会造成边坡土体的流失,甚至危及边坡的稳定。因此,一般要求护坡植被生长迅速,能在短时间内覆盖坡面。

①常年生或多年生植物

边坡上种植的植物，应该具有长期使用的特点。由于大部分人工边坡的地理位置比较特殊，不适于上人或者经济条件的不允许，要求边坡上的植物具有长期保护边坡的特点，而不需要时常大面积更换植被。因此护坡植被不能经常补种，不宜采用一年生的植物，以减少种植工程量和后期维护。

②适应粗放型管理的植物

人工边坡无论位于城镇闹市区还是位于比较偏远的区域，特别是高速公路和省级公路的边坡，都不仅要求这些护坡植被的自生能力较强，而且要求其养护成本低，所以选择边坡植被适应粗放型的管理模式。

③注意护坡植物种类的混播设计

护坡植被一般不应采用单一的植物种类，特别是景观设计要求护坡植物的种类应该多种。就植被护坡功能而言，如果植物种类过少，当气候或水文等条件不利于这类植物的生长，甚至导致其死亡时，将会造成大片护坡植被的缺少，导致较大面积坡体的裸露，从而影响护坡功能，所以，边坡上应该种植多种植物。但并不是植物种类越多越好，因为不同的植物，其枝叶、冠幅、根系的大小也不同，如果盲目混植，植物的相互制约可能造成不良后果。所以，应加强植物种类的混播设计。

此外，护坡植被的选择还要求植物自身能相互穿插，形成网络，并有较好的力学性能。同时还应考虑地形、环境、气候、光照、水文、温度、土质、边坡特点、植物特性等因素，尽量选择耐瘠、耐酸碱、耐干湿、冷暖均适宜的优良植物组合，以维持物种多样性和生态平衡，减少后期维护工作。

单播草种的抗逆性差，容易退化，故护坡植物采用多种种子混播，这样易于形成稳定的植物群落，护坡植物以草本植物为主，藤本、灌木为辅，对于自然形成的植物群落，每平方米范围内的植物一般都超过 10 种。当然，对于护坡所用三维外来植物，其种类、数量一般难以达到如此多的又能适宜当地气候的植物种类。大量的研究和实际护坡经验表明，合理选用 4~8 种植物就可满足建立坡面植物群落的要求。

因此，在选用护坡植被时要注意混播设计，一般应包括禾本科和豆科的植物种；植物的生物上台要互相搭配，以便减少生存竞争的矛盾；不同植物种的发芽天数尽可能相近，避免发芽缓慢的植物种很快被淘汰。

（4）边坡植被的布置方法

为了达到理想的护坡效果，选合理有效的植被护理方法非常重要。国外试验证明，最有效的布置方法是成排植物以斜向下的方式种植。这种种植方式有以下 3 种优点：

①由于受到了植物的阻拦，下游水流的流速会减小；

②因为水流是以一定的角度作用于草上，水对成排的草的影响会降低；

③水沿着成排的草流进土地，滋养根系的生长。

根据边坡的高度和形状来布置植被。在边坡上部种植较矮的灌木，在边坡底部种植大树。这种方法可以开拓坡顶的视野，减少坡顶的荷载，加固坡底，充分发挥扶壁的作用。

边坡植被应以护坡、防止雨水冲刷为主要目的，要求坡面有绿色覆盖植物。及时控制水土流失，注意植物的合理配置，乔、灌、草结合，力求不见裸土。边坡绿化还应与道路两侧的大环境相协调，与山地自然林相结合，显得浑然一体，自然美观。

第 **14** 章
边坡工程施工与质量控制

14.1　一般规定

（1）边坡工程应根据其安全等级、边坡环境、工程地质和水文地质等条件编制施工方案，采取合理、可行、有效的措施保证施工安全。

（2）对土石方开挖后不稳定或欠稳定的边坡，应根据边坡的地质特征和可能发生的破坏等情况，采取自上而下、分段跳槽、及时纸糊的逆作法或部分逆作法施工。严禁无序大开挖，大爆破作业。

（3）不应在边坡潜在塌滑区超量堆载，危机边坡稳定和安全。

（4）边坡工程的临时性排水措施应满足地下水、暴雨和施工用水等的排放要求，有条件时宜结合边坡工程的永久排水措施进行。

（5）边坡工程开挖后应及时按设计实施支护结构或采取封闭措施，避免长期暴露，降低边坡稳定条件。

（6）一级边坡工程施工应采用信息施工法。

14.2　信息化施工

14.2.1　信息化施工的重要性

边坡工程信息施工是指通过监测边坡坡体及支护结构的受力、位移变化等情况，指导边坡工程处治和保证边坡工程的安全运营，以便在出现问题前及时采取有效措施，将损失降到最低。为指导施工、验证设计参数，并提高设计理论水平，边坡处治中某些结构物还需要做现场试验，通过现场试验发现问题、解决问题。

边坡及其支护结构在各种力的作用和自然因素的作用下，其工作形态和状况随时都在变化，如果出现异常而又不能及时掌握，任其险情发展，其后果是严重的。但如果能运用必要的有效观测手段对边坡工程进行信息化施工和监测，及时发现问题，采取有效的措施，就可避免出现灾难性事故，保证边坡工程正常快速施工和工程的安全运营。

岩土体是一个复杂的非线性力学体系，施工所要达到的最终状态质量的优劣，与开挖卸载的应力路径的应力历史有关,即与施工方法和开挖过程密切相关。长期以来,边坡工程的安全性主要依靠边坡的设计工作来保证。但是由于岩土体的复杂性,岩土力学尚具有半经验半理论的特点。因此,在时间和空间上对岩土工程的安全度作出准确的判断还是有很大的困难。有关边坡工程安全问题的解决,历史多地依靠测试和观测,通过检测保证工程的施工、运行安全,同时又可通过检测验证设计和提高设计水平。

从信息论的角度,提出重视施工方法和开挖过程,还应把重点放在如何从施工中取得更多的信息上。因为岩土工程体系本身就是一个大的信息库,设计时仅取得此库的少量信息,更多的信息还需要从施工中取得。从施工中尽量多的获取信息,进行分别处理,再用以指导施工。

信息施工方法(又称动态施工方法)是目前施工中的一种先进技术,它充分利用目前先进的勘察、计算、监测和施工工艺等手段,利用从边坡的地质条件、施工方法等获取的信息,反馈并修正边坡设计,指导施工。具体做法是:在初步地质调查与围岩分类的基础上,采用工程类比与理论分析相结合的方法,进行预设计,初步选定高边坡加固与施工方案;然后在高边坡开挖和加固过程中进行边坡变形监测,作为判断边坡稳定性与加固设计合理性的依据;并且将施工监测获取的信息反馈于边坡设计,确认支护参数与施工措施或进行必要的调整。

14.2.2 信息施工的工作和程序

对于边坡的稳定性分析,应在实地工程地质勘查、试验的基础上进行地质、岩土体结构、参数的敏感性分析与经济技术分析,确定易突破的关键部位与结构,做到重点部位重点治理,据此制订优化合理的治理方案,选择高水平的施工力量施工,防患于未然。

信息设计与施工的关键是收集信息。信息来源主要分2个阶段:一是勘察阶段,通过勘查信息确定初步设计方案和施工方法;二是施工阶段,收集施工期的进一步勘察、施工方法信息,进行反馈分析,必要时修正初步设计方案和施工方法,达到最优化的设计和施工方案。

如何收集并利用边坡工程地质信息和先进的勘察、试验与计算手段为设计服务,使设计尽可能切合实际尤为重要。所以,现场工程地质勘察、先进的试验方法和设计理论成为获取信息资料和科学设计的必要手段。

由于边坡勘察范围面广、线多、点多,要进行详细勘察,势必会大大增加勘察费用,为此,我们采取以下措施:

(1)寻找有典型代表的区域作详细勘察;

(2)寻找边坡暴露面多,便于槽探的特点,以槽探代替钻探;

(3)在区域内或附近借已开挖的采石场边坡,作为未来公路边坡稳定的分析模型;

(4)为了掌握勘察区域内的构造带情况,扩大地表分析区域(增加3~5 km)。

边坡开挖后进一步详勘证明,这种勘查方法收集的信息有较高的真实性,其误差远不足以引起边坡设计方案的改变,但其勘察费用确很低。

为了使设计与实际结合紧密,宜将勘察与设计人员组成一个设计小组,先到现场实地勘察,收集第一手资料,再进行室内设计计算,从而改变过去设计人员单靠勘察单位提供的勘察报告在室内进行设计的做法。

显然,加固设计的前提是稳定性分析的结果,但加固设计中十分重视边坡的开挖方法。

因为开挖与加固是矛盾的统一体,开挖方法不当将严重影响边坡的稳定性能。因而在设计中同时规定了开挖方法并提出了开挖爆破参数,但仅此仍不够。还要求设计、开挖、加固、量测与信息反馈作为一个整体实施,从而达到设计和施工的最优化。

14.2.3　信息施工原理与施工过程

（1）信息施工原理

岩土工程体系本身就是一个信息库。在对该体系进行设计时,往往只知其中很少的信息。信息了解极少甚至不知的系统称为"灰箱",部分信息已知、部分信未知的系统称为"白箱"。利用现代岩土力学理论和现代施工技术,进行"白箱"体系的岩土工程设计和施工是不会出现工程事故的。之所以出现事故原因是我们的工作往往仅仅建立在"灰箱"系统上。因此,在岩土工程设计和施工中获取更多的信息,促使"灰箱"转变为"白箱"是工程结构安全稳定的重要保证。

（2）信息施工过程

实施信息施工应做3方面的工作,即获取施工信息、信息分析和处理、指导施工。

①通过开挖坡面和钻孔作业以及现场监测等途径获取施工信息;

②对获取的信息首先进行分类、整理、优化,然后通过相应的分析软件进行分析处理,根据得出的结论为下一步开挖施工提供决策依据。

③根据信息分析处理结果改变开挖方法和加固方法

边坡工程施工应根据信息分析处理结果改变开挖方法和加固方法。如边坡工程施工逆作法进行施工,边坡岩体分多层开挖在开挖上层并做锚喷网加固后,对边坡表面进行监测与观测。对锚杆做拉拔测试,根据施工后的各种信息决定下一步开挖与加固方案及施工应注意的问题。

14.3　边坡工程监测

14.3.1　概述

（1）边坡工程监测的意义

从岩土力学的角度来看,边坡处治是通过某种结构人为给边坡岩土体施加一个外力作用或者通过人为改善原有边坡的环境,最终使其达到一定的力学平衡状态。但由于边坡内部岩土力学作用的复杂性,从地质勘察到处治设计均不可能完全考虑边坡内部的真实力学效应,我们的设计都是在很大程度的简化计算上进行的。为了反映边坡岩土真实力学效应、检验设计施工的可靠性和处治后的边坡的稳定状态,边坡工程防治监测具有极其重要的意义。

边坡处治监测的主要任务就是检验设计施工、确保安全,通过监测数据反演分析边坡的内部力学作用,同时积累丰富的资料作为其他边坡设计和施工的参考资料。边坡工程监测的作用在于:

①为边坡设计提供必要的岩土工程和水文地质等技术资料;

②边坡监测可获得更充分的地质资料（应用侧斜仪进行监测和无线边坡监测系统监测

等)和边坡发展的动态,从而圈定可疑边坡的不稳定区段;

③通过边坡监测,确定不稳定边坡的滑落模式,确定不稳定边坡滑移的方向和速度,掌握边坡发展变化规律,为采取必要的防护措施提供重要的依据;

④通过对边坡加固工程的监测,评价治理措施的质量和效果;

⑤为边坡的稳定性分析、提供重要依据。

边坡工程监测是边坡研究工作中的一项重要内容,随着科学技术的发展,各种先进的监测仪器设备、监测方法和监测手段的不断更新,使边坡监测工作的水平正在不断地提高。

(2)边坡处治监测包括施工安全监测、处治效果监测和动态长期监测。一般以施工安全监测和处治效果监测为主。

施工安全监测是在施工期对边坡的位移、应力、地下水等进行监测,监测结果作为指导施工、反馈设计的重要依据,是实施信息化施工的重要内容。施工安全监测将对边坡体进行实时监控,以了解由于工程扰动等因素对边坡体的影响,及时地指导工程实施、调整工程部署、安排施工进度等。在进行施工安全监测时,测点布置在边坡体稳定性差或工程扰动大的部位,力求形成完整的剖面,采用多种手段互相验证和补充。边坡施工安全监测包括地面变形监测、地表裂缝监测、滑动深部位移监测、地下水位监测、孔隙水压力监测、地应力监测等内容。施工安全监测的数据采集原则上采用 24 h 自动实时观测的方式进行,以使监测信息能及时地反映边坡体变形破坏特征,供有关方面作出决断。如果边坡稳定性好,工程扰动小,可采用 8～24 h 观测一次的方式进行。

边坡处治效果监测是检验边坡处治设计和施工效果、判断边坡处治后的稳定性的重要手段。一方面可以了解边坡体变形破坏特征,另一方面可以针对实施的工程进行监测,例如,监测预应力锚索应力值的变化、抗滑桩的变形和土压力、排水系统的过流能力等,以直接了解工程实施效果。通常结合施工安全和长期监测进行,以了解工程实施后,边坡体的变化特征,为工程的竣工验收提供科学依据。边坡处治效果监测时间长度一般要求不少于 1 a,数据采集时间间隔一般为 7～10 d,在外界扰动较大时,如暴雨期间,可加密观测次数。

边坡长期监测将在防治工程竣工后,对边坡体进行动态跟踪,了解边坡体稳定性变化特征。长期监测主要对一类边坡防治工程进行。边坡长期监测一般沿边坡主剖面进行,监测点的布置少于施工安全监测和防治效果监测;监测内容主要包括滑带深部位移监测、地下水位监测和地面变形监测。数据采集时间间隔一般为 10～15 d。

边坡监测的具体内容应根据边坡的等级、地质及支护结构的特点进行考虑,通常对于一类边坡防治工程,建立地表和深部相结合的综合立体监测网,并与长期监测相结台;对于二类边坡防治工程,在施工期间建立安全监测和防治效果监测点,同时建立以群测为主的长期监测点;对于三类边坡防治工程,建立群测为主的简易长期监测点。

边坡监测方法一般包括:地表大地变形监测、地表裂缝位错监测、地面倾斜监测、裂缝多点位移监测、边坡深部位移监测、地下水监测、孔隙水压力监测、边坡地应力监测等。表 14.1 为边坡工程监测项目表。

表 14.1   边坡工程监测项目表

监测项目	测试内容	测点布置	方法与工具
变形监测	地表大地变形、地表裂缝位错、边坡深部位移、支护结构变形	边坡表面、裂缝、滑带、支护结构顶部	经纬仪、全站仪、GPS、伸缩仪、位错计、钻孔倾斜仪、多点位移计、应变仪等
应力监测	边坡地应力、锚杆(索)拉力、支护结构应力	边坡内部、外锚头、锚杆主筋、结构应力最大处	压力传感器、锚索测力计、压力盒、钢筋计等
地下水监测	孔隙水压力、扬压力、动水压力、地下水水质、地下水、渗水与降雨关系以及降雨、洪水与时间关系	出水点、钻孔、滑体与滑面	孔隙水压力仪、抽水试验、水化学分析等

(3)边坡工程监测计划与实施

边坡处治监测计划应综合施工、地质、测试等方面的要求，由设计人员完成。量测计划应根据边坡地质地形条件、支护结构类型和参数、施工方法和其他有关条件制定。监测计划一般应包括下列内容：

①监测项目、方法及测点或测网的选定，测点位置、量测频率，量测仪器和元件的选定及其精度和率定方法，测点埋设时间等；

②量测数据的记录格式、表达量测结果的格式、量测精度确认的方法；

③量测数据的处理方法；

④量测数据的大致范围，作为异常判断的依据；

⑤从初期量测值预测最终量测值的方法，综合判断边坡稳定的依据；

⑥量测管理方法及异常情况对策；

⑦利用反馈信息修正设计的方法；

⑧传感器埋设设计；

⑨固定元件的结构设计和测试元件的附件设计；

⑩测网布置图和文字说明；

⑪监测设计说明书。

计划实施须解决如下3个关键问题：

①获得满足精度要求和可信赖的监测信息；

②正确进行边坡稳定性预测；

③建立管理体制和相应管理基准，进行日常量测管理。

(4)边坡工程监测的基本要求

边坡监测方法的确定、仪器的选择既要考虑到能反映边坡体的变形动态，同时必须考虑到仪器维护方便和节省投资。由于边坡所处的环境恶劣，对所选仪器应遵循以下原则：

①仪器的可靠性和长期稳定性好；

②仪器有能与边坡体变形相适应的足够的量测精度；

③仪器对施工安全监测和防治效果监测精度和灵敏度较高；

④仪器在长期监测中具有防风、防雨、防潮、防震、防雷等与环境相适应的性能；

⑤边坡监测系统包括仪器埋设、数据采集、存储和传输、数据处理、预测预报等；

⑥所采用的监测仪器必须经过国家有关计量部门标定，并具有相应的质检报告；

⑦边坡监测应采用先进的方法和技术，同时应与群测群防相结合；

⑧监测数据的采集尽可能采用自动化方式，数据处理须在计算机上进行，包括建立监测数据库、数据和图形处理系统、趋势预报模型、险情预警系统等；

⑨监测设计须提供边坡体险情预警标准，并在施工过程中逐步加以完善。监测方须半月或1月一次定期向建设单位、监理方、设计方和施工方提交监测报告，必要时，可提交实时监测数据。

14.3.2　边坡的变形监测

边坡岩土体的破坏，一般不是突然发生的，破坏前总是有相当长时间的变形发展期。通过对边坡岩土的体的变形量测，不但可以预测预报边坡的失稳滑动，同时可以运用变形的动态变化规律检验边坡的处治设计的正确性。边坡变形监测包括地表大地变形监测、地表裂缝位错位移监测、地面倾斜监测、裂缝多点位移监测、边坡深部位移监测等内容。对于实际工程应根据边坡具体情况设计位移监测项目和测点。

（1）地表大地变形量测

地表大地变形监测是边坡监测中常用的方法。地表位移监测则是在稳定的地段测量标准（基准点），在被测量的地段上设置若干个监测点（观测标桩）或设置有传感器的监测点，用仪器定期监测测点和基准点的位移变化或用无线边坡监测系统进行监测。

地表位移监测通常应用的仪器有2类：一是大地测量（精度高的）仪器，如红外仪、经纬仪、水准仪、全站仪、GPS等，这类仪器只能定期地监测地表位移，不能连续监测地表位移变化。当地表裂隙出现明显及地表位移速度加快时，使用大地测量仪器定期测量显然满足不了工程需要，这时应采用能连续监测的设备，如全自动全天候的无线边坡监测系统等。二是专门用于边坡变形监测的设备，如裂缝计、钢带和标桩、地表位移伸长计和全自动无线边坡监测系统等。

测量的内容包括边坡体水平位移、垂直位移以及变化速率。点位误差要求不超过 ±2.6～5.4 mm，水准测量每公里中误差 ±1.0～1.5 mm。对于土质边坡，精度可适当降低，但要求水准测量每公里中误差不超过 ±3.0 mm。边坡地表变形观测通常可以采用十字交叉网法，如图14.1(a)所示，适用于滑体小、窄而长，滑动主轴位置明显的边坡；放射状网法，如图14.1(b)所示，适用于比较开阔、范围不大，在边坡两侧或上、下方有突出的山包能使测站通视全网的地形；任意观测网法，如图14.1(c)所示，用于地形复杂的大型边坡坡。

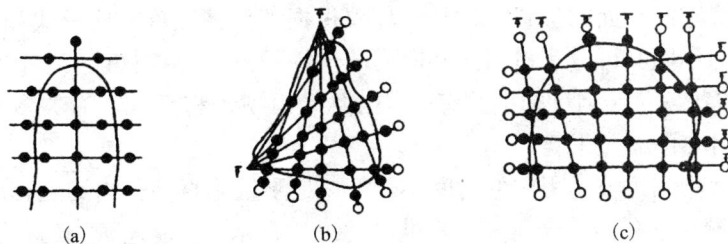

(a)　　　　(b)　　　　(c)

图14.1　边坡表面位移观测网

（2）边坡表面裂缝监测

边坡表面张性裂缝的出现和发展，往往是边坡岩土体即将失稳破坏的前兆讯号，因此这种裂缝一旦出现，必须对其进行监测。监测的内容包括裂缝的拉开速度和两端扩展情况，如果速度突然增大或裂缝外侧岩土体出现显著的垂直下降位移或转动，预示着边坡即将失稳破坏。

地表裂缝位错监测可采用伸缩仪、位错计或千分卡直接量测。测量精度为 0.1~1.0 mm。对于规模小、性质简单的边坡。在裂缝两侧设桩［图 14.2(a)］、设固定标尺［图 14.2(b)］或在建筑物裂缝两侧贴片［图 14.2(c)］等方法，均可直接量得位移量。

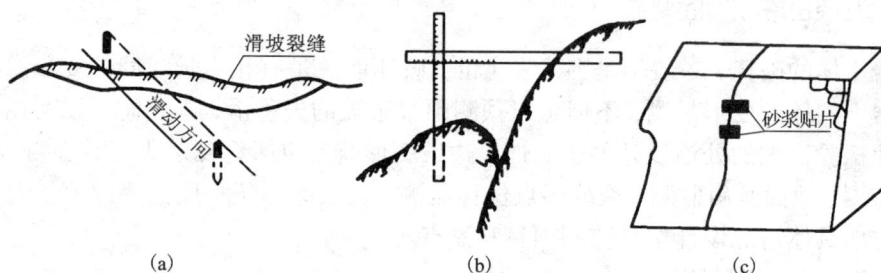

图 14.2　裂缝观测示意图
(a)打桩观测缝；(b)固定标尺观测裂缝；(c)固定标尺观测裂缝

对边坡位移的观测资料应及时进行整理和核对，并绘制边坡观测桩的升降高程、平面位移矢量图，作为分析的基本资料。从位移资料的分析和整理中可以判别或确定出边坡体上的局部移动、滑带变形、滑动周界等，并预测边坡的稳定性。

（3）边坡深部位移监测

边坡深部位移监测是监测边坡体整体变形的重要方法，将指导防治工程的实施和效果检验。传统的地表测量具有范围大、精度高等优点；裂缝测量也因其直观性强、方便适用等特点而被广泛使用，但它们都有一个无法克服的弱点，即它们不能测到边坡岩土体内部的蠕变，因而无法预知滑动控制面。而深部位移测量能弥补这一缺陷，它可以了解边坡深部，特别是滑带的位移情况。

边坡岩土体内部位移监测手段较多，目前国内使用较多的主要为钻孔引伸仪和钻孔倾斜仪 2 大类。钻孔引伸仪(或钻孔多点伸长计)是一种传统的测定岩土体沿钻孔轴向移动的装置，它适用于位移较大的滑体监测。例如武汉岩土力学所研制的 WRM-3 型多点伸长计，这种仪器性能较稳定、价格便宜，但钻孔太深时不好安装，且孔内安装较复杂；其最大的缺点就是不能准确地确定滑动面的位置。钻孔引伸仪根据埋设情况可分埋设式和移动式 2 种，根据位移仪测试表的不同又可分为机械式和电阻式。埋设式多点位移计安装在钻孔内以后就不再取出，由于埋设投资大，测量的点数有限，因此又出现了移动式。有关多点位移计的详细构造和安装使用可参阅有关书籍。

钻孔倾斜仪运用到边坡工程中的时间不长，它是测量垂直钻孔内测点相对于孔底的位移(钻孔径向)。观测仪器一般稳定可靠，测量深度可达百米，且能连续测出钻孔不同深度的相对位移的大小和方向。因此，这类仪器是观测岩土体深部位移、确定潜在滑动面和研究边坡变形规律较理想的手段，目前在边坡深部位移量测中得到广泛采用。如大冶铁矿边坡、长江新滩滑坡、黄腊石滑坡、链子崖岩体破坏等均运用了此类仪器进行岩土深层位移观测。

钻孔倾斜仪由 4 大部件组成：测量探头、传输电缆、读数仪及测量导管，其结构如图 14.3 所示。其工作原理是：利用仪器探头内的伺服加速度测量埋设于岩土体内的导管沿孔深的斜率变化。由于它是自孔底向上逐点连续测量的，所以，任意 2 点之间斜率变化累积反映了这 2 点之间的相互水平变位。通过定期重复测量可提供岩土体变形的大小和方向。根据位移 – 深度关系曲线随时间的变化中可以很容易地找出滑动面的位置，同时对滑移的位移大小及速率进行估计。图 11.4 为一个典型的钻孔倾斜仪成果曲线。从图中可清楚地看到：在深度 10.0 m 处变形加剧，可以断定该处就是滑动控制面。

钻孔倾斜仪测量成功与否，很大程度上取决于导管的安装质量。导管的安装包括钻孔的形成、导管的吊装以及回填灌浆。

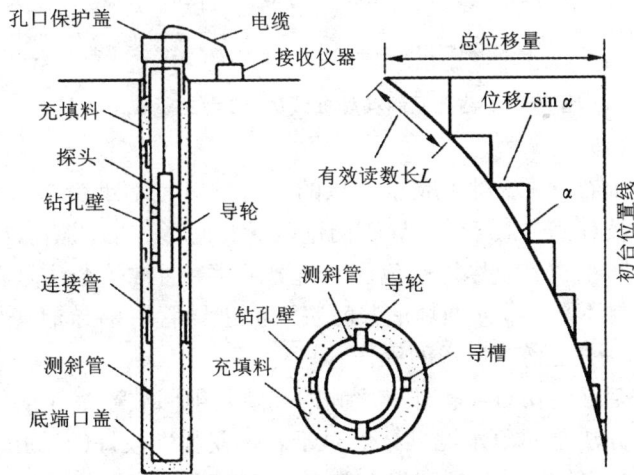

图 14.3　钻孔倾斜仪原理图

钻孔是实施倾斜仪测量的必要条件，钻孔质量将直接影响到安装的质量和后续测量。因此要求钻孔尽可能垂直并保持孔壁平整。如在岩土体内成孔困难时，可采用套管护孔。钻孔除应达到上述要求外，还必须穿过可能的滑动面，进入稳定的岩层内（因为钻孔内所有点的测量均是以孔底为参考点的，如果该点不是"不动点"将导致整个测量结果的较大误差），一般要求进入稳定岩体的深度不应小于 5 m。

成孔后，应立即安装测斜导管，安装前应检验钻孔是否满足预定要求，尤其是在岩土体条件较差的地方更应如此防止钻孔内某些部位可能发生塌落或其他问题，导致测量导管不能达到预定的深度。测量导管一般是 2~3 m 一根的铝管或塑料管，在安装过程中由操作人员逐根用接头管铆接并密封下放至孔底。当孔深较大时，为保证安装质量，应尽可能利用卷扬机吊装以保证导管能匀速下放至孔底。整个操作过程比较简单，但往往会因操作人员疏忽大意而导致严重后果。一般地，在吊装过程中可能出现的问题有：①由于导管本身的质量或运输过程中的挤压造成导管端部变形，使得两两导管在接头管内不能对接（即相邻两导管紧靠）。粗心的操作人员往往会因对接困难而放弃努力，而当一部分导管进入接头管后就实施铆接、密封。这样做对深度不大的孔后果可能不致太严重，但当孔深很大时，可能会因铆钉

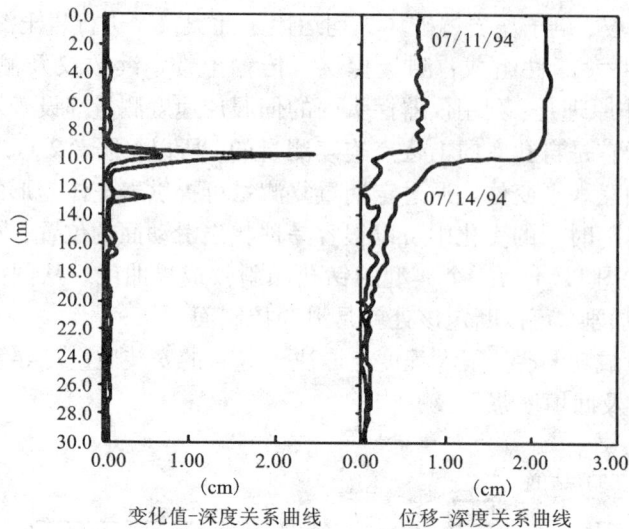

图 14.4　钻孔倾斜典型曲线（见参考文献 3，1999）

承受过大的导管自重而被剪断(对于完全对接的导管铆钉是不承受多大剪力的)。这样做的另一隐患就是：由于没有完全对接，在导管内壁两导管间形成的凹槽可能会在以后测量时卡住测量探头上的导轮。所以，应尽量避免这种情况发生，通常的办法是在地面逐根检查。②由于操作不细心，密封不严，致使回填灌浆时浆液渗进导管堵塞导槽甚至整个钻孔，避免出现这一情况的唯一办法是熟练、负责的操作。

导管全部吊装完后，钻孔与导管外壁之间的空隙必须回填灌浆保证导管与周围岩体的变形一致，通常采用的办法是回填水泥砂浆。对于岩体完整性较好的钻孔，采用压力泵灌浆效果无疑是最佳的，但当岩体破碎、裂隙发育甚至与大裂隙或溶洞贯通时，可考虑使用无压灌浆，即利用浆液自重回填整个钻孔，但选择这种方法灌浆时应相当谨慎；首先要保证浆液流至孔底，检验浆液是否流至孔底或是否达到某个深度的办法是在这些特定位置预设一些检验装置(例如根据水位计原理设计的某些简易装置)。当实施无压灌浆浆液流失仍十分严重时，可考虑适当调整水泥稠度，甚至往孔内投放少许干砂做阻漏层直至回填灌满。

所有准备工作完成后，便可进行现场测试。由于钻孔倾斜仪资料的整理都是相对于一组初始测值来进行的，故初始值的建立相当重要。一般应在回填材料完全固结后读数，而且最好是进行多次读数以建立一组可靠的基准值。读数的方法是：对每对导槽进行正、反方向2次读数，这样的读数方法可检查每点读数的可靠性，当2次读数的绝对值相等时，应重新读数以消除可能是记录不准带来的误差。从仪器上直接读取的是一个电压信号，然后根据系统提供的转换关系得到各点的位移，逐点累加则可得到孔口表面处相对于孔底的位移。

在分析评价倾斜仪成果时，应综合地质资料，尤其是钻孔岩芯描述资料加以分析，如果位移-深度曲线上斜率突变处恰好与地质上的构造相吻合，可认为该处即是滑坡的控制面，在分析位移随时间的变化规律时地下水位资料及降雨资料也是应加以考虑的。

测量位移与实际位移之间包含一定的误差，误差的来源有2个：一是仪器本身的误差，这是用户无法消除的；另一就是资料的整理方法，在整理钻孔倾斜仪资料时，人为地做了2个假定：①孔底是不动的；②导管横断面上两对导槽的方位角沿深度是不变的，即导管沿孔深没有扭转。在大多数情况下这 2 个条件是很难严格满足的，虽然第一个条件可能通过加大孔深来满足，但后一个条件往往很难满足，尤其是在钻孔很深时。有资料表明：对于铝管，由于厂家的生产精度和现场安装工艺等因素，导管在钻孔内的扭转可达到 10/3 m。也就是说，实际上是导槽沿深度构成的面并非平面而是一个空间扭曲面，因此，测量得到的每个点的位移实际上并非同一方向的位移。而根据假设将它们视为同一方向进行不断累加必然带来误差。消除这一误差的办法是利用测扭仪器测量各数据点处导槽的方位角，然后将用倾斜仪得到的各点位移按此方位角向预定坐标平面投影，这样处理得到的各点位移才是该平面的真实位移。这时，孔中表面点的位移大致上反映了该点的真正位移。

（4）边坡变形测量资料的处理与分析

边坡的变形测量数据的处理与分析，是边坡监测数据管理系统中一个重要的研究内容，可用于对边坡未来的状况进行预报、预警。边坡变形数据的处理可以分为 2 个阶段，一是对边坡变形监测的原始数据的处理，该项处理主要是对边坡变形测试数据进行干扰消除，以获取真实有效的边坡变形数据，这一阶段可以称作边坡变形量测数据的预处理。边坡变形数据分析的第二阶段是运用边坡变形量测数据分析边坡的稳定性现状，并预测可能出现的边坡破坏，建立预测模型。

①边坡变形量测数据的预处理

在自然及人工边坡的监测中，各种监测手段所测出的位移历时曲线均不是标准的光滑型曲线。由于受到各种随机因素的影响，例如测量误差、开挖爆破、气候变化等，绘制的曲线往往具有不同程度的波动、起伏和突变，多为振荡型曲线，使观测曲线的总体规律在一定程度上被掩盖，尤其是那些位移速率较小的变形体，所测的数据受外界影响较大，使位移历时曲线的振荡表现更为明显。因此，去掉干扰部分，增强获得的信息，使具突变效应的曲线变为等效的光滑曲线显得十分必要，它有利于判定不稳定边坡的变形阶段及进一步建立其失稳的预报模型。目前在边坡变形量测数据的预处理中较为有效的方法是采用滤波技术。

在绘制变形测点的位移历时过程曲线中，反复运用离散数据的邻点中值作平滑处理，使原来的振荡曲线变为光滑曲线，而中值平滑处理就是取两相邻离散点之中点作为新的离散数据。如图 14.5 所示，点 1′、2′、3′、4′为点 1、2、3、4、5 中值平滑处理后得到的新点。

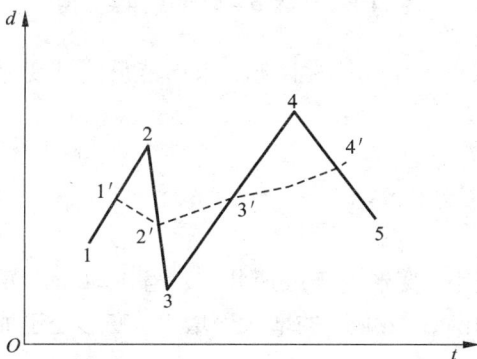

图 14.5　平滑滤波处理示意图

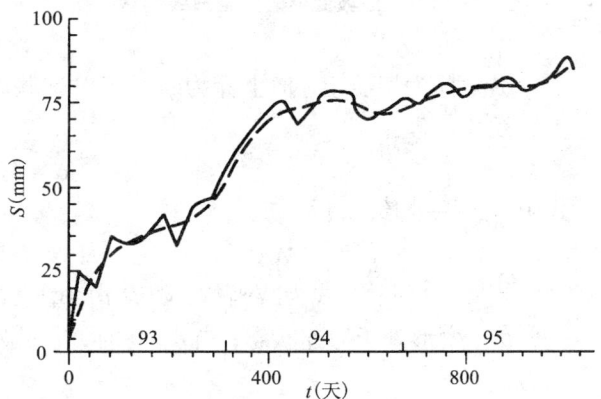

图 14.6　某实测曲线的平滑滤波处理曲线

平滑滤波过程是先用每次监测的原始值算出每次的绝对位移量，并作出时间 – 位移过程曲线，该曲线一般为振荡曲线，然后对位移数据作 6 次平滑处理后，可以获得有规律的光滑曲线(如图 14.6 所示)。

②边坡变形状态的判定

一般而言，边坡变形典型的位移历时曲线为如图 14.7 所示，分为 3 个阶段：

第一阶段为初始阶段(AB 段)，边坡处于减速变形状态；变形速率逐渐减小，而位移逐渐增大，其位移历时曲线由陡变缓。从曲线几何上分析，曲线的切线由小变大。

第二阶段为稳定阶段(BC 段)，又称为边坡等速变形阶段；变形速率趋于常值，位移历时曲线近似为一直线段。直线段切线角及速率近似恒值，表征为等速变形状态。

第三阶段为非稳定阶段(CD 段)，又称加速变形阶段；变形速率逐渐增大，位移历时曲线由缓变陡，因此曲线反应为加速变形状态，同时亦可看出切线角随速率的增大而增大。

可以看出，位移历时曲线切线角的增减可反映速度的变化。若切线角不断增大，说明变形速度也不断增大，即变形处于加速阶段；反之，则处于减速变形阶段；若切线角保持一常数不变，亦即变形速率保持不变，则处于等速变形状态。根据这一特点可以判定边坡的变形状态。具体分析步骤如下：

首先将滤波获得的位移历时曲线上每个点的切线角分别算出，然后放在如图 14.8 所示的坐标中。

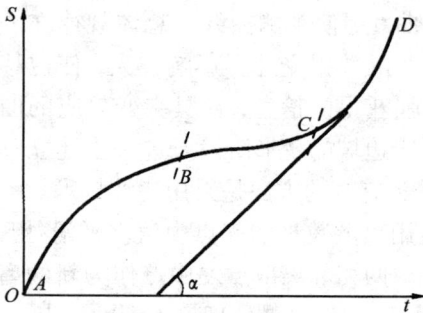

图 14.7　边坡变形的典型曲线形状

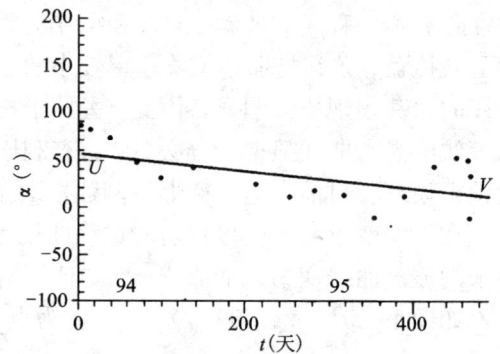

图 14.8　切线角 – 时间线性关系图

纵坐标为切线角，横坐标为时间。对这些离散点作一元线性回归，求出能反映其变化趋势的线性方程：

$$\alpha = At + B \qquad (14.1)$$

式中：α——切线角；

A、B——待定系数。

当 $A < 0$ 时，上式为减函数，随着 t 的增大，变小，变形处于减速状态；当 $A = 0$ 时，α 为一常数，变形处于等速状态；当 $A > 0$ 时，上式为增函数，α 随 t 的增大而增大，变形处于加速状态。

A 值由一元线性回归中的最小二乘法得到：

$$A = \frac{\sum_{i=1}^{n} (t_i - \bar{t})(\alpha_i - \bar{\alpha})}{\sum_{i=1}^{n} (t_i - \bar{t})^2} \tag{14.2}$$

式中：i——时间序数，$i = 1, 2, 3, \cdots, n$；

　　　t_i——第 i 点的累计时间；

　　　$\bar{t}$——各点累计时间的平均值 $\left(\bar{t} = \dfrac{1}{n} \sum_{i=1}^{n} t_i \right)$；

　　　α_i——滤波曲线上第 i 个点的切线角；

　　　$\bar{\alpha}$——各切线角的平均值 $\left(\bar{\alpha} = \dfrac{1}{n} \sum_{i=1}^{n} \alpha_i \right)$。

③边坡变形的预测分析

经过滤波处理的变形观测数据除可以直接用于边坡变形状态的定性判定外，更主要的是可以用于边坡变形或滑动的定量预测。定量预测需要选择恰当的分析模型，通常可以采用确定性模型和统计模型，但在边坡监测中，由于边坡滑动往往是一个极其复杂的发展演化过程，采用确定性模型进行定量分析和预报是非常困难的。因此目前常用的手段还是传统的统计分析模型。

统计模型有 2 种，一种多元回归模型，一种是近年发展起来的非线性回归模型。多元回归模型的优点是能逐步筛选回归因子，但对除了时间因素外，其他因素的分析仍然非常困难和少见。非线性回归模型在许多的情况下能较好地拟合观测数据，但使用非线性回归的关键是如何选择合适的非线性模型及参数。

对于多元线性回归，即：

$$y = a_0 + \sum \alpha_i t^i \tag{14.3}$$

式中：α_i——待定系数。

对于非线性回归分析，应根据实际情况选择回归模型，如朱建军[1]（2002）选择了生物增长曲线型模型，即：

$$y = y_m [1 - \exp(-at^b)] + c \tag{14.4}$$

式中：a、b、c——待定参数；

　　　y_m——可能的最大滑动值；

　　　t——时间变量。

在对整个边坡的各监测点进行回归分析，求出各参数后就可以根据各参数值对整个边坡状态进行综合定量分析和预测。通常情况下非线性回归比线性回归更能直观反映边坡的滑动规律和滑动过程，并且在绝大多数情况下，非线性回归模型更有利于对边坡滑动的整体分析和预测，这对变形观测资料的物理解释有着十分重要的理论与实际意义。

14.3.3　边坡应力监测

在边坡处治监测中的应力监测包括边坡内部应力监测、支护结构应力监测、锚杆（索）预应力监测。

（1）边坡内部应力监测

　　边坡内部应力监测可通过压力盒量测滑带承重阻滑受力和支挡结构(如抗滑桩等)受力,以了解边坡体传递给支挡工程的压力以及支护结构的可靠性。压力盒根据测试原理可以分为液压式和电测式2类(图14.9和图14.10),液压式的优点是结构简单、可靠,可现场直接读数,使用比较方便;电测式的优点是测量精度高,可远距离和长期观测。目前在边坡工程中多用电测式压力测力计。电测式压力测力计又可分为应变式、钢弦式、差动变压式、差动电阻式等。表14.2是国产常用压力盒类型、使用条件及优缺点归纳。

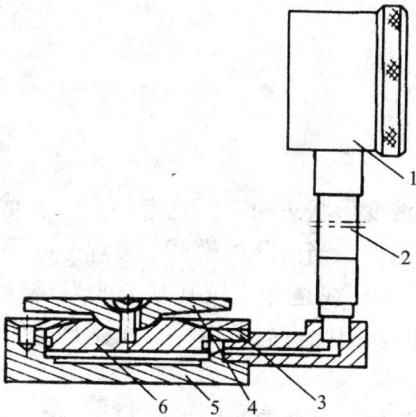

图 14.9　液压测力计结构

1—压力计;2—高压胶管;3—压盖;
4—调心盖;5—油缸底座;6—活塞

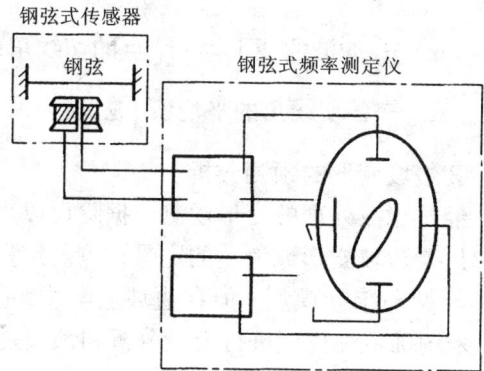

图 14.10　钢弦式测试系统

表 14.2　压力盒的类型及使用特点

单线圈激振型	钢丝卧式钢丝立式	测土压力、岩土压力	1. 构造简单; 2. 输出间歇非等幅衰减波,不适用动态测量和连续测量,难于自动化
双线圈激振型	钢丝卧式	测水压力土、岩压力	1. 输出等幅波,稳定,电势大; 2. 抗干扰能力强,便于自动化; 3. 精度高,便于长期使用
钨丝压力盒	钢丝立式	测水压力、土压力	1. 刚度大,精度高,线性好; 2. 温度补偿好,耐高温; 3. 便于自动化记录
钢弦摩擦压力盒	钢丝卧式	测井壁与土层间摩擦力	只能测与钢筋同方向的摩擦力

　　在现场进行实测工作时,为了增大钢弦压力盒接触面,避免由于埋设接触不良而使压力盒失效或测值很小,有时采用传压囊增大其接触面。囊内传压介质一般使用机油,因其传压系数可接近1,而且油可使负荷以静水压力方式传到压力盒,也不会引起囊内锈蚀,便于密封。压力盒与传压囊装配情况如图14.11所示。

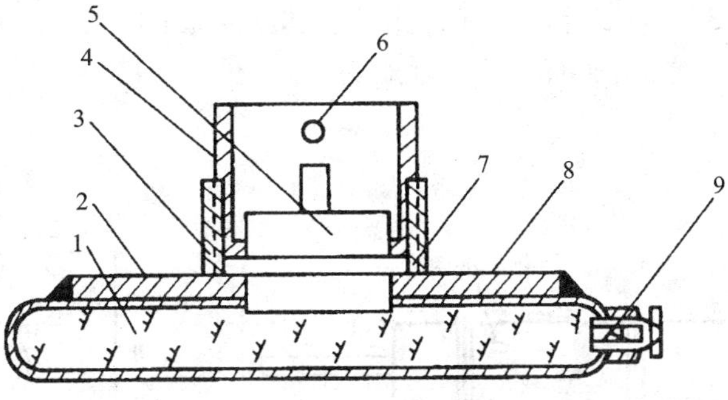

图 14.11　钢弦压力盒与传压囊装配图

1—油机；2—底板；3—连接套管；4—压紧套管；5—钢弦压力盒；
6—拧紧插孔；7—密封圈；8—油囊；9—注油嘴

压力盒的性能好坏，直接影响压力测量值的可靠性和精确度。对于具有一定灵敏度的钢弦压力盒，应保证其工作频率，特别是初始频率的稳定，压力与频率关系的重复性好；因此在使用前应对其进行各项性能试验，包括钢弦抗滑性能试验、密封防潮试验、稳定性试验、重复性试验以及压力对象、观测设计来布置压力盒。压力盒的埋设，虽较简单，但由于体积变大、较重，给埋设工作带来一定的困难。埋设压力盒总的要求是接触紧密和平稳，防止滑移，不损伤压力盒及引线。

（2）岩石边坡地应力监测

边坡地应力监测主要是针对大型岩石边坡工程，为了了解边坡地应力或在施工过程中地应力变化而进行的一项重要监测工作。地应力监测包括绝对应力测量和地应力变化监测。绝对应力测量在边坡开挖前和边坡开挖中期以及边坡开挖完成后各进行一次，以了解 3 个不同阶段的地应力场情况，采用的方法一般是深孔应力解除法。地应力变化监测即在开挖前，利用原地质勘探平洞埋设应力监测仪器，以了解整个开挖过程中地应力变化的全过程。

对于绝对应力测量，目前国内外使用的方法，均是在钻孔、地下开挖或露头面上刻槽而引起岩体中应力的扰动，然后用各种探头量测由于应力扰动而产生的各种物理量变化的方法来实现。总体上可分为直接测量法和间接测量法 2 大类。直接测量法是指由测量仪器所记录的补偿应力、平衡应力或其他应力量直接决定岩体的应力，而不需要知道岩体的物理力学性质及应力应变关系；如扁千斤顶法、水压致裂法、刚性圆筒应力计以及声发射法均属于此类。间接测量法是指测试仪器不是直接记录应力或应变变化值，而是通过记录某些与应力有关的间接物理量的变化，然后根据已知或假设的公式，计算出现场应力值，这些间接物理量可以是变形、应变、波动参数、密度、放射性参数等；如应力解除法、局部应力解除法、应变解除法、应用地球物理方法等均属于间接测量法一类。关于绝对应力测量读者可参阅有关岩石力学的书籍。

对于地应力变化监测，由于要在整个施工过程中实施连续量测，因此量测传感器长期埋设在量测点上。目前应力变化监测传感器主要有 Yoke 应力计、国产电容式应力计及压磁式应力计等。

①Yoke 应力计

Yoke 应力计为电阻应变片式传感器，该应力计在三峡工程船闸高边坡监测中使用。它由钻孔径向互成 60°的 3 个应变片测量元件组成，其结构如图 14.12 所示。根据读数可以计算测点部位岩体的垂直于钻孔平面上的二维应力。

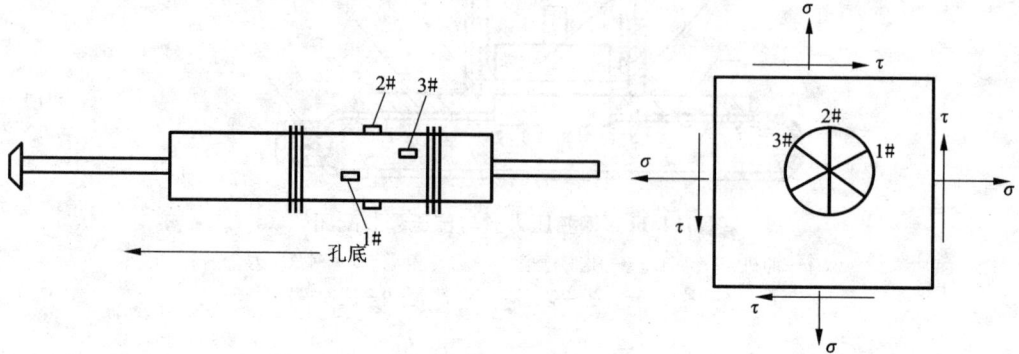

图 14.12　Yoke 应力计结构示意图

②电容式应力计

电容式应力计最初主要用于地震测报中监测地应力活动情况，其结构与 Yoke 压力计类似，也是由垂直于钻孔方向上的 3 个互成 60°的径向元件组成。不同之处是 3 个径向元件安装在 1 个薄壁钢筒中，钢筒则通过灌浆与钻孔壁固结合在一起。

③压磁式应力计

压磁式应力计由 6 个不同方向上布置的压磁感应元件组成，即 3 个互成 60°的径向元件和 3 个与钻孔轴线成 45°夹角的斜向元件组成，其结构如图 14.13 所示。从理论上讲，压磁式应力计可以量测测点部位岩体的三维应力变化情况。

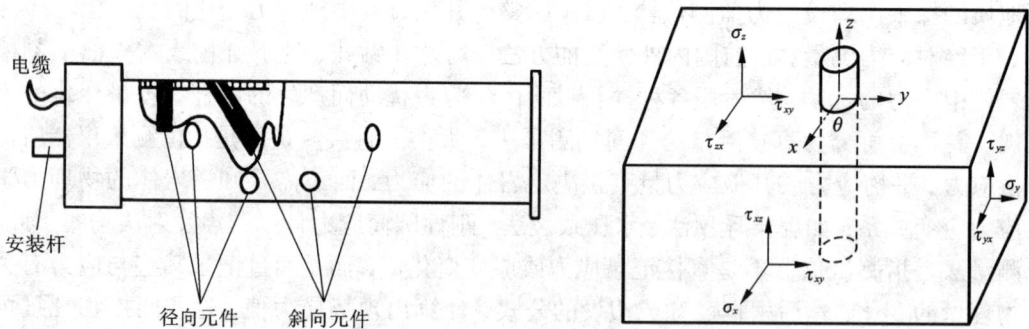

图 14.13　压磁式应力计结构示意图

（3）边坡锚固应力测试

在边坡应力监测中除了边坡内部应力、结构应力监测外，对于边坡锚固力的监测也是一项极其重要的监测内容。边坡锚杆锚索的拉力的变化是边坡荷载变化的直接反映。

①锚杆轴力的量测

锚杆轴力量测的目的在于了解锚杆实际工作状态,结合位移量测,修正锚杆的设计参数。锚杆轴力量测主要使用的是量测锚杆。量测锚杆的杆体是用中空的钢材制成的,其材质同锚杆一样。量测锚杆主要有机械式和电阻应变片式 2 类。

机械式量测锚杆是在中空的杆体内放入 4 根细长杆(图 14.14),将其头部固定在锚杆内预定的位置上。量测锚杆一般长度在 6 m 以内,测点最多为 4 个,用千分表直接读数。量出各点间的长度变化,计算出应变值,然后乘以钢材的弹性模量,便可得到各测点间的应力(图 14.15)。通过长期监测,从而可以得到锚杆不同部位应力随时间的变化关系(图 14.16)。

电阻应变片式量测锚杆是在中空锚杆内壁或在实际使用的锚杆上轴对称贴 4 块应变片,以 4 个应变的平均值作为量测应变值,测得的应变再乘以钢材的弹性模量,得各点的应力值。

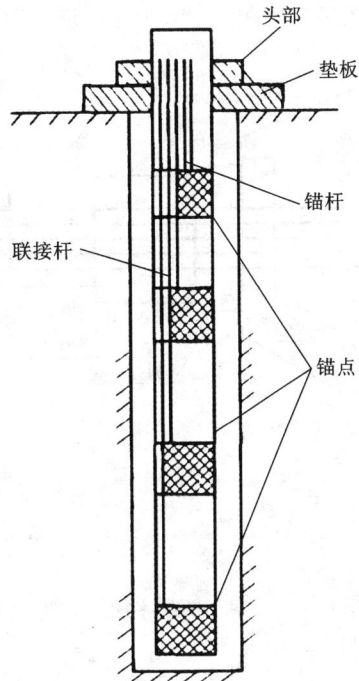

图 14.14　量测锚杆结构与安装示意图

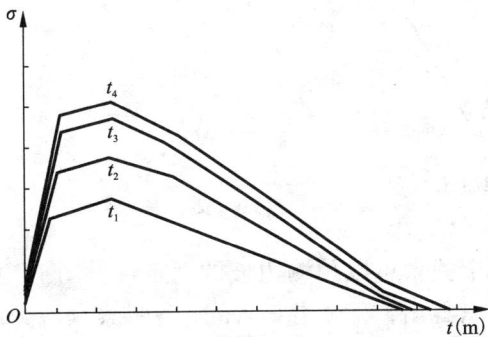

图 14.15　不同时间锚杆轴力随深度的变化曲线

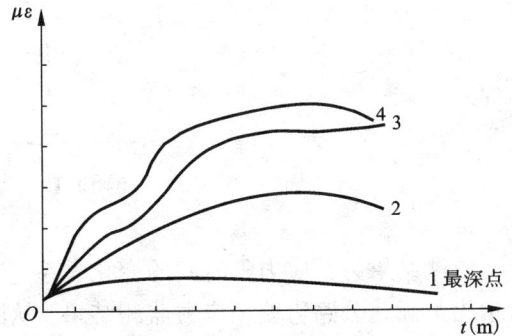

图 14.16　不同点锚杆轴力随时间的变化曲线

②锚索预应力损失的量测

对预应力锚索应力监测,其目的是为了分析锚索的受力状态、锚固效果及预应力损失情况,因预应力的变化将受到边坡的变形和内在荷载的变化的影响,通过监控锚固体系的预应力变化可以了解被加固边坡的变形与稳定状况。通常一个边坡工程长期监测的锚索数,不少于总数的 5%。监测设备一般采用圆环形测力计(液压式或钢弦式)或电阻应变式压力传感器。

　　锚索测力计的安装是在锚索施工前期工作中进行的，其安装全过程包括：测力计室内捡定、现场安装、锚索张拉、孔口保护和建立观测站等。锚索测力计的安装示意图如图 14.17 所示。

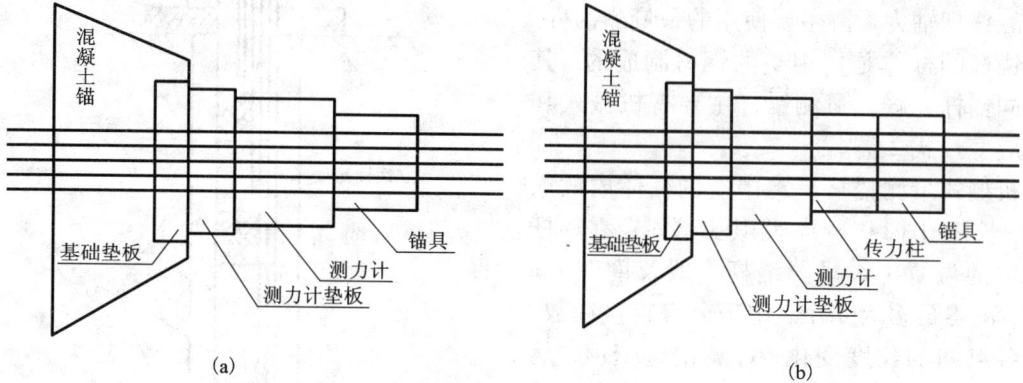

图 14.17　锚索测力计的安装示意图

(a)未加传力柱；(b)加传力柱

　　如果采用传感器，传感器必须性能稳定、精度可靠，一般轮辐式传感器较为可靠，其安装示意如图 14.18 所示。

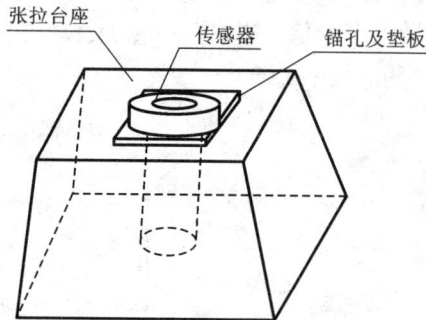

图 14.18　传感器埋设示意图

　　监测结果为预应力随时间的变化关系，通过这个关系可以预测边坡的稳定性。图 14.19 所示为某高速公路边坡预应力监测结果，从图中可以看出，经过半年时间，各锚索预应力趋于稳定，说明边坡的锚固效果良好，边坡经过雨季后，预应力值无异常出现，边坡经过加固处理后已趋于稳定。

　　目前采用埋设传感器的方法进行预应力监测，一方面由于传感器的价格昂贵，一般只能在锚固工程中个别点上埋设传感器，存在以点代面的缺陷；另一方面由于须满足在野外的长期使用，因此对传感器性能、稳定性以及施工时的埋设技术要求较高。如果在监测过程中传感器出现问题无法挽救，这将直接影响到工程的整体稳定性的评价。因此研究高精度、低成本、无损伤、并可进行全面监测的测试手段已成为目前预应力锚固工程中亟待解决的关键技术问题。针对上述情况，已有人提出了锚索预应力的声测技术，但该技术目前仍处于应用研究阶段。

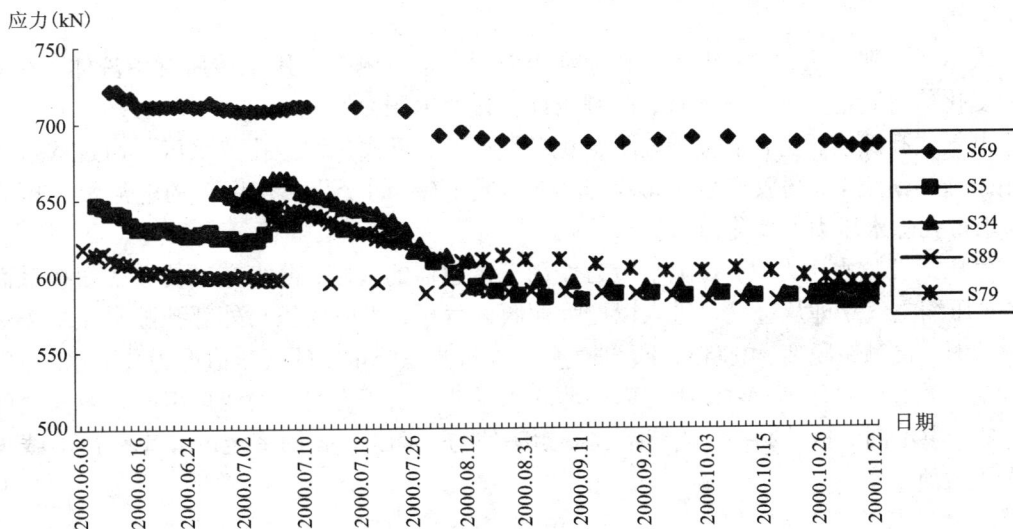

图 14.19　某高边坡锚索预应力随时间的变化关系

14.3.4　边坡地下水监测

地下水是边坡失稳的主要诱发因素，对边坡工程而言，地下水动态监测也是一项重要的监测内容，特别是对于地下水丰富的边坡，应特别引起重视。地下水动态监测以了解地下水位为主，根据工程要求，可进行地下水孔隙水压力、扬压力、动水压力、地下水水质监测等。

（1）地下水位监测

我国早期用于地下水位监测的定型产品是红旗自计水位仪，它是浮标式机械仪表，因多种原因现已很少应用。近十几年来国内不少单位研制过压力传感式水位仪，均因各自的不足或缺陷而未能在地下水监测方面得到广泛采用。目前在地下水监测工作中，几乎都是用简易水位计或万用表进行人工观测的。

我国在 20 世纪 90 年代初成功研制了 WLT – 1020 地下水动态监测仪（图 14.20），后又经过 2 次改进，现在性能已臻完善。该仪器用进口的压力传感器和国产温度传感器封装于一体，构成水位 – 温度复合式探头，采用特制的带导气管的信号电缆，水位和温度转变为电压信号，传至地面仪器中，经放大和 A/D 变换，由液晶

图 14.20　WLT – 1020 地下水动态监测仪

屏显示出水位和水温值，通过译码和接口电路，送至数字打印机打印记录。仪器的特点是小型轻便、高精度、高稳定性、抗干扰、微功耗、数字化、全自动、不受孔深孔斜和水位埋深的限制，专业观测孔和抽水井中均可使用。

（2）孔隙水压力监测

在边坡工程中的孔隙水压力是评价和预测边坡稳定性的一个重要因素，因此需要在现场

埋设仪器进行观测。目前监测孔隙水压力主要采用孔隙水压力仪（图 14.21），根据测试原理可分为 4 类：

①液压式孔隙水压力仪：土体中孔隙水压力通过透水测头作用于传压管中液体，液体即将压力变化传递到地面上的测压计，由测压计直接读出压力值；

②电气式孔隙水压力仪：包括电阻、电感和差动电阻式 3 种。孔隙水压力通过透水金属板作用于金属薄膜上，薄膜产生变形引起电阻（或电磁）的变化。查率定的电流量 – 压力关系，即求得孔隙水压力的变化值；

③气压式孔隙水压力仪：孔隙水压力作用于传感器的薄膜，薄膜变形使接触钮接触而接通电路，压缩空气立即从进气口进入以增大薄膜内气压，当内气压与外部孔隙水压平衡薄膜恢复原状时，接触钮脱离、电路断开、进气停止，量测系统量出的气压值即为孔隙水压力值；

④钢弦式孔隙水压力仪：传感器内的薄膜承受孔降水压力产生的变形引起钢弦松紧的改变，于是产生不同的振动频率，调节接收器频率使与之和谐，查阅率定的频率 – 压力线求得孔隙水压力值。

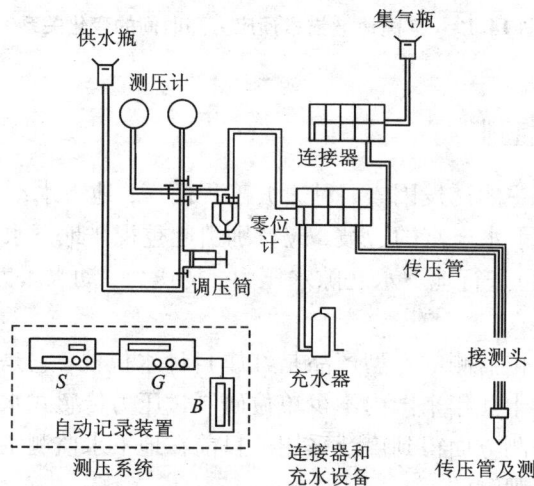

图 14.21　封闭双水管型孔隙水压力仪

孔隙水压力的观测点的布置视边坡工程具体情况确定。一般原则是将多个仪器分别埋于不同观测点的不同深度处，形成一个观测剖面以观测孔隙水压力的空间分布。

埋设仪器可采用钻孔法或压入法，其中以钻孔法为主，压入法只适用于软土层。用钻孔法时，先于孔底填少量砂，置入测头之后再在其周围和上部填砂，最后用膨胀黏土球将钻孔全部严密封好。由于 2 种方法都不可避免地会改变土体中的应力和孔隙水压力的平衡条件，需要一定时间才能使这种改变恢复到原来状态，所以应提前埋设仪器。

观测时，测点的孔降水压力应按下式求出：

$$u = \gamma_w h + P \tag{14.5}$$

式中：γ_w——水的容重；

　　　h——观测点与测压计基准面之间的高差；

　　　P——测压计读数。

14.4　边坡工程施工质量检验与验收

14.4.1　边坡工程实体检验

（1）对涉及边坡安全的重要项目应进行结构实体检验。结构实体检验应在监理工程师（建设单位项目技术负责人）见证下，由施工项目技术负责人组织实施。承担边坡实体检验的机构应具有相应的检测资质。

（2）边坡实体检验的内容应包括混凝土强度、钢筋保护层厚度、边坡坡度（或支护结构外表面坡度）及工程合同约定的项目，必要时可检验其他项目。

（3）对同条件养护的混凝土试件强度的检测和评定，按《混凝土结构工程施工质量验收规范》（GB 50204）的有关规定执行。

（4）对钢筋保护层厚度的检验、抽样数量、检验方法、允许偏差和合格条件应符合本规范附录 D 的要求。

（5）对边坡坡度（或支护结构外表面坡度）应按每 20 m 划分一个检验区，随机抽检 30% 检验区，且总数不少于 3 个断面，检测边坡坡度（或支护结构外表面坡度）不陡于设计要求。

14.4.2　边坡工程分部工程质量验收

（1）边坡工程质量的验收，均应在施工单位自检合格的基础上进行。施工单位确认自检合格后提出工程验收申请，工程验收时应提供下列技术文件和记录：

①施工记录、竣工图及边坡工程与周围建（构）筑物位置关系图；

②边坡工程与周围建（构）筑物位置关系图；

③原材料的质量合格证，场地材料复检报告、委托试验报告或质量鉴定文件；

④隐蔽工程验收文件；

⑤混凝土强度等级试验报告、砂浆试块抗压强度等级试验报告；

⑥锚杆抗拔试验报告；

⑦边坡和周围建（构）筑物监测报告；

⑧设计变更通知、重大问题处理文件、技术洽商记录或其他必须提供的文件或记录。

（2）对隐蔽工程应进行中间验收。

（3）边坡工程验收应由总监理工程师或建设单位项目负责人组织勘察、设计单位及施工单位的项目负责人、技术质量负责人，共同按设计要求和本规范及其他有关规定进行。

（4）验收工作应按下列规定进行：

①分项工程的质量验收应分别按主控项目和一般项目验收；

②隐蔽工程应在施工单位自检合格后，于隐蔽前通知有关人员检查验收，并形成中间验收文件；

③分部（子分部）工程的验收，应在分项工程通过验收的基础上，对必要的部位进行见证检验。

④发现主控项目不符合验收标准的规定时，应立即处理直至符合要求。混凝土试件强度评定不合格或对试件代表性有怀疑时，应采用钻芯取样，检测结果符合设计要求可按合格验收。

⑤主控项目应符合验收标准的规定，一般项目应有80%合格。

主要参考文献

［1］中华人民共和国住房和城乡建设部，中华人民共和国国家质量监督检验检疫总局. GB 50330—2013，建筑边坡工程技术规范. 北京：中国建筑工业出版社，2013.

［2］中华人民共和国建设部，中华人民共和国国家质量监督检验检疫总局. GB 50021—2001(2009 年版)，岩土工程勘察规范. 北京：中国建筑工业出版社，2009.

［3］中华人民共和国住房和城乡建设部，中华人民共和国国家质量监督检验检疫总局. GB 50007—2011，建筑地基基础设计规范. 北京：中国建筑工业出版社，2012.

［4］中华人民共和国住房和城乡建设部，中华人民共和国国家质量监督检验检疫总局. GB 50009—2012，建筑结构荷载规范. 北京：中国建筑工业出版社，2012.

［5］中华人民共和国住房和城乡建设部，中华人民共和国国家质量监督检验检疫总局. GB 50010—2010(2015 年版)，混凝土结构设计规范. 北京：中国建筑工业出版社，2016.

［6］中华人民共和国住房和城乡建设部，中华人民共和国国家质量监督检验检疫总局. GB 50843—2013，建筑边坡工程鉴定与加固技术规范. 北京：中国建筑工业出版社，2012.

［7］中华人民共和国住房和城乡建设部，中华人民共和国国家质量监督检验检疫总局. GB 50300—2013，建筑工程施工质量验收统一标准. 北京：中国建筑工业出版社，2014.

［8］中华人民共和国住房和城乡建设部，中华人民共和国国家质量监督检验检疫总局. GB 50086—2015，岩土锚杆与喷射混凝土支护工程技术规范. 北京：中国计划出版社，2015.

［9］中华人民共和国住房和城乡建设部，中华人民共和国国家质量监督检验检疫总局. GB 50014—2006，室外排水设计规范(2016 年版). 北京：中国计划出版社，2016.

［10］中华人民共和国住房和城乡建设部，中华人民共和国国家质量监督检验检疫总局. GB 50204—2015，混凝土结构工程施工质量验收规范. 北京：中国建筑工业出版社，2015.

［11］中华人民共和国国土资源部. DZ/T 0219—2006，滑坡防治工程设计与施工技术规范. 北京：中国标准出版社，2006.

［12］中华人民共和国国土资源部. DZ/T 0218—2006，滑坡防治工程勘查规范. 北京：中国标准出版社，2006.

［13］中华人民共和国交通运输部. JTG/T D33—2012，公路排水设计规范. 北京：人民交通出版社，2013.

［14］中华人民共和国交通运输部. JTG D 30—2015，公路路基设计规范. 北京：人民交通出版社，2015.

［15］中华人民共和国铁道部. TB 10025—2006，铁路路基支挡结构设计规范. 北京：中国铁道出版社，2006.

［16］中华人民共和国水利部. SL 386—2007，水利水电工程边坡设计规范. 北京：中国水利水电出版社，2007.

［17］中国市政工程西南设计研究院. MR403，城市道路 - 护坡(图集).

［18］长沙有色冶金设计研究院. 04J008，挡土墙(重力式、衡重式、悬臂式)(图集).

［19］《工程地质手册》编委会. 工程地质手册(第 4 版). 北京：中国建筑工业出版社，2007.

［20］张永兴. 边坡工程地质学. 北京：中国建筑工业出版社，2008.

［21］李建林，王乐华.边坡工程.重庆：重庆大学出版社，2013.

［22］朱大勇，姚兆明.边坡工程.武汉：武汉大学出版社，2014.

［23］郑颖人，陈祖煜，王恭先，凌天清.边坡与滑坡工程治理（第2版）.北京：人民交通出版社，2010.

［24］赵其华，彭社琴.岩土支挡与锚固工程.成都：四川大学出版社，2008.

［25］赵明阶，何光春，王多垠.边坡工程处治技术.北京：人民交通出版社，2003.

［26］尉希成，周美玲.支挡结构设计手册.北京：中国建筑工业出版社，2004.

［27］李海光等.新型支挡结构设计与工程实例.北京：人民交通出版社，2011.

［28］陈文昭，陈振富，胡萍.土木工程地质.北京：北京大学出版社，2013.